“十四五”国家重点出版物出版规划项目
基础科学基本理论及其热点问题研究

基础科学
Basic Science

史忠植◎著

记忆认知
智能科学前沿

Memory Cognition: Frontiers of Intelligence Science

中国科学技术大学出版社

内 容 简 介

本书系统地介绍了人脑智能和机器智能中记忆的重要概念和基本理论，反映了记忆认知领域的最新研究成果，从认知、心理、生理层次探索记忆的原理和规律。可供人工智能、智能科学、脑认知基础、记忆心理学等领域的研究人员参考，也可用作大学高年级本科生和研究生智能科学、脑认知基础、记忆心理学、人工智能等课程的教材。

图书在版编目(CIP)数据

记忆认知 ：智能科学前沿 / 史忠植著. -- 合肥 ：中国科学技术大学出版社，2025.7.
（基础科学基本理论及其热点问题研究）. -- ISBN 978-7-312-06215-5

Ⅰ. TP18

中国国家版本馆 CIP 数据核字第 2025HZ8463 号

记忆认知：智能科学前沿

JIYI RENZHI：ZHINENG KEXUE QIANYAN

出版 中国科学技术大学出版社
安徽省合肥市金寨路 96 号，230026
http://press.ustc.edu.cn
https://zgkxjsdxcbs.tmall.com

印刷 合肥华苑印刷包装有限公司

发行 中国科学技术大学出版社

开本 787 mm×1092 mm 1/16

印张 16.25

字数 413 千

版次 2025 年 7 月第 1 版

印次 2025 年 7 月第 1 次印刷

定价 80.00 元

前 言

在智能科学中，记忆是人脑对外界输入的信息进行编码、存储和提取的过程。记忆是人类核心的认知功能，是智能科学和人工智能领域备受关注的主题之一。记忆是学习和智能的基础，是联结人类的精神活动与人工智能系统仿真的桥梁和纽带，提供人类行为的理论基础和建模机理，是解开意识与脑之间关系的关键。

纵观记忆研究发展历程，人类对记忆研究的重点发生了三次重大转移。德国心理学家艾宾浩斯(H. Ebbinghaus)1885年出版《记忆：一种实验心理学的研究》一书，标志着从对记忆现象的描述研究到对记忆过程影响因素的实证研究的第一次重大转移，开创了现代记忆研究的新纪元。在信息科学和认知科学的影响下，1968年阿特金森(R. Atkinson)和雪芙林(R. M. Shiffrin)提出记忆系统模型，将记忆分为感觉记忆、短时记忆和长时记忆，标志着记忆研究的第二次重大转移。美国哥伦比亚大学的坎德尔(E. R. Kandel)开启了神经科学中学习和记忆领域细胞分子层次研究的全新科学领域，标志着记忆研究第三次转移的开始。记忆是生物印迹，美国麻省理工学院的诺贝尔奖得主利根川进(S. Tonegawa)致力于印迹的研究，认为印迹细胞是记忆的基础。

本书系统地介绍了人脑智能和机器智能中记忆的重要概念和基本理论，反映了记忆认知领域的最新研究成果，从认知、心理、生理层次探索记忆的原理和规律。全书共分16章。第1章是绪论，介绍记忆的研究历史和内容。第2章概述记忆系统的构成，介绍新型的心智模型CAM。第3章讨论陈述性记忆，重点论述语义记忆和情景记忆，探讨互补学习的机制。第4章阐述程序性记忆，重点介绍程序性知识的获取。第5章讨论情绪性记忆，重点探讨恐惧记忆加工的机理。第6章深入讨论工作记忆模型，探讨工作记忆的神经机制。第7章讨论元记忆，侧重探讨人对自己的记忆过程的认知和控制。第8章阐述内隐记忆，重点介绍内隐学习的模型。第9章讨论前瞻记忆，介绍前瞻记忆研究的经典范式。记忆是对我们所体验到的事件的记录，而不是对事件本身的复制，第10章讨论错误记忆。第11章讨论遗忘，重点探讨灾难性遗忘和知识遗忘。人脑记忆与计算机信息存储极为相似，为了更好地理解大脑记忆的奥秘，第12章介绍记忆存储。第13章讨论层次时序记忆，模仿人脑记忆机理，概述层次时序记忆算法。第14章介绍神经形态芯片，重点讨论忆阻器。第15章探讨全球脑，一种由生物神经网络和数字网络共同构成的智能系统，涵盖全球人脑和互联网。第16章阐述记忆的神经机制，重点讨论有关记忆印迹的工作原理。

本书的研究内容得到国家科学技术部和国家自然科学基金委员会的支持，特别是国家自然科学基金重点项目“基于感知学习和语言认知的智能计算模型研究”(批准号:60435010)和国家重点基础研究发展计划“基于视觉认知的非结构化信息处理理论与关键技术”(项目编号:2007CB311000)、“脑机协同的认知计算模型”(项目编号:2013CB329502)的支持。本书的顺利撰写离不开中国科学院计算技术研究所智能科学实验室同事们的贡献和支持。在此一并表示感谢。同时感谢中国科学技术大学出版社对本书出版的大力支持。

本书可供人工智能、智能科学、脑认知基础、记忆心理学等领域的研究人员参考，也可用作大学高年级本科生和研究生智能科学、脑认知基础、记忆心理学、人工智能等课程的教材。

记忆认知处于智能科学研究发展的前沿，许多概念和理论尚待探讨，加之作者水平有限，书中难免存在谬误和不足之处，恳请批评指正。

史忠植

2025年1月于北京

目　　录

第1章　绪　　论

记忆是在人脑中积累、保存和提取个体经验的心理过程。由于记忆，人才能保持过去的反映，使当前的反映在以前反映的基础上进行，使反映更全面、更深入。也就是有了记忆，人才能积累经验，扩大经验。记忆是心理在时间上的持续，有了记忆，先、后的经验才能联系起来，使心理活动成为一个发展的过程，使一个人的心理活动成为统一的过程，并形成他的心理特征。记忆既包含经验的获得和累积，也包括事件的重现和提取。

1.1　概　　述

在智能科学中，记忆是人脑对外界输入的信息进行编码、储存和提取的过程。人们感知过的事物、思考过的问题、体验过的情感和从事过的活动，都会在人们头脑中留下不同程度的印象，这个就是记的过程；在一定的条件下，根据需要这些储存在头脑中的印象又可以被唤起，参与当前的活动，得到再次应用，这就是忆的过程。从向脑内存储到再次提取出来应用，这个完整的过程总称为记忆。

纵观记忆研究发展历程，人类对记忆研究的重点发生了三次重大转移。德国心理学家艾宾浩斯（H. Ebbinghaus）1885 年发表的《记忆：一种实验心理学的研究》[71]一书，标志着从对记忆现象的描述研究到对记忆过程影响因素的实证研究的第一次重大转移，开创了现代记忆研究的新纪元。在信息科学和认知科学的影响下，沃夫（N. C. Wangh）和诺曼（D. A. Norman）在 1965 年提出两种记忆说，将记忆研究焦点聚集在人脑内部的信息加工机制上。1968 年，阿特金森（R. Atkinson）和雪芙林（R. M. Shiffrin）提出记忆系统模型，将记忆根据存储模式分为感觉记忆、短时记忆和长时记忆。[37]随着记忆研究的逐渐深化，心理学家普遍认为：了解和控制自身的记忆活动是人类记忆独有特征之一，要彻底揭开人类记忆之谜，就必须揭示人类对自身记忆的了解过程和对记忆监控的认识。元记忆的研究正是在这样的背景下应运而生。1971 年，弗拉维尔（J. H. Flavell）和韦曼（H. M. Wellman）正式将元记忆纳入到记忆心理学的系统范畴之中。[76]心理学家从仅仅关注外部输入信息的记忆过程，到开始注意人类在对信息的接收、加工、储存和提取过程中所伴随的自我意识、自我体验以及策略组织等一系列与记忆过程有关的记忆者本人的认知活动，标志着记忆研究的第二次重大转移。记忆作为认知神经科学的研究对象，越来越受到重视。美国哥伦比亚大学的坎德尔（E. R. Kandel）开启了神经科学中学习和记忆领域细胞分子层次研究的全新科学领域，标志着记忆研究第三次转移的开始。记忆是生物印迹，麻省理工学院（MIT）诺贝尔奖得主利根川进（S. Tonegawa）致力于印迹的研究，认为印迹细胞是记忆的基础。

记忆包括三个基本过程：信息进入记忆系统——编码，信息在记忆中保持——储存，信息从记忆中提取出来——提取。

编码是记忆的第一个基本过程，它把来自感官的信息变成记忆系统能够接受和使用的形式。一般说来，我们通过各种感觉器官获取的外界信息，首先要转换成各种不同的记忆代码，即形成客观物理刺激的心理表征。编码过程需要注意的参与。注意使编码有不同的加工水平，或采取不同的表现形式。例如，对于一个汉字，你可以注意它的字形结构、字的发音或字的含义，相应形成视觉代码、声音代码或语义代码。编码的强弱直接影响着记忆的长短。当然，强烈的情绪体验也会加强记忆效果。总之，如何对信息编码直接影响到记忆的储存和以后的提取。一般情况下，对信息采用多种方式编码会收到更好的记忆效果。

已经编码的信息必须在头脑中得到保存，在一定时间后才可能被提取。但信息的保存并不都是自动的，在大多数情况下，为了日后的应用，我们必须想办法努力将信息保存下来。已经储存的信息还可能受到破坏，出现遗忘。心理学家研究记忆主要关心的就是影响记忆储存的因素，以便与遗忘做斗争。

保存在记忆中的信息，只有在被提取出来后加以应用，才是有意义的。提取有两种表现方式：回忆和再认。日常所说“记得”指的就是回忆。再认较容易，原因是原刺激呈现在眼前，你有各种线索可以利用，需要的只是确定它的熟悉程度。一些学习过的材料无法回忆或者再认出来，它们是否在头脑里完全消失了呢？不是的。记忆痕迹并不会完全消失，用再学习可以很好地证明这一点。即让被试先、后两次学习同一材料，每次达到同样的熟练水平，再次学习所需要的练习次数或时间必定要少于初次学习，两次所用时间或次数之差就表示了保存的数量。

根据记忆的内容，可以把记忆分成四种：

(1) 形象记忆。以感知过的事物形象为内容的记忆叫作形象记忆。这些具体形象可以是视觉的，也可以是听觉的、嗅觉的、触觉的或味觉的形象，如人们对看过的一幅画、听过的一首乐曲的记忆就是形象记忆。这类记忆的显著特点是保存事物的感性特征，具有典型的直观性。

(2) 情绪记忆。以过去体验过的情绪或情感为内容的记忆。如学生对接到大学录取通知书时的愉快心情的记忆等。人们在认识事物或与人交往的过程中，总会带有一定的情绪色彩或情感内容，这些情绪或情感也作为记忆的内容而被存储进大脑，成为人的心理内容的一部分。情绪记忆往往是一次形成而经久不忘的，对人的行为具有较大的影响作用。情绪记忆的印象有时比其他形式的记忆印象更持久，即使人们对引起某种情绪体验的事实早已忘记，但情绪体验仍然保持着。

(3) 逻辑记忆。以思想、概念或命题等形式为内容的记忆。如对数学定理或公式、哲学命题等内容的记忆。这类记忆是以抽象逻辑思维为基础的，具有概括性、理解性和逻辑性等特点。

(4) 动作记忆。以人们过去的操作性行为为内容的记忆。凡是人们头脑里所保持的做过的动作及动作模式，都属于动作记忆。这类记忆对于人们动作的连贯性、精确性等具有重要意义，是动作技能形成的基础。

以上四种记忆形式既有区别，又紧密联系在一起。如动作记忆中具有鲜明的形象性；逻辑记忆如果没有情绪记忆，其内容是很难长久保持的。

在日常生活中，可以通过下列记忆技术来提高记忆的效果：

(1) 分门别类。要记忆，光靠想象是不够的，你要把它们按照一定的分类与顺序分门别类地记忆，这样当提取时也很方便。否则，杂乱无章会弄得一团糟。

(2) 归纳总结。阅读、理解与思考，去伪存真、去粗撷精，化繁为简、总结要点。

(3) 劳逸结合。记忆、背诵、休息结合进行。连续学习几小时的记忆效果，会慢慢地下降。那怎么办呢？记忆半小时，就尝试背诵一下，测试学习效果。然后，把还没记住的内容做上记号，以备重点突破。接着休息15分钟，再继续学习。休息时，最好是走动一下，看看远方，或喝一杯水——水能够使大脑保持快速运作。

(4) 以旧带新。记忆术的重要思想之一就是把你要记忆的新知识与你的旧记忆联系起来，比如地点法，就是先在大脑里把你已经记忆住的地点，当成是一个一个的“挂钩”，来“钩住”新的知识。

(5) 感官刺激。充分调动各种感官想象与体会，越鲜明刺激越好。

① 视觉：a. 色彩越生动、越丰富，记忆效率就越高。仅仅利用色彩这一条，就会使你的记忆力有所提升。b. 还有空间的想象，赋予要记忆内容充分的立体感，这样比单纯的平面、二维的感受要容易记忆得多。c. 尽可能地使大脑中的图像动起来，动的东西比静止的东西更容易记住。

② 听觉：在想象的画面中让声音清晰起来、大声起来，或你自己大声说出来。

③ 触觉：用心想象图像的触觉，或体会画面活动起来的节奏。

④ 味觉与嗅觉：包括口感、味道等。

在记东西时，参与的感官感受越多，就记得越清楚。

(6) 情绪刺激。人们对于司空见惯的东西总是不在意，可是对于稀奇古怪或会引起自己强烈情绪的事物却总是印象深刻。

① 性。性是人类非常强烈的动机之一，把要记忆的东西往这方面联想也是会帮助记忆的。

② 与自己有关的。会引起人类关注的重要动机，除了性，另一个就是“自己”了。把你要记忆的内容，想象成与自己相关的，比如你在学习一段汉朝历史，就想象你是一个汉朝的人物，去经历里面的事件。这样你的记忆会更深刻。

③ 荒诞古怪的。越古怪的、稀奇的，让人觉得不可思议的事情，越让人有印象。

④ 与强烈情绪有关的。比如能引起你喜、怒、哀、惧、讨厌、恶心、怀念、好奇等等情绪的事物。

⑤ 与人生大的变化有关的。如生老病死、聚散离合、成败得失。

(7) 大量练习。反复练习记忆术的基本功，如数字编码记忆、多找一些地点“挂钩”、多练习抽象词转化具体图像等等。

(8) 及时复习。一个资料记忆后，最好是在一小时后、一天后、一周后、一个月后、半年后、一年后都进行一次复习，这样一般就会成为长久的记忆。

1.2 记忆研究的历史

记忆是一种高级心理过程，受许多因素影响。关于记忆的研究早在几千年前就已经开始，结绳而治就是一种帮助记忆的方法。著名哲学家柏拉图(Plato)和亚里士多德

(Aristotle)针对记忆机制提出了若干模型，包括蜡丸模型(wax tablets)、大型鸡舍模型(aviary model)和文书模型(scribe model)等。蜡丸模型将记忆痕迹比喻成蜡丸上的痕迹；大型鸡舍模型将每种记忆表征为不同类型的鸟；文书模型则假设个体内部有一个私人秘书来记录自己的经历。

1885年，德国心理学家艾宾浩斯发表他的专著《记忆：一种实验心理学的研究》后，记忆就成为相关领域备受关注的主题之一。多年以来，它一直是心理学、认知科学、神经生理学等相关领域的研究中最为活跃的一个方向。关于记忆的研究，大致可以分为艾宾浩斯的记忆研究、多存储模型、基因和神经科学记忆研究三个阶段。

1.2.1 艾宾浩斯的记忆研究

冯特(W. Wundt)于1879年在莱比锡大学创立了世界上第一个专门研究心理学的实验室，这被认为是心理学成为一门独立学科的标志，冯特也被公认为是"实验心理学之父"。艾宾浩斯冲破冯特认为不能用实验方法研究记忆等高级心理过程的禁区，专门创造了无意义音节和节省法。

无意义音节是一项创造性工作，对记忆实验材料的数量化是一种很好的手段和工具。例如，先把字母按一个元音和两个辅音拼成无意义的音节，构成zog、xot、gij、nov等共2300个音节，然后由几个音节合成一个音节组，由几个音节组合成一项实验的材料。由于这样的无意义音节只能依靠重复的诵读来记忆，这就创造出各种记忆实验的材料单位，使记忆效果一致，便于统计、比较和分析。例如，研究不同长度的音节组(7个、12个、16个、32个、64个音节的音节组等等)对识记、保持效果的影响以及学习次数(或过度学习)与记忆的关系等。

为了从数量上检测每次学习(记忆)的效果，艾宾浩斯又创造了节省法。它要求被试者一遍一遍地诵读识记材料，直到第一次(或连续两次)能流畅无误地背诵出来为止，并记下诵读到能背诵所需要的重读次数和时间。然后过一定时间(通常是24 h)再学再背，看看需要多少次数和时间就能背诵，比较第一次和第二次的次数和时间，看看节省了多少次数和时间，这就叫作节省法或重学法。节省法为记忆实验创造了一个数量化的统计标准。例如，艾宾浩斯的实验结果证明：7个音节的音节组，只要诵读一次即能成诵，这就是后来被公认的记忆广度。12个音节的音节组需要读16.6次才能成诵，16个音节的音节组则要30次才能成诵。识记同一材料，诵读次数越多，记忆越巩固，以后(第二天)再学时节省下的诵读时间或次数就越多。

1.2.2 信息科学和认知科学影响下的记忆研究

20世纪50年代中期，在信息论、控制论和计算机科学的影响下，通过将生命系统和机器系统加以类比，以信息加工理论为基础的认知心理学出现了。一般认为，"认知心理学"一词，是1967年美国心理学家奈瑟(U. Neisser)在他的《认知心理学》[134]中正式提出来的，因此心理学界公认他为"认知心理学之父"。在信息科学和认知科学的影响下，记忆研究进入了一个新阶段。1968年，阿特金森和雪芙林提出记忆系统模型，把计算机的存储体系引入人类记忆研究，将记忆根据存储模式分为感觉记忆、短时记忆和长时记忆。[37]

1974年，巴德勒(A. D. Baddeley)在模拟短时记忆障碍的实验基础上提出了工作记忆的概念。[39]传统的Baddeley模型认为工作记忆由语音回路、视觉空间画板两个附属系统和中枢执行系统组成。[41]语音回路负责以声音为基础的信息的储存与控制，包含语音储存和发音控制两个过程，能通过默读重新激活消退着的语音表征防止衰退，而且还可以将书面语言转换为语音代码。视觉空间画板主要负责储存和加工视觉空间信息，可能包含视觉和空间两个分系统。中枢执行系统是工作记忆的核心，负责各子系统之间以及它们与长时记忆的联系、注意资源的协调和策略的选择与计划等。大量行为研究和神经心理学上的许多证据表明了三个子成分的存在，有关工作记忆的结构和作用形式的认识也在不断地丰富和完善。

巴德勒发展有关工作记忆的传统模型，于2000年增加了一个新的子系统，即情境缓冲区。[40]巴德勒认为，传统的模型没有注意到不同类型的信息是怎样整合起来的，而且其整合结果是怎样保持的，因此不能解释随机的单词记忆任务中，被试者只能即时系列回忆出5个单词左右，但如果根据散文内容进行记忆，则能够回忆出16个左右的单词。情境缓冲区是一个能用多种维度代码储存信息的系统，为语音回路、视觉空间画板和长时记忆之间提供了一个暂时信息整合的平台，通过中央执行系统将不同来源的信息整合成完整连贯的情境。情境缓冲区与语音回路、视觉空间画板并列，受中央执行系统控制。

长时记忆是指保持时间在1 min以上的信息存储。长时记忆的能力是一切记忆系统中最大的一个。关于长时记忆的容量、存储、恢复及持续时间，都要用实验说明。长时记忆可以分为陈述性记忆和程序性记忆。陈述性记忆是存储用符号表示的知识，反映事物的实质。程序性记忆是保持有关操作的技能，主要由知觉运动技能和认知技能组成。

1.2.3　神经科学和基因影响下的记忆研究

脑科学研究成为当今热门的研究课题，特别是针对神经科学的研究，目标是了解神经系统内分子水平、细胞水平、细胞间的变化过程，以及这些过程在中枢功能控制系统内的整合作用。记忆作为认知神经科学的研究对象，越来越受到重视。1904年，德国生物学家塞门(R. Semon)创造了“印迹”(engram)这一术语。1921年，在他的著作《记忆》(*The Mneme*)的英文版中，这个单词首次在英语中出现。本质上，塞门提出，一次经验可以激活一群神经元，使其经历持续的化学和/或物理变化，从而成为一群“印迹”细胞；随后通过该次经验中的某个线索，可以重新激活这群“印迹”细胞，从而引起记忆提取。

从20世纪30年代起，加拿大蒙特利尔麦吉尔大学的彭菲尔德(W. G. Penfield)开展了对颞叶癫痫患者的研究，揭示了大脑的许多不同结构及其功能。1950年，彭菲尔德提出了后来被称为人格解体的“颞叶假说”理论。彭菲尔德的发现再次开启了有关脑功能定位化的争论。

为了寻找脑中储存记忆的部位，美国心理学家拉什利(K. S. Lashley)在20世纪20年代做了一组行为学实验。首先，他训练大鼠走迷宫，只有走出迷宫才能获得食物。等大鼠学会后，他将大鼠大脑皮质的不同部位切除，再把它们放进原来的迷宫，看看它们是否还记得怎么走出迷宫。拉什利想用这个方法来寻找走出迷宫的记忆储存在大鼠大脑的哪个部位，但是他失败了——不管他切除哪个部位，大鼠都仍然可以很顺利地走出迷宫。所以，当时他得出的结论是：记忆不是储存在大脑的某一特定部位，而是分散地记录在整个大脑中。

拉什利的学生、加拿大认知心理学家赫布(D. O. Hebb)，受巴甫洛夫著名的条件反射实验启发，于 1949 年提出“赫布律”(Hebbian rule)，认为在同一时间被激发的神经元间的联系会被强化。[92] 赫布律基于三个基本假设：① 共同激活的神经元成为联合。② 联合能发生在相邻的或疏远的神经元间，即整个皮质是联合存储。③ 如果神经元成为联合，它们将发展成为功能体、细胞集合。赫布认为，就像管弦乐队的一个不合拍的演奏者一样，如果神经元上的一个突触不能和其他的突触同步激发，就会被当作蹩脚的角色剔除。那些同步激发的突触——其强度足以使神经元发放动作电位——则会被强化。这样一来，大脑就能根据神经冲动流的方向，发展神经回路，逐步精化和完善，建立起大脑神经元间的网络联系。

美国哥伦比亚大学的坎德尔是跨越多个领域、享有盛名的一位著名学者，他开启了神经科学中学习和记忆领域细胞分子层次研究的全新科学领域。他一生效力于神经科学领域的前沿研究，因为在记忆储存的神经机制研究中所做出的重大贡献，于 2000 年获得诺贝尔生理学或医学奖。[104]

坎德尔获得诺贝尔奖是因为在研究中发现了如何改变突触的效能，以及其中涉及了哪些分子机制。最开始，坎德尔研究哺乳动物的学习和记忆。但是，由于记忆的机制太复杂，很难研究大脑记忆过程的基本机制。因此，他决定研究更简单的实验模型，即海兔(aplysia)的神经系统。此动物的神经系统由仅仅 20 000 个神经细胞组成，而且多数细胞体积相当大。海兔具有一种可以保护鳃的简单保护性反射，可以用来研究基本的学习机制。坎德尔发现，某种类型的刺激可引起海兔保护性反射加强。这种反射加强可以持续几天或几周，是一种学习的过程。后来他又发现，学习与连接感觉神经细胞和产生保护性反射肌群活化的神经细胞之间的突触加强有关。较弱的刺激形成短时记忆，一般持续数分钟到数小时。短时记忆的机制是由于离子通道受影响，使更多的钙离子进入神经末梢。由此，导致神经突触释放更多的神经递质，从而使反射加强。这些转变由几个离子通道蛋白的磷酸化所致。强大和持续的刺激将导致能持续几周的长时记忆的形成。强刺激可引起信使分子 cAMP 和蛋白激酶 A 水平增高，这些信号到达细胞核，引起突触蛋白质水平的变化。一些蛋白增加了，而另一些蛋白数量减少。结果是突触损伤的分子机制的体积变大，使得突触功能持续增强。与短时记忆不同的是，长时记忆损伤的分子机制需要生成新的蛋白质。如果新蛋白的合成受阻，长时记忆将会被阻断，而短时记忆却无影响。坎德尔用海兔证明，短时记忆与长时记忆均发生在突触部位。坎德尔与合作伙伴提出了基因调控理论，还发现了首个基因转录的调控子。基因功能能够受到细胞外和细胞内的信号传导分子调控，以响应环境需要。

坎德尔所研究的细胞分子水平的学习和记忆作用机制，基本上也适用于人类。所以，人类的记忆可以说是位于突触。坎德尔的研究不但为我们提供了对学习和记忆的深层理解，也提供了开发有关记忆增强药物的契机。

近年来，记忆研究出现了一些新的领域，包括元记忆(metamemory)、内隐记忆(implicit memory)、记忆衰退(memory decline)、全球脑等。元记忆指个体对记忆过程和内容的意识和控制情况，它对于有效记忆技能的发展很关键。内隐记忆在心理学上是指在不需要意识或有意回忆的条件下，个体的过去经验对当前任务自动产生影响的现象，又称自动的、无意识的记忆。记忆衰退围绕老年期记忆的发展变化进行研究，还包括阿尔兹海默症患者、轻度认知损伤患者的记忆损伤和恢复情况。全球脑是由生物神经网络和数字网络共同构成的智能系统，包括全球人脑和互联网，该系统具有比人脑更高级的信息处理能力和创造力。

1.3 记忆研究的内容

从20世纪80年代以来，记忆研究进入了崭新的阶段，多学科综合和认知神经科学的研究取向是这一阶段的主要特点。记忆研究的内容主要包括记忆的认知基础、记忆巩固、记忆定位、记忆的神经基础。

1.3.1 记忆的认知基础

记忆表征的实质问题，一直处于一个争论的中心：记忆的复杂性能否被简化为一组简单的联系原则。在记忆研究中，出现了各种各样的观点，例如刺激-反应联结和刺激-强化联结的一组原则，或者认为记忆涉及一个复杂的网络结构，只能以认知加工的方式进行理解，而不能被简化为简单的联结机制。

20世纪30年代，英国心理学家巴特利特（F. C. Bartlett）发表了影响巨大的著作《记忆：实验心理学和社会心理学的研究》，揭示了在实验情境中社会因素对人记忆的影响，指出在回忆中，个体不是在简单地复制材料，而是根据已有的经验对材料进行重构。[43]巴特利特提出了记忆的“图式”（schema）理论，图式就是对过去经验的积极组织。在记忆中，个体通过建构或推断替换了记忆的内容及其发生的顺序，它不仅使个别成分一个接一个地发生作用，而且使之组织并成为一个统一的整体。他认为回忆是一个重构的过程，转向个体自己的图式，用意识在简单习得的顺序中搜索合理协调的顺序，并且重新构建。意识在回忆的重构活动中扮演着重要的角色，它使回忆得到意识性的调节。

1.3.2 记忆的加工过程

20世纪60年代，信息加工的观点被引入心理学。这一观点认为人的大脑类似于计算机，编码、储存、提取是人脑对外界信息进行加工的基本过程。由此，记忆重新回到科学心理学的研究视野。

1. 记忆编码

记忆对信息的储存需要加工，并非以信息的原本形式进行储存。例如，从语义学上来说，记忆者需要在对信息进行理解与认识的基础上来进行编码。因此，信息首先必须转化为可以进行编码的形式，即通过编码可使外部世界的信息以化学或物理刺激的形式被感知。记忆编码与脑电信号密不可分。

脑电分为自发脑电（spontaneous electroencephalogram，EEG）和诱发脑电（evoked potential，EP）两种。自发脑电是指在没有特定的外加刺激时，人脑神经细胞自发产生的电位变化。这里所谓的“自发”是相对的，指的是没有特定外部刺激时的脑电。自发脑电是非平稳性比较突出的随机信号，不但它的节律随着精神状态的变化而不断变化，而且其在基本节律的背景下还会不时地发生一些瞬念，如快速眼动等。诱发脑电是指人为地对感觉器官施加刺激（光的、声的或电的）所引起的脑电位的变化。诱发脑电按刺激模式可分为听觉诱发电位(auditory evoked potential,AEP)、视觉诱发电位(visual evoked potential,VEP)、体感诱发电位(somatosensory evoked potential,SEP),以及利用各种不同的心理因素如期待、预备或各种随意活动进行诱发的电位,统称为事件相关电位(event related potentials,ERP)等。事件相关电位把大脑皮质的神经生理学与认知过程的心理学融合起来,它包括 P300(反映人脑认知功能的客观指标)、N400(语言理解和表达的相关电位)等内源性成分。ERP 和许多认知过程,如心理判断、理解、辨识、注意、选择、做出决定、定向反应以及某些语言功能等有密切相关的联系。

自发脑电信号反映了人脑组织的电活动及大脑的功能状态,其基本特征包括周期、振幅、相位等。关于 EEG 的分类,国际上一般按频带、振幅不同将 EEG 分为下面几种波:

(1) δ波:频带范围为 0.5～3 Hz,振幅一般在 100 μV 左右。在清醒的正常人的脑电图中,一般记录不到δ波。在成人昏睡时,或者在婴幼儿和智力发育不成熟的成人身上,可以记录到这种波。受某些药物影响,或大脑有器质性病变时,也会引起δ波。

(2) θ波:频带范围为 4～7 Hz,振幅一般为 20～40 μV。在额叶、顶叶较明显,一般困倦时出现,是中枢神经系统抑制状态的表现。

(3) α 波:频带范围为 8～13 Hz,节律的波幅一般为 10～40 μV。正常人的 α 波的振幅与空间分布,也存在着个体差异。α 波的活动在大脑各区都有,不过以顶枕部最为显著,并且左右对称,安静及闭眼时出现最多,波幅亦最高,睁眼、思考问题或接受其他刺激时,α 波消失而出现其他快波。

(4) β波:频带范围为 14～30 Hz,振幅一般不超过 30 μV。分布于额、中央区及前中颞,在额叶最容易出现。生理反应时 α 节律消失,出现β节律。β节律与精神紧张和情绪激动有关。所以,通常认为β节律属于"活动"类型或去同步类型的。

(5) γ 波:频带范围为 30～45 Hz,振幅一般不超过 30 μV。额区及中央最多,它与β波同属快波。快波增多、波幅增高是神经细胞兴奋性增高的表现。

通常认为,皮质病变会引起一些脑波中异常频率成分,正常人的脑波频率范围一般在 4～45 Hz 之间。

事件相关电位把大脑皮质的神经生理学与认知过程的心理学融合起来,和许多认知过程,如心理判断、理解、辨识、注意、选择、做出决定、定向反应以及某些语言功能等有密切相关的联系。典型的事件相关电位如下:

(1) P300:P300 是一种事件相关电位,其峰值大约出现在事件发生后 300 ms,相关事件发生的概率越小,所引起的 P300 越显著。

(2) 视觉诱发电位(VEP):视觉器官受到光或图形刺激后,在大脑特定部位所记录的 EEG 电位变化,称之为视觉诱发电位。

(3) 事件相关同步(ERS)或去同步(ERD)电位:单边的肢体运动或想象运动,对侧脑区产生事件相关去同步电位,同侧脑区产生事件相关同步电位。

(4) 皮质慢电位(SCP):皮质慢电位是皮质电位的变化,持续时间为几百毫秒到几秒,实验者通过反馈训练学习,可以自主控制 SCP 幅度产生正向或负向偏移。

2. 记忆存储

记忆存储涉及记忆何时和如何成为永久性记忆。记忆在最初很不稳定,之后能逐渐变得不易丢失,这说明存在一个能使记忆获得永久形式的巩固过程。根据马尔(D. Marr)早期的想法,斯坦福大学心理学教授麦克莱兰(J. L. McClelland)于 1995 年提出了互补学习系统(complementary learning systems,CLS)理论。[126]该理论认为人脑学习是两个互补学习系统的综合产物。一个是大脑新皮质学习系统,通过接受体验,慢慢地对知识与技能进行学习。另一个是海马体学习系统,记忆特定的体验,并让这些体验能够进行重放,从而与新皮质学习系统有效集成。2016 年,谷歌深度思维的库玛拉(D. Kumaran)、哈萨比斯(D. Hassabis)和斯坦福大学的麦克莱兰在《认知科学趋势》刊物上发表文章[108],拓展了互补学习系统理论。大脑新皮质学习系统是结构化知识表示,而海马体学习系统则迅速地对个体体验的细节进行学习。

3. 记忆提取

记忆提取是指所存储信息的恢复。长时记忆的信息提取有两种基本形式,即再认和回忆。再认(recognition)是指人们对感知过、思考过或体验过的事物,当它再度呈现时,仍能认识的心理过程。回忆(recall)是人们过去经历过的事物的形象或概念在人们的头脑中重新出现的过程。再认与回忆没有本质的区别,但再认比回忆简单和容易。

在回忆过程中,人们所采取的策略,将直接影响回忆的进程和效果。

(1) 联想是回忆的基础。客观世界的各种事物不是孤立的,而是相互联系和相互制约的。人脑对客观事物进行反映,在头脑中所保存的知识经验也不是孤立的和零散的,而是彼此有一定的联系的,这样人们在回忆某一事物时,也会连带地回忆起其他有关的事物。

(2) 定势和兴趣直接影响回忆的方向和效果。定势对回忆有很大的影响,由于个人的心理准备状态不同,同一个刺激物可以使人回忆起不同的内容,产生不同的联想。另外,兴趣和情感状态也可以使人们对某一类事物的联想处于优势。

(3) 双重提取。寻找关键支点是回忆的重要策略。在回忆过程中,借助表象和词语的双重线索可以提高回忆的完整性和准确性。例如,问"家里有几扇窗户",首先在头脑中出现家中窗户的形象,然后再提取窗户的数目,效果较好。在回忆中,寻找回忆材料的关键点,也有利于信息的提取。

(4) 暗示回忆和再认有助于信息的提取。在回忆比较复杂的和不熟悉的材料时,呈现与回忆内容有关的上下文线索,将有助于材料的迅速恢复。暗示与回忆内容有关的事物,也能帮助回忆。

(5) 与干扰做斗争。在回忆过程中,经常会发生提取信息的困难,这可能是由于干扰所引起的。例如,考试时,有人明知考题的答案,但是由于当时情绪紧张,一时想不起来,这种明明知道而当时又回忆不起来的现象叫"舌尖现象",即话到嘴边却说不出来。克服这种问题的简便方法是当时停止回忆,经过一段时间后再进行回忆,要回忆的事物便可能油然而生。

1.3.3 记忆定位

记忆作为一个整体,是广泛分布于脑的各个部位的。不同种类的记忆又是通过不同的特殊模块、回路、途径或系统来完成的。记忆系统按其功能可以分为陈述性记忆、程序性记忆和情绪性记忆。每个记忆系统都开始于大脑皮质的广泛区域,这些区域在一些不同的感觉和运动加工层次和最高级的皮质联合区发生关联,形成记忆通路。

这一研究领域同时考虑记忆与其他认知过程之间的关系,包括意识、协调运动和情绪。对于脑的模块和系统进行研究的主要目标是识别和区分特殊脑结构和通路的不同作用,通常是通过对特定脑区的选择性损伤所造成的不同后果加以对照来进行。一些研究利用功能成像技术观察被试在进行记忆测试时脑区的激活状态。

1.3.4 记忆的神经基础

1949年，加拿大心理学家赫布在他的《行为组织学》(*The Organization of Behavir*)一书中，首次提出了赫布理论，解释在学习过程中大脑中的神经细胞是如何改变和调整的。[92]当细胞A的一个轴突和细胞B很近，足以对它产生影响，并且持久地、不断地参与了对细胞B的兴奋，那么这两个细胞或其中之一会发生某种生长过程或新陈代谢变化，以至于A作为能使B兴奋的细胞之一，它的影响加强了。这个机制以及某些类似规则，被称为赫布律，又称为赫布理论或突触学习学说。

赫布律中有2个理论名词，即"细胞集合"和"阶段顺序"。细胞集合是与环境事物联结的神经细胞组。即使与此神经细胞组联结的事物没有出现，激活此神经细胞组也会经验到此物体的观念。任何重复的刺激都会在脑中兴奋一群特定的细胞，这一群细胞分布在大脑皮质、间脑(视丘与下视丘)以及基底核，可以在刺激的触发下暂时成为一个封闭系统，透过它们之间众多的联络神经，使兴奋活动在系统内维持一段相当的时间。阶段顺序是一连串交互关联的细胞组合。如果在一个环境中，一连串的事件典型地同时发生，这在神经层次上则代表着阶段顺序。阶段顺序的激发导致了相关观念的产生。

反响回路是指神经系统中皮质和皮质下组织之间存在的某种闭合的神经环路。当外界刺激作用于神经环路的某一部分时，回路便产生神经冲动。刺激停止后，这种冲动并不立即停止，而是继续在回路中往返传递并持续短暂的时间，这是短时记忆的生理基础。贝内特(M. R. Bennett)认为，由于轴突末梢增长，树突增多，突触间隙变窄，使突触阻力下降，因此学习创造的稳定神经网路是记忆的神经支柱。[45]

罗森茨维格(M. R. Rosenzweig)的实验揭示，在刺激丰富的环境中生长的白鼠大脑重量增加，特别是枕叶的胶质细胞增加，而神经元数量则保持不变。[154]

经过塞门、拉什利、赫布、利根川进等学者在神经印迹研究方面的逐步推进，形成了比较严密的记忆印迹的研究脉络，可以在下列2个方向开展深入研究：

(1) 神经元活动与记忆行为之间的因果关联。

(2) 研究印迹的神经机制，印迹如何形成、巩固和提取。

1.3.5 集体记忆

哈布瓦赫(M. Halbwachs)于1939年以集体心智的形式提出了记忆主体的问题，指出记忆二重性对于理解记忆与社会关系的重要性。[88]记忆二重性不仅体现为具体时间地点与抽象符号之间的关联，还表现为过去与现在之间的区分，甚至还有对二重性之间的排序。在集体记忆中，集体的主要形式是家庭、宗教和社会阶级。在记忆形成的过程中，个体记忆如何成为集体记忆的环节？如何在集体记忆中寻找到自身的定位？随着科学技术的发展，现在可以在互联网、云平台、多智能体和脑机融合的基础上研究和实现集体记忆，例如全球脑，就是集体记忆的一个典型实例。

1.4 记忆研究的技术

正如艾宾浩斯所倡导的那样，采用实验方法研究记忆。神经生理学中通过对清醒动物的单细胞记录、多细胞记录、阵列电极记录等方式测量细胞活动的电生理反应，以及分子神经生物学中通过组织化学等方法测量细胞活动时信息传递的化学物质变化，是在分子和细胞水平认知、研究脑的生理成像方式。它们在时间和空间分辨率上都可以达到相当的要求。

在脑电图技术(EEG)的基础上，20 世纪六七十年代发展出一种被称为事件相关电位(event-related potential，ERP)的技术，能够通过实时记录脑功能活动时的头皮电位，测量认知活动引起的脑电变化，并可以通过偶极子定位模型，逆向求解出大致的脑内电活动的源定位。但是，由于数学上这种逆向求解的困难和解的非唯一性，ERP 的脑功能定位只能是对真实脑活动的一个相当粗略的估计。1992 年出现了功能磁共振成像(functional magnetic resonance imaging，fMRI)，但即使在理想的情况下，也只能达到 100 ms 的时间量级，并且，脑区域能量代谢的变化或者血流的变化，究竟与神经元的兴奋或抑制之间的确切关系是什么，也还是一个悬而未解的问题。这些通过测量脑血流变化或含氧浓度变化而生成的功能像，并不是实际意义上的脑功能活动发生的位置和时间，从而在根本上不可避免地带有一定的空间和时间差异。如果能够通过某种方式有效地结合这两种成像技术，在时间与空间分辨率上同时达到一个更好的水平，对脑功能成像技术而言将是一个不小的进步。这是目前正极力达到的目标之一。图 1.1 给出了记忆研究技术在空间和时间分辨精度上的比较。

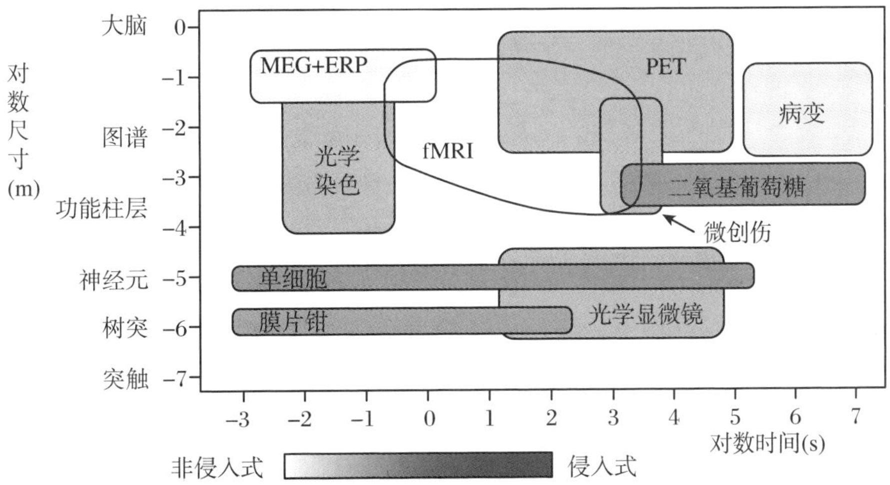

图 1.1 记忆研究技术比较

1.4.1 单细胞记录

单细胞记录(single-unit recording)是四十多年前发展出来的一项记录单个神经元活动

的精细技术。直径约为万分之一毫米的微电极被插进动物大脑，以获得细胞膜外电位记录。一个立体定位装置被用来固定动物的位置以及帮助确定电极在三维空间的准确位置。单细胞记录是一项灵敏度非常高的技术，百万分之一伏特的电压都可能被检测到。

这一技术最为著名的应用是休柏(D. Hubel)和威塞尔(T. Wiesel)对视觉的研究。他们用猫和猴子作被试研究了基本视觉过程的神经生理学机制。休柏和威塞尔发现在初级视觉皮质中分别存在一些简单和复杂的细胞，以及众多更为复杂的细胞。这些细胞均对某一特定朝向的直线条做出最大反应。

单细胞记录技术对提供脑功能在神经元水平上的具体活动信息非常有效，相对其他技术而言也就显得更加精细一些。这一技术的另一优势是关于神经元活动的信息可在一个非常广泛的时间范围内(从几毫秒到几小时或几天)采集。该技术的主要局限是需穿透神经组织，所以当运用于人类时不太受欢迎。另一个局限是它只能提供神经元水平的活动信息。

1.4.2 正电子发射层析摄影术

正电子发射层析摄影术(positron emission tomography，PET)是根据对正电子的检测而获得有关大脑活动的信息的。正电子是由某些放射性物质释放的一种微粒子。带有放射性标记的液体被注射进体内，并迅速聚集在大脑的血管中；当部分皮质兴奋时，带放射性标记的液体就迅速移向兴奋处；接着一个扫描装置测量放射性液体所产生的正电子数量；然后，由计算机把这一信息转换成代表大脑不同区域兴奋水平的图像。向人体注射放射性物质听起来很危险，而事实上其放射性是非常微弱的。

PET 的主要优点之一是具有较高的空间分辨率(可达 3～4 mm)。这一技术具有广泛的用途，可用来确定多种认知活动的大脑兴奋区域。

PET 也存在许多局限性：① 其时间分辨率很低。PET 测定的是 60 s 或更长时段的每一大脑区域的活动量，因而也就不能显示伴随大多数认知过程而发生的迅速变化。② PET 只能间接测量有关的神经活动。③ 这是一项侵袭性技术，即实验者需要向被试注射放射性同位素标记液。④ 研究者很难对根据减法逻辑获得的证据予以充分解释。例如，研究者可假设提取情景记忆对其他记忆成分并未引起大脑某些特定区域的活动，可从另一角度来说，也可能被试提取情景记忆时的动机较提取其他记忆时会更强一些，这样一来，大脑的某些活动可能是反映了动机系统而不是记忆系统的活动。

1.4.3 功能磁共振成像

磁共振成像(magnetic resonance imaging，MRI)的原理是利用电磁场去兴奋大脑中的原子，这一过程所导致的磁场变化被一台环绕被试的 11 吨重的磁体所检测，进而由一台计算机处理成一幅非常精确的三维图像。MRI 扫描因可进行多角度检测，被用来检测大脑中非常细小的肿瘤。当然，仅从这一点来说，它只能发现大脑的结构性特点，在功能方面还无能为力。

随着脑与认知科学的发展，人们对脑功能的研究不再仅仅局限于功能定位等领域，更深入的工作是通过功能磁共振这种无创性的检测手段进行更复杂的功能方面的研究，如激活区检测、功能区动态变化、功能网络等。功能磁共振成像(functional magnetic resonance imaging,fMRI)技术主要是基于被试大脑皮质功能发生的改变而获取信息。广义的功能磁共振成像技术主要有弥散张量成像(DTI)、弥散加权成像(DWI)、磁共振波谱分析(MRS)、灌注加权成像(PWI)以及血氧水平依赖(BOLD)。狭义的功能磁共振成像技术专指基于血氧水平依赖的脑功能核磁共振成像。

血氧水平依赖(BOLD)是大脑活动引起的血氧浓度、代谢变化、血流变化以及氧合血红蛋白和脱氧血红蛋白的磁化率差异所引起的综合机制。神经元活动时,血氧会加速消耗,使血管中血液的含氧量降低,低氧会刺激血管壁,使血管扩张,局部脑血流增大,组织中氧的供应量往往大于代谢的耗氧量,反而使得局部脑组织中的平均含氧量升高。脱氧血红蛋白与氧合血红蛋白的磁化率不同,脱氧血红蛋白在磁场中呈顺磁性,可显著降低磁共振信号强度;反之,氧合血红蛋白在磁场中呈抗磁性,对局部主磁场的均匀性、氢质子的弛豫均不构成影响,可增加磁共振信号强度。与邻近区域相比,激活区域内的血氧消耗与供应之间的不平衡现象导致该区域具有顺磁性的脱氧血红蛋白浓度显著减小。这种变化导致该区域内磁场畸变程度减弱,BOLD对照量效应得以加强,结果是局部磁共振信号相对增加。

作为fMRI的基础,BOLD效应的成像原理已比较清楚,但BOLD信号的生理、动力学机制至今仍不明晰。fMRI是间接获取脑内神经活动信息,获取的信号信噪比较低,干扰因素较多,相对于真实的神经活动,BOLD信号变化存在时间差。fMRI信号数据因复杂的BOLD信号响应会发生变化,这增加了后续的数据处理及分析的难度。

图1.2给出了fMRI数据分析的基本流程[145],该流程主要由图像重建、数据预处理(扭曲校正、运动校正、层面时间校正、空间标准化、空间平滑)和统计分析构成。统计分析包括:

(1) 统计建模:将统计模型拟合到观测数据,以估计任务或刺激引起的响应。

(2) 统计推断:估计结果的统计显著性,对在整个大脑中进行的大量统计检验进行校正。

(3) 可视化:对结果进行可视化,并估计效应量,可能还包括一些机器学习的相关内容。

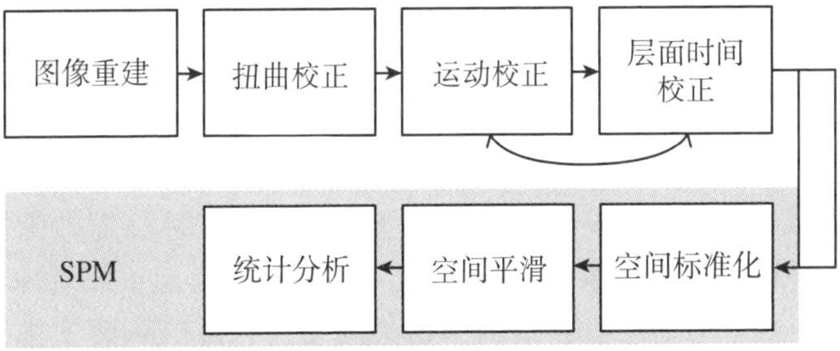

图1.2 fMRI数据分析的基本流程

常用的分析软件主要有SPM、FSL、AFNI、CCA-fMRI,各有优缺点。SPM基于MATLAB,可实现DICOM转.nii文件,可预处理,可做单样本检验和组分析。

fMRI相比其他几项技术具有如下优点:① 除了被试偶尔因不适应相对狭小的机身环境出现幽闭恐惧症状以外,这一技术是相当安全的,至今未见任何生物性危害报告。② 磁共振成像能提供有关结构和功能两方面的信息,这就能保证对每一被试的功能区进行精确的解剖定位。空间分辨率也相当高,可达1~2 mm。

fMRI的一个缺陷是它也只能对神经活动进行间接测量。该技术的另一缺陷是其较低的时间分辨率(数秒钟),因而也不能追寻认知活动的时间轨迹。当然,像PET一样,它也依赖于减法逻辑，而这一减法范式可能并不能精确评定实验条件下大脑的活动水平。

1.4.4 脑磁图

脑磁图(magneto-encephalography，MEG)技术运用一个超导量子干扰装置来测量脑电活动的磁场变化。已有证据表明 MEG 可被认为是对大脑神经活动的直接测量。MEG 对神经活动的测量精度很高，部分是因为脑颅对磁场实际上不存在任何阻碍。磁场不受脑组织的干扰也是 MEG 相对测量脑电活动的 EEG 的一个优点。

MEG 具有如下几个优点。第一，磁场信号相对直接地反映了神经活动的变化。相比而言，PET 和 fMRI 信号只反映血流量的变化(一般认为血流量的变化能反映神经活动水平)。第二，MEG 能提供有关认知过程的相当具体的时间信息，时间分辨率达毫秒级。这一特点也使得其能分辨出大脑皮质兴奋的先后顺序。

MEG 也存在重要缺陷。大脑进行认知活动时所产生的磁场强度仅为地磁的一亿分之一和环绕头顶的通电导线的百万分之一，因而很难排除在测量大脑活动时无关磁场的干扰。超导特性要求周围温度接近绝对零度(－273 ℃)，这意味着超导量子干扰装置需浸泡在比绝对零度高 4 ℃的液态氦中。然而，上述两个问题都已基本或完全解决。目前 MEG 面临的最大问题是它不能提供结构或解剖信息。因此，研究者可把 MRI 和 MEG 结合使用以获得大脑兴奋区的定位数据。

1.4.5 事件相关电位

20 世纪 60 年代，萨顿(S. Sutton)等提出了事件相关电位(ERP)的概念[183]，通过平均叠加技术从头颅表面记录大脑诱发电位来反映认知过程中大脑的神经电生理改变。ERP 是一种特殊的脑诱发电位，通过有意地赋予刺激以特殊的心理意义，利用多个或多样的刺激引起脑电位变化。它反映了认知过程中大脑的神经电生理的变化，故也被称为认知电位，也就是指当人们对某课题进行认知加工时，从头颅表面记录到的脑电位。因为事件相关电位与认知过程有密切关系，故被认为是“窥视”心理活动的“窗口”。

经典的 ERP 主要成分包括 P1、N1、P2、N2、P3，其中前三种称为外源性成分，而后两种称为内源性成分。这几种成分的主要特点是：首先不仅仅是大脑单纯生理活动的体现，而且反映了心理活动的某些方面；其次，它们的引出必须要有特殊的刺激安排，而且是两个以上的刺激或者是刺激的变化。其中 P3 是 ERP 中最受关注的一种内源性成分，也是用于测谎的最主要指标。因此，在某种程度上，P3 就成了 ERP 的代名词。

相对于其他技术而言，事件相关电位可提供关于大脑活动的更具体的时间信息，同时也有非常广泛的临床用途，如多发性硬化症的诊断就是一个例子。然而，事件相关电位并不能提供关于脑功能定位方面的精确信息。这一问题部分是因为脑颅和大脑组织干扰了来自大脑内部的电场所引起的。更进一步说，事件相关电位只有在刺激非常简单且所给任务(如目标检测)只涉及基本过程时才更有说服力。由于这些限制(包括一个刺激需呈现多次的实验范式)，事件相关电位技术不宜用于研究形式复杂的认知活动，如问题解决和推理等。

1.4.6 光遗传学技术

光遗传学技术(optogenetics)整合了光学、软件控制、基因操作技术、电生理等多个学科的知识,被 *Nature Methods* 评为 2010 年度生命科学技术。光遗传学技术是将光学和遗传学技术相结合,利用病毒载体,将微生物视蛋白基因引入到载体动物的脑组织,采用不同波长和频率的光进行照射,通过刺激光敏感蛋白开启或关闭特定细胞类群或特定神经元的活动进而调控其功能,从而控制动物行为。

2005 年,戴瑟罗斯(K. Deisseroth)提出光遗传学技术并将其用于神经科学研究中。他在文献[67]中指出,光遗传学技术意味着把遗传学和光学结合起来,在活体的特定细胞内控制特定的事件,把光深入传送到复杂的自由移动的有机体内部,把敏感光定位到兴趣细胞中,对这种光控制的效果或者特定结果进行评估的技术。

关于光遗传学技术发展的来龙去脉,可以参见文献[75]。该文献指出,光遗传学技术对神经科学产生了明显的影响,使得人们能够在复杂的神经组织内部对被选择的细胞进行模式化。我们知道,当神经元处于静息状态时,细胞膜两边存在电位差,即静息电位。静息电位的产生是由于膜内外各种离子的分布不均衡,以及细胞膜蛋白对各种离子的通透性不同造成的。采用光遗传学技术时,首先运用工具病毒载体,将光敏蛋白(如 ChR2、eBR、NpHR3.0、Arch 或 OptoXR 等)转入到神经系统特定类型的细胞中进行特殊离子通道或 GPCR 的表达。光感离子通道在不同波长的光照刺激下会分别对阳离子或者阴离子的通过产生选择性,如 Cl^-、Na^+、H^+、K^+,从而造成细胞膜两边的膜电位发生变化,达到对细胞选择性地兴奋或者抑制的目的。对于 ChR2 光敏蛋白,当有 473 nm 的蓝色激光照射时,这些通道蛋白的通道打开,允许阳离子(如 Na^+)大量内流,产生动作电位,即让神经元处于兴奋状态。对于 NpHR 来说,当有 580 nm 的黄色激光照射时,这些通道蛋白的通道打开,允许 Cl^- 通过,使神经元一直处于静息电位,即让神经元保持静息状态。

光遗传学的一般应用步骤如下:

(1) 寻找合适的光敏蛋白。

(2) 向靶细胞内导入光敏蛋白基因。

(3) 对光信号进行时空调控。

(4) 收取输出信号,读取结果。

激活型通道蛋白:在特定波段光的激发下,诱导光敏感蛋白激活,促使神经元细胞膜去极化,为活化神经元的光遗传工具。典型的用于激活神经元的光敏感通道蛋白 ChR2(*channelrhodopsin*),最早从莱茵衣藻中发现,后经人为突变、修饰,改造成能适用于哺乳动物细胞、表达稳定且对细胞无毒的工具。该蛋白在蓝光(最大激发峰在 470 nm 波长附近)的激发下会诱导阳离子通道的打开,促使神经元去极化,进而诱发动作电位,激活神经元。

抑制型通道蛋白:在特定波段光的激发下,诱导光敏感蛋白激活,促使神经元细胞膜超极化,为抑制神经元的光遗传工具。典型的抑制神经元活动的光敏感蛋白 NpHR(盐系菌视紫红质),最早从嗜盐碱菌里发现,它在黄绿光(最大激发峰在 590 nm 波长附近)的激发下会诱导氯离子通道的打开,氯离子内流造成神经元超极化,从而抑制神经元动作电位的产生;在苏打盐红菌里发现的 Arch(古紫质),在黄绿光(最大激发峰在 566 nm 波长附近)的激发下会诱导质子的外流,从而产生超极化信号,抑制神经元的活动。

2011 年以来，光遗传学技术在全球众多实验室被使用。通过光遗传学技术，可将光敏感通道蛋白表达在特定的细胞，用于突触可塑性、神经系统的疾病治疗、动物行为学和神经回路等多方面的研究。

1. 突触可塑性的研究

树突棘是大脑神经元接受和传递信息的重要结构，是形成突触的关键部位，在突触可塑性中发挥重要作用。90%以上的兴奋性突触存在于树突棘头部中，应用光遗传学技术可以同时检测多个树突棘的信号，突破了停留在单个突触水平的研究。通过对啮齿类动物海马区锥体细胞的上百个树突棘进行研究，发现临近的树突棘在自发活动中会趋于同步化，使得输入信号整合，成为动作电位输出。也有研究发现应用光照激活星型胶质细胞上表达的 ChR2 能促发谷氨酸递质释放，可激活神经元的 AMPA 受体，而 AMPA 受体与突触可塑性有关。这些研究表明，通过选择性调节特异性神经元或神经细胞数量，光遗传学技术在突触可塑性研究中有较大应用前景。

2. 神经系统疾病的治疗研究

光遗传学技术除了用于检测大脑中癫痫发作的起始点外，还用于研究严重癫痫持续状态的持续或中止。苏霍廷斯基(I. Sukhotinsky)利用光遗传学技术将 ChR2 表达于膈肌运动细胞群，光照刺激下，颈部脊髓损伤的动物可以恢复呼吸运动。光遗传学技术也为帕金森症的神经机制提供了新的见解和思路。

3. 动物行为学和神经回路研究

动物交际行为学测试中，通过光遗传学技术可明确下丘脑泌素/进食素在特定情境中扮演的角色。利用光遗传学技术将 ChR2 表达在小鼠初级感觉皮质——桶状皮质神经元中，利用蓝光照射并结合奖励进行行为学训练，蓝光照射时，小鼠向左转，给予水喝，作为正确识别的奖励，研究小鼠行为与光照之间的关系，证实小鼠奖赏记忆行为准确率与蓝光照射有较强的相关性。神经回路是神经细胞、分子活动和脑整体活动的连接桥梁。运用光遗传学技术，在动物中实现了对神经元和突触的高时间分辨率、高精确度的光学调控，为动物行为学的神经回路的研究提供了一个较好的方法学技术。

浙江大学医学院胡海岚研究组在这一领域的研究取得了突破性的进展，在抑郁症的神经环路研究中，该课题组发现大脑中反奖赏中心——外侧缰核中的神经元活动是抑郁情绪的来源。[65]通过光遗传学技术手段，胡海岚研究组进一步直接证明缰核区的簇状放电是诱发动物产生绝望和快感缺失等行为表现的充分条件。快速抗抑郁药物氯胺酮作为 NMDAR 的阻断剂，其药理作用机制正是通过抑制缰核神经元的簇状放电，高速高效地解除其对下游“奖赏中心”的抑制，从而达到在极短时间内改善情绪的功效。这一研究成果颠覆了以往抑郁症核心机制上流行的“单胺假说”。在理论上，对抑郁症这一重大疾病的机制做出了系统性的阐释，为后续研究提供了全新的路径。在临床转化方向，为研发氯胺酮的替代品、避免其成瘾等副作用提供了新的科学依据。同时，该成果鉴定出的 NMDAR、Kir4.1 钾通道、T-VSCC 钙通道等多个可成药的快速抗抑郁分子靶点，为研发更多、更好的抗抑郁药物或干预技术提供了崭新的思路，对最终战胜抑郁症具有重大意义。

1.5 展 望

2005年是国际著名期刊 *Science* 杂志创刊125周年,杂志编委会发表了125个重要基础问题,其中问题15就是“记忆是如何存储和检索的”[106]。记忆是智能科学、认知科学中的重要基础问题。

关于记忆的思考和研究贯穿人类文明的整个历史。从先古哲人,到21世纪的认知科学和智能科学,记忆的研究经历了从哲学向科学演变的过程。艾宾浩斯将记忆引入了实验室;阿特金森、图尔文(E. Tulving)、安德森(J. R. Anderson)等将记忆从单一系统向多重系统推进;坎德尔、奥基夫(J. O'keefe)等从认知神经科学角度研究记忆,获得重大突破,开启了短时记忆、空间记忆的分子机制研究。

记忆构成的首要模式是印痕模式。对记忆印痕进行描述的三个主要概念是印痕、印象和印迹,概括为三元模式(TIE模式)。印痕偏重心理因素,成为心理学领域内较多使用的概念。印象源自洛克、休谟,成为知识的起源之处。印迹主要是20世纪神经科学领域内对记忆进行描述的概念,它是生物学发展过程中所提出的一个重要概念。记忆是生物印迹,是记忆研究的内核之一。20世纪初,塞门提出了两个重要概念[165]:一个是印迹(engram),其定义是“由刺激物产生的存在于应急物质中的持久的然而是原初潜在的变更”。另一个概念是唤起(ecphory),其定义是“将记忆痕迹或者印痕从潜在状态中唤醒进入到明显活动的影响”。这两个概念成为塞门解释所有自然现象的出发点,也成为后来记忆科学研究的出发点。19世纪末,达尔文进化论成为生物学领域的标准范式,不同物种之间的竞争、淘汰成为生物进化的主要机制。而塞门所提出的通过记忆原则解释自然现象,无疑从两个方面向达尔文范式提出了挑战:一方面是用记忆这样一个思辨的、无法被经验证实的原则来解释自然现象;另一方面是强调了不同生物代际之间的遗传同一性。此外,除了挑战权威当红范式之外,更为重要的是,他对同一原则的寻求更是对当时实证精神的一种宣战。法国哲学家利科(P. Ricoeur)抓住了记忆印迹的概念,提出了书写印迹、心理印迹和脑部印迹。

2020年,在 *Science* 的综述文章中,MIT诺奖得主利根川进和加拿大院士约瑟林(S. A. Josselyn)共同讨论了印迹细胞作为记忆基础的证据(尤其是在啮齿动物中)。[103]他们将“印迹”定义为持久的离线的物理和/或化学变化,这些变化是由于学习而引起的,并且是新形成的记忆关联的基础。“印迹细胞”是构成给定印迹的关键细胞成分的细胞群。这些细胞可能是(也可能不是)支持其他记忆的关键组成部分。印迹细胞通过学习经历被激活,通过学习经历进行物理或化学修饰,并且通过随后呈现的在学习经历(或其某些部分)中出现的刺激而被激活,最终实现记忆提取。“印迹细胞集合”是指位于一个大脑区域内的印迹细胞的集合。每个大脑区域中的印迹细胞集合相互连接,形成一个“印迹复合体”,这是整个人脑的印迹支持的记忆,该记忆存储在通过印迹细胞途径连接的不同大脑区域的印迹细胞集合中。文献[103]详细探讨了到目前为止,我们对记忆的本质和特征了解到了什么程度,包括记忆形成、记忆提取以及记忆丢失,还探讨了关于记忆是如何变成知识的研究方向。

根据生物学研究,情感源自杏仁核,所以与情感有关的记忆与杏仁核有密切的关系。恐惧记忆与杏仁核相关是记忆研究的出发点之一。对于人类来说,如果遭受巨大的灾难性事件或者受到强烈的刺激，会产生恐惧记忆。国际脑科学界普遍认为，大脑杏仁体是恐惧记忆建立的神经中枢。2010 年 1 月，复旦大学脑科学研究院马兰研究组发现，蛋白质β抑制因子在恐惧记忆形成中扮演了至关重要的角色，是一个参与恐惧记忆的“恐怖分子”。他们对老鼠进行了恐惧记忆的研究，在播放声音的同时对小鼠进行电击，他们发现，缺失了β抑制因子基因的小鼠难以对声音产生恐惧，即便形成了恐惧记忆，也会比正常的老鼠更快忘记。

工作记忆是一种对信息进行暂时加工和储存的容量有限的记忆系统，在许多复杂的认知活动中起重要作用。1974 年，巴德勒（A. D. Baddeley）和希契（G. J. Hitch）在模拟短时记忆障碍的实验基础上提出了工作记忆模型，包括中央执行系统、语音回路和视空画板。大量行为研究和神经心理学上的许多证据表明了三个子成分的存在，有关工作记忆的结构和作用形式的认识也在不断地丰富和完善。

第 2 章　记 忆 系 统

从信息输入到提取的记忆过程中，所经过的时间间隔不同，编码的方式不同，一般把记忆分为三种类型，即感觉记忆、短时记忆和长时记忆。

2.1　概　　述

根据记忆操作的时间长短，人类记忆有三种类型：感觉记忆、短时记忆和长时记忆。三者的关系可以由图 2.1 表示。来自环境的信息首先到达感觉记忆。如果这些信息被注意，它们则进入短时记忆。正是在短时记忆中，个体对这些信息加以改组和利用并做出反应。为了分析存入短时记忆的信息，你会调出储存在长时记忆中的知识。同时，短时记忆中的信息如果需要保存，也可以经过复述存入长时记忆。在图 2.1 中，箭头表明信息流在三种存储模型中的运行方向。

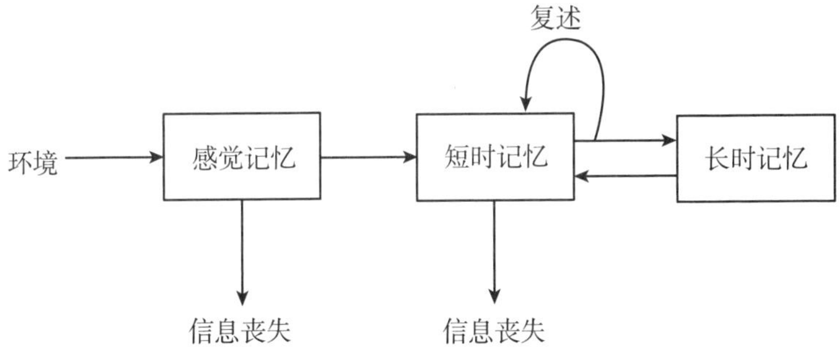

图 2.1　记忆系统

阿特金森（R. Atkinson）和雪芙林（R. M. Shiffrin）于 1968 年提出的记忆系统模型[37]如图 2.2 所示。从图中可以看出，记忆系统模型的主体由感觉记忆（感觉登记）、短时记忆（短时储存）和长时记忆（长时储存）三部分构成，所不同的是，他们加入了控制过程这一内容，认为控制过程在三种储存过程中都起作用。该模型还有一个值得关注的要点就是它对长时记忆信息的认识。模型认为长时记忆中的信息是不会消失的，其信息是不消退的自寻地址库。

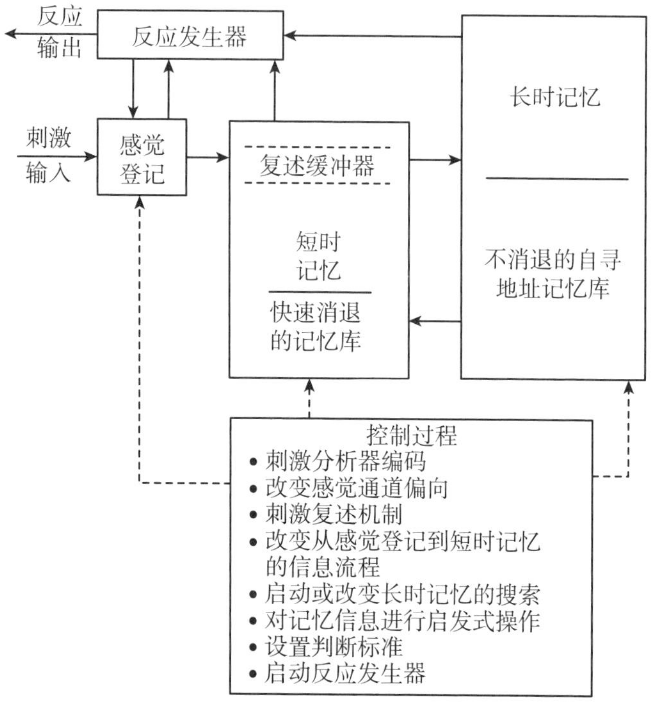

图 2.2　记忆系统模型

2.2　感觉记忆

感觉记忆又称感觉寄存器或瞬时记忆，是感觉信息到达感官的第一次直接印象。感觉寄存器只能将来自各个感官的信息保持几十到几百毫秒。在感觉寄存器中，信息可能受到注意，经过编码获得意义，继续进入下一阶段的加工活动，如果不被注意或编码，它们就会自动消退。

各种感觉信息在感觉寄存器中以其特有的形式继续保存一段时间并起作用，这些存储形式就是视觉表象和声音表象，称为视象和声象。表象可以说是最直接、最原始的记忆。表象只能存在很短的时间，如最鲜明的视象也不过持续几十秒钟。感觉记忆具有下列特征：

(1) 记忆非常短暂。

(2) 有能力处理像感受器在解剖学和生理学上所能操纵的同样多的物质刺激能量。

(3) 以相当直接的方式把信息编码。

斯伯林(G. Sperling)的研究证实了独立感觉记忆存储的概念。在研究中，他利用了一种称为速示器的工具，对被试者以非常短和精确的时间呈现视觉刺激，呈现时间可以控制到接近 1/1000 s。当斯伯林以 1.5/1000 s 至 500/1000 s 的时间呈现符号(字母或数字)时，他注意到不管在一次特定呈现中只呈现少量符号还是大量符号，他的被试者只能准确报告四五个符号。为了表明被试者所能报告的符号是有限制的，而不是他看到的符号有限制，斯伯林采用了部分报告技术：给被试者呈现 12 个符号，排成 3 排，每排 4 个符号。每个刺激呈现

50/1000 s,跟着立即发出三个不同音中的一个。指示被试者如果他们听到第一个音,报告第一排符号;如果听到第二个音,报告第二排符号;如果听到第三个音,报告第三排符号。采用这个技术,被试者平均能准确地报告任何一排中所要求的字母的76%。如果他们在报告全部显示的12个符号时能达到同样的百分比,可以期望大约有准确报告9个符号的平均数。但是,不管呈现多少符号,准确报告的符号只有4个或5个。

为什么有这种不一致?斯伯林提出,被试者经验到全显示的视觉映像,这个映像就用作视觉记忆存储。但是这个映像消失很快,被试者从这个映象中捡取一排报告,当他回到下一排时,映像已经消失,他能够很好地报告他所捡取的一排,但是之后就报告得很少。实际上,他看到的符号比能报告的多。

目前关于感觉记忆的研究主要在听觉和视觉通道上进行。视觉的感觉记忆被称为图像记忆(iconic memory),听觉的感觉记忆被称为声象记忆(echoic memory)。

2.3 短时记忆

在感觉记忆中经过编码的信息,进入短时记忆后经过进一步的加工,再从这里进入可以长久保存的长时记忆。信息在短时记忆中一般只保持20～30 s,但如果加以复述,便可以继续保存。复述保证了信息的延缓消失。短时记忆中储存的是正在使用的信息,在心理活动中具有十分重要的作用。首先,短时记忆扮演着意识的角色,使我们知道自己正在接收什么以及正在做什么。其次,短时记忆使我们能够将许多来自感觉的信息加以整合构成完整的图像。再者,短时记忆在思考和解决问题时起着暂时寄存器的作用。最后,短时记忆保存着当前的策略和意愿。这一切使得我们能够采取各种复杂的行为直至达到最终的目标。正因为发现了短时记忆的这些重要作用,在当前大多数研究中它被改称为工作记忆。和感觉记忆中可用的大量信息对比,短时记忆的能力是相当有限的。如果给被试者一个数字串,例如6—8—3—5—9,他能立即背出来。但如果是7个以上数字的数字串,一般人就不能很好地背出来了。1956年,美国心理学家米勒(G. A. Miller)明确提出:短时记忆的容量为7±2个组块。组块是指将若干较小单位联合而成熟悉的、较大的单位的信息加工,也指这样组成的单位。组块既是过程,也是单位。知识经验与组块:组块的作用在于减少短时记忆中的刺激单位,而增加每一单位所包含的信息。人的知识经验越丰富,组块中所包含的信息越多。知识经验与组块相似,但它不是意义分组,各成分之间不存在意义联系。为了能记忆较长的数字串,把数字分组,从而有效地减少数字串中独立成分的数量,是一个有效的办法。这种组织称作组块,在长时记忆中发挥着巨大作用。

有人曾经指出,刺激信息是根据它的听觉特性存储在短时记忆中的。这就是说,即使是凭视觉接收的信息,也将按听觉的声学的特性编码。例如你看到一组字母B—C—D,你是根据它们的读音[bi:]—[si:]—[di:]编码,而不是根据它们的字形编码。

人类的短时记忆编码也许具有强烈的听觉的性质,但也不能排除其他性质的编码。不会说话的猴子,也能够做短时记忆的工作。例如,给它们看过图形的一个样本之后不久,它们会在两个彩色几何图形中挑选出一个最接近的。

图 2.3 给出了短时记忆复述缓冲器的模式图。短时记忆由若干槽构成，每一个槽相当于一个信息通道，来自感觉记忆的信息单元分别进入不同的槽。缓冲器的复述性加工有选择地将槽中的信息进行复述，被复述的槽中的信息将进入长时记忆中，而没有被复述的槽中的信息将被清除出短时储存区而丧失。

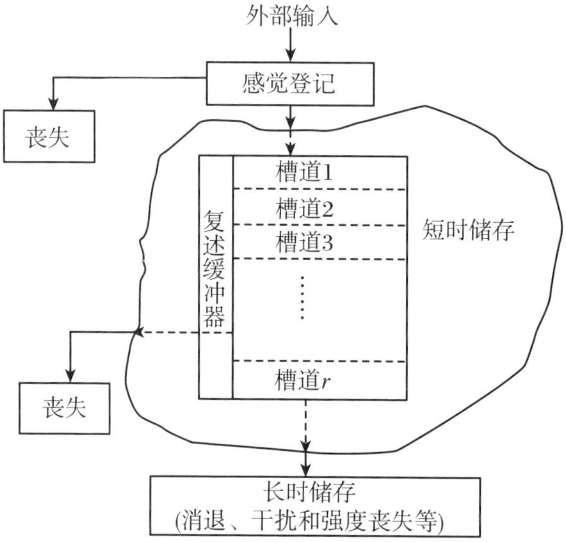

图 2.3　短时记忆复述缓冲器

各槽中的信息保持的时间是不一样的。信息在槽中保持的时间越长，越有可能进入长时记忆中，也越有可能被来自感觉记忆的新的信息冲挤掉。相对而言，长时记忆才是一个真正的信息储存库，但其中的信息也有可能因消退、干扰和强度丧失等原因而产生遗忘。

短时记忆信息提取过程是相当复杂的，它涉及许多问题，并且引出了不同的假说，迄今没有一致的看法。

1. 斯特恩伯格的经典研究

斯特恩伯格(S. Sternberg)的研究表明，短时记忆中信息的提取是通过系列扫描以从头至尾扫描方式来实现的。可以将之理解为扫描模型。

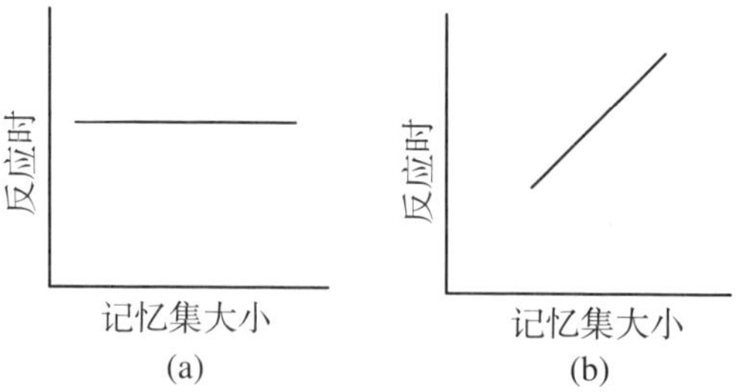

图 2.4　斯特恩伯格的扫描实验

斯特恩伯格的实验可以说是一个经典的研究范式。其实验假设为，如果被试者能够对短时记忆集中所有识记项目进行全部扫描而对测试项目进行“是”或“否”判断的话，那么，被试者进行正确判断所需的反应时间不应随记忆集的大小而变化，如图 2.4(a)所示。而实验结果却如图 2.4(b)所示，被试的反应时间会随短时记忆集的增大而延长。这说明，短时记忆的扫描不是全部的扫描，而是有序的系列扫描。

斯特恩伯格的理论必须要解决的另一个问题是：如果说短时记忆中信息的提取是通过系列扫描而不是平行扫描实现的，那么，这种扫描是从什么地方开始的，又是怎样结束的？他认为，一般记忆信息提取是以从头至尾的系列扫描方式进行的，同时，判断过程包括比较过程和决策过程两个阶段，因此，进行判断时也不进行自我停止扫描。

2. 直接存取模型

维克勒格林（Wickelgren）认为，短时记忆中的各个项目不是通过比较来提取的，人可直接通往所要提取的项目在短时记忆中的位置，进行直接提取。

直接存取模型（direct access model）认为，短时记忆中信息的提取并不是通过扫描的方式进行的，大脑可以直接通往所要提取的项目在短时记忆中的位置，进行直接提取。该模型认为，短时记忆中的每一个项目都有一定的熟悉值或痕迹强度，可以据此做出某种判定。在大脑内部有一个判断标准，当熟悉值高于这一标准，则做出“是”反应；低于这一标准则做出“否”反应。熟悉值与标准的偏离程度越高，做出“是”或“否”反应的速度也越快。

直接存取模型可以解释系列位置效应（首因效应和近因效应），但是短时记忆是如何知道识记项目的位置的？如果信息的提取是直接存取的，那么为什么反应时间会随着识记项目的增加而呈线性增加？

3. 双重模型

阿特金森（R. Atkinson）和鸠拉（J. Juola）认为，短时记忆过程中信息的提取既包含扫描方式，也存在直通方式，简言之就是两头直通，中间扫描，如图2.5所示。

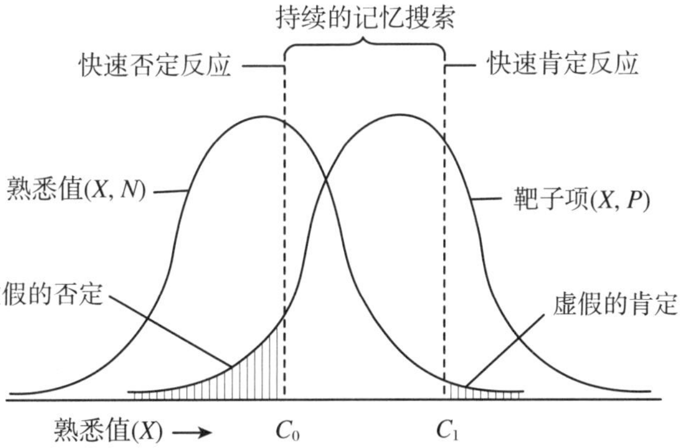

图2.5 双重模型示意图

由于搜索模型和直接存取模型都有其合理的一面，同时又都有不足，因此有人试图将两者结合起来，阿特金森和鸠拉提出的短时记忆信息提取双重模型就是一个尝试[38]。他们设想，输入的每个字词可按其知觉维量来编码，称为知觉代码；字词还有意义，即有概念代码。知觉代码和概念代码共同构成一个概念结。每个概念结有不同的激活水平或熟悉值。

在大脑内部有两个判定标准：一个是“高标准”（C_1），如果某一探测词的熟悉值达到或高于这个标准，人便可迅速地做出“是”反应；另一个是低标准（C_0），如果某一探测词的熟悉值低于这个标准，人就可迅速地做出“否”反应。在阿特金森和鸠拉看来，这是一个直接存取过程。而对于一个熟悉值低于“高标准”而高于“低标准”的探测词，则要进行系列搜索，才能做出反应，所需反应时间也较多。

短时记忆的研究还发现，信息的加工速率与材料性质或信息类型有一定关系，即加工速率随着记忆容量的增大而提高，容量愈大的材料，扫描也愈快。

已有的实验结果表明，短时记忆信息提取的加工速率与材料性质或信息类型有一定关系。1972 年，卡凡诺夫(Cavanaugh)通过统计不同的研究对某类材料的平均实验结果，得出扫描一个项目的平均时间，并与相应的短时记忆容量(广度)加以对照，见表 2.1。从表中可以看到一个有趣的现象：加工速率随着记忆容量的增大而提高，容量愈大的材料，扫描也愈快。现在还难以清楚地解释这个现象。曾经设想，在短时记忆中，信息是以特征来表征的，而短时记忆的储存空间有限，则每个刺激的平均特征数量愈大，那么短时记忆能够储存的刺激数量就愈小。卡凡诺夫进而认为，每个刺激的加工时间与其平均特征数量成正比，平均特征数量大的刺激需要的加工时间多，反之需要的加工时间则少。这种解释还存在不少疑点，但它却把短时记忆的信息提取、记忆容量和信息表征都联系起来。这确实是一个重要的问题。加工速率反映加工过程的特点，在不同材料的加工速率差别的背后，可能由于记忆容量乃至信息表征等因素的作用而存在着不同的信息提取过程。

表 2.1　不同类别材料的加工速率与记忆容量

	加工速率(ms)	记忆容量(项目)
数字	33.4	7.70
颜色	38.0	7.10
字母	40.2	6.35
字词	47.0	5.50
几何图形	50.0	5.30
随机图形	68.0	3.80
无意义音节	73.0	3.40

对于短时记忆中的信息遗忘，通过干扰作业法(peterson-peterson 方法)发现：

(1) 短时记忆中信息可以保持 15～30 s。

(2) 如果得不到复述，如图 2.6 所示，那么短时记忆中的信息将会迅速遗忘。

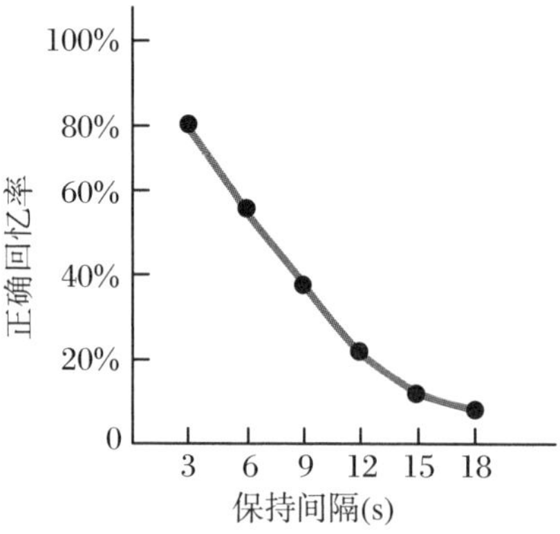

图 2.6　阻止复述后的短时记忆的遗忘速率

(3) 只要短时记忆识记项目的数量不变,识记材料性质的改变对短时记忆的遗忘没有什么大的影响。

2.4 长时记忆

长时记忆是指保持时间在 1 min 以上的信息存储。长时记忆的能力,是一切记忆系统中最大的一个。关于长时记忆的容量、存储、恢复及持续时间,都要用实验说明。一个东西记住以后能持续多长时间,测量的结果是不定的。因为注意不稳定,保持时间就短;如果加以复述,保持时间就可以很长。长时记忆的容量是无限的。每个组块的存入时间需要 8 s。长时记忆里的东西要先转入短时记忆,然后才能恢复和应用。长时记忆的恢复,第一个数字用 2 s,以后每个数字用 200～300 ms。我们可以用不同位数的数字来做实验,如使用 34、597、743218 三个数目,测量恢复不同位数的数字所需要的时间。实验结果是:恢复 2 位数字用时 2200 ms,3 位数字用时 2400 ms,6 位数字用时 3000 ms。

蔡卡尼克 (B. Zeigarnik) 效应是让被试者把一些工作做完,另一些工作没做完就中断,过一段时间让他回忆都做过哪些工作,结果,被试回忆未完成的工作比回忆已完成的工作要好些。这说明有些活动还没做完就搁下来时,在另一空间还在继续进行活动。在长时记忆里,有些东西比另一些东西容易被提取,因为它们的阈限低。有些东西阈限高,需要多一些线索才能提取出来。没有完成的工作阈限很低,容易激活和扩散。扩散随网络进行,达到该事件所在的位置时就提取出来了。

很多心理学家已经提出感觉记忆和短时记忆的迅速的、被动的消失,但是很少有心理学家赞成长时记忆有这样简单的衰退机制,因为很难解释为什么有些材料比另一些材料被遗忘得快些,遗忘是否与原来的学习材料的完善程度有关,遗忘是否受学习材料时间和回忆材料时间之间发生的事情的影响。研究这些问题的很多心理学家相信,长时记忆的消失是由于干扰。这是一种被动的观点。有一些关于遗忘的观点提出了一些比较主动的过程,作为干扰的一种补充或替代。如弗洛伊德提出了由于压抑而遗忘的观点:如果记住一种材料在心理上是极其痛苦和有威胁的,那么,这种材料就难于回忆。另一个主动遗忘观点是巴特莱特的"创见性的遗忘":当你没有得到精确的记忆时,你模仿创造一点与记忆相像的东西,你就接近了这个记忆。表 2.2 给出了记忆系统中三种不同类型记忆的特点。

表 2.2 三种记忆类型的比较

记忆系统	操作的时间间隔	能　　力	组织或编码类型	遗忘机制
感觉记忆	低于 1 s	只限于感受器所能记下的多少	物质刺激的相当直接的后象	消极的衰退
短时记忆	少于 1 min	少数项目(5～9 个)	间接的编码,包括大量听觉组织	消极的衰退
长时记忆	1 min 以上到许多年	很大,几乎无限	很复杂的编码	干扰和忘却,压抑,创见性的遗忘

人类的长时记忆可以分为程序性记忆和陈述性记忆。程序性记忆是保持有关操作的技能，主要由知觉运动技能和认知技能组成。陈述性记忆是存储用符号表示的知识，反映事物的实质。程序性记忆和陈述性记忆都是反映某个人现在的经验和行动受到以前的经验和行动的影响的记忆，这一点是相同的。同时，它们之间又有区别。第一，程序性记忆中表示的方法只有一种，即要进行技能的研究；陈述性记忆中知识的表示可以是各种各样的，与行动完全不同。第二是关于知识的真假问题。熟练的过程没有真假之分，真假问题只出现在对世界的认识以及自身与世界的关系的知识方面。第三，两种记忆习得的形式不同。程序性记忆必须通过一定的练习，而陈述性记忆只需要一次习得的机会。最后一点不同，熟练的行动是“自动”执行的，而陈述性信息的表达要给以注意。陈述性记忆更进一步分为情景记忆和语义记忆。前者是存储个人经历的事件和经验的记忆形式；后者存储个人理解的事件的本质的知识，即记忆关于世界的知识。

人类的记忆系统与计算机的存储系统极其相似。在计算机系统中，存储层次可分为高速缓冲存储器、主存储器、辅助存储器三级，构成速度由快到慢、容量由小到大的多级层次存储器，以最优的控制调度算法和合理的成本，构成性能可接受的存储系统。

2.5 长时记忆通路

人类的大脑皮质两半球，在功能划分上，大体上是左半球管右半身，右半球管左半身。每一半球的纵面，在功能上也有层次之分，原则上是上层管下肢，中层管躯干，下层管头部。如此形成上下倒置、左右分叉的微妙构造。布罗德曼分区是一个根据细胞结构将大脑皮质划分为一系列解剖区域的系统。布罗德曼分区最早由德国神经科医生布罗德曼（K. Brodmann）提出。他的分区系统包括每个半球的 52 个区域。每一半球各自分区为数个神经中枢，每一中枢各有其固定的区域，分区专司形成大脑分化而又统一的复杂功能。在区域的分布上，两半球并不完全相同，其中布洛卡（Broca）语言区与韦尼克（Wernicke）语言区，只分布在脑左半球，其他各区则两半球都有。在神经传导的运作上，两半球相对的神经中枢彼此配合，发生交叉作用。两半球的运动区对身体部位的管理，是左右交叉、上下倒置的。两半球的视觉区与两眼的关系是：左半球视觉区管理两眼视网膜的左半，右半球视觉区管理两眼视网膜的右半。两半球的听觉区共同分担管理由两耳传入的听觉信息。

图 2.7 给出了与记忆有关的脑切面图，包括大脑皮质、海马、小脑、杏仁核。每个记忆系统都开始于大脑皮质的广泛区域，这些区域与感觉和运动加工层次以及皮质联合区紧密联系。图 2.8 显示了主要长时记忆通路[72]。

陈述性记忆通路是通过海马旁回区通向海马。陈述性记忆分为语义记忆和情景记忆。语义记忆是对一般的抽象知识的记忆，是运用语言所必需的记忆。它是一个心理词库，是一个人掌握的有关字词或其他语言符号，其意义和指代物之间的联系，以及有关规则、公式和操作这些符号、概念、关系的算法的有组织的知识。如对字母单词、事物的概念以及它们之间的相互关系和存在的规律、建立的公式等的记忆。情景记忆即以时间和空间为参照对个人亲身经历的、发生在某个时间和某处地点的事件或者情景的记忆。如观看冬奥会花样滑

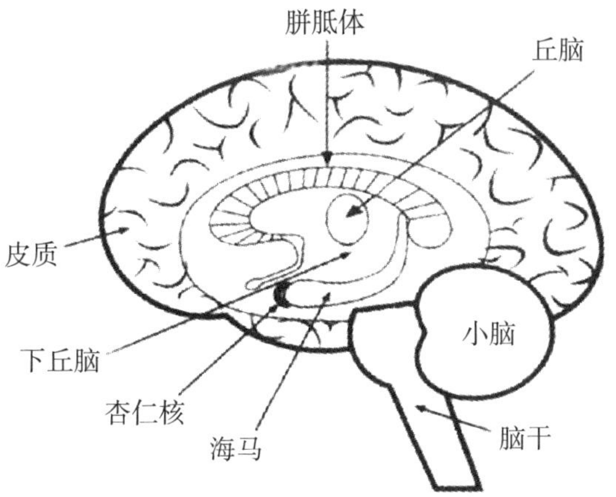

图 2.7 脑切面图

冰、第一次参加国际会议等这种记忆。语义记忆和情景记忆的详细比较可参阅《智能科学(第 3 版)》[18]。

程序性记忆将纹状体和脑干运动系统联结,把感觉和运动皮质的信息联系到随意行为反应上。程序性记忆主要有运动技能的掌握、感官知觉的形成和一些规则与程序的学习等,如学习开车、使用软件、演奏乐器或是学会滑冰等运动技巧。

情绪性记忆是以自己有过的情绪、经历过的情感等为内容的记忆类型。如一个人有过一次痛苦的失恋经历,这次经历对其造成的伤害很大,很多年后,当他偶然看见电视剧里情侣分手的镜头,这时,这个人依然能记起自己当时失恋的感觉,而且这种感觉可以十分深刻和清晰。在情绪性记忆中,杏仁核作为结点,通过下丘脑—垂体和自主神经系统,将外界感受器的输入和情绪输出联系起来。这条通路的加工功能负责情绪性记忆。

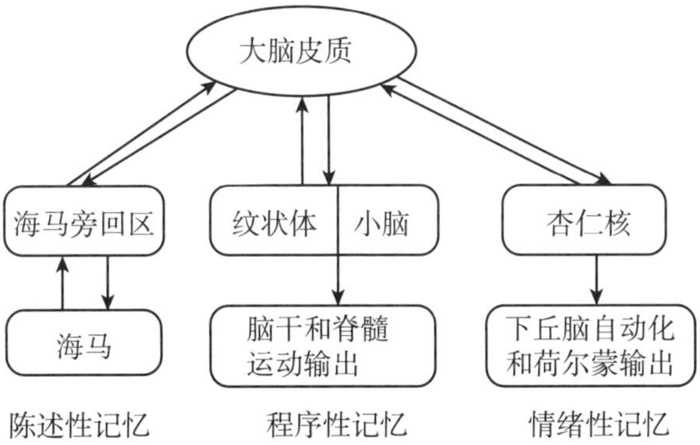

图 2.8 主要长时记忆通路

2.6 心智模型 CAM

心智(mind)是指一系列认知能力组成的总体,这些能力可以让个体具有意识、感知外界、进行思考、做出判断以及记忆事物。心智是人类的特征。在心智活动中,记忆和意识起着最为重要的作用。记忆存储各种重要信息和知识，意识让人有自我的概念，能根据需求、偏好设定目标，并根据记忆中的信息进行各种认知活动。在此基础上，我们提出心智模型 CAM(consciousness and memory)，全面描述记忆和意识在心智活动中的功能[168]。CAM 的系统结构如图 2.9 所示，主要包括 10 个模块，简单介绍如下。

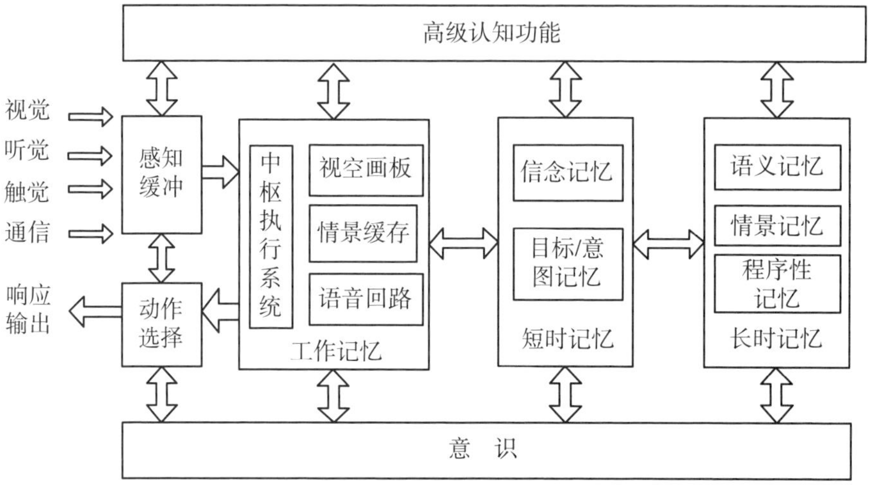

图 2.9 CAM 的系统结构

1. 视觉

人的感觉包括视觉、听觉、触觉、嗅觉、味觉。在 CAM 模型中重点考虑视觉和听觉。视觉系统使生物体具有视知觉能力，它使用可见光信息构筑机体对周围世界的感知。根据图像发现周围景物中有什么物体和物体在什么地方的过程，也就是从图像得到对观察者有用的符号描述的过程。视觉系统具有将外部世界的二维投射重构为三维世界的能力。需要注意的是，不同物体所能感知的可见光处于光谱中的不同位置。

外界的物体在视网膜上成像，实际上是光线这个刺激因素被视网膜的感光细胞（视杆细胞和视锥细胞）转变为电信号，后者经视网膜内双极细胞传到神经节细胞形成神经冲动，即视觉信息，视觉信息再经视神经传向脑。双极细胞可看成是视觉传导通路的第 1 级神经元，神经节细胞是第 2 级神经元。很多神经节细胞发出的神经纤维组成较粗大的视神经，视神经在眼球的后端离开眼球向后进入颅腔，这时，左、右侧的视神经发生了交叉，交叉的部位我们称之为视交叉。视束在大脑底面向后连于外侧膝状体。外侧膝状体是一个重要的视觉信息传导的中间站，其中含有的第 3 级神经元，它们发出的大量纤维组成所谓的视辐射，视辐射的纤维最后投射到大脑枕叶的视觉中枢即视皮质。视觉信息只有传到脑的视觉皮质并经过处理、分析，才能最终形成主观的视觉感受。

视觉皮质是指大脑皮质中主要负责处理视觉信息的部分，位于大脑后部的枕叶。人类的视觉皮质包括初级视皮质（V1，亦称纹状皮质）以及纹外皮质（V2、V3、V4、V5 等）。初级视皮质位于 17 区，纹外皮质包括 18 区和 19 区。

初级视皮质（V1）的输出信息出送有两个渠道，分别称为背侧流和腹侧流。背侧流起始于 V1，通过 V2，进入背内侧区和中颞区（MT，亦称 V5），然后抵达顶下小叶。背侧流常被称为“空间通路”，参与处理物体的空间位置信息以及相关的运动控制，例如眼跳和伸屈。腹侧流起始于 V1，依次通过 V2、V4，然后进入下颞叶。该通路常被称为“内容通路”，参与物体识别，例如面孔识别。该通路也与长时记忆有关。

2. 听觉

人们之所以能听到声音、理解言语，依赖于整个听觉通路的完整性，它包括外耳、中耳、内耳、听神经及听觉中枢。听觉通路在中枢神经系统之外的部分称为听觉外周，在中枢神经系统内的部分称为听觉中枢或中枢听觉系统。听觉中枢纵跨脑干、中脑、丘脑的大脑皮质，是感觉系统中较长的中枢通路之一。

声音信息自周围听觉系统传导至中枢听觉系统，中枢听觉系统对声音有加工、分析的作用，像感觉声音的音色、音调、音强以及判断方位，还有专门分化的细胞，对声音的开始和结束分别产生反应。传到大脑皮质的听觉信息还与大脑中管理“读”“写”“说”的语言中枢相联系，有效完成我们经常用到的读书、写字、说话等功能。

3. 感觉缓存

感觉缓存又称感觉记忆或瞬时记忆，是感觉信息到达感官的第一次直接印象。感觉缓存只能将来自各个感官的信息保持几十到几百毫秒。在感觉缓存中，信息可能受到注意，经过编码获得意义，继续进入下一阶段的加工活动，如果不被注意或编码，它们就会自动消退。

各种感觉信息在感觉缓存中以其特有的形式继续保存一段时间并起作用，这些记忆形式就是视觉表象和声音表象，简称视象和声象。表象可以说是最直接、最原始的记忆。表象只能存在很短的时间，如最鲜明的视象也不过持续几十秒钟。感觉记忆具有下列特征：

（1）记忆非常短暂。

（2）有能力处理像感受器在解剖学和生理学上所能操纵的同样多的物质刺激能量。

（3）以相当直接的方式对信息进行编码。瞬时保存感觉器官传来的各种信号。

4. 工作记忆

工作记忆由中枢执行系统、视觉空间画板、语音回路和情景缓存构成。中枢执行系统是工作记忆的核心，负责各子系统之间以及它们与长时记忆的联系、注意资源的协调和策略的选择与计划等。视觉空间画板（简称视空画板）主要负责储存和加工视觉空间信息，可能包含视觉和空间两个分系统。语音回路负责以声音为基础的信息的储存与控制，包含语音储存和发音控制两个过程，能通过默读重新激活消退的语音表征防止衰退，还可以将书面语言转换为语音代码。情景缓存记忆跨区域地联接信息，以便按时间次序形成视觉、空间和口头信息的集成单元，例如一个故事或者一个景物的记忆。情景缓存也联系长时记忆和语义。

5. 短时记忆

短时记忆存储信念、目标和意图的内容。它们响应迅速变化的环境条件和智能体的运作方案。知觉的短时记忆存储相关物体的关系编码方案和经验期望编码的预先知识。

6. 长时记忆

长时记忆信息保持时间长，容量大。长时记忆按其内容不同，可分为语义记忆、情景记忆、程序性记忆。

（1）语义记忆存储的信息是词、概念、规律，以一般知识作为参考系，具有概括性，不依赖于时间、地点和条件，不易受外界因素干扰，比较稳定。

（2）情景记忆是对个人亲身经历的、发生在一定时间和地点的事件（情景）的记忆，容易受各种因素的干扰。

（3）程序性记忆是指关于技术、过程或“如何做”的记忆。程序性记忆通常较不容易改变，可以在不自觉的情况下自动行使，可以只是单纯的反射动作，或是更复杂的一连串行为之组合。程序性记忆的例子包括学习骑脚踏车、打字、使用乐器或是游泳。一旦内化，程序性记忆是可以非常持久的。

7. 意识

意识(consciousness)是一种复杂的生物现象，哲学家、医学家、心理学家对于意识的概念各不相同。从智能科学的角度，意识是一种主观体验，是对外部世界、自己的身体及心理过程体验的整合。意识是一种大脑本身具有的"本能"或"功能"，是一种"状态"，是多个脑结构对于多种体验的"整合"。在心智模型 CAM 中，意识模块关注系统的自动控制、动机、元认知、注意等问题。

8. 高级认知功能

脑的高级认知功能包括学习、记忆、语言、思维、决策、情感等。学习是通过神经系统不断接受刺激，获得新的行为、习惯和积累经验的过程，而记忆是指学习得到的行为和知识的保持和再现，是我们每个人每天都在进行着的一种智力活动。语言和高级思维是人区别于其他动物的最主要因素。决策是指通过分析、比较，在若干种可供选择的方案中选定最优方案的过程，也可能是对不确定条件下发生的偶发事件所做的处理决定。情感是人对客观事物是否满足自己的需要而产生的态度体验。

9. 动作选择

动作选择是指由原子动作构建复杂组合动作，以实现特定任务的过程。动作选择可以分为两个步骤，首先是原子动作选择，即从动作库中选择相关的原子操作；然后，使用规划策略，将选定的原子动作组合成复杂动作。动作选择机制可以基于尖峰基底神经节模型实现。

10. 响应输出

响应输出是指从总体目标开始的运动分级，受外周区域输入的情感和动机的影响，基于控制信号，由初级运动皮质运动区直接生成肌肉的运动，实现某种内部给定的运动命令。

第 3 章　陈述性记忆

长时记忆(long-term memory)是指保持时间在 1 min 以上的信息存储,一般能保持多年甚至终生。依照所储存的信息类型,可将长时记忆分为陈述性记忆、程序性记忆和情绪性记忆。本章介绍陈述性记忆,有关程序性记忆和情绪性记忆的内容分别在第 4 章、第 5 章阐述。

3.1　概　　述

长时记忆可分为陈述性记忆(declarative memory)、程序性记忆(procedural memory)和情绪性记忆(emotional memory)。程序性记忆是保持有关操作的技能,主要由知觉运动技能和认知技能组成。陈述性记忆是存储用符号表示的知识,反映事物的实质。情绪性记忆,是指对曾经体验过的情绪和情感的记忆。引起情绪和情感的事件已经过去,但情绪和情感的体验可保存在记忆中。程序性记忆和陈述性记忆都是反映某个人现在的经验和行动受到以前的经验和行动的影响的记忆,这一点是相同的。同时,它们之间又有区别。第一,程序性记忆中表示的方法只有一种,即要进行技能的研究;陈述性记忆中知识的表示可以是各种各样的,与行动完全不同。第二是关于知识的真假问题。熟练的过程没有真假之分,真假问题只出现在对世界的认识以及自身与世界的关系的知识方面。第三,两种信息习得的形式不同。程序性记忆必须要通过一定的练习,而陈述性记忆只需要一次习得的机会。最后一点不同,熟练的行动是"自动"执行的,而陈述性信息的表达要给以注意。

陈述性记忆更进一步分为情景记忆和语义记忆。前者是存储个人经历的事件和经验的记忆形式,后者存储个人理解的事件的本质的知识,即记忆关于世界的知识。两种记忆的差别示于表 3.1 [187]。

表 3.1　情景记忆和语义记忆的比较

区分特性		情景记忆	语义记忆
信息	输入源	感觉	理解
	单位	事件、情景	事实、观念、概念
	体制化	时间的	概念的
	参照	自己	万物(世界)
	真实性	个人的信念	社会的一致

续表

区分特性		情景记忆	语义记忆
操作	记忆内容	经验的	符号的
	时间的符号化	有，直接的	无，间接的
	感情	较重要	并不那么重要
	推理能力	小	大
	文脉依存性	大	小
	被干涉性	大	小
存取	检索模式	按意图	自动的
	检索方法	按时间或场所	按对象
	检索结果	记忆结构变化	记忆结构不变
	检索原理	协调的	开放式
	想起内容	被记忆的过去	被表示的知识
	检索报告	觉得	知道
	发展顺序	慢	快
	小儿健忘症	受到障碍	不受障碍
应用	教育	无关系	有关系
	通用性	小	大
	人工智能	不清晰	非常好
	人类智能	无关系	有关系
	经验证据	忘却	言语分析
	实验室课题	特定的情景	一般的知识
	法律证词	可以，目击者	不行，鉴定人
	记忆丧失	有关系	无关系
	二分心理	无	有

3.2 语义记忆

奎连(M. R. Quillian)于1968年提出的语义记忆[148]是认知心理学中的第一个语义记忆模型。在认知心理学方面，安得森(J. R. Anderson)、鲍尔(G. H. Bower)、鲁梅哈特(D. E. Rumelhart)、诺曼(D. A. Norman)都提出过基于语义网络的各种记忆模型。在这些模型中，语义记忆的基本单元是概念，每个概念具有一定的特征。这些特征实际上也是概念，不过它们是用于说明另一些概念的。在一个语义网中，信息被表示为一组结点，结点通过一组带标记的弧彼此相连，带标记的弧代表结点间的关系。图3.1是一个典型的语义网络。我们用ISA链接表示概念结点之间的层次关系，有时还用ISA链接把表示具体对象的结点与其相关概念关联起来。ISPART链接整体与部分的概念结点，例如图3.1中，椅子(chair)是座位(seat)的一部分。

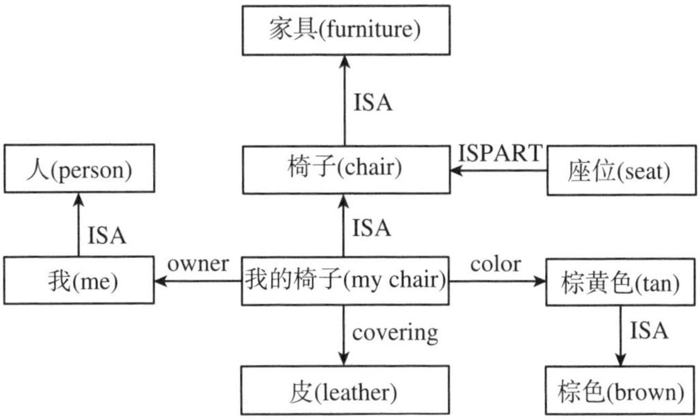

图 3.1　语义网络

从信息编码的角度将长时记忆分为两个系统，即表象系统和言语系统。表象系统以表象代码来储存关于具体的客体和事件的信息。言语系统以言语代码来储存言语信息。两个系统彼此独立又互相联系，因此，人们也把其理论称为两种编码说或双重编码说。

常见的语义记忆模型有层次网络模型、激活扩散模型、集理论模型、特征比较模型、人联想记忆模型、ELINOR 模型。

3.2.1　层次网络模型

奎连等提出了语义记忆的层次网络模型[149]（hierarchical network model）。该模型认为，长时记忆中的基本单元是概念，概念在记忆系统中是有联系的，形成一个有层次的结构。图 3.2 中圆点为结点，代表一个概念；带箭头的连线表示概念之间的从属关系。例如，“鸟”这个概念的上级概念为“动物”，其下级概念为“金丝雀”和“鸵鸟”。连线还表示概念与特征的关系，指明各级概念分别具有的特征，如“鸟”所具有的特征是“有翅膀”“能飞”“有羽毛”。连线把代表各级概念的结点联系起来，并将概念与特征相关联，构成一个复杂的层次网络。连线在这个网络中实际上是具有一定意义的联想。这个层次网络模型对概念的特征相应地实行分级储存。在每一级概念的水平上，只储存该级同水平的概念，同一级每个概念所具有的共同特征则储存于上一级概念组水平上。图 3.2[63]是概念体系的一个片断，位于最下层

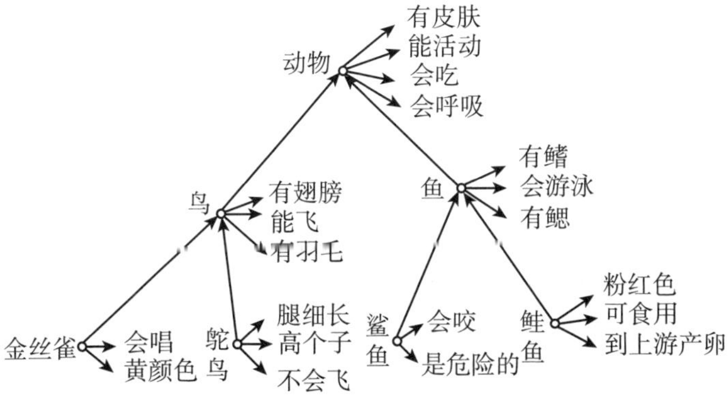

图 3.2　语义记忆的层次网络模型[63]

的“金丝雀”“鲨鱼”等叫0级概念，“鸟”“鱼”等叫1级概念，“动物”叫2级概念。概念的级别越高越抽象，加工所需要的时间也越长。在每一个级别上，只储存该级概念独有的特征。因此一个概念的意义或内涵由与其相联的概念的特征决定。

3.2.2 激活扩散模型

激活扩散模型[64]（spreadingactivation model）是卡林斯（A. Collins）等人提出的，它也是一个网络模型。但与层次网络模型不同，它放弃了概念的层次结构，而以语义联系或语义相似性将概念组织起来。图3.3是某激活扩散模型的一个片断，图中方框为网络的结点，代表一个概念。概念之间的连线表示它们之间的联系，连线的长短表示联系的紧密程度，连线愈短，表明联系愈紧密，两个概念有愈多的共同特征；或者两个结点之间通过其共同特征有愈多的连线，则两个概念的联系愈紧密。

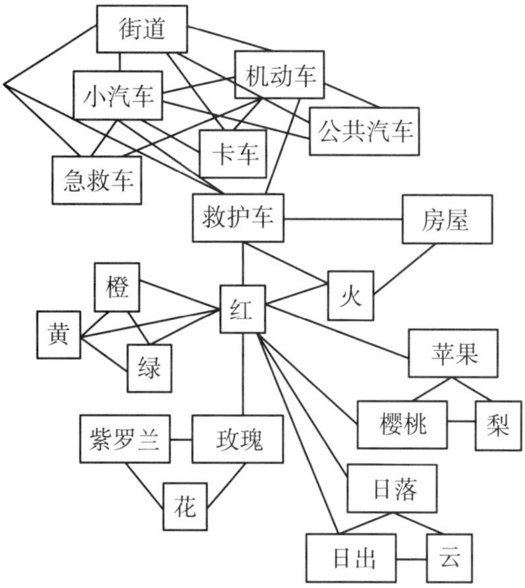

图3.3　激活扩散模型片断

当一个概念受到刺激或被加工，该概念所在的网络结点便被激活，然后激活便沿连线向四周扩散。一方面，这种激活的数量是有限的，一个概念愈是长时间受到加工，释放激活的时间也就愈长，从而有可能形成熟悉效应；另一方面，激活也遵循能量递减的规律。

激活扩散模型是对层次网络模型的修正，它认为诸概念的特征可以在同一层级上也可以不在同一层级上，概念间的联系是激活扩散的方式，它以连线的长短说明范畴大小效应，而且也可以说明其他效应，可以说它是“人化了的”层次网络模型。

3.2.3 集理论模型

集理论模型[130]是梅叶尔（D. E. Meyer）提出的。在这个模型中，基本的语义单元仍为概念。每个概念都由一集（set）信息或要素来表征。这些信息集可分为样例集和属性集（或特征集）。样例集是指一个概念的一些样例，如“鸟”概念的样例集包括“知更鸟”“金丝雀”

“鸽子”“夜莺”“鹦鹉”等。属性集或特征集是指一个概念的属性或特征，如“鸟”概念的特征为“是动物”“有羽毛”“有翅膀”“会飞”等。这些特征称作语义特征。这样来看，语义记忆是由无数的这种信息集所构成的。然而，这些信息集或概念之间没有现成的联系。当要从语义记忆中提取信息来对句子做出判断时，如判断“金丝雀是鸟”这个句子的真伪，就需要分别搜索“金丝雀”和“鸟”的属性集，再对这两个属性集进行比较，根据这两个属性集的重叠程度做出判定。两个集的共同属性愈多，重叠程度就愈高。重叠程度高时，就可以做出肯定判断；反之则做出否定判断。由于“金丝雀”与“鸟”的属性集高度重叠，所以可迅速做出肯定判断。而对“金丝雀是动物”这个句子的判断，因“金丝雀”与“动物”的属性集也有相当高的重叠，故也可做出肯定判断，但其重叠程度低于“金丝雀”与“鸟”的属性集的重叠，因为“金丝雀”与“动物”的共同属性少于“金丝雀”与“鸟”的共同属性，所以做出判断就要慢些。可见，集理论模型也能说明范畴大小效应。但它是用两个概念的属性集的重叠程度来说明的，这与层次网络模型和激活扩散模型应用逻辑层次或连线不同。如图 3.4 所示。

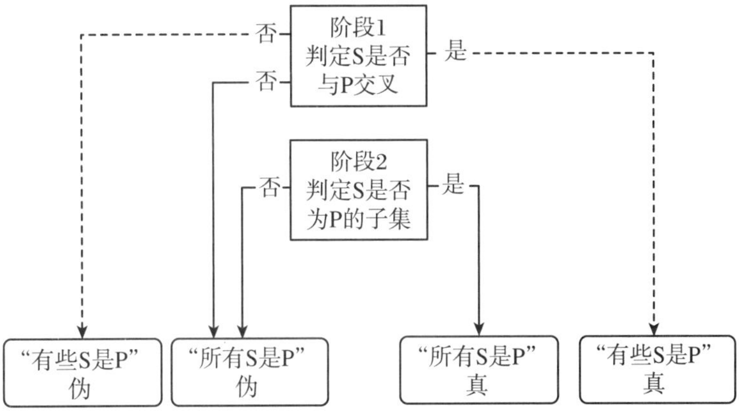

图 3.4　集理论模型

3.2.4　特征比较模型

特征比较模型[176]是由史密斯(E. E. Smith)等提出来的。它同样认为概念在长时记忆中是由集属性或特征来表征的。但它与集理论模型有一个很大的区别：集理论模型对一个概念的诸属性或特征没有按照其重要性加以区分，实际上将它们看成对这个概念是同等重要的。特征比较模型则将一个概念的诸语义特征分成两类：一类为定义性特征，即定义一个概念所必需的特征；另一类为特异性特征，它们对定义一个概念并不是必需的，但也有一定的描述功能。图 3.5 列出了“知更鸟”和“鸟”两个概念的两类特征，其中特征是按其重要性自上而下排列的，位置愈高愈重要。从图中可以看出，上级概念(“鸟”)具有的定义性特征比下级概念(“知更鸟”)要少，但下级概念的定义性特征必然包含上级概念的全部定义性特征，此外还有自己的独

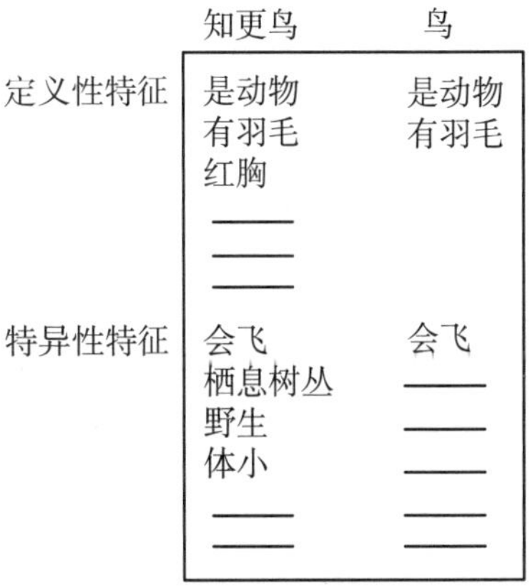

图 3.5　概念特征

特的特征。定义性特征和特异性特征可看作一个语义特征连续体的两端，语义特征的"定义性"即重要性的程度是连续变化的，可以任意选择一点将重要的特征与不太重要的特征分开来。特征比较模型强调定义性特征的作用。

特征比较模型认为，概念之间共同的语义特征特别是定义性特征越多，则其联系越紧密。

图 3.6 给出了特征比较模型信息加工过程的两个阶段：第一阶段，提取命题的主语和谓语两个概念的特征，对两者的全部特征包括定义性特征和特异性特征加以总体比较，并确定两者的相似程度。如果两者高度相似则做出肯定反应，如果两者极不相似则做出否定反应，如果二者中等相似则进入第二阶段。第二阶段，撇开主语和谓语概念的特异性特征，只对两者的定义性特征进行比较、加工，如果两者匹配，则做出肯定反应，否则做出否定反应。两个加工阶段各有特点：第一阶段为总体比较，带有启发性质，常可发生错误；第二阶段加工为计算，较少发生错误。

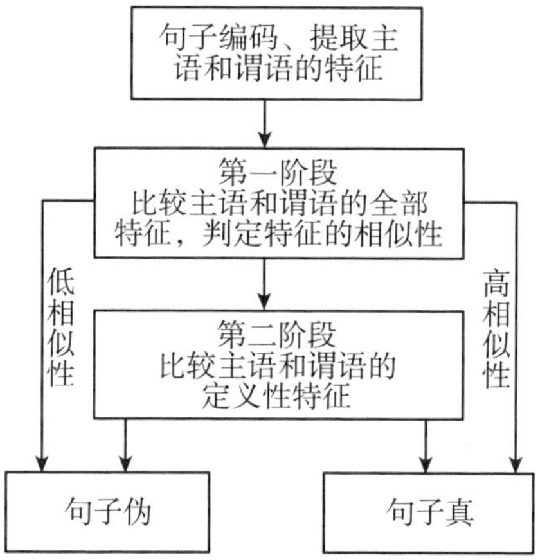

图 3.6　特征比较模型的加工阶段

特征比较模型可以解释典型性效应，以语义特征的相似性对各种实验结果进行解释，显得简洁有效。但它也有一个问题，即如何分清诸概念中定义性特征与特异性特征的区别。而且也有一些反例对该模型提出了质疑。

语义记忆模型研究的困难在于语义记忆无法直接观察，必须通过被动的操作过程才能进行推论。这种操作总表现在结构和过程两个方面。正因为对两者的关注点不同，才出现了众多的模型。

3.2.5　人脑联想记忆模型

人脑联想记忆（human association memory，HAM）模型的优点是既可以表征语义记忆，也可以表征情景记忆；既可以加工言语信息，也可以加工非言语信息；可以解释练习效应，也成功地实现过计算机模拟。但不能解释熟悉效应等现象，而其匹配过程是按阶段进行的，认为语义记忆的基本表征单元是命题，而不是概念。

一个命题是由一小集联想构成的，每个联想将两个概念结合在一起。联想有四种类型：① 上下文-事实联想，事实是指发生了什么事情，上下文是指何时何地发生了"何事"；② 主语-谓语联想，主语说明事实的主体，谓语说明主体的特性；③ 关系-宾语联想，这是构成谓语的联想，关系是指主体的某种行动或与其他事物的联系，宾语则指行动的对象；④ 概念-实例联想，如家具-桌子。这几种联想的适当结合，就可以形成一个命题。用树形图可以很好地表明多种联想是怎样结合而成一个命题的，这种图可称作命题树。图3.7给出了“教授在教室里问过了比尔”这个句子的命题树。从图中可以看到，命题树由结点（圆）和指针构成，结点代表命题、上下文、事实等概念，指针代表联想。图3.7的顶部结点A代表命题，称作命题结点，它是由事实和上下文之间的联想构成的。下面则是上下文结点B和事实结点C。上下文结点B又包含地点结点D和时间结点E（过去时，因为句中说教授“问过了”）。事实结点C也分为两部分，即主语结点F和谓语结点G，谓语结点G再分为关系结点H和宾语结点I。这个树形图的最底部则是终极结点，它们是长时记忆中的概念，即“教室”“过去”“教授”“问”“比尔”。因它们不可再分解，故称为终极结点。任何一个命题树必须连接它们才能获得一定意义。但是，概念不是按其本身特性或语义距离，而是按命题结构组织起来的，具有网络的性质，形成命题树。因此，长时记忆也就像一个庞大的命题树网络。从这里可以看到HAM模型的一个最大的特点和优点，就是它既可以表征语义记忆，又可以表征情景记忆，能将两者结合起来。说来简单，只要情景记忆信息是以命题来表征的，在这种有层次的命题树网络中，就可以容纳个人经历的各种事件。这是前面介绍的几个语义记忆模型所做不到的。HAM的命题树结构还可使一个命题嵌进另一个命题，把几个命题有机地结合在一起，构成一个复杂的命题。例如，可将“教授在教室里问过了比尔”和“这使考试按时结束”两个命题合成为一个复杂的命题。这时前一个命题就是主语，后一个命题就是谓语，成为“教授在教室里问过了比尔而使考试按时结束”。这个复杂命题同样可以用命题树来表征。

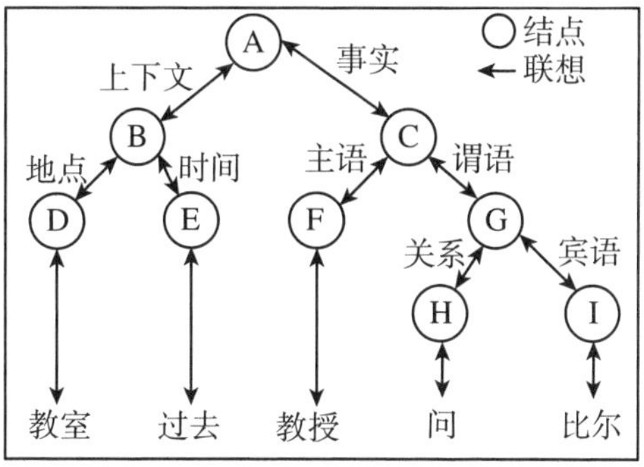

图3.7 HAM模型的命题树

HAM模型认为，从长时记忆中提取信息来回答一个问题或理解一个句子时，其操作过程可分为四个阶段：

(1) 输入句子。

(2) 对输入的句子进行分析，构成一个命题树。

(3) 从长时记忆中的每个相应结点出发来搜索，以找到一个与输入的命题树相匹配的命题树。

(4) 搜索到的命题树与输入的命题树成功匹配时结束。

3.2.6 ELINOR模型

ELINOR模型[155]是一个综合的记忆模型，由林赛（P. H. Lindsay）、诺曼（D. A.

Norman)和鲁梅哈特(D. E. Rumelhart)提出。该模型认为，长时记忆中存在三种信息类型：概念、事件和情景。概念指特定的思想，它由“是一个”“有(是、会)”“是一种(逆向)”三种关系来定义；情景是一个由行动、行动者和对象等构成的场景；事件是以行动为中心，围绕行动而展开的各种联系。在 ELINOR 模型中，所有的概念、事件和情景都用命题来表征。数个事件按一定时间关系结合而成情景，时间关系说明这些事件的先后顺序。例如，“母亲为孩子做早餐，孩子吃完早餐，背着书包上学”。在前面叙述的这 3 种类型的信息中，实际上起核心作用的是事件。可以说，ELINOR 模型的基本单元是事件，人的记忆是以事件为中心而组织起来的，概念是构成事件的成分。ELINOR 模型中包含丰富的连线，除概念的 3 种关系以外，还有围绕行动而展开的各种关系。这使得 ELINOR 模型可以表征复杂事物，对信息进行深入的加工，并将语义记忆与情景记忆混合在一起。

ELINOR 模型是一个网络模型，其优点在于它可以容纳多种多样的联系，可表征各种信息，但它的加工过程尚不清楚，无法对其操作的结果做出预测，因而难以将它与其他模型做具体比较。

3.2.7 本体记忆模型

本体(ontology)定义了组成主题领域的词汇表的基本术语及其关系，以及结合这些术语和关系来定义词汇表外延的规则。本体是对一个特定领域中重要概念的共享的形式化的描述。在心智模型 CAM 中提出了本体记忆模型[175]，根据记忆的概念、属性以及在域中的关系规范记忆。概念提供了领域中感兴趣的模型实体。它们通常组织成分类树，每个结点代表一个概念，每个概念是其父结点的具体化。分类的每个概念都与一组实例相关联。由分类法的定义，一个概念的实例也是其祖先概念的实例。每一个概念与一组属性相关联。我们采用动态描述逻辑(dynamic description logic，DDL)描述本体[20]，下面简单介绍动态描述逻辑的有关内容。

定义 3.1 (基本符号) 在 DDL 语言中，包含以下符号：

- 概念名：$C_1, C_2, \cdots$。
- 关系名：$R_1, R_2, \cdots$。
- 个体常元：$a, b, c, \cdots$。
- 个体变元：$x, y, z, \cdots$。
- 概念运算：$\neg$、$\sqcap$、$\sqcup$以及量词$\exists$、$\forall$。
- 公式运算：$\neg$、$\wedge$、$\rightarrow$以及量词$\forall$。
- 动作名称：$A_1, A_2, \cdots$。
- 动作构造：$;$，$\cup$，$*$，$?$。
- 动作变元：$\alpha, \beta, \cdots$。
- 公式变元：$\varphi, \psi, \pi, \cdots$。
- 状态变元：$u, v, w, \cdots$。

定义 3.2 (概念定义) DDL 中的概念定义如下：

- 原子概念 P、全概念 T、空概念$\perp$都是概念。
- 如果 C 和 D 是概念，则$\neg C$、$C \sqcap D$、$C \sqcup D$ 都是概念。
- 如果 R 为关系，C 为概念，则$\forall R.C$、$\exists R.C$ 都是概念。

- 如果 C 是概念，α 是动作，则$[\alpha]C$ 也是概念。

定义 3.3 （公式定义）设 C 为任意概念，R 为任意关系，a、b 为个体常元，x、y、z 为个体变元，α 是动作，DDL 的定义如下：

- 形如 $C(a)$、$R(a,b)$和$[\alpha]C(a)$的表达式是断言公式，它们是不带变元的。
- 形如 $C(x)$、$R(x,y)$和$[\alpha]C(x)$的表达式称为一般公式，它们是带变元的。
- 断言公式和一般公式都是公式。
- 如果 φ 和 ψ 都是公式，则 $\neg\varphi$、$\varphi\wedge\psi$、$\varphi\rightarrow\psi$、$\forall_x\varphi$ 都是公式。
- 如果 φ 是公式，则$[\varphi]$也是公式。

定义 3.4 （实例代换）形如$\{a_1/x_1,\cdots,a_n/x_n\}$的有穷集合称为实例代换。其中，$a_1,\cdots,a_n$为个体常元，$x_1,\cdots,x_n$为个体变元，且满足 $x_i\neq x_j$，$i,j\in\{1,\cdots,n\}$，$i\neq j$。

定义 3.5 （实例公式）设 φ 为一个公式，$x_1,\cdots,x_n$为公式中出现的个体变元，φ'为 φ 通过实例代换$\{a_1/x_1,\cdots,a_n/x_n\}$得到的公式，则称 φ'为 φ 的公式常例。

定义 3.6 （原子动作）一个动态描述逻辑的原子动作是一个形如 $A(x_1,\cdots,x_n)=(P_A,E_A)$的表达式，其中：

- A 为动作的名称，它用来表示原子动作的操作符。
- $x_1,\cdots,x_n$为个体变元，指定动作的操作对象，因此也常称之为操作变元。
- P_A为前提公式集，用来指定动作执行前需要满足的条件。
- E_A为结果的公式集合，用来指定动作执行后的结果，该结果集由一组表达式组成，在不同的环境中，表达式具有不同的执行结果。

在此，我们需要特别说明：

(1) 动作定义了状态之间的转化关系，即动作将使得状态发生转变。例如，世界的原始状态是 u，在动作 A 的作用下，系统会转移到状态 v。但是这种状态的转变是有条件的，即现在的客观事件满足动作 A 发生的条件。具体来说，客观世界 u 满足动作 A 发生的条件，同时在动作 A 发生后，客观世界 v 也满足动作发生的条件。

(2) 由于动作的发生会对外部的环境产生影响，因此动作发生的前提公式和结果公式会有些不同。对于动作 A，动作发生的前提条件 u 要求在动作发生前的环境中得到满足，而结果条件 v 要求在动作发生后的环境中得到满足。否则，动作 A 不能正确地执行。

定义 3.7 （原子动作实例化）设$(x_1,\cdots,x_n)\equiv(P_A,E_A)$为一个动作描述，$A(a_1,\cdots,a_n)$是在 $A(x_1,\cdots,x_n)$上经过实例代换$(x_1/a_1,\cdots,x_n/a_n)$得到的，则称 $A(a_1,\cdots,a_n)$为 $A(x_1,\cdots,x_n)$的动作实例。称 $A(a_1,\cdots,a_n)$为原子动作，$P(a_1,\cdots,a_n)$为动作 $A(a_1,\cdots,a_n)$的前提，$E_A(a_1,\cdots,a_n)$为动作 $A(a_1,\cdots,a_n)$的结果集。

定义 3.8 （复杂动作）复杂动作由简单动作通过下列操作构建：

$$\pi,\pi'\rightarrow\alpha\mid\varphi?\mid\pi\cup\pi'\mid\pi;\pi'\mid\pi*$$

其中 α 代表公式，φ? 代表 DDL 中的公式。

φ? 称为测试公式，它表示对 φ 进行测试，以确定其在当前状态下的成立情况，φ 成立，返回真，否则返回假；$\pi\cup\pi'$称为选择动作，该动作执行后，将在 π 和π'中挑选一个动作进行执行；$\pi;\pi'$称为顺序动作，即让动作 π 和动作π'顺序执行；$\pi*$称为迭代动作，即重复执行 π 动作，直至程序顺利完成。

随着动作不断地执行，外部世界的状态不断地改变。而这个变化的过程，实际上是论域中个体的属性以及个体之间的关系的一个动态变化过程，每个状态下个体的属性，以及个体之间的关系，组成了客观世界的状态描述。

通过对简单动作构造的复杂动作，我们可以方便地表示计算机程序的控制流程。在计算机中，典型的控制流程有判断、循环、分支，通过我们现在构造的复杂动作，DDL 可以方便地对动作进行表示。

DDL 主要包含了三个部件：ABox、TBox 和 ActBox。其中 ABox 是实例断言的集合，TBox 是术语公式的集合，ActBox 是动作定义的集合。ActBox 中既包含了原子动作，也包含了复杂动作。

我们以最简单的 ALC 动态描述逻辑为例对动态描述逻辑的语义进行解释。动态描述逻辑的解释可以看作是一个形如(W,Δ,I)的三元组，其中 W 表示一个可能世界的集合，Δ 是一个论域，I 是其中的一个解释函数。

对于每个 w_i 属于 W，解释函数 I 通过 $I(w_i)$ 将 w_i 的每一个概念映射到 Δ 的一个子集，将每个个体名映射到 Δ 的一个元素，将每个角色名映射到 $\Delta\times\Delta$ 的一个子集。在此基础上，我们给出 DDL 的语义：

(1) $I(w)\vDash C(p)$ iff $p^{I(w)}\in C^{I(w)}$；

(2) $(\neg C)^{I(w)}=\Delta\backslash C^{I(w)}$；

(3) $(C\sqcap D)^{I(w)}=CI(w)\sqcap D^{T(w)}$；

(4) $I(w)\vDash R(p,q)$ iff $(p^{I(w)},q^{I(w)})\in R^{I(w)}$；

(5) $(\forall R.C)^{I(w)}=\{x\mid$对每个 $y\in\Delta$，若$(x,y)\in R^{I(w)}$，则 $y\in C^{I(w)}\}$；

(6) $I(w)\vDash\neg\phi$ iff $I(w)\nvDash\phi$；

(7) $I(w)\vDash\pi\vee\psi$ iff $I(w)\vDash\pi$ or $I(w)\vDash\psi$；

(8) $(\phi?)^I=\{(w,w)\mid I(w)\vDash\phi\}$；

(9) $(\pi_1\cup\pi_2)^I=\pi_{1I}\cup\pi_{2I}$；

(10) $(\pi_1;\pi_2)^I=\{(w,w')\mid$ 存在某个 $w''\in W$ 使得$(w,w'')\in\pi_{1I}$且$(w'',w')\in\pi_{2I}\}$；

(11) $(\pi*)^I=\pi^I$的传递闭包；

(12) $I(w)\vDash\langle\pi\rangle$ iff 存在一个 $w'\in W$ 使得$(w,w')\in\pi^I$且$I(w')\vDash\phi$。

在本体记忆中，可以通过动态描述逻辑实现自动推理。

定义 3.9 （冲突）在 DDL 推理中，存在冲突的情况。当遇到此种情况，推理进行回溯或者结束。C 用来表示任意的概念，R 用来表示任意的关系，a、b 用来表示任意的个体常元。

- $\{\bot(a)\}$；
- $\{C(a),\neg C(a)\}$；
- $\{R(a,b),\neg R(a,b)\}$。

定义 3.10 （公式集合一致）我们称断言公式 F 是一致的，当且仅当公式 F 中没有冲突，否则我们称 F 是不一致的。

在推导过程中，用到的主要方法如下：

- $\sqcap$ 规则：若 $C_1\sqcap C_2\in F$，且 $C_1(x)\notin F$，$C_2(x)\notin F$，则将$\{C_1(x),C_2(x)\}$并入到 F 中。
- $\sqcup$ 规则：若 $C_1\sqcup C_2\in F$，且 $C_1(x)\notin F$，$C_2(x)\notin F$，则将$\{D(x)\}$并入到 F 中，其中 $D=C_1$或者 $D=C_2$。
- $\exists$ 规则：若 $\exists R.C(x)\in F$，且没有 y 使得$R(x,y)\in F$ 且$C(y)\in F$，则将$\{C$

(y)，$R(x,y)\}$并入到 F 中。

- $\forall$ 规则：若 $\forall R.C(x) \in F$，$R(x,y) \in F$，且 $C(y) \notin F$，则将 $C(y)$ 并入 F 中。
- α 规则：若$[\alpha]C \in F$，其中 $\alpha = (P_\alpha, E_\alpha)$，则将 P_α 中所有的条件从 F 中删除，将执行 E_α 后得到的结果添加到 F 中，将概念 C 并入 F 中。

最后，检测 F 中是否含有冲突，若没有冲突，则 F 是一致的，否则 F 是不一致的，整个算法推理结束。

在推理过程中，$\sqcup$操作是比较特殊的。因为我们在推理选择的过程中，只是选择了其中的一个分支，这样我们就可能碰到冲突。因此，在实际的推理过程中，如果一个分支出现了冲突，就放弃该分支，然后重新选择进行推理，直到所有的选择都结束的情况下才正式确定公式是不一致的，存在冲突。

上述的算法是对经典 Tableaux 算法的扩展，该算法主要是在传统 Tableaux 算法的基础之上增加了对动作的描述和推理，确保了算法的正确性。

定义 3.11　（动作的一致性）我们称动作 $A(y_1,\cdots,y_n) \equiv (P_A, E_A)$是一致的，当且仅当对于任意的个体常元 $a_1,\cdots,a_n$，动作实例 $A(a_1,\cdots,a_n)$的前提集合 $P_A(a_1,\cdots,a_n)$和结果集合 $E_A(a_1,\cdots,a_n)$是一致的。

在描述逻辑中，对动作的描述是一般性的描述。它是对具有该动作的所有实例的一种抽象。它用来刻画动作执行的基本模式，且动作的执行需要满足其执行条件和相应的执行结果。在动态描述逻辑中，动作的描述和概念的描述类似，是一种领域的公理。因此，在应用之前，需要对其合理性和一致性进行检测。

动作描述是描述逻辑中的一部分，因而其也是可判定的。动态描述逻辑本质上还是描述逻辑，只是增加了对动态知识，即动作的表示。因此，与传统的动作推理还是存在区别。

定义 3.12　（动作的可执行性）原子动作(P,E)相对于 TBox T 和 ActBox Act 来说在 ABox A 上是可执行的，当且仅当 $\mathrm{Conj}(A) \to \mathrm{Conj}(P)$相对于 T 和 Act 是可执行的。

Conj(.)表示公式的合取。该定义为我们提供了一个动作在给定 ABox 下的可执行方法。我们通过判定$(\mathrm{Conj}(A) \to \mathrm{Conj}(P))$是不可满足的，推断出 $\mathrm{Conj}(A) \to \mathrm{Conj}(P)$是有效的。从而，我们可以判定动作$(P,E)$在 ABox A 下是有效的。

定义 3.13　（动作投影）动作 π 执行后相对于 TBox T 和 ActBox Act 来说使得公式 ϕ 成立，当且仅当公式 $\mathrm{Conj}(A) \to [\pi]\phi$ 是有效的。

根据动作的投影定理，我们可以构建动作的规划推理。

定义 3.14　（动作规划）给定 ABox A_1，A_2，以及动作序列 $\mathrm{Seq}_a = (P_1,E_1),(P_2,E_2),\cdots,(P_n,E_n)$，我们称 Seq_a是A_1到 A_2的动作规划，当且仅当动作序列$(P_1,E_1),(P_2,E_2),\cdots,(P_n,E_n)$在 A_1上执行后，公式 $\mathrm{Conj}(A_2)$成立。

根据动作规划的定义，我们可以在动作的可执行性、动作投影基础之上，对动作序列进行构建。

3.3　情景记忆

情景记忆(episodic memory)即以时间和空间为坐标对个人亲身经历的、发生在一定时间和地点的事件(情景)的记忆。情景记忆是加拿大心理学家图尔文(E. Tulving)在1972年提出来的，他将其定义为“接收和存储关于时间上的事件或事件的信息，以及这些事件之间的时空关系”的记忆系统。1983年，图尔文出版了专著 *Elements of Episodic Memory*[187]，专门讨论情景记忆的原理。

3.3.1 情景记忆的要素

情景记忆与特定时间特定地点发生的事情有关。通过在给定的时空背景下对事件的“何时”“何地”和“什么”进行编码，情景记忆使我们具有重建和重新体验过去事件的独特能力。这包括最初存储记忆时存在的多模态感官信息。情景记忆通常被理解为两个独立的过程：

(1) 回忆。回忆是引发检索与给定事件有关的这种多感官空间和时间信息的过程。这是关于一个对象或事件与其上下文相关的知识，例如它发生的时间或地点。

(2) 熟悉度。熟悉度是一种单维信号，允许对过去发生的事件进行简单判断。这涉及对对象及其特征的基本认识。

在这个情景记忆的双过程理论框架中，回忆涉及记忆，而熟悉涉及了解，从而赋予了记忆者一种古老的感觉。情景记忆的基本单位是个人的回忆行为。这种回忆行为开始于事件或情景生成的经验的主观再现(想起经验)，或者变换到保持信息的其他形式，或者采用它们两者的结合。关于回忆，有许多构成要素和构成要素间的关系。构成要素分两类，一类是观察可能的事件，另一类是假说的构成概念。这种构成要素是情景记忆的要素。情景记忆的要素可以分成两类，即编码和检索。编码是关于某时某种情况的经验的事件的信息，指出变换到记忆痕迹的过程。检索要素主要与检索方式和检索技术有关。图3.8给出了情景记忆的要素和它们的关系。

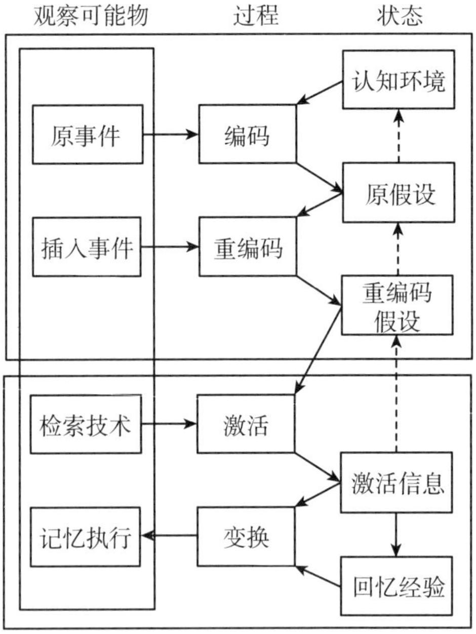

图3.8 情景记忆的要素和它们的关系

3.3.2 情节检索

纳克索尔(A. Nuxoll)和莱尔德(J. E. Laird)首先将情景记忆引入到Soar系统中，一个情景记忆可以支持拥有多种认知功能智能体[139]。在CAM中，情节片段保存在基本模块情景记忆中。情节片段被分为两个层次：一个是逻辑上的抽象级，另一个是原始级，如图3.9所示。其中抽象级以逻辑符号描述。在原始级包括描述对象抽象级相关的感知信息。为了有效地表示和组织情节片段，我们在抽象级采用DDL描述，在原始级采用本体。采用对象数据图(object data graph，ODG)描述情节片段。

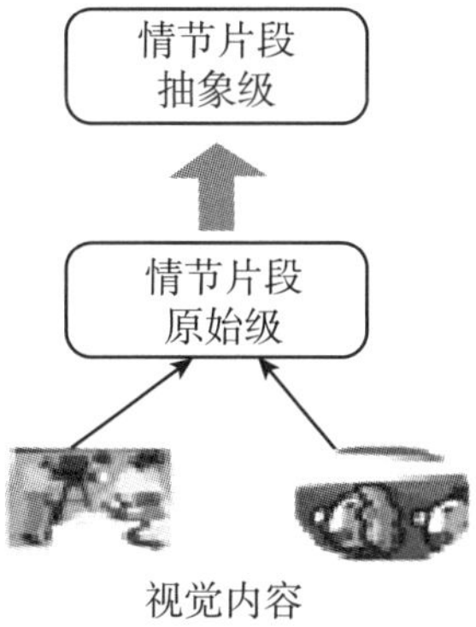

图3.9 二级情景片段

图3.10描述了电影《魂断蓝桥》的对象数据图的结构，其中通过情节片段的URI与其他对象相关联。图3.10显示了3个对象：M_2、W_2和电影《魂断蓝桥》。此外，对象W_2穿蓝色裙子。该片还与相关联的两个主角M_1、W_1有关，其中W_1穿白大褂。

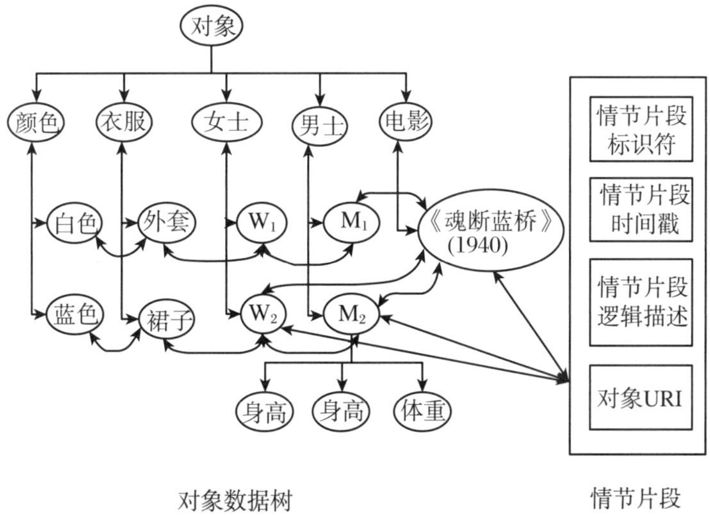

图3.10 对象数据图

在Soar中，情节的检索是基于案例推理建模，根据以往的经验，找到问题的解决方案[110]。我们遵循这个思路，构建基于案例的系统，根据线索找回情节。为了简化系统，我们限制提示要像情节变换序列。然后，情节的检索模型为寻找事件最相关的提示的问题。在抽象层次情节可以精确表示事件的内容，从而提示和抽象级别情节之间进行匹配。在 CAM 中，变换序列被正式定义为一个可能世界的序列，情节暗示线索可以通过 DDL 的 Tableau 算法推理。一个可能世界的序列是一个有向无环图 $Seq=(W_p, E_p)$，其中 $w_i \in W_p$ 代表一个可能的世界，边 $e_i=(w_i, w_j)$ 表示动作 α_I 在 w_i 中执行，并导致状态从 w_i 变换为可能世界 w_j。

从 DDL 的角度来看，当且仅当 $e_p \to c$ 是一个有效公式，一个情节 e_p 可以暗示地提示 c。因此，我们可以推理，确定 $e_p \to c$ 是否有效的过程情节和线索之间的蕴涵关系。这个情节和线索之间的推理过程如算法 3.1 所描述。

算法 3.1　CueMatch(e,c)。

输入：episodee，cuec

输出：whether $c \leqslant p^e$ hold

(1) if length(e) < length(c) then

(2) 　　return false；

(3) end

(4) n_e := first_ node(e)；

(5) n_c := first_ node(c)；

(6) if MatchPossibleWorld(n_e； n_c) then

(7) 　　α_e := Null；

(8) 　　α_c := action(n_c)；

(9) 　　if ¬(Pre(α_e) →Pre(α_c)) unsatisfiable according DDL tableau algorithm then

(10) 　　　n_{tmp} := n_e；

(11) 　　　while next_ node(n_{tmp}) ≠Null do

(12) 　　　　α_e := (α_e； action(n_{tmp}))；

(13) 　　　　if MatchAction(α_e； α_c) then

(14) 　　　　Let sub_e be the sub sequence by removing α_e from e；

(15) 　　　　Let sub_c be the sub sequence by removing α_c from c；

(16) 　　if CueMatching(sub_e； sub_c) then

(17) 　　　　return true；

(18) 　　　end

(19) 　　end

(20) 　　n_{tmp} := next_node(n_{tmp})；

(21) 　end

(22) end

(23) end

(24) Remove n_e from e；

(25) return CueMatching(e； c)；

函数 MatchPossibleWorld(w_i, w_j)

输入：possible worlds w_i, w_j

输出：whether $w_i \vDash w_j$ hold

(1) f_w := Conj(w_i)→Conj(w_j)；

(2) if $\neg f_w$ is unsatisfiable according to DDL tableau algorithm then
(3) 　　return true;
(4) else
(5) 　　return false;
(6) end

函数 MatchAction(α_i, α_j)
输入：action α_i, α_j
输出：whether α_i? αj hold
(1) if α_i = = null or α_j = = null then
(2) 　　return false
(3) end
(4) f_{pre}: = Conj(Pre(α_i)) →Conj(Pre(α_j));
(5) f_{eff}: = Conj(Eff(α_i)) →Conj(Eff(α_j));
(6) if $\neg f_{pre}$ and $\neg f_{eff}$ are unsatisfiable according to DDL Algorithm then
(7) 　　return true;
(8) else
(9) 　　return false;
(10)end

在算法 3.1 中，函数 length()返回一个可能世界的序列长度。一个可能的世界序列的长度由包含在序列中的结点的数目来确定。函数功能返回(n)，在可能的世界 N 内顺序执行动作。函数 next_ node(n)返回 n 在可能的世界序列中的下一结点。n 的下一个结点通过执行动作(n)后到达可能的世界序列下一个结点。在算法 3.1 的步骤(12)中，通过顺序动作构造符";"生成组合动作，连接 α_e和动作(n_{tmp})。为了简化该算法，我们假设动作(NULL;α) = = α。函数 MatchPossibleWorld()和 MatchAction()，采用 DDL 的 Tableau 算法检查公式的否定形式是不是不可满足的。这种方法的使用，可以保证公式的有效性，这意味着公式总是成立。

3.4 信息提取

长时记忆的信息提取有两种基本形式，即回忆和再认。这两种形式提取信息都需要运用一定的策略，即依靠一定的线索和选择一定的中介。在这方面有两种看法：一种是搜寻理论，认为信息的提取是根据信息的意义、系统等来搜寻记忆痕迹，使痕迹活跃起来，回忆出有关的项目；另一种是重建理论，认为记忆是一种主动的过程，存储起来的不是成熟的记忆，而是一些元素或成分，回忆就是把过去认知的成分汇集成完整的事物。人们认为这两种理论并不矛盾，适合于不同的编码方式。搜寻理论可能适合于表象记忆，重建理论则适合于言语记忆。

1. 再认

再认(recognition)是指人们对感知过、思考过或体验过的事物，当它再度呈现时，仍能认识的心理过程。再认与回忆没有本质的区别，但再认比回忆简单和容易。从个体心理发展来看，再认比回忆出现得早。孩子出生后半年内，便可再认，而回忆的发展却要晚一些。日本学者清水曾用图画材料研究了小学生再认与回忆能力的发展。结果表明，幼儿园及小学低年级儿童的再认成绩明显优于回忆，而到五六年级时，两者的差别就逐渐趋向接近了。再认有感知和思维两种水平，并表现为压缩的和展开的两种形式。感知水平的再认往往以压缩的形式表现出来，它的发生是迅速而直接的。例如，对一首熟悉的歌曲，只要听清几个旋律就能立即确认无疑。思维水平的再认是以展开的形式进行的，它依赖于某些再认的线索，并包含了回忆、比较和推理等思维活动。再认有时会出现错误，即对熟悉的事物不能再认或认错对象。发生错误的原因是多方面的，如接受的信息不准确，对相似的对象不能分化，或者由于情绪紧张或疾病等。

再认是否迅速和准确，受到主客观方面许多因素的影响。重要的因素有以下几个方面：

(1) 再认依赖于材料的性质和数量。相似的材料，再认时容易发生混淆，如汉字“披”与“被”、“己”与“已”等。材料的数量对再认也有影响。研究发现，在再认英文单词时，每增加一词，再认时间就要增加38%。

(2) 再认依赖于时间间隔。再认的效果随再认时间的间隔而变化，时间间隔越长效果越差。

(3) 再认依赖于思维活动的积极性。对于不熟悉的材料进行再认时，积极的思维活动可以帮助进行比较、推论，提高效果。例如，对一位多年不见的老朋友，可能初见面记不起来了，这时根据现有线索，回忆过去的生活情景，能帮助对他的再认。

(4) 再认依赖于个体的期待。再认的速度和准确性不仅取决于对刺激信息的提取，而且依赖于主体的经验、定势和期待等。

(5) 再认依赖于人格特征。心理学家威特金(H. A. Witkin)等将人分为场依存性人和场独立性人。所谓场，就是环境，简单来说，场依存性是指一个人独立性的程度。威特金认为有些人知觉时较多地受他所看到的环境信息的影响，有些人则较多地受身体内部线索的影响。他把个体较多地依赖自己所处的周围环境的外在参照，在环境的刺激交往中定义知识、信息称作场依存性。实验证实，具有场独立性的人不易受周围环境的影响，而具有场依存性的人易受周围环境的影响。这两种人，在识别镶嵌图形，即从复杂图形中识别出简单图形时，有明显的差异。一般来说，场独立性的人比场依存性的人有较好的再认成绩。

2. 回忆

回忆是人们过去经历过的事物的形象或概念在人们的头脑中重新出现的过程。例如，考试时，人们根据考题回忆起学习过的知识；节日的情景，使人们想起远方的亲人。

在回忆的过程中，人们所采取的策略，将直接影响回忆的进程和效果。

(1) 联想是回忆的基础。客观世界中的各种事物不是孤立的，而是相互联系和相互制约的。人脑对客观事物进行反映，在头脑中所保存的知识经验也不是孤立的和零散的，而是彼此有一定的联系的，这样人们在回忆某一事物时，也会连带地回忆起其他有关的事物。例如，想到“阴天”就会想到“下雨”；想到一个朋友的名字，就会想到他的音容相貌，等等。这种由一个事物想到另一个事物的心理活动称之为联想。联想具有以下几个规律：

① 接近律。时间、空间相近的事物容易形成联想。例如，人们看到“颐和园”就会想到

“昆明湖”“万寿山”“十七孔桥”;背诵外文单词时由形会联想到它的音和义;由元旦会想到春节,等等。

② 相似律。形式相似或性质相似的事物容易形成联想。例如,人们提起春天,就会想到生机与繁荣;从苍松翠柏就会想到意志坚强,等等。

③ 对比律。事物间相反的特征也容易形成联想。例如,人们可能由白想到黑,由高想到矮,等等。

④ 因果律。事物间的因果关系也容易形成联想。例如,人们看到阴天就会想到下雨,看到冰雪就会想到寒冷,等等。

(2) 定势和兴趣直接影响回忆的方向和效果。定势对回忆有很大的影响,由于个人的心理准备状态不同,同一个刺激物可以使人回忆起不同的内容,产生不同的联想。另外,兴趣和情感状态也可以使人对某一类事物的联想处于优势。

(3) 双重提取。寻找关键支点是回忆的重要策略。在回忆过程中,借助表象和词语的双重线索可以提高回忆的完整性和准确性。例如,问“家里有几扇窗户”,首先在头脑中出现家中窗户的形象,然后再提取窗户的数目,效果较好。在回忆中,寻找回忆材料的关键点,也有利于信息的提取。例如,回忆英文字母表,如果问字母表B后面的字母是什么,大部分人都能立刻回忆起来,如果问J后面的字母是什么,回答可能就比较困难。在这种情况下,有的人从A开始回忆字母表,知道J后面的字母是K;而更多的人可能会从G或H开始,因为G或H形象比较突出,可能成为记忆材料的关键点。

(4) 暗示回忆和再认有助于信息的提取。在回忆比较复杂的和不熟悉的材料时,呈现与回忆内容有关的上下文线索,将有助于材料的迅速恢复。暗示与回忆内容有关的事物,也能帮助回忆。

(5) 与干扰做斗争。在回忆的过程中,经常会发生提取信息的困难,这可能是由于干扰所引起的。例如,考试时,有人明知考题的答案,但是由于当时情绪紧张,一时想不起来,这种明明知道而当时又回忆不起来的现象叫“舌尖现象”,即话到嘴边又说不出来。克服这种现象的简便方法是当时停止回忆,经过一段时间后再进行回忆,要回忆的事物便可能油然而生。

3.5 海马体

海马体(hippocampus),又名海马回、海马区、大脑海马。海马体是大脑内部一个大的神经组织,它处于大脑半球内侧面皮质和脑干连接处,即位于大脑丘脑和内侧颞叶之间,属于边缘系统的一部分。海马体由海马、齿状回和海马台组成。海马呈层状结构,没有攀缘纤维,而有许多侧枝。构成海马的细胞有两类,即锥体细胞和篮细胞。在海马中,锥体细胞组成层状并行的锥体细胞层,它的树突沿海马沟的方向延伸。篮细胞的排列非常有序。图3.11给出了海马体的构造。

从解剖学的角度来看,海马常被看作侧脑室颞角的一个内侧凸起。它由CA1、CA2、CA3和CA4四个区域组成。信息进入海马时由齿状回流入CA3,再经过CA1到脑下托,并在每个区域输入附加信息,在最后的两个区域输出。海马在将短时记忆进行巩固进而转换

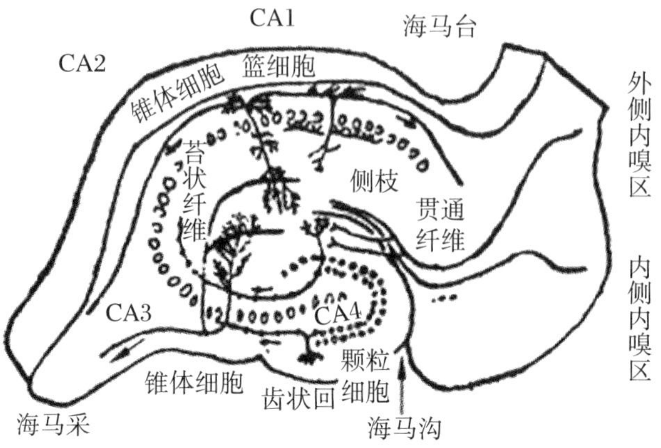

图 3.11　海马体的构造

成长时记忆中起着重要的作用。在一项实验中，将一种阻止蛋白合成的药物注射于大鼠海马内，大鼠的学习能力并没有表现出明显的受损，但同正常大鼠相比，其所学习的内容在两天后被全部遗忘。显然，这种蛋白抑制合成剂阻止了记忆的巩固过程。在记忆巩固的过程中，长时增强作用扮演着重要的角色。长时增强作用，又称长时增益效应，是发生在两个神经元信号传输中的一种持久的增强现象，能够同步地刺激两个神经元。这是与突触可塑性——突触改变强度的能力相关的几种现象之一。由于记忆被认为是由突触强度的改变来编码的，长时增益效应被普遍视为构成学习与记忆基础的主要分子机制之一。

对位置的感知和在空间的巡航能力，对于生命而言是至关重要的。20 世纪 60 年代末，伦敦大学学院（UCL）神经生理学家奥基夫（J. O'Keefe）开始研究这个问题，1971 年奥基夫在系统分析环境因素对海马单个神经元放电频率的影响时发现了位置细胞（place cell），即当动物处于某一位置时放电频率明显变化的神经元。这一初步工作结果发表在现在已不被重视（影响因子不高）的 *Brain Research*（《脑研究》）上。奥基夫使用电生理技术记录自由活动（freely-moving）动物的脑内神经元单位放电，*Brain Research* 上发表的这一工作是奥基夫获得诺贝尔奖的奠基之作。2014 年诺贝尔生理学或医学奖授予奥基夫、M. B. 莫泽（M. B. Moser）和 E. I. 莫泽（E. I. Moser），颁奖理由是他们发现了构成大脑定位系统的细胞。

发现了位置细胞，让人们觉得海马体可能扮演着“认知地图”（cognitive map）的角色，而认知地图就是环境格局的神经重现。然而，针对这样的观点，近期的证据提出怀疑，并且指出海马体对于“寻找方向”（navigation）更根本的过程非常重要。尽管如此，动物实验显示，即使是要完成简单的空间记忆活动，健全的海马体也是必要的（譬如把目的地藏住，要动物找路回去）。若海马体不健全，人类可能就无法记住曾经去过的地方以及如何前往想去的地点。研究人员相信，要在熟悉的环境之间找出捷径以及新的路线，海马体扮演着极重要的角色。针对这样寻找方向的能力，有些人比其他人能力强。大脑显影研究显示，这些寻找方向能力比较好的人，在寻找方向时，他们的海马体比较活跃。

3.6　互补学习系统

根据马尔（D. Marr）早期的想法，斯坦福大学心理学教授麦克莱伦德（J. L. McClelland）于 1995 年提出了互补学习系统（complementary learning systems，CLS）理论[126]。该理论认为人脑学习是两个互补学习系统的综合产物。一个是大脑新皮质学习系统，通过接受体验，慢慢地对知识与技能进行学习。另一个是海马体学习系统，记忆特定的体验，并让这些体验能够进行重放，从而与新皮质学习系统有效集成。2016 年，谷歌深度思维的库玛拉（D. Kumaran）、哈萨比斯（D. Hassabis）和斯坦福大学的麦克莱伦德在《认知科学趋势》刊物上发表文章[108]，对互补学习系统理论进行了拓展。其认为大脑新皮质学习系统是结构化知识表示，而海马体学习系统则迅速地对个体体验的细节进行学习。文章对海马体记忆重放的作用进行了拓展，指出记忆重放能够对体验统计资料进行目标依赖衡量。通过周期性展示海马体踪迹，支持部分泛化形式，新皮质对于符合已知结构知识的学习速度非常迅速。最后，文章指出了该理论与人工智能的智能体设计之间的相关性，突出了神经科学与机器学习之间的关系。

图 3.12 给出了大脑半球的侧视图。其中虚线表示大脑内或深处的区域内侧表面，主要感觉和运动皮质显示为浅灰色。内侧颞叶（medial temporal lobe，MTL）包围虚线，海马以深灰色显示，周围的内侧颞叶（MTL）皮质以浅灰色显示（大小和位置是近似的）。灰色箭头表示整合的新皮质关联区域内和之间，以及在这些区域和模态特定区域之间的双向连接。黑色箭头表示新皮质区域和内侧颞叶（MTL）之间的双向连接。黑色和灰色连接是互补学习系统理论中结构敏感的新皮质学习系统的一部分。内侧颞叶内的黑色箭头表示海马内的连接，较浅灰色的箭头表示海马之间的连接和周围的内侧颞叶（MTL）皮质：这些连接表现出快速突触可塑性，这对将事件的元素快速结合成整合的海马表示非常重要。系统级合并涉及重播期间通过用深色箭头指示的途径扩散到新皮质关联区域的海马活性，从而支持在新皮质内连接（灰色箭头）内的学习。系统级合并在记忆检索时完成，重新激活相关的新皮质表示集成，可以在无海马情况下完成。

图 3.12　大脑半球的侧视图

图 3.13 给出了海马子区域、连通性和表示的示意图，其中圆形或三角形表示神经元细胞体，淡灰色线条表示高可塑性突触的投影，而灰色显示相对稳定的可塑性突触的投影。互补学习系统理论框架内的工作依赖于内侧颞叶（MTL）分区的生理特性。在体验期间，来自

新皮质的输入在内嗅皮质(entorhinal cortex,ERC)中产生激活的模式,可以被认为是压缩描述的贡献皮质区域中的模式。图 3.13 中内嗅皮质的说明性活动神经元以黑色显示。内嗅皮质神经元产生投射到海马体的三个分区:齿状回(dentate gyrus,DG)、CA1 和 CA3。

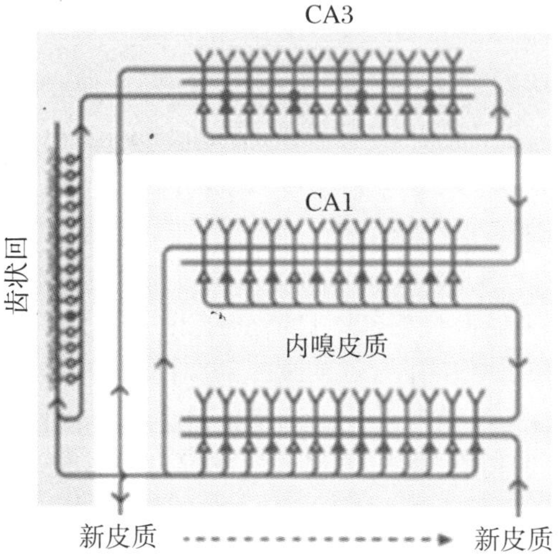

图 3.13 海马的子区域、连通性和表示的示意图

海马体学习系统实现模式选择和模式分离。新的内嗅皮质(ERC)模式激活一组以前未提交的齿状回(DG)神经元,图 3.13 中显示为黑色,这些神经元可能是相对年轻的神经元,通过神经发生创建。这些神经元,反过来,通过大的"引爆突触"选择 CA3 中的神经元的随机子集。从齿状回(DG)投影到 CA3 表示为黑点,用作 CA3 中的记忆表示,确保新 CA3 模式与用于其他记忆的 CA3 模式尽可能不同,包括用于经验的模式,类似于新的经验。来自活动的 CA3 神经元反复连接到其他活动 CA3 神经元上,表示体验增强,使得相同神经元的子集稍后变为活动,其余的模式将被重新激活。从内嗅皮质(ERC)到 CA3 的直接连接也得到加强,允许内嗅皮质(ERC)输入在检索期间直接激活 CA3 中的模式,而不需要齿状回(DG)参与。

从内嗅皮质(ERC)到 CA1 和背部的连接改变相对缓慢,允许 CA1 和内嗅皮质(ERC)之间的模式相对稳定对应。在记忆编码期间,当 CA1 模式与相应的 CA3 模式被重新激活时,从活动的 CA3 神经元到活动的 CA1 神经元连接加强。从 CA1 到 ERC 的稳定连接则允许适当的模式重新激活,内嗅皮质(ERC)和新皮质区域之间稳定的连接传播模式到大脑皮质。重要的是,CA1 和内嗅皮质(ERC)之间,以及内嗅皮质(ERC)和新皮质之间的双向投影,支持内嗅皮质(ERC)和新皮质模式的可逆 CA1 表示的形成和解码,并允许重复计算。这些连接不应该快速改变给定的记忆中海马的扩展作用,否则在海马中存储的记忆在新皮质中难以恢复。

图 3.14 解释了海马的连接编码、模式分解和合成。图 3.14(a)给出了 5 个输入端连接 10 个输出端,每个输出端连接 2 个不同模式的输入,每个连接单元检测相邻输入单元的活动。齿状回(DG)可以使用高阶的连接,放大这些影响。图 3.14(b)说明模式分离函数的一般形式,显示在输入和输出之间的关系重叠。箭头表明图 3.14(a)中输入和输出的重叠。图 3.14(c)表示模式分解和合成的情况与 CA3 相关,在那里输入低的重叠减小少,而较高输入的重叠减小多。

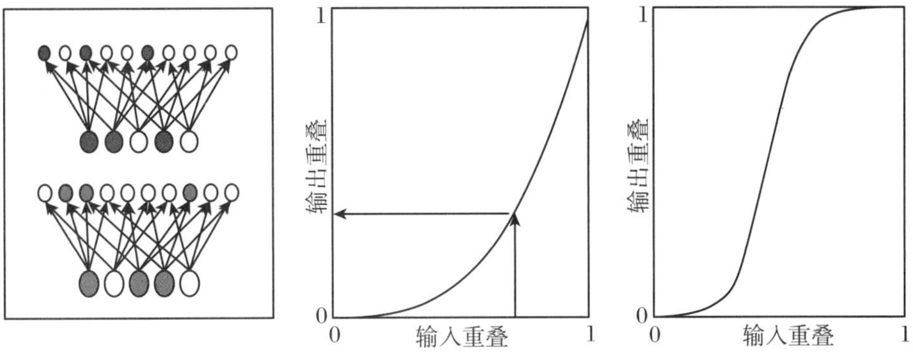

(a) 输入输出　　(b) 齿状回模式分解　　(c) CA3中的模式分解和合成

图 3.14　海马体连接的编码、模式分解和合成

模式分解和合成是根据影响神经活动模式之间的重叠或相似性的变换来定义的。模式分解使得类似模式通过连接编码更清晰，其中每个输出神经元仅响应于有效输入神经元的特定组合。图 3.14(a)、(b)显示了这种情况如何发生。模式分解是在齿状回(DG)中实现的，使用高阶连接减少重叠。

模式合成是一个过程，需要采集模式的片段和填补其余的功能。采取与熟悉模式相似的模式，使其更加类似于它。计算模拟已经表明 CA3 区域组合分离的模式特征和合成，使得中等和高度重叠，导致模式合成并保存在记忆中，而重叠较少的模式导致创建一个新的记忆，如图 3.14(c)所示。这种情况下，当环境输入在内嗅皮质(ERC)中产生了类似于先前模式的模式时，CA3 输出更接近其先前的模式；当环境在内嗅皮质(ERC)上产生了与以前记忆模式重叠低的输入时，齿状回(DG)将在 CA3 中创建新的、统计独立的细胞群。新出现的证据表明模式合成(以及海马处理的其他特征)所需的重叠量可以发生在海马近端末梢和背腹侧轴，并可能由神经调节因子(如乙酰胆碱)形成。

研究指出，CA3 和 CA1 分区之间的差异在于它们的神经活动模式对环境变化的响应。广义上讲，CA1 分区倾向于反映来自内嗅皮质(ERC)的输入重叠程度，而 CA3 更多显示反映模式分解或合成的不连续响应。

3.7　认知机器学习

2005 年 7 月 1 日，在纪念美国《科学》杂志创刊 125 周年之际，科学家们总结出了 125 个问题，其中问题 94 是"通过机器进行学习的局限是什么"。如今计算机已经可以击败世界上最好的国际象棋玩家，它们在网络上可以抓取丰富的信息，但人类的抽象推理仍然超越任何机器。为了让机器具有抽象推理的能力，使计算机能够学习进化，必须开展认知机器学习的研究。认知机器学习是指把机器学习与脑认知机理结合起来，具体情况中，认知机器学习是指把机器学习与心智模型 CAM(consciousness and memory)结合起来[14]。

脑的高级认知功能包括学习、记忆、语言、思维、决策、情感等。学习是通过神经系统不断接受刺激，获得新的行为、习惯和积累经验的过程。记忆是指学习得到的行为和知识的保持与再现，是我们每个人每天都在进行着的一种智力活动。语言和高级思维是人区别于其他动物的最主要因素。决策是指通过分析、比较，在若干种可供选择的方案中选定最优方案的过程，也可能是对不确定条件下发生的偶发事件所做的处理决定。情感是人对客观事物是否满足自己的需要而产生的态度体验。

根据当前研究进展，认知机器学习可能感兴趣的问题有学习涌现、学习进化等。

1. 学习涌现

毛泽东在《实践论》中指出："认识的过程，第一步，是开始接触外界事情，属于感觉的阶段。第二步，是综合感觉的材料加以整理和改造，属于概念、判断和推理的阶段。只有感觉的材料十分丰富（不是零碎不全）和合于实际（不是错觉），才能根据这样的材料造出正确的概念和论理来。"如何从感性认识上升为理性认识，即学习涌现。

霍兰德（J. H. Holland）在其著作《涌现》中指出："涌现的本质就是由小生大，由简入繁。"涌现现象研究的方向和路标包括：机制（积模块、生成器、主体）和永恒的新奇（大量不断生成的结构）；动态性和规律性（在生成结构中持续地重复发生的结构或模式）；具有层次的组织（在生成器结构的基础上，生成更高组织层次的生成器）；建模（尤其是计算机模型，可以提供许多涌现方面的例子，具有自学习功能的西洋跳棋程序就是一个案例）。

2. 学习进化

为适应外界而改变自身结构的进化，是世界上重要的机理之一。19 世纪中叶，达尔文创立了生物进化学说。生物通过遗传、变异和自然选择，从低级到高级，从简单到复杂，种类由少到多地进化着、发展着。进化、学习，再经过高级的进化、学习的进化，产生了目的性，这实际上是一个关键：随机的无目的的机器能通过学习去探索其本身的目的。

对智力来说，所谓的进化是指学习的学习，这个学习的学习跟软件不同，它是结构也跟着变化，这是很重要的一条，结构变化把学习的结果记录下来，还改进了学习方法，而且它的存储和运算是一体的，这是目前计算机难以做到的。这对于研究计算机的学习进化模式或许就是一个新的课题，是非常值得关注的课题。

对古人类头骨化石的研究揭示了人类大脑的发展，在 200 万年的演变过程中，人类大脑体积增加了 3 倍，由于人类的食物、文化、技能、群体和基因等各种因素的共同作用，最终导致现代人类的大脑在 20 万年前进化成功。现代人类脑容量在 1200～1400 mL。在猿和类人猿阶段，其智力发展是缓慢的。到了能人、早期智人和晚期智人阶段，人类智力进化迅速提升，许多人类特有的皮质中枢正是在这一时期产生，如运动性语言中枢、书写中枢、听觉性语言中枢等。同时，大脑皮质还出现了欣赏音乐和绘画的中枢，这些中枢都有明显的定位特点。尤其是随着人类抽象思维发展，人脑额叶迅速扩张。由此可见，现代人脑是不断进化而成的。

要使机器具有人类水平的智能，突破通过计算机进行学习的局限，必须让机器具有学习进化的功能。通过学习，不仅增长知识，而且使机器的记忆结构发生变化。

第 4 章　程序性记忆

程序性记忆(procedural memory)是指如何做事情的记忆,包括对知觉技能、认知技能和运动技能的记忆。

4.1　概　　述

程序性记忆存在于人的潜意识当中,指导人的行为和运动。这些“行为”与“运动”是通过不断重复与练习而习得的,在人们需要执行的时候,程序性记忆会被自动唤起,但很难用语言表达出来。例如滑冰、游泳、骑自行车、弹吉他等,便是涉及程序性记忆的例子。这些运动都有一个特点,就是学会之后,即使将其搁置多年,重新操作时也能很快恢复。实际上即使是阿尔兹海默症晚期的患者,他们也能保留运动技能。

从生理结构上来说,人脑中负责程序性记忆的大致包含三个部分,分别是小脑、基底神经节和纹状体。

小脑在人对运动技能的掌握中扮演着重要的作用,它负责不断纠正学习过程中所犯的错误动作。当我们在学习一项运动的时候,小脑可以帮助我们自动完成对错误动作的修正,只是我们并没有意识到。最初由小脑皮质获得的记忆通过向外传播到其他的脑核团,完成学习后的强化过程。

纹状体和基底神经节相互作用,在程序性记忆的获得中扮演关键角色。背外侧的纹状体与我们日常行为习惯的获得密不可分,它与管理基底核回路活动的传入神经纤维连接。从纹状体出发的两条平行的信息处理路径与其他功能结构相连接或交叉,以一条路径径直到达另一条间接到达的方式组合在一起,形成功能性的神经反馈回路。这些回路与脑中的很多功能结构相联系,其中就包括了主要与程序性记忆中的运动技能相关的闭合回路。

存储程序性记忆的过程并不是一蹴而就的。早在 1954 年,费茨(P. M. Fitts)便提出了运动技能获取的模型,它分为三个步骤:

(1) 认知层面,人们会自动将一系列动作分解成好几个小部分,然后逐一观察,并学习如何将它们串联起来。

(2) 大量的重复练习。在这一过程中很多错误的动作会被慢慢纠正,逐渐形成正确的步骤。

(3) 熟练之后动作的自然形成。通过对上一步纠正过后的规范动作的不断重复,我们便慢慢不需要经过意识便能把这些动作连接并自动呈现出来,就是所谓的“熟能生巧”。

费茨对人类操作过程中的运动特征、运动时间、运动范围和运动准确性进行了研究,提出了著名的 Fitts 定律。

从运动系统的研究角度来说，程序性记忆分为两大类：一类包括习惯和技能的获得，另一类涉及具体的感觉-运动适应。运动是人类和动物行为的基础，是由中枢神经系统控制的，皮质下结构小脑和基底神经节也参与运动控制。

4.2 控制运动的神经结构

运动是人类和动物行为的基础，它是将由肌肉收缩所产生的力，作用于身体的有关部位而产生的。运动一般可以分为三大类，即反射运动、随意运动和节律性运动。反射运动是最简单和基本的运动。它的特点是：通常由特异的感觉刺激引起，产生的运动有定型的轨迹。随意运动通常是为了达到某种目的而指向一定目标的运动，可以是对感觉刺激的反应或因主观意愿而产生。节律性运动是另一类特点介于反射运动和随意运动之间的运动，如呼吸、咀嚼、行走等。

运动是由中枢神经系统控制的，通常将控制运动的各个神经结构合在一起称为脑的运动系统。运动系统由三级神经结构组成，从低级到高级分别是脊髓、脑干的下行系统和大脑皮质的运动区，如图4.1所示。

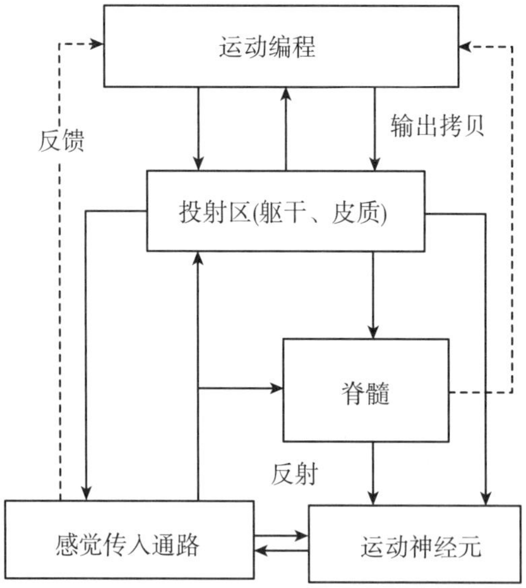

图4.1 运动控制的分级结构

这三级之间各有分工，如作为低级中枢的脊髓能产生复杂的传出冲动，使肌肉有组织地被兴奋而产生反射。脊髓以上的高级中枢则在这个基础上主要发出更为一般的运动指令，而不再去解决诸如协同肌和对抗肌的活动如何协调等细节问题。另一方面，除低级的中枢外，高级中枢也可以直接控制最低一级的神经元。例如，大脑皮质运动区除可通过脑干兴奋脊髓神经元外，还可以通过皮质脊髓束直接兴奋脊髓的运动神经元和中间神经元。从这个角度看，三级之间又是平行的关系。这种串行和平行联系、直接和间接途径的重复安排，为运动控制的实现提供了灵活多样的选择，也对神经系统受损后的恢复和代偿有重要意义。

从脑干发出许多下行通路影响脊髓的中间神经元，也有少数可直接影响脊髓的运动神经元。下行通路可以分为内侧下行系统和外侧下行系统[109]。内侧下行系统包括内侧和外侧前庭脊髓束、内侧和外侧网状脊髓束以及顶盖脊髓束，分别起源于前庭核、桥脑和延髓的网状结构及中脑的上丘，在同侧脊髓的腹索中下行，主要终止于脊髓中间区腹内侧的中间神经元和脊髓固有神经元，少数终止在一些支配躯干肌肉的运动神经元上。顶盖脊髓束终止于对侧脊髓的颈段。外侧下行系统主要是红核脊髓束，起源于中脑红核的大细胞部，在脊髓的外侧索中下行，终止于中间区的外侧部分和支配肢体远侧肌肉的位于腹角背外侧部的运动神经元。

内侧下行系统是控制整个机体运动的基本系统。它在发生上比较古老，主要支配躯干中线的肌肉和肢体近侧的肌肉。这个系统的功能包括维持平衡和直立姿势，整合躯体和肢体的运动和单个肢体协调运动等。外侧下行系统则主要控制肢体远端的肌肉。对于高等灵长类(包括人)，红核脊髓系统较不发达，它的功能由皮质脊髓束取代，主要和手及手指的精细运动有密切关系。

从脑干下行的还有两条通路：从脑干的蓝斑核和桥延脑网状结构的一些神经元发出的蓝斑脊髓系统和从脑干中缝核群发出的中缝脊髓系统。前者是肾上腺素能的，后者则是 5-羟色胺能的。两者均终止于整个脊髓的中间区和运动神经元核，可以调制脊髓神经元的兴奋性。中缝-脊髓系统也投射至脊髓背角浅层，调制痛觉信息的传递。很多脑干的下行神经元接受感觉运动皮质神经元的支配，因此大脑皮质可以通过脑干的下行系统间接对脊髓进行控制。

4.3　大脑皮质运动区

脑的运动功能是脑功能的有机组成，大脑皮质运动区由三部分组成，即初级运动皮质(primary motor cortex，M1)、外侧前运动区或前运动区(premotor area，PMA)和辅助运动区(supplementary motor area，SMA)，如图 4.2 所示。这三个部分都经过皮质脊髓束直接

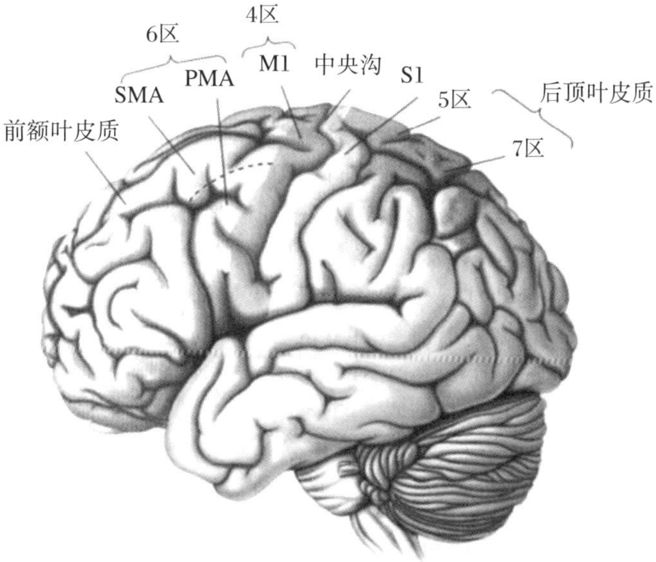

图 4.2　大脑皮质运动区

投射至脊髓，或通过脑干的下行系统间接影响脊髓。前运动皮质和辅助运动区也都有纤维投射至初级运动皮质，这两个皮质区在协调和计划复杂的运动中起重要作用，它们也都接受来自后顶叶皮质和前额叶联络皮质的纤维。新近的研究发现，位于扣带沟背侧的一部分扣带皮质也是运动皮质的一个组成部分，称为扣带运动区。

1870 年，德国的弗里奇（G. Fritsch）和希齐格（E. Hitzig）首先发现电刺激狗大脑皮质的一些区域可以引起其对侧身体的运动，而且刺激不同的区域引起身体不同部位肌肉的收缩。这一发现在刺激猴大脑皮质时也得到证实，并进一步证明：刺激猴大脑皮质的中央前回时最容易引起运动。中央前回相当于布罗德曼（Brodmann）脑区的第 4 区，这个区域现在被称为初级运动皮质。在初级运动皮质中存在着身体运动的机能代表区图。大体而言，运动皮质某一区域的兴奋与身体对侧特定部位的运动相对应，该区域被称为该身体部位的代表区。例如当手运动时，运动皮质的手的代表区的神经活动就会活跃起来。然而运动皮质的某一点对身体相应部位运动的控制并不是十分精确的，更不可能控制某一块肌肉的活动。事实上手腕或手指的运动与运动皮质中一群非集中分布的神经元活动相对应，某一手指运动的代表区与另一手指运动的代表区，两者有很大程度的交叠。

前运动区，或称次级运动区，包括辅助运动区，位于 6 区。在运动计划的实施过程中，前额叶皮质、前运动皮质和辅助运动皮质向初级运动皮质发出信息。前额叶皮质的神经元主要对导致运动的感觉信号产生反应。前运动皮质的神经活动在运动的预备过程中最为活跃，而在运动执行时也显示出一定的活跃程度。该皮质区的一些神经元对感觉刺激，尤其是靠近手或脸的物体视觉刺激产生反应，这些身体部位最有可能响应刺激信息而做出行动反应。前运动皮质所接收的信息涉及运动所指向目标的空间、方位以及运动者当时的身体位置和姿势，这两种信息对于身体某部位移向某目标的运动都是必需的。前运动皮质对初级运动皮质以及脊髓输出信息，以便能组织身体不同部位的肌肉进行某空间方位的运动。例如，一个人要将其手臂上抬，他（她）的肌肉运动状况因其手掌朝向不同（向上或向下）而异，此时前运动皮质的神经元就会产生相应的机能活动。

辅助运动皮质在快速连续运动的准备过程中神经活动最为活跃，此处的许多神经元仅在准备某特定顺序的运动时才兴奋起来。当人们做出快节奏的手指运动（例如弹奏钢琴）时，其辅助运动皮质的神经活动就会增强。

运动皮质中的神经细胞可分为两大类：锥体细胞和非锥体细胞。锥体细胞的轴突离开运动皮质到其他皮质或皮质下结构，所以它是主要的传出神经元。非锥体细胞包括星形细胞、篮细胞和颗粒细胞，有相当数量是抑制性神经元。位于皮质各层中的锥体细胞有不同的投射。大多数至皮质下结构的投射起源于第Ⅴ层的锥体细胞，皮质脊髓神经元在第Ⅴ层的深部，其中包括最大的锥体细胞即 Betz 细胞。

4.4 基底神经节

大脑基底神经节（basal ganglia），也称基底核，存在于由大脑深层至脑干的灰质团块，由尾状核（nucleus caudatus）、壳核（putamen）、苍白球（globus pallidus）、丘脑下核（nucleus subtha-micus）及黑质（substantia nigra）组成，也有把屏状核（claustrum）加到这里的。尾核、

壳核和苍白球统称纹状体，其中苍白球是较古老的部分，称为旧纹状体，而尾核和壳核则进化较新，称为新纹状体。

基底神经节与随意运动的稳定、肌紧张的控制、本体感觉传入冲动信息的处理有关。基底神经节的传入神经纤维主要来自大脑皮质、丘脑（thalamus）、中脑等，它们主要分布到尾核、壳核，也有直接到苍白球的纤维。存在有黑质-纹状体（striatum）通路，它发自黑质，到达新纹状体（主要是尾核）。在基底神经节中有一些神经纤维联系尾核、壳核及苍白球。基底神经节的传出主要发自苍白球内部和黑质神经元。这些神经元发出轴突终止于脑干多处部位，包括前腹侧核（VA）、腹外侧核（VL）、腹内侧核（VM）等，丘脑核团及上丘、中脑-桥脑上部被盖。

基底神经节在运动调节中起着重要作用[97]。对基底神经节的传入传出联系加以分析，它对机体运动功能的调节主要依赖图 4.3 所示环路。

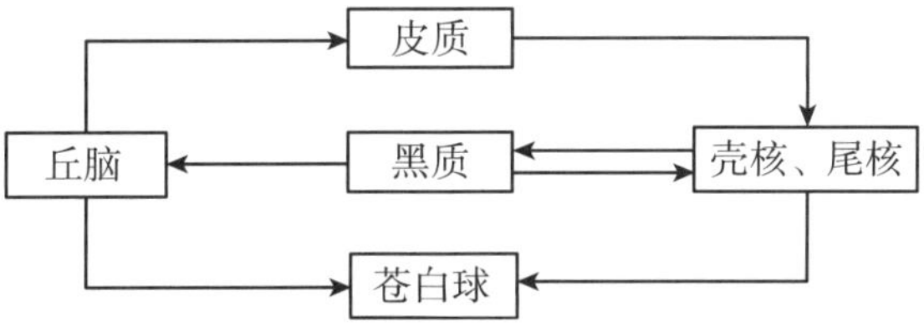

图 4.3 基底神经节调节运动环路

目前，研究人员提出了几种不同的模型，用来阐述基底神经节的行为选择机理。最具影响力的当属阿尔宾（R. L. Albin）等人提出的直接-间接通道模型（DIPM）[33]，该模型能够成功地解释帕金森病的作用机理。但是由于 DIPM 提出的时间较早，没有包括后来发现的核团之间相互作用的通道。格尼（K. Gurney）等人对 DIPM 进行了反思，提出了选择-控制通道模型（SCPM）[86]。该模型融入了一些新的神经信息传递通道，并考虑了多巴胺神经元在行为选择过程中的作用和影响。研究结果表明：选择-控制通道模型更符合生理学、解剖学实验数据，在行为选择性能上，比直接-间接双通道模型要好。

大脑皮质是以并行方式处理许多感知和认知信息流或信息通道的，每一个通道都可能请求执行特定的行为[146]。但是行为之间往往彼此矛盾或不相容，为了解决它们之间可能发生的冲突，大脑皮质将所有行为的请求，通过一系列拓扑上平行的通道发送到基底神经节。行为请求沿着各自通道分别流经基底神经节的各个核团，包括纹状体、苍白球外核 GPe、底丘脑核 STN，最终到达输出核团苍白球内核 GPi 和黑质网状部 SNr。GPi/SNr 会保持或者增加对那些未被选择通道的抑制而去除对选择通道的抑制，从而使选中的行为经丘脑得以执行。基底神经节的直接-间接通道模型和选择-控制通道模型各个核团的相互作用关系分别如图 4.4 (a)、(b)所示。

为了定量地对基底神经节的行为选择特性进行研究，需要建立其行为选择的数学模型。假设需要在 I 个行为通道中选择一个合适行为，以 $I=3$ 为例，则基底神经节的各个核团也相应地等分成 3 个通道，每个通道用一个漏积分神经元来表示。漏积分神经元模型如式(4.1)所示，式中 x 为神经元的状态，u 为神经元的输入，y 为神经元的输出，k、m、ε 均为模型参数，H 为阶跃函数。

$$\begin{cases} \dfrac{\mathrm{d}x}{\mathrm{d}t} = -k(x-u) \\ y = m(x-\varepsilon)H(x-\varepsilon) \end{cases} \tag{4.1}$$

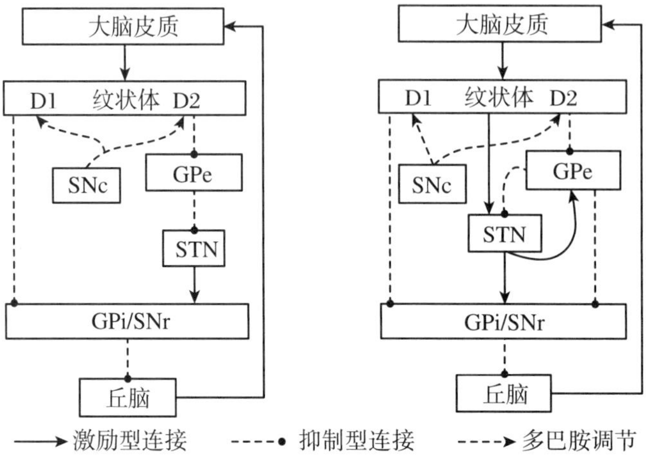

(a) 直接-间接通道模型　　(b) 选择-控制通道模型

图 4.4　基底神经节模型

下面分别给出基底神经节的两种模型的数学描述。

1. 直接-间接通道数学模型

(1) 大脑皮质通过整合、加工得到各个行为通道的重要性 S_i（i 为通道的下标），并以此作为其输出 y，y_i^{C} 即表示大脑皮质第 i 个通道的输出。

$$y_i^{C} = S_i \tag{4.2}$$

(2) 纹状体 D1 的数学模型：

$$\begin{cases} u_i^{SD1} = w_{CSD1} y_i^{C}(1+\lambda) \\ \dfrac{da_i^{SD1}}{dt} = -k(a_i^{SD1} - u_i^{SD1}) \\ y_i^{SD1} = m(a_i^{SD1} - \varepsilon_{SD1})H(a_i^{SD1} - \varepsilon_{SD1}) \end{cases} \tag{4.3}$$

其中，u_i^{SD1}、a_i^{SD1}、y_i^{SD1} 分别是纹状体 D1 通道 i 神经元的输入、状态和输出，w_{CSD1} 是皮质到纹状体 D1 的连接权重，$1+\lambda$ 用来描述多巴胺神经元对纹状体 D1 的激励作用，ε_{SD1} 为纹状体 D1 输出阈值，m、k 是比例系数。

(3) 纹状体 D2 的数学模型：

$$\begin{cases} u_i^{SD2} = w_{CSD2} y_i^{C}(1-\lambda) \\ \dfrac{da_i^{SD2}}{dt} = -k(a_i^{SD2} - u_i^{SD2}) \\ y_i^{SD2} = m(a_i^{SD2} - \varepsilon_{SD2})H(a_i^{SD2} - \varepsilon_{SD2}) \end{cases} \tag{4.4}$$

其中，u_i^{SD2}、a_i^{SD2}、y_i^{SD2} 分别是纹状体 D2 通道 i 神经元的输入、状态和输出，w_{CSD2} 是皮质至纹状体 D2 的连接权重，$1-\lambda$ 用来描述多巴胺神经元的影响，其对纹状体 D2 为抑制作用，ε_{SD2} 为纹状体 D2 输出阈值。

(4) 苍白球外核 GPe 的数学模型：

$$\begin{cases} u_i^{GPe} = w_{SD2GPe} y_i^{SD2} \\ \dfrac{da_i^{GPe}}{dt} = -k(a_i^{GPe} - u_i^{GPe}) \\ y_i^{GPe} = m(a_i^{GPe} - \varepsilon_{GPe})H(a_i^{GPe} - \varepsilon_{GPe}) \end{cases} \tag{4.5}$$

其中，u_i^{GPe}、a_i^{GPe}、y_i^{GPe}分别是 GPe 通道 i 神经元的输入、状态和输出，w_{SD2GPe}是纹状体 D2 到 GPe 的连接权重，ε_{GPe}为 GPe 的输出阈值。

（5）底丘脑核 STN 的数学模型：

$$\begin{cases} u_i^{STN} = w_{GPeSTN} y_i^{GPe} \\ \dfrac{da_i^{STN}}{dt} = -k(a_i^{STN} - u_i^{STN}) \\ y_i^{STN} = m(a_i^{STN} - \varepsilon_{STN})H(a_i^{STN} - \varepsilon_{STN}) \end{cases} \tag{4.6}$$

其中，u_i^{STN}、a_i^{STN}、y_i^{STN}分别是 STN 通道 i 神经元的输入、状态和输出，w_{GPeSTN}是 GPe 到 STN 的连接权重，ε_{STN}为 STN 的输出阈值。

（6）苍白球内核 GPi 的数学模型：

$$\begin{cases} u_i^{GPi} = w_{SD1GPi} y_i^{SD1} + w_{STNGPi} \sum_i y_i^{STN} \\ \dfrac{da_i^{GPi}}{dt} = -k(a_i^{GPi} - u_i^{GPi}) \\ y_i^{GPi} = m(a_i^{GPi} - \varepsilon_{GPi})H(a_i^{GPi} - \varepsilon_{GPi}) \end{cases} \tag{4.7}$$

其中，u_i^{GPi}、a_i^{GPi}、y_i^{GPi}分别是 GPi 通道 i 神经元的输入、状态和输出，w_{SD1GPi}、w_{STNGPi}分别是纹状体 D1 和底丘脑核 STN 到苍白球内核 GPi 的连接权重，ε_{GPi}为 GPi 的输出阈值。根据解剖学上的研究结果，底丘脑核 STN 对苍白球内核 GPi 的投射非常分散，因此 u_i^{GPi}同样包括了所有通道底丘脑核 STN 输入。

以上连接权重中，w_{CSD1}、w_{CSD2}、w_{STNGPi}为正，表示是兴奋性连接，w_{SD1GPi}、w_{SD2GPe}、w_{GPeSTN}为负，表示是抑制性连接。

2．选择-控制通道数学模型

对于选择-控制通道模型，基底神经节各个核团的数学模型分别如下[86]。

（1）大脑皮质的第 i 个通道的输出与直接-间接通道模型一样：

$$y_i^C = S_i \tag{4.8}$$

（2）纹状体 D1 的数学模型：

$$\begin{cases} u_i^{SD1} = w_{CSD1} y_i^C (1+\lambda) \\ \dfrac{da_i^{SD1}}{dt} = -k(a_i^{SD1} - u_i^{SD1}) \\ y_i^{SD1} = m(a_i^{SD1} - \varepsilon_{SD1})H(a_i^{SD1} - \varepsilon_{SD1}) \end{cases} \tag{4.9}$$

其中，u_i^{SD1}、a_i^{SD1}、y_i^{SD1}分别是纹状体 D1 通道 i 神经元的输入、状态和输出，w_{CSD1}是皮质到纹状体 D1 的连接权重，$1+\lambda$ 用来描述多巴胺神经元对纹状体 D1 的激励作用，ε_{SD1}为纹状体 D1 输出阈值，m、k 是比例系数。

（3）纹状体 D2 的数学模型：

$$\begin{cases} u_i^{SD2} = w_{CSD2} y_i^C (1-\lambda) \\ \dfrac{da_i^{SD2}}{dt} = -k(a_i^{SD2} - u_i^{SD2}) \\ y_i^{SD2} = m(a_i^{SD2} - \varepsilon_{SD2})H(a_i^{SD2} - \varepsilon_{SD2}) \end{cases} \tag{4.10}$$

其中，u_i^{SD2}、a_i^{SD2}、y_i^{SD2}分别是纹状体 D2 通道 i 神经元的输入、状态和输出，w_{CSD2}是皮质至纹状体 D2 的连接权重，$1-\lambda$ 用来描述多巴胺神经元对纹状体 D2 的激励作用，ε_{SD2}为纹状体 D2 输出阈值，m、k 是比例系数。

（4）苍白球外核 GPe 的数学模型：

$$\begin{cases} u_i^{\mathrm{GPe}} = w_{\mathrm{SD2GPe}} y_i^{\mathrm{SD2}} + w_{\mathrm{STNGPe}} \sum_i y_i^{\mathrm{STN}} \\ \dfrac{\mathrm{d}a_i^{\mathrm{GPe}}}{\mathrm{d}t} = -k(a_i^{\mathrm{GPe}} - u_i^{\mathrm{GPe}}) \\ y_i^{\mathrm{GPe}} = m(a_i^{\mathrm{GPe}} - \varepsilon_{\mathrm{GPe}})H(a_i^{\mathrm{GPe}} - \varepsilon_{\mathrm{GPe}}) \end{cases} \tag{4.11}$$

其中，u_i^{GPe}、a_i^{GPe}、y_i^{GPe}分别是 GPe 通道 i 神经元的输入、状态和输出，w_{SD2GPe}、w_{STNGPe}分别是纹状体 D2 和底丘脑核 STN 到苍白球外核 GPe 的连接权重，$\varepsilon_{\mathrm{GPe}}$为 GPe 输出阈值。由于底丘脑核 STN 对 GPe 的投射非常分散，因此 u_i^{GPe}包括了所有通道 STN 的输入。

（5）STN 的数学模型：

$$\begin{cases} u_i^{\mathrm{STN}} = w_{\mathrm{CSTN}} y_i^{\mathrm{C}} + w_{\mathrm{GPeSTN}} y_i^{\mathrm{GPe}} \\ \dfrac{\mathrm{d}a_i^{\mathrm{STN}}}{\mathrm{d}t} = -k(a_i^{\mathrm{STN}} - u_i^{\mathrm{STN}}) \\ y_i^{\mathrm{STN}} = m(a_i^{\mathrm{STN}} - \varepsilon_{\mathrm{STN}})H(a_i^{\mathrm{STN}} - \varepsilon_{\mathrm{STN}}) \end{cases} \tag{4.12}$$

其中，u_i^{STN}、a_i^{STN}、y_i^{STN}分别是底丘脑核 STN 通道 i 神经元的输入、状态和输出，w_{CSTN}、w_{GpeSTN}分别是皮质和 GPe 到 STN 的连接权重，$\varepsilon_{\mathrm{STN}}$为 STN 输出阈值。

（6）苍白球内核 GPi 的数学模型：

$$\begin{cases} u_i^{\mathrm{GPi}} = w_{\mathrm{SD1GPi}} y_i^{\mathrm{SD1}} + w_{\mathrm{STNGPi}} \sum_i y_i^{\mathrm{STN}} + w_{\mathrm{GPeGPi}} y_i^{\mathrm{Gpe}} \\ \dfrac{\mathrm{d}a_i^{\mathrm{GPi}}}{\mathrm{d}t} = -k(a_i^{\mathrm{GPi}} - u_i^{\mathrm{GPi}}) \\ y_i^{\mathrm{GPi}} = m(a_i^{\mathrm{GPi}} - \varepsilon_{\mathrm{GPi}})H(a_i^{\mathrm{GPi}} - \varepsilon_{\mathrm{GPi}}) \end{cases} \tag{4.13}$$

其中，u_i^{GPi}、a_i^{GPi}、y_i^{GPi}分别是 GPi 通道 i 神经元的输入、状态和输出，w_{SD1GPi}、w_{STNGPi}、w_{GPeGPi}分别是纹状体 D1、STN、GPe 到 GPi 的连接权重，$\varepsilon_{\mathrm{GPi}}$为 GPi 的输出阈值，$u_i^{\mathrm{GPi}}$也包括了所有通道 STN 的输入。

以上这些模型，神经元采用的都是漏积分神经元，而不是更符合生物学特性的尖峰神经元，并且每个核团仅仅使用一个神经元。文献[24]利用尖峰神经元，结合 SCPM 模型的机理[157]，研究了基底神经节多个通道、多个核团之间的作用关系，提出了基底神经节行为选择的尖峰神经元网络模型。

4.5 纹状体习惯子系统

纹状体习惯子系统由大脑皮质、纹状体-脑干以及丘脑组成，如图 4.5 所示。

在纹状体习惯子系统中，纹状体接受来自整个大脑皮质的信息输入，这些输入的信息，在激活条件下，可以发生改变。这些信息输入到纹状体内，纹状体能够对其进行分类编码，并将其组成能够联结到躯体感觉表征和运动表征的模块。纹状体将有关信息表征投射到丘脑，丘脑又将信息表征投射返回到前运动皮质、运动皮质以及前额联合皮质，在这个回路中，有一微量信息表征被传递到脑干运动核。

图 4.5 所示联结模式表明纹状体并没有直接参与运动细节的控制，但其间接与前运动

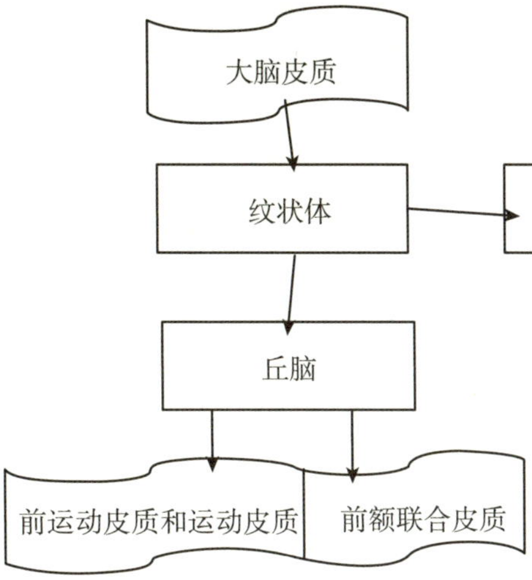

图 4.5　纹状体习惯子系统

皮质和前额皮质的联结表明，皮质纹状体环路有助于各个高级的运动功能，包括复杂运动序列的计划和执行。研究表明，纹状体子系统在习惯学习中的作用至关重要，尤其是在对特殊刺激进行序列反应学习的作业中。习惯学习包括获得刻板的、无意识的行为指令表。

4.6　小脑子系统

小脑子系统包括部分大脑皮质（主要是前运动皮质和运动皮质）、小脑、丘脑、脊髓和脑干运动核，如图 4.6 所示。

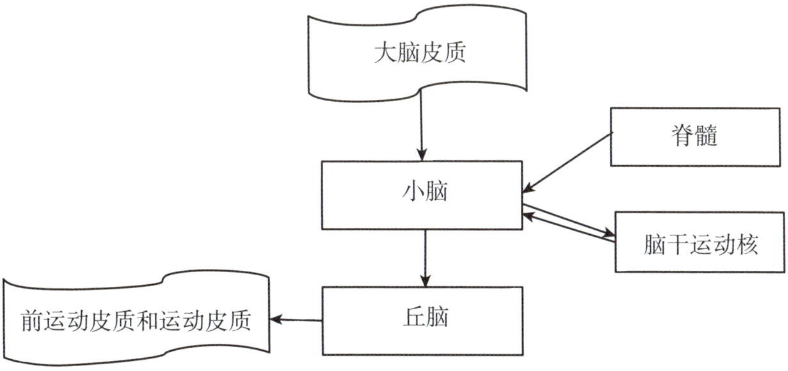

图 4.6　小脑子系统

小脑通过它与大脑、脑干、脊髓之间丰富的传入和传出联系，参与躯体平衡和肌肉张力（肌紧张）的调节，以及随意运动的协调。小脑就像一个大的调节器。小脑大范围参与到了程序性学习过程中，延伸到了经典反射，并进一步进入了动作适应的其他形式。小脑对于多种反射适应非常关键，这些反射适应会在条件反射情景中以简单直接的形式释放，并可能成为更加复杂的序列作业的基本成分。

小脑与外部的联系通过 3 对由小脑传入和传出纤维组成的巨大神经纤维束进行，分别称为上、中、下小脑脚或小脑臂。小脑借这3对脚与脑干相连，并通过它们与其他的神经结构相联系，是小脑与外部联系的必经之路。在小脑脚中，传出纤维占四分之一，而传入纤维约占四分之三。

由小脑皮质的传出神经元浦肯野氏细胞轴突构成的传出纤维，首先到达小脑的深部核团，在这些核团转换神经元后，再离开小脑。从小脑皮质浦肯野氏细胞到小脑深部核团的纤维联系，称为皮质-核团投射。这种投射具有一定的方位特征，蚓部皮质的浦肯野氏细胞主要投射到顶核，部分投射到前庭外侧核；半球部皮质的浦肯野氏细胞投射到齿状核；介于蚓部和半球之间的旁蚓皮质的浦肯野氏细胞则投射到顶核和齿状核之间的间位核。根据皮质-核团投射的这种解剖学特征，可将小脑分成三个纵向区：① 内侧区，由蚓部皮质和它所投射到的顶核共同组成，该纵区管理整个躯体的姿势、肌紧张和平衡；② 外侧区，由半球皮质和齿状核组成，管理同侧肢体的灵巧运动；③ 间位区，由旁蚓皮质和间位核组成，管理同侧肢体的姿势和灵巧运动。

小脑对于躯体平衡的调节，是由绒球小结叶进行的。躯体的平衡调节是一个反射性过程，绒球小结叶是这一反射活动的中枢装置。躯体平衡变化的信息由前庭器官所感知，经前庭神经和前庭核传入小脑的绒球小结叶，小脑据此发出对躯体平衡的调节冲动，经前庭脊髓束到达脊髓前角运动神经元，再经脊神经到达肌肉，协调有关颉颃肌群的运动和张力，从而使躯体保持平衡。

小脑可以调节肌紧张活动，其调节作用表现为抑制肌紧张和易化肌紧张两个方面。肌紧张是肌肉中不同肌纤维群轮换地收缩，使整个肌肉处于经常的轻度收缩状态，从而维持躯体站立姿势的一种基本的反射活动。

随意运动是大脑皮质发动的意向性运动，而对随意运动的协调则是由小脑的半球部分，即新小脑完成的。新小脑皮质的外侧部（外侧区）和内侧部（间位区）及其相应的投射核团齿状核和间位核，在随意运动的起始和完成中起着不同的作用。小脑皮质的外侧区和齿状核，通过其与大脑皮质之间的交互联系，在随意运动发生的早期与大脑皮质联络区、基底神经节、丘脑腹外侧核等神经结构一起，参加随意运动的设计和运动程序的编制；而小脑皮质的间位区和间位核则参加了随意运动的执行。

4.7 程序性知识学习

程序性知识（procedural knowledge）是一套办事的操作步骤，是关于“怎么办”的知识。在学习程序性知识的第一个阶段，是习得程序性知识的陈述性形式，新知识进入原有的命题网络，与原有知识形成联系。第二阶段，经过各种案例训练，使储存于命题网络中的陈述性知识转化为以产生式系统表征和储存的程序性知识。第三阶段，程序性知识依据线索被提取出来，解决“怎么办”的问题。

比较常见的程序性知识是以产生式的方式来表征的，如运算法则、语法法则等。规则反映的是几个概念之间的关系。规则学习本质上是能用大量的例证来说明规则所反映的关系，以及运用规则在其适用的各种情境中解决问题。规则学习的内部条件是必须掌握与规则相关的概念，外部条件是必须能够获得若干体现规则的例证。例如，学习“并联电路总电阻的倒数,等于各支路导体电阻的倒数之和”这一电学规则,学习者必须首先明白“并联”“电阻”“支路”“倒数”等相关概念,其中一个概念的含义搞不清楚,就无法理解这一规则的含义。学生在学习这一规则的过程中,单纯理解了这一规则还不够,还需要通过若干次实验或实际应用才能牢固掌握这一规则。教科书或教师一般通过呈现和讲授规则的例子来帮助学生学习规则。

规则的学习也有两种形式,一是从例子到规则的方式,它属于发现学习的范畴;一是从规则到例子的方式,它属于接受学习的范畴。由于规则是技能的重要构成成分,习得规则的目的是利用它做事、解决问题,无论采用哪一种,都不能仅仅局限于记忆和理解规则的层面上,要将理解了的规则转化成利用它办事的能力,这需要一定的变式练习,亦即变换适用规则的情境的非本质特征,突现其本质特征,以说明规则适用的条件和如何使用规则。在课堂学习情境中,有些学生能够熟练地背诵某一公式,但是不会利用该公式解题,说明他们只掌握了关于规则的知识,还没有习得利用规则办事的技能。在这种情况下,教师需要为学生提供若干例题和练习题,帮助他们进一步理解和应用该公式。

4.7.1　解释学习

解释学习是实现程序性知识学习的一种机器学习方法。1986 年,米切尔(T. M. Mitchell)、凯勒(R. M. Keller)和凯达尔-卡贝利(S. T. Kedar-Cabelli)提出了解释泛化的统一框架[132],把解释学习的过程定义为两个步骤:

(1) 通过分析一个求解实例来产生解释结构。

(2) 对该解释结构进行泛化,获取一般的控制规则。

1987 年,卡耐基-梅隆大学的明顿(S. Minton)和卡博内尔(J. G. Carbonell)提出解释特化(explanation-based specialization,EBS)学习方法[131]。他们利用这种方法开发了规划学习专家系统 PRODIGY[60],较好地克服了 EBG 方法中过分一般化的缺点。它从多种目标概念学习,其解释过程是对每个目标概念进行详细描述。解释过程结束后,把得到的有关目标概念的描述转换成一条相应的控制规则。可以用这些规则来选择合适的结点、子目标、算子及约束。

PRODIGY 是一种与一些学习模块结合的通用问题求解器,它的体系结构如图 4.7 所示。基于操作符的问题求解器,对于推理规则和操作符的搜索提供一种统一的控制结构。问题求解器包括一个简单的理由维护子系统,规定有条件影响的操作符。问题求解器搜索可以通过控制规则导航。

解释学习模块 EBL 从问题求解跟踪获取控制规则。从领域和问题求解器的相关方面构造解释,然后结果表达式变成搜索控制规则。派生抽取模块是派生类比机,它可以重播过去类似问题的整个解。从图 4.7 可以看出,类比和解释学习是独立的机制,获取具体领域的控制知识。实验学习模块是为了求精不完全的或不正确的具体领域知识。当规划执行控制器检测到内部期望与外部期望不同时,实验模块就被触发。抽象产生器和抽象层次模块提供多级抽象规划能力。基于该领域的深度优先分析,领域知识被分成多个抽象级。当问题求解时 PRODIGY 生成抽象结果,并进行求精。

PRODIGY 可以从四种目标概念学习,这些概念是:成功、失败、唯一的选择、目标互相制约。每当用户给定一个目标,以及它的一个例子,系统先反向分解目标到叶结点,得到相

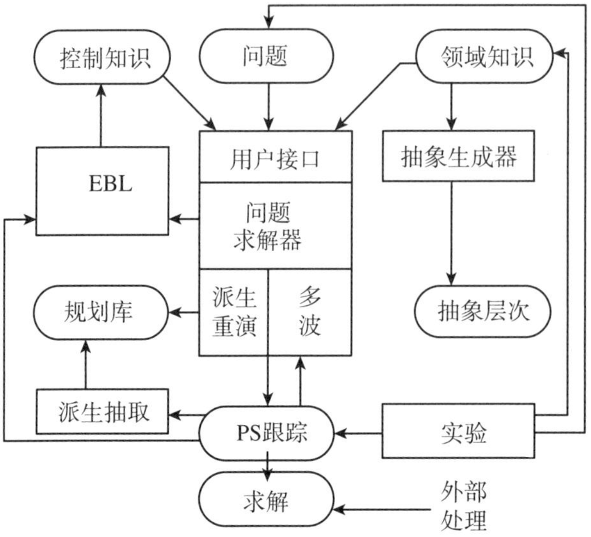

图 4.7　PRODIGY 体系结构

应的目标概念，然后分析问题求解轨迹，解释该例为何满足这个目标概念。例如，如果得到了解，则将学习关于成功概念的控制规则；如果无解，则学习关于失败概念的控制规则；如果某个选择是唯一的，则学习有关唯一的选择概念的控制规则；如果某个目标的成功须依赖别的目标，则学习目标互相制约概念的控制规则。具体学习方法如下：

1. 解释过程

PRODIGY 系统中的解释过程就是详细说明的过程。解释是使用训练例子提供的信息从知识库中寻找证明依据。解释过程等价于：以目标概念为根，生成一棵自顶向下的证明树。解释的每一步，都从领域知识库中选择与所给例子一致的规则，生成一个结点。每条规则是对结点子目标的详细描述。解释算法如下：

第一步，如果此概念是原语，即没有规则蕴含此概念，则不改变且返回，否则执行第二步。

第二步，访问与此概念相联的识别器（即连接目标概念与知识库的映射函数），取出与训练例子一致的规则。规则中每个非负的原子式为一个子概念。如果子概念没有被特化过，则特化该子概念，重新唯一地命名已经特化过的变量，并用特化置换子概念且简化之。

第三步，返回。

这时的目标概念已是完全特化过的概念，用它们去套相应的规则模式，便可获得一条对应此目标概念的控制规则。

2. 学习控制规则

在 PRODIGY 中，针对四种目标概念，有四种固定的控制规则模式。将某个目标概念的详细描述与规则模式匹配，就获得相应的控制规则。由成功概念学到成功规则（preference rules），它表明什么情况下某选择是成功的。由失败概念学到失败规则（rejection rules），它表明在这种情况下这种选择应该拒绝。如果其他选择都失败，则选择是唯一的，于是学到唯一的选择规则（selection rules）。

下面以失败概念为例，说明解释过程以及控制规则的形成。领域背景为积木世界的动作规划问题。对某个失败的规划动作的学习，产生的解释如下：

(OPERATOR-FAILS op goal node) if
　　(AND (MATCHES op (PICKUP x))
　　(MATCHES goal (HOLDING x))
　　(KNOWN node (NOT (ONTABLE x))))

其中小写字符是变量。上式是用领域知识库中形式化的知识对失败动作进行特化后的结果。其语义是，如果当前结点不是"ONTABLE x"，当前算子是"PICKUP x"，则算子"PICKUP x"是一个失败算子。由这个失败概念学习到相应的失败规则：

(REJECT OPERATOR (PICKUP x)) if
　　(AND (CURRENT-NODE node)
　　(CURRENT-GOAL node (HOLDING x))
　　(CANDIDATE-OPERATOR (PICKUP x))
　　(OPERATE-FAILS op goal node))

其中 op = (PICKUP x)，goal = (HOLDING x)，node = (NOT (ONTABLE x))。规则含义是：如果当前结点是 (NOT (ONTABLE x))，当前目标是(HOLDING x)，该结点上候选算子是(PICKUP x)，而且该算子在该结点和该目标下是失败的，则拒绝算子(PICKUP x)。

通过把控制规则传递到四个策略上，可以动态地改善问题求解器的性能。这四个策略是：选择结点、子目标、算子和一组约束的方法。在以后求解类似问题时，先用选择规则选出适合的子集，然后用失败规则过滤，最后由成功规则寻找启发性最好的选择，从而达到减少搜索的效果。

3. 知识表示

PRODIGY 的知识库包括领域层公理和构筑层公理两类知识。前者是领域规则，后者是描述问题求解器的推理规则。二者都用陈述性逻辑语言表示，以便扩展和显式推理。

PRODIGY 虽然没有明显的泛化过程，但其领域规则，特别是问题求解器的推理规则，实际上已经进行了泛化处理。它们不是由最原始的领域知识构成，所以实际上具有一定的概括性。另一方面，PRODIGY 是使用特化的方法由规则来构成证明树形式的解释，所以解释的结果所获取的描述是对目标概念的特化、对例子的泛化。这样的结果既保证了不过分概括，又具有一定的通用性。

程序性知识学习由一个复杂的环路调节，包括运动皮质区和两大皮质下环路，一条是通过纹状体，另一条是通过小脑。纹状体在习惯学习和技能获得中起着至关重要的作用。小脑接受来自前庭器官的信息，然后通过传出改变躯体不同部位的肌张力，使身体在重力作用下做加速或者旋转运动时能够保持姿势的平衡。小脑对于多种反射适应非常关键。

4.7.2　基于逆归结的解释学习

一阶谓词逻辑中的归结原理是机器定理证明的基础，也是解释学习中建立解释的主要途径。

归结原理　设 C_1、C_2 是两个子句，无公用变量，L_1、L_2 分别是 C_1、C_2 中的两个文字，存在一个最一般的合一者 σ，则子句

$$C = (C_1 - \{L_1\})\sigma \cup (C_2 - \{L_2\})\sigma \tag{4.14}$$

称为 C_1、C_2 的归结子句。

在逆归结（inverting resolution）中，讨论已知 C 和 C_1，如何得到 C_2的问题。在命题逻辑中，$\sigma=\varnothing$，所以归结子句定义中的式(4.14)可以转换为

$$C=(C_1\cup C_2)-\{L_1,L_2\} \tag{4.15}$$

由式(4.15)可以得到：

(1) 若 $C_1\cap C_2=\varnothing$，则 $C_2=(C-C_1)\cup\{L_2\}$。

(2) 若 $C_1\cap C_2\neq\varnothing$，$C_2$需包括 $C_1-\{L_1\}$的任意子集，因此，一般情况下有

$$C_{2i}=(C-C_1)\cup\{L_2\}\cup S_{1i} \tag{4.16}$$

其中 $S_{1i}\in P(C_1-\{L_1\})$，$P(x)$表示集合 x 的幂集。

显然，如果 C_1中有 n 个文字，C_2就有 $2n-1$ 个解。

在一阶谓词逻辑中，令 $\sigma=\theta_1\theta_2$，其中 θ_1、θ_2满足下列条件：

(1) θ_1，θ_2的变量域分别为 C_1的变量域和 C_2的变量域；

(2) $\overline{L_1}\theta_1=\overline{L_2}\theta_2$。

则可以得到

$$\begin{aligned}C_2&=(C-(C_1-\{L_1\})\theta_1)\theta_{2-1}\cup\{\overline{L_1}\}\theta_1\theta_{2-1}\\&=((C-(C_1-\{\theta_1\})\theta_1)\cup\{\overline{L_1}\}\theta_1)\theta_{2-1}\end{aligned} \tag{4.17}$$

当 C_1是单元子句，即 $C_1=\{L_1\}$时，可以得到

$$C_2=(C\cup\{\overline{L_1}\}\theta_1)\theta_{2-1} \tag{4.18}$$

这里 θ_{2-1}是逆置换。所谓逆置换，是指给定项或文字 t 及置换θ，存在唯一的逆置换 θ^{-1}，满足 $t\theta\theta^{-1}=t$。进一步讲，若 $\theta=\{v_1/t_1,\cdots,v_n/t_n\}$，那么

$$\theta^{-1}=\{(t_1,\{P_{1,1},\cdots P_{1,m1}\})/v_1,\cdots,(t_n,\{P_{n,1},\cdots,P_{n,mn}\}/v_n)\} \tag{4.19}$$

其中 $P_{i,mj}$是t 中变量v_i的位置。逆归结就是将 t 中$\{P_{i,1},\cdots,P_{i,mi}\}$处的所有 t_i都换为v_i。

解释学习是从目标概念的初始描述出发，利用领域知识（以知识库形式存储），建立关于训练实例的解释树。这个过程通常采用目标驱动的推理方式。当解释过程由于缺乏某条规则而无法继续下去时，学习过程即告失败。失败时采用逆归结方法克服这个问题[10]。

我们采用产生式规则表示领域知识（知识库），算法需要对知识库进行预处理，产生一个规则间的依赖表。这样，对算法而言，拥有的领域知识包括一组产生式规则和一个依赖表。依赖表是知识库中规则、谓词间联系的一种表示形式，它包含着规则、谓词间相关的语义信息。我们通过一个简单的例子来说明依赖表的结构。

知识库：

Rule 1. Sentence (S0,S):-noun-phrase(S0,S1),
verb-phrase(S1,S).

Rule 2. noun-phrase (S0,S):-determiner(S0,S1),
noun(S1,S).

Rule 3. noun-phrase(S0,S):-name(S0,S).

Rule 4. verb-phrase(S0,S):-intransitive-verb(S0,S).

基于上述知识库，生成如表 4.1 所示的依赖表。

表 4.1　依赖表

谓词符号	Hend	Body	基本谓词
sentence	1		intransitive-verb, name, deterniner, noun.
noun-phrase	2,3	1	name, determiner, noun.
verb-phrase	4	1	intransitive-verb.

表中基本谓词就是满足可操作性标准的谓词，第一列则全是非可操作的谓词。至于构造此依赖表的算法，这里不做详细叙述。

下面给出两个算法，构建解释学习过程。

算法 4.1　解释树生成算法。

(1) 对目标概念开始做逆向推理，逐渐扩展解释树，该解释树是一棵与或树。

(2) 遇到失败结点，调用逆归结算法 4.2。

(3) 分析得到的完整解释树，进行泛化，得到目标概念的新描述。

算法 4.2　逆归结算法。

(1) 若当前失败结点 F 是可操作的，回溯；若当前失败结点 F 不可操作，转到(2)。

(2) 与结点 F 的父结点 P 对应的谓词符号为 Pred，利用依赖表，检查 Pred 是否有其他路径(即是否有或结点存在)。没有，转到(4)。

(3) 对依赖表中 Pred 的其他路径(或结点)，检查其对应的可操作谓词(基本谓词)是否被训练实例满足。

① 若存在满足训练实例的路径，则选择此路径，完成解释树，结束算法。

② 依赖表中 Pred 的其他路径(或结点)对应的可操作谓词(基本属性)与训练实例冲突或不为训练实例具备，转到(4)。

(4) 对结点 P 除结点 F 以外的子结点进行推理，所有子结点处理完之后，回到结点 F。

(5) 用未使用的训练属性，采用逆归结的方法，得到结点 F 与剩余属性间的一条伪规则，完成整个解释树的建立过程，结束算法。

这里描述的算法，能够在领域知识不完全的情况下进行解释学习，但领域知识的不完全必须是个别规则的缺少，如果领域知识过于零散，未能构成较为完整的知识结构，此算法将无能为力，需要求助于建立知识库的方法和工具，或者采用诸如归纳、类比等其他学习方法。

最后要指出的一点是，算法虽然完成了解释学习，但毕竟由于有规则缺少，处理时引入了不精确因素，因而会不同程度地影响整个解释树的真实性，不能保证解释过程的永真。如果能对解释树加入可信度，在学习的后一步进行泛化时考虑到可信度的取值、传递，就可以实现完全领域的学习。

第 5 章　情绪性记忆

情绪性记忆是对曾经体验过的情绪和情感的记忆。情绪性记忆是情绪和记忆研究的重要领域之一，对个体的成长、行为、知觉、信念、目标，甚至自我和心理健康状况都有很大相关性。

5.1　概　　述

人们在认识外界事物时，会产生喜与悲、乐与苦、爱与恨等主观体验。我们把人对客观事物的态度体验及相应的行为反应，称之为情绪。情绪性记忆(emotional memory)，意指对曾经体验过的情绪和情感的记忆。引起情绪和情感的事件已经过去，但情绪和情感的体验可保存在记忆中。在一定条件下，这种情绪和情感又会重新被体验到。

情绪的构成包括三种层面：在认知层面上的主观体验，在生理层面上的生理唤醒，在表达层面上的外部行为。当情绪产生时，这三种层面共同活动，构成一个完整的情绪体验过程。

1．主观体验

情绪的主观体验是人的一种自我觉察，即大脑的一种感受状态。人有许多主观感受，如喜怒哀乐爱惧恨等。人们对不同事物的态度会产生不同的感受。人对自己、对他人、对事物都会产生一定的态度，如对朋友遭遇的同情，对敌人凶暴的仇恨，事业成功的欢乐，考试失败的悲伤。这些主观体验只有个人内心才能真正感受到或意识到，如我知道“我很高兴”，我意识到“我很痛苦”，我感受到“我很内疚”，等等。

2．生理唤醒

生理唤醒是指情绪与情感产生的生理反应。它涉及广泛的神经结构，如中枢神经系统的脑干、中央灰质、丘脑、杏仁核、下丘脑、蓝斑、松果体、前额皮质，以及外周神经系统和内、外分泌腺等。生理唤醒是一种生理的激活水平。不同情绪、情感的生理反应模式是不一样的，如满意、愉快时心跳节律正常；恐惧或暴怒时，心跳加速，血压升高，呼吸频率增加甚至出现间歇或停顿；痛苦时血管容积缩小等。脉搏加快、肌肉紧张、血压升高及血流加快等生理指数，是一种内部的生理反应过程，常常是伴随不同情绪产生的。

3．外部行为

在情绪产生时，人们还会出现一些外部反应过程，这一过程也是情绪的表达过程。如人悲伤时会痛哭流涕，激动时会手舞足蹈，高兴时会开怀大笑。情绪所伴随出现的这些相应的身体姿态和面部表情，就是情绪的外部行为。它经常成为人们判断和推测情绪的外部指标。

但由于人类心理的复杂性，有时人们的外部行为会出现与主观体验不一致的现象。比如在一大群人面前演讲时，明明心里非常紧张，还要做出镇定自若的样子。

主观体验、生理唤醒和外部行为作为情绪的三个组成部分，在评定情绪时缺一不可，只有三者同时活动、同时存在，才能构成一个完整的情绪体验过程。例如，当一个人佯装愤怒时，他只是具有愤怒的外在行为，却没有真正的内在主观体验和生理唤醒，因而也就称不上有真正的情绪过程。因此，情绪必须是上述三方面同时存在，并且有一一对应的关系，一旦出现不对应，便无法确定真正的情绪是什么。这也正是情绪研究的复杂性，以及对情绪下定义的困难所在。

人们具有四种基本的情绪：快乐、愤怒、恐惧和悲哀。快乐是一种追求并达到目的时所产生的满足体验。它是具有正性享乐色调的情绪，具有较高的享乐维和确信维，使人产生超越感、自由感和接纳感。愤怒是由于受到干扰而使人不能达到目标时所产生的体验。当人们意识到某些不合理的或充满恶意的因素存在时，愤怒会骤然发生。恐惧是企图摆脱、逃避某种危险情景时所产生的体验。引起恐惧的重要原因是缺乏处理可怕情景的能力与手段。悲哀是在失去心爱的对象或愿望破灭、理想不能实现时所产生的体验。悲哀情绪体验的程度取决于对象、愿望、理想的重要性与价值。在以上四种基本情绪之上，可以派生出众多的复杂情绪，如厌恶、羞耻、悔恨、嫉妒、喜欢、同情等。

5.2 情绪理论

1. 詹姆斯-兰格情绪学说

19世纪，美国心理学家詹姆斯(W. James)和丹麦生理学家兰格(C. Lange)分别于1884年和1885年提出了相似的情绪理论。该理论基于情绪状态和生理变化的直接联系，提出情绪是对机体变化的感知，是机体各种器官变化时所引起的感觉的总和。詹姆斯说："我认为，当我们一知觉到使我们激动的对象时，立刻就引起身体上的变化。在这些变化出现之时，我们对这些变化的感觉，就是情绪。""我们因为哭，所以愁；因为动手打人，才生气；因为发抖，所以怕。并不是我们愁了才哭，生气了才打，怕了才发抖。"兰格认为："任何作用凡能引起广泛的血管神经系统功能的变化的，都会有情绪表现。"詹姆斯-兰格情绪学说强调生理变化对情绪的作用，有一定的历史意义，但它片面夸大了外围性变化对情绪的作用，而忽略了中枢对情绪的主导作用。

2. 情绪评估-兴奋学说

美国心理学家阿诺德(M. B. Arnold)在20世纪50年代提出的情绪评估-兴奋学说，强调来自外界环境的影响要经过人的评价与估量才产生情绪，这种评价与估量是在大脑皮质上产生的。例如在森林里看到一只熊会引起惧怕，但在动物园里看到一只关在笼子里的熊却并不惧怕，这就是个体对情境的认识和评价在起作用。阿诺德给情绪下的定义是：情绪是趋利避害的一种体验倾向。他认为情绪反应包括机体内部器官和骨骼肌的变化，也认为对外围变化的反馈是情绪的基础。阿诺德认为皮质兴奋是情绪的主要机制。

3. 情绪三因素说

20世纪70年代，美国心理学家沙赫特（S. Schachter）提出了情绪三因素说，认为情绪的产生不是单纯地决定于外界刺激和机体内部的生理变化，而把情绪的产生归因于三个因素的综合作用，即刺激因素、生理因素和认知因素。他认为，认知因素中对当前情境的估计和过去经验的回忆在情绪形成中起着重要作用。例如，某人在过去经验中遇到过某种危险的情境，但平安度过，当他再次经历这种险境时，回忆起过去的经验，便能泰然自若。也就是说，当现实情境与过去建立的经验模式相一致，相信能加以应付，人就没有明显情绪；当现实情境与预期和愿望不一致，感到无力应付时，就会产生紧张情绪。这种学说更加强调人的认知过程对情绪的调控作用。

4. 基本情绪论

基本情绪论认为情绪在发生上有原型形式，即存在着数种泛人类的基本情绪类型，每种类型各有其独特的体验特性、生理唤醒模式和外显模式，其不同形式的组合形成了所有的人类情绪。从个体发展角度来看，基本情绪的产生是有机体自然成熟的结果，而不是习得的。从生物进化的观点看，情绪原型是适应和进化的产物，也是适应和进化的手段；从猿到人类的进化，古皮质到新皮质的发展，面部肌肉系统的分化和面部血管的分布，以及情绪的发生和分化，都是同步进行和获得的。对于有哪些基本情绪则有不同看法，最常被提到的是厌恶、愤怒、高兴、悲伤、害怕等。

支持基本情绪理论的最著名的研究是埃克曼（P. Ekman）和伊扎德（C. E. Izard）进行的面部表情和运动反应的研究。埃克曼等要求新的被试设想自己是某个故事情节中的人物，并尽可能地表现出故事中人物的面部表情，同时研究人员对他们的面部表情进行录像，最后让美国学生观看这些表情录像，并要求进行识别，结果美国学生能够从六种表情中识别出四种（快乐、愤怒、厌恶、悲伤）。孟昭兰等的实验也证明，中国婴儿和西方标准化基本情绪表情模式是一致的；同样，中国婴儿同中国成年人的基本情绪的表情模式也是一致的，社会化了的成人表情中仍然保留着基本表情模式。列文森（L. Levenson）等以西苏门答腊的年轻人作为被试，指导他们运动面部特定肌肉以外显基本情绪，并进行一系列生理学测量，最后把测量结果与美国大学生被试比较，结果发现与基本情绪相联系的自主神经系统的生理反应模式具有很大的跨文化一致性，这样的实验结果趋向于证实各基本情绪存在着泛人类的特定生理唤醒模式。

对基本情绪论的反对意见主要有：

（1）尽管上述实验证实了情绪的泛文化模式，但这方面的研究也显示了某些跨文化的差异。

（2）心理学和语言学研究已经发现，基本情绪词的含义在不同语言之间具有显著差异。

（3）没有足够证据证明各基本情绪具有各自不同的神经生理机制。

（4）面部表情识别的基础也许并不是基本情绪类型，而是面部表情在情绪体验的双极维度上的位置，或者是面部表情诱发的行为预备模式等。

5. 维度论

维度论认为几个维度组成的空间包括了人类所有的情绪。维度论把不同情绪看作是逐渐的、平稳的转变，不同情绪之间的相似性和差异性是根据彼此在维度空间中的距离来显示的。最近二十年，维度途径得到了许多研究人员的青睐，但是对采用哪些维度也有许多争论。最广为接受的维度模式是如下两个维度组成的二维空间：

(1) 效价(valence)或者愉悦度(hedonic tone)，其理论基础是正、负情绪的分离激活。

(2) 唤醒度(arousal)或者激活度(activation)，指与情感状态相联系的机体能量激活的程度，唤醒的作用是调动机体的机能，为行动做准备。

目前大家已经倾向于把激活维度和综合生理唤醒或者情绪体验的强度相联系。早在20世纪70年代，曼德勒(Mandle)受到信息加工理论的影响，提出自主性唤醒的知觉决定情绪体验的强度，认知评价决定情绪的性质，两者的整合上升到意识，从而产生情绪体验。国际情绪图片系统(IAPS)很好地体现了上述二维空间的有效性，在愉悦度和唤醒度构成的二维坐标空间中，被试对情绪图片的平均评定值呈现规律性分布。

脑成像研究证实了正性和负性情绪的分离，即两者各自具有特定的大脑加工系统，分别与左半球和右半球活动相联系，或者说分别是左半球优势和右半球优势。电生理学研究表明，电影诱发厌恶和恐惧时，右侧额叶和颞叶活动增强，而正性情绪时则显示左半球相应脑区的活动增强。PET研究也显示了类似的结果，给被试呈现情绪图片诱发其特定情绪，结果发现负性情绪时右额叶等脑区的代谢率增加，正性情绪时则左侧优势。

勃莱德列(Bradley)等给被试观看图片(选自IAPS)，同时测量生理反应，以及在每次图片呈现后用自我评价模式去获得愉悦度、激活度、优势度的等级评定。实验结果发现，尽管并不是所有的生理反应与情感自我评价发生一致的变化，但总的来说，情绪的生理反应模式与情绪自我报告的二维模式是一致的。例如，惊反射(startle reflex)与情绪评价的效价密切相关：在正性效价，惊反射强度随着快乐程度增加而下降，对于负性效价，惊反射强度随着负性程度的增加而增加。再如，皮肤电反应与唤醒度一致：随着唤醒度的下降，皮肤导电性也下降。这在某种程度上说明了惊反射是愉悦度的生理指标，皮电反应是唤醒度的生理指标。

愉悦度/唤醒度二维情绪空间的局限是并不能区分所有的情绪，比如对于同样是高唤醒低效价的愤怒和恐惧就无法明确区分，两者在空间中的位置相当接近。最近几年，人们开始热衷于用趋避度(approach-withdrawal)来代替愉悦度。趋避度的优越性在于：(1) 它更具有生物学基础，所有生物对于环境事件的行为反应都可以用趋避性来表示，而行为反应又是与情绪反应紧密相关的。(2) 趋避度能够对愉悦度无法区分的愤怒和恐惧做出区分，愤怒与正情绪一样导致趋近事物，恐惧导致逃避。愤怒和正性情绪都与趋近行为有关，这使人感到困惑，因为愤怒是一种负性情绪。然而我们必须记住，当面临一个有害事件，与愤怒有关的趋近会导致进攻行为以祛除有害事物，这符合生物适应意义。与愤怒属于趋近维度一致，哈门(Harmon)等的研究证明愤怒与左侧前额叶的活动增强有关。但是趋避维度的反对者认为，趋近维度和快乐维度的差异说明行为趋近系统并不完全与正性情绪相关，情绪和行为是两回事。从狭义的情绪定义来说，趋避行为不属于情绪范畴，起码它一定不属于情绪体验的范畴，而是情绪体验后发生的动机和行为趋向。正性情绪不一定导致趋近行为，例如，如果爱夹杂着害羞或者不安全感，就可能导致逃避行为；负性情绪也不一定导致逃避行为，例如，尽管看恐怖电影会令人产生恐惧和厌恶，但这并不妨碍许多人对此的热衷；而对于中性或者不熟悉的刺激，更可能会采取轻微的趋近行为，这有利于探索未知世界，也符合自然生存法则。对于维度途径的不同意见主要有：

(1) 情绪评价具有个体差异，某些人以维度的方式去感受并报告情绪，而另外有些人体验和报告情绪的方式则更符合基本情绪理论。

（2）尽管一些研究证实了正、负情绪的半球差异，但是也有一些研究却并没有得到类似结果。瓦杰(T. D. Wager)等综合分析了 1992 年至 2002 年之间进行的 65 项不同脑成像研究结果，得到的结论是：并没有充分的和一致的实验证据支持正、负情绪加工的半球差异；分析认为情绪活动半球差异是很复杂的，并且具有很大的区域特殊性。

（3）有证据表明激活维度和体验强度也并不是完全关联的。

6. 情绪语义网络理论

鲍尔(G. H. Bower)与其助手所提出的情绪语义网络理论[50]的主要架构如图 5.1 所示，可以归纳为以下六个假设：

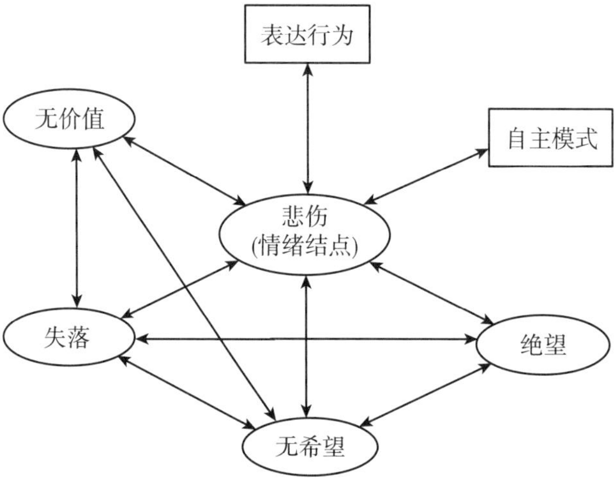

图 5.1　情绪语义网络理论

（1）情绪是语义网络中的单元或者结点，这些情绪结点与相关的观念、生理系统、事件、肌肉和表达模式等存在大量连接。

（2）情绪材料以命题或主张的形式储存于语义网络之中。

（3）思维通过激活语义网络中的结点而产生。

（4）结点可以被外部刺激或者内部刺激所激活。

（5）被激活的结点把激活扩散到与其相连的其他结点上。这个假设是相当关键的，因为这意味着一个情绪结点(如悲伤)的激活会引起语义网络中与情绪相关的结点或概念(如失落、绝望)的激活。

（6）“意识”是指网络中所有被激活结点的总激活量超过某一阈限值。

但鲍尔的网络理论显得过于简单了些。这一理论把情绪或者心境以及认知概念都表征为语义网络中的结点，然而心境和认知实际上差别很大。例如，心境在强度方面改变很慢，而认知往往是全或无的，常常是从一种认知加工迅速转变为另一种认知加工。

7. 贝克的图式理论

贝克(A. T. Beck)提出了一个图式理论[44]，其核心内容是：某些人比其他一些人具有更高的易感素质(vulnerability)，易发展出抑郁或者焦虑障碍。这种易感素质取决于个体在早期生活经验中形成的某些图式或有组织的知识结构。贝克和克拉克的假设图式会影响大部分认知加工过程，如注意、知觉、学习和信息提取等。图式会引起加工偏向，即对图式一致性或情绪一致性信息的加工更受欢迎。如此一来，拥有焦虑相关图式的个体应该选择加工威胁性信息,而拥有抑郁相关图式的个体则选择加工负性情绪信息。虽然贝克和克拉克强调图式对加工偏向的作用,但他们认为只有当个体处于焦虑或者抑郁状态时,图式才会被激活并且影响加工过程。

贝克的图式理论最初是为了给理解临床焦虑症和抑郁症提供一个理论框架。然而,该理论也可以应用于人格研究。某些个体拥有一些使他们表现出临床焦虑或抑郁症状的图式,这一观点是很有价值的。然而,要证明这种图式是引起焦虑障碍或者抑郁症的原因却是很困难的。这种方法存在一些缺陷:

(1) 图式的核心理论架构是模糊的,它常常不过是一种信念而已。

(2) 特定图式存在的证据常常是基于循环论证的。在焦虑症患者中,关于认知偏向的行为数据被用来推导图式的存在,然后这些图式又被用来解释所观察到的认知偏向。换句话说,通常不存在直接或独立的证据证明图式的存在。

8. 威廉斯的情绪加工理论

威廉斯(J. M. G. Williams)等关注的是焦虑和抑郁对情绪加工的影响[196]。他们是基于启动和精细加工之间的区别开始研究的。启动是一个自动加工过程,在启动条件下,一个刺激词激活长时记忆中该词的各个组成成分。而精细加工则是一个后期的策略加工过程,它涉及相关概念的激活。根据他们的理论,焦虑个体表现出对威胁刺激的初始启动效应,因此他们对威胁存在注意偏向。相反,抑郁个体表现出对威胁刺激的精细加工,所以他们对威胁刺激表现出记忆偏向,即发现他们提取威胁信息比提取中性信息要容易。

威廉斯等所做的一些主要预测是关于焦虑和抑郁对外显记忆和内隐记忆的影响作用。外显记忆是指有意识地回忆过去事件,这涉及精细加工。相反,内隐记忆不涉及有意识回忆,它主要依赖启动和自动加工过程。抑郁的个体应该表现出外显记忆偏向,喜欢以外显的记忆方式提取威胁性材料。而焦虑的个体则表现出内隐记忆偏向,喜欢以内隐的记忆方式提取威胁性信息。

研究结果更多地支持威廉斯等的理论范式,而支持鲍尔的网络理论和贝克的图式理论的证据则相对较少一些。例如,有很有力的证据证明焦虑与注意偏向有关,而证明抑郁与注意偏向相关的证据则弱得多。根据网络理论和图式理论,心境抑郁的个体对与心境状态一致的刺激的加工(和注意)应该更快,而且应该表现出对这类刺激材料的注意偏向。相反,威廉斯等认为抑郁个体不会给予威胁刺激过多的知觉加工,所以对这类刺激不会表现出注意偏向。威廉斯等的理论也可以较好地解释外显和内隐记忆偏向的研究结果。焦虑个体表现出对内隐记忆的偏向,抑郁的个体表现的是对外显记忆的偏向,这一预测得到了一些研究的证实。

9. 罗尔斯情绪理论

英国剑桥计算神经科学中心的罗尔斯(E. Rolls)教授基于自己的系列研究和深入思考,对情绪提出了一些独到的见解。罗尔斯对情绪的定义是:"情绪是由工具性强化物诱发的状态。"[4]这一定义的好处是:

(1) 借助奖赏物和惩罚物为实际诱发情绪的环境刺激或事件提供了一个简明的操作定义。

(2) 突出了大脑内基因选择对行为的影响。

(3) 提供了一种研究情绪的原则性方法,即不同的情绪可以按照不同的强化相倚和不同的强化物来分类和理解，也可以直接按照情绪的功能来分类和理解。

罗尔斯认为，根据不同的强化相倚可以区分多种情绪，其方法可以采用：

(1) 强化相倚的情绪。强化相倚有关的情绪如图 5.2 所示，源于不同的强化相倚，出现不同的情绪类别。

(2) 强度。不同强度的强化物会诱发不同程度的情绪体验。

(3) 多种强化联结。任何环境刺激都可以有很多不同的强化联结。

(4) 不同的初级强化物。原始强化物不同，与不同的初级强化物关联的刺激可以诱发不同的情绪。

(5) 不同的次级强化物。诱发情绪的特定刺激和该刺激出现的环境不同，会出现不同的情绪。

(6) 可采取的行为反应。行为反应类型受到环境的限制时会诱发不同类型的情绪。

考虑以上 6 种可能性的不同组合，就有可能解释非常广泛的各种情绪。在特定环境中的强化程度依赖于先前的强化历史，也依赖于当前的心境状态。

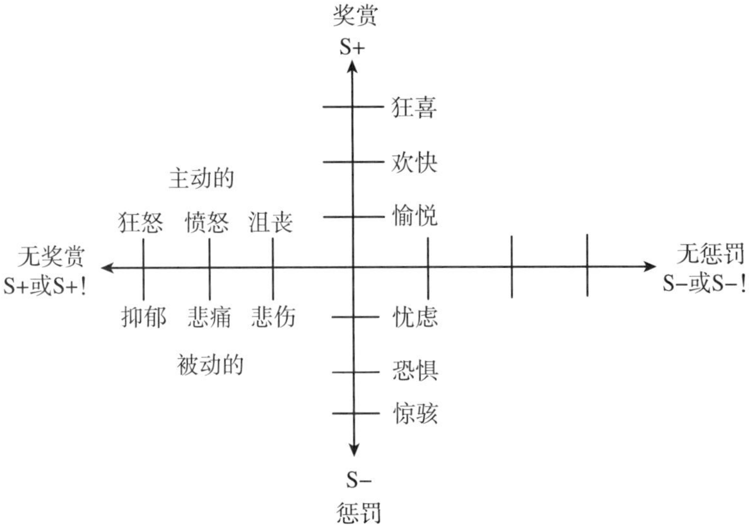

图 5.2　强化相倚有关的情绪

5.3　情绪的功能

人类天生就有情绪和动机状态，是因为人类的基因为了生存，构建了一个良好的系统，把奖赏物和惩罚物限定为人类的行为目标，利用奖赏物和惩罚物来引导我们的行为。基因限定的行为目标就是初级强化物，因此学习和情绪有着密切的联系。在达尔文进化理论的基础上由罗尔斯建立的情绪理论，指出情绪具有以下功能[4]：

(1) 基本功能。在进化过程中使基因能够限定行为目标并在大脑中实现。进化让大脑达成了简单的实现方式，即对当前刺激以及不同行动过程中可能获得的刺激进行评估，选择和比较不同的目标。这个功能允许灵活的行为反应，以获得基因限定的目标。

(2) 自主反应。情绪激发自主反应和内分泌反应,从杏仁核和眶额皮质经前腹侧内脑岛和下丘脑,直接通向脑干自主运动核的神经,实现具有明显的生存价值。

(3) 激励。通过刺激-强化物联结而习得的恐惧为避免有害刺激的行为提供了动机。

(4) 交际。由于交际的生存价值,表情可以引发或诱导接收者做出反应。

(5) 社会依恋。在社会情境中情绪反映社会依恋的情况。

(6) 初级强化物。各种初级强化物不仅可以引起不同的情绪,而且有着不同的功能。

(7) 心境状态。心境状态会影响对事件和记忆的认知评价。

(8) 促进记忆储存。情绪可以促进情景记忆,会引导大脑皮质构建世界的表征。

(9) 情绪引起强化刺激持续时间。这可能有助于产生持续的动机和行为方向。

(10) 情绪触发回忆。情绪可以触发储存在新皮质表征中记忆的回忆。

上述情绪的功能所赋予的好处是,基因不必限定所需的行为,人类和动物可以通过工具性的动作-结果学习来习得任意的行为,以达到或避免基因限定的目标。

5.4 情感模型

情绪和情感都是人对客观事物所持的态度体验,只是情绪更倾向于个体基本需求欲望上的态度体验,而情感则更倾向于社会需求欲望上的态度体验。情感不仅仅指人的喜怒哀乐,而且泛指人的一切感官的、机体的、心理的以及精神的感受。

5.4.1 情感的数学模型

情感是人对事物的价值关系的一种主观反映,情感与价值的关系在本质上就是主观与客观的关系。也可以说,人的情感活动的逻辑过程与一般认知活动的逻辑过程基本相同,其主要区别在于它们所反映的对象不同,一般认知活动所反映的对象是事物的事实关系,而情感活动所反映的对象是事物的价值关系。

价值观的客观目的在于识别事物的价值率,它是事物价值率的主观反映值。人在价值观的引导下,可以对不同的事物产生不同的选择倾向。然而,仅仅认识事物的价值率是不够的,人仍然无法真正确定对事物的价值资源的投入原则(投入方向和投入规模)。事实上,当事物的价值率较小时,人不仅不会对它投入价值资源,而且还会不断把以前投入的价值资源抽调出来,只有当事物的价值率大于某个确定值时,人才会不断追加对它的价值资源的投入规模。这个确定值就是主体的“中值价值率”。

根据主体所有活动的价值率以及相应的作用规模,可以求出一个加权平均价值率,称为主体的中值价值率或平均价值率,用 P_0 来表示。中值价值率是主体一个最重要的价值特性,它反映了主体的价值创造能力或本质力量的最重要方面——价值增长速度,主体的情感将会以它为参考系,确定对于所有事物的基本态度:凡是价值率大于其中值价值率的事物,主体将会对它产生正向的情感;凡是价值率小于其中值价值率的事物,主体将会对它产生负向的情感。即情感的客观目的在于以主体的中值价值率为基准,识别事物的价值率相对于主体的中值价值率的差值，从而为主体的行为和思维活动提供精确、有序和恰当的驱动力。

事物的价值率 P 与主体的中值价值率 P_o 之差值，称为该事物的价值率高差，用 ΔP 来表示，即有

$$\Delta P = P - P_o \tag{5.1}$$

根据这个定义，中值价值率分界可理解为当某事物的价值率高差大于零时，主体就会扩大其作用规模或增加其价值资源投入量；相反，当某事物的价值率高差小于零时，主体就会缩小其作用规模或减少其价值资源投入量。

由此可见，事物的价值率高差是一个非常重要的价值特性参量，它从根本上决定着人对该事物基本的立场、态度、原则和行为取向，决定着人对该事物的价值投入方式和投入规模，因而必然会反映到人的头脑中来，形成一种特定的主观意识——情感。

人对事物的价值率高差 ΔP 所产生的主观反映值，定义为人对该事物的情感，用 μ 来表示。当事物的价值率高差大于零时，人通常会产生正向情感（如满意、愉快、信任等），价值率高差的绝对值越大，正向情感的强度就越大，从而诱导、调节和控制人的各种活动不断趋向于该事物，以不断扩大其作用规模，其结果是事物的价值率高差将会随着作用规模的增长而下降，正向情感的强度也随之下降；当事物的价值率高差小于零时，人通常会产生负向情感（如失望、痛苦、顾虑等），价值率高差的绝对值越大，负向情感的强度就越大，从而诱导、调节和控制人的各种活动背离该事物，以不断缩小其作用规模，其结果是事物的价值率高差将会随着作用规模的缩小而上升，负向情感的强度也随之下降；当事物的价值率高差等于零时，人通常不会产生情感，从而维持了事物原有的作用规模。

这里要注意，一般的生物规律或生理规律是：事物的价值率高差并不是以等值函数的形式反映到人的情感强度之中，也不是以线性函数的形式反映到人的情感强度之中，也就是说，情感的强度并不与事物的价值率高差成正比，而是呈现出指数函数的关系：

$$\mu = K_m \log(1 + \Delta P) \tag{5.2}$$

式中，K_m 为情感强度系数。情感强度与价值率高差之间之所以具有这种函数关系，其生物规律或生理规律的客观目的是：当情感强度较小时，情感强度与价值率高差成正比，人的情感就可以较为精确而小范围地感知事物价值率的变化信息；当情感强度很大时，情感强度与价值率高差的对数成正比，人就可以粗略而大范围地获取事物价值率的变化信息。

人的活动内容是丰富多彩的，所涉及的事物也是复杂多样的，人对于所有事物所产生的情感可以组成一个复杂的情感系统，并可采用一定的数学表达式进行描述。人对于所有事物的情感所组成的数学矢量，称为情感向量，用 $\boldsymbol{M}$ 来表示，即有

$$\boldsymbol{M} = \{\mu_1, \mu_2, \cdots, \mu_i, \cdots, \mu_n\} \tag{5.3}$$

式中，μ_i 是指人对于第 i 个事物所产生的情感。

有些抽象事物本身就是由多个具体事物所组成，则抽象事物的情感可用多个具体事物的情感所组成的情感向量来描述。

如果多个具体事物又是由若干更具体的事物所组成，即它相对于更具体的事物来说属于抽象事物，则多个具体事物的情感可分别用若干更具体事物的情感所组成的情感向量来描述，这时，抽象事物的情感可用一个二维的情感矩阵来描述：

$$\boldsymbol{M} = \{\mu_{i \times j}\}_{m \times n} \tag{5.4}$$

同理，可以定义 n 维情感矩阵。

5.4.2 情感的认知模型

情感是人类交互过程中表达自己观点的重要组成部分，人们需要情感模型来探究情感和表达情感。1988 年，奥托尼(A. Ortony)、科洛尔(G. L. Clore)和柯林斯(A. Collins) 提出了一个认知情感模型——OCC 模型[142]。OCC 模型被认为是第一个以计算机实现为目的而发展起来的情感模型，认为情感是通过称为评价的认知过程的结果而产生的，基于评价，模型从事件的结果、对象的行为和对象的描述三个角度合成了 22 种情感。2003 年，奥托尼改进了该模型，将刺激分类为趋向于积极和消极两类，同时提出还应具有自己的目标、评价标准和喜好。图 5.3 显出了 OCC 情感认知模型。

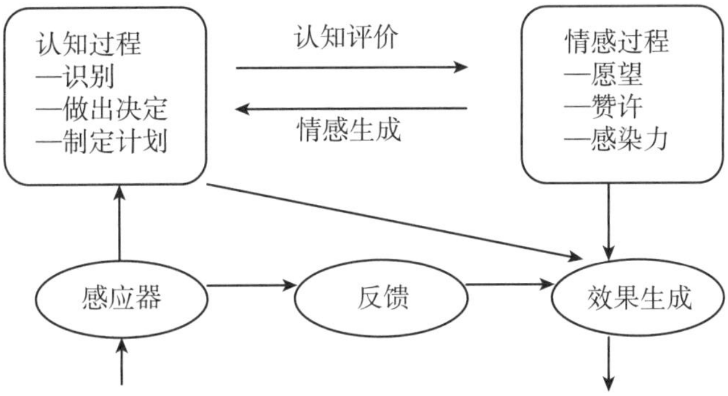

图 5.3　OCC 情感认知模型

OCC 情感模型的整个层次结构主要包括 3 个部分：与事件结果相关的情感，与智能体行为相关的情感和与对象属性相关的情感。这 3 个部分也可以结合起来组合成更为复杂的情感类型。该模型共描述了 22 种不同情感类型的认知结构。OCC 模型中每个情感类型的出现都由一定的条件触发，这 些条件通过不同的情感维度值表达。其中，“合意性”(desirability)、“褒贬性”(praise/blame worthiness)和“可能性”(likelihood)是该模型中 3 个最为重要的情感维度变量。“合意性” 与主体的目标相关联，“褒贬性”与行为是否符合社会道德标准相关联，而“可能性”则表示对事件发生的期望。

在情感认知结构中，每个情感维度变量有不同的取值。“合意性”(desirability)维度的取值包括“合意的”(desirable)和“不合意的”(undesirable)。当某些事件的发生有利于最终目标的实现时，这种情况对于主体而言是合意的；反之则是不合意的。类似的，“褒贬性”(praise/blame worthiness)维度的取值有“值得称赞的”(praiseworthy)和“应受责备的”(blameworthy)，“可能性”(likelihood)维度有“可能的”(likely)和“确定的”(certain)这两个取值。情感维度变量的不同取值及其组合可以生成不同的情感类型。例如，如果“合意的”事件的可能性是“确定的”，会引发“高兴”(joy)情感，否则引发“希望”(hope)；如果个体“值得表扬的”(praiseworthy)行为带来了合乎自己心意的行为后果，则会导致“骄傲”(praide)情感的产生。

OCC 应用的领域主要有以下三方面：(1) 从语法和语义角度，将 OCC 理论逻辑形式化，详细解释了 OCC 中 20 种情感的触发过程及情感之间的关系。从智能体角度，对 OCC 模型中的“hope”和“fear”定义做出详细解释，将 OCC 模型的部分情感形式化形成正式的情感模型，来提高智能体决策能力和明确规范化智能体行为。(2) OCC 模型在智能体方面也已得到广泛的研究和应用。目前 OCC 在智能体研究使用方面备受关注。研究者以之研究智能体中情感如何影响认知，认为情感的影响很多不在于情感本身，而是情感所携带的信息价值，主要取决于在特定时间段智能体的任务关注点。有人以 OCC 理论和心理学家埃克曼的基本情感理论为基础，利用参数处理情感刺激，引入情感空间设计表现不同性格，建立了一个适用于机器人、虚拟游戏人物等领域的情感模型。(3) OCC 模型在教育领域，尤其是 E-learning 领域备受关注，形成了个性化、智能化的 E-learning 教学系统，使 E-learning 交互更人性化和智能化。有人提出一种学生情感识别方法，构建了具有情感智能的教学系统并通过实验证明其模型符合实际需求。

5.4.3 基于马尔科夫决策过程的情感模型

马尔科夫决策过程(Markov decision process，MDP)是序贯决策(sequential decision)的数学模型，用于在系统状态具有马尔科夫性质的环境中模拟智能体可实现的随机性策略与回报。马尔科夫决策过程 MDP 由 5 个要素组成：

$$\{T, S, A, p, r\}$$

其中：

(1) T 是决策时间集。

(2) S 是一组可数非空状态，是系统所有可能状态的集合。

(3) A 是系统处于给定状态时所有可能的决策行为的集合。

(4) p 表示系统处于状态 $i \in S$ 采取决策行为 $a \in A(i)$ 时移动到状态 j 的概率：

$$\sum_{j \in S} p(j \mid i, a) = 1 \tag{5.5}$$

(5) $r = r(i, a)$ 是奖励函数，表示系统处于状态 $i \in S$ 时，采取决策行为 $a \in A(i)$ 获得的预期奖励。

策略 π 表示在每一个状态，我们应该采取什么行动。在马尔科夫决策过程中，转移只取决于当前的状态和决策者选择的行为，而与过去的情况无关。马尔科夫决策过程可以用图模型表示，如图 5.4 所示，在逻辑上类似于马尔科夫链的转移图。马尔科夫决策过程的图模型包含状态结点和动作结点，状态到动作的边由策略定义，动作到状态的边由环境动力项定义。

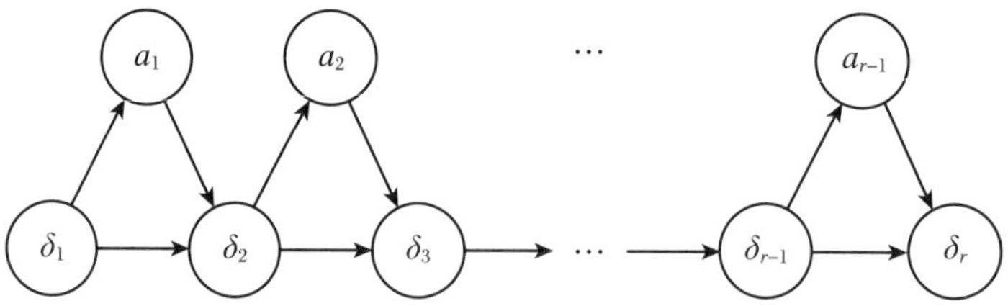

图 5.4 马尔科夫链的转移图

5.5 情绪的大脑系统

詹姆斯-兰格情绪理论强调情绪反应中内脏反应和面部表情的重要性，两人都将情绪产生的原因归结为外周生理变化，所以他们的理论也称为“情绪的外周理论”。内脏反应与其他生理反应的确影响着情绪，但认为情绪完全是外周生理变化的结果的观点则是片面的。

美国生理学家坎农（W. B. Cannon）和巴德（P. Bard）提出的坎农-巴德情绪理论，认为情绪的中心不在外周神经系统，而是中枢神经系统的丘脑。当丘脑被唤起时，情绪的特殊性质就附加于简单的感觉之上。外界刺激引起感官产生神经冲动，这些神经冲动由丘脑进行信息加工后，分别传送到大脑皮质和机体的其他部分。传送到大脑皮质的信息产生情绪体验，传送到内脏和骨骼肌的激活生理反应。情绪体验和生理反应同时发生。

1937 年，美国神经解剖学家帕佩兹（J. Papez）研究发现，某些皮质区域的毁损对于情绪行为有深刻的影响。这些有关脑区毁损的研究最著名的一个案例就是一位名叫菲尼亚斯·盖奇（Phineas Gage）的铁路工人头部受伤的事件。这名工人的额叶受损，出现了明显的情绪和自控能力的下降，但是其语言和记忆等功能却没有受到影响。盖奇以及其他相当多的颅脑损伤或者病变案例明确地告诉我们，脑内的确存在某些专门控制情绪的中枢。而解剖学研究表明，这些情绪中枢（如扣带回、乳头体等区域）之间确实存在着神经通路联系。因此，帕佩兹提出了脑内存在一条与情绪有关的神经通路的概念。帕佩兹将海马→穹窿→乳头体→乳头丘脑束→丘脑→扣带回→大脑皮质额叶→海马构成的环路称为 Papez 环路，如图 5.5 所示。Papez 环路是情绪的思想通路，情绪发源于海马，通过乳头体投射到丘脑，在那里产生心跳、呼吸和体温的变化等生理方面的情绪效应，同时换元之后的神经纤维投射到扣带回和大脑皮质额叶，产生清晰的情绪体验。最后信号通过皮质到海马的投射返回海马，产生情绪记忆。这个环路中的各个结构和整个环路本身在情绪体验和情绪表达中都起着关键作用。

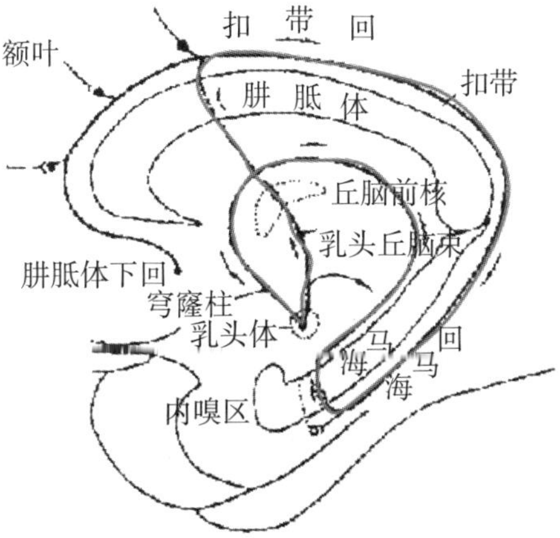

(a) 脑区神经通路

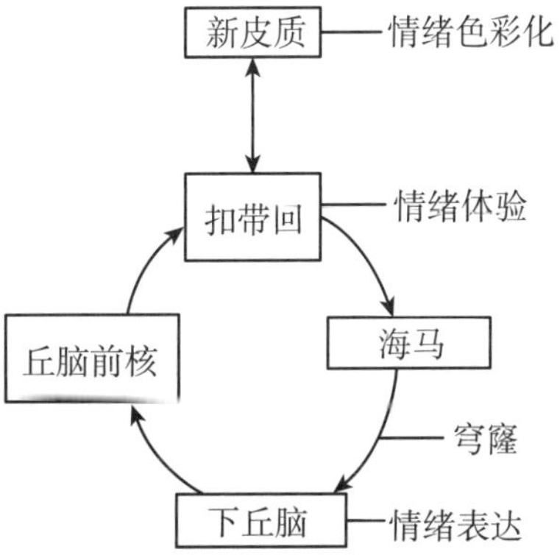

(b) 环路示意图

图 5.5　Papez 环路

帕佩兹认为情绪的生理基础是大脑半球与下丘脑之间的联系。根据帕佩兹的观点，情绪包含着行为(表情)与感受(体验)两个成分，表情依赖于下丘脑，情绪体验依赖于皮质。而且对于人类来说，情绪表情与情绪体验是可以分离的。

麦克莱恩(P. D. MacLean)在1952年进一步提出边缘系统(limbic system)。边缘系统所包括的大脑部位相当广泛，如梨状皮质、内嗅区、眶回、扣带回、胼胝体下回、海马回、脑岛、颞极、杏仁核群、隔区、视前区、下丘脑、海马以及乳头体都属于边缘系统，如图5.6所示。边缘系统的主要部分环绕大脑两半球内侧形成一个闭合的环，故此得名。边缘系统是位于丘脑两侧的一组脑结构，紧邻大脑内侧颞叶下方，主要位于中脑。内部互相连接，与神经系统其他部分也有广泛的联系。它参与感觉、内脏活动的调节并与情绪、行为、学习和记忆等心理活动密切相关。

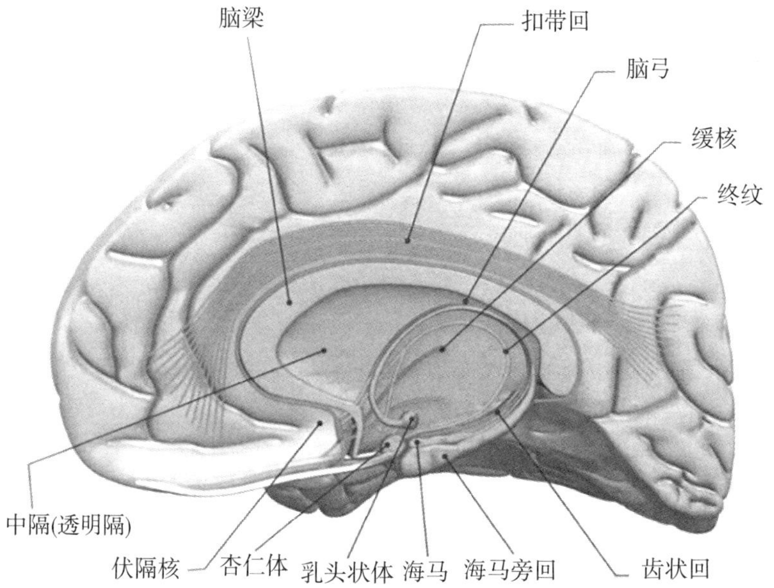

图5.6　边缘系统通路

5.6　杏仁核和情绪表达

情绪是身体对行为成功的可能性乃至必然性，在生理反应上的评价和体验，包括喜、怒、忧、思、悲、恐、惊七种。行为在身体动作上表现得越强就说明其情绪越强，如喜会是手舞足蹈，怒会是咬牙切齿，忧会是茶饭不思，悲会是痛心疾首等，就是情绪在身体动作上的反映。生理反应是情绪存在的必要条件。

情绪性记忆系统经由杏仁核通路联系起来，其主要包括大脑皮质、丘脑、杏仁核和下丘脑，如图5.7所示。在情绪性记忆系统中，杏仁核附着在海马的末端，呈杏仁状，是边缘系统的一部分。将信息传入下丘脑，可以激活交感神经；传入丘脑网状核，可以强化反射；传入外侧被盖核等一系列器官，可以促其产生多巴胺、去甲肾上腺素和肾上腺素。多巴胺负责大脑的情欲感觉，可以传递兴奋及开心的信息。去甲肾上腺素能显著地增强心肌收缩力，使心率加快，心输出量增多；与此类似，肾上腺素能使心肌收缩力加强、兴奋性增高，传导加速，心输出量增多。由此可见，杏仁核系统，是调控情绪的关键系统。

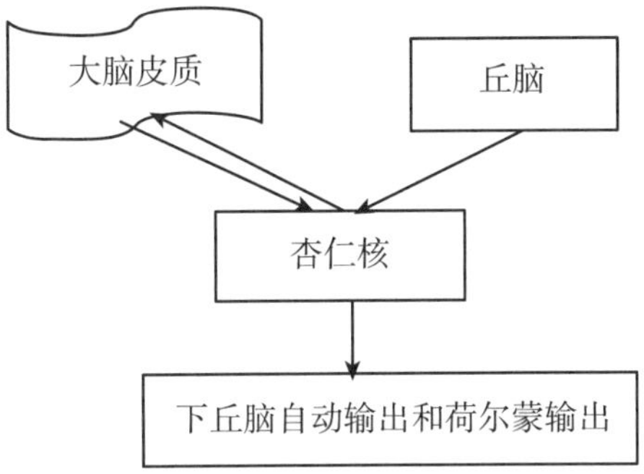

图5.7 情绪性记忆系统

1996年，勒杜(J. LeDoux)研究证实[111]，外侧杏仁核的信息输入表现出与可塑性有关的学习，这包括突触效力改变的证据，在神经元放电模式水平下，恐惧条件反射选择性地提高了外侧杏仁核神经元的潜伏期较短的听觉反应，而且，一些在训练之前对音调不敏感的细胞在条件作用后表现出较短潜伏期的反应。由此可见，在恐惧条件下，神经元细胞之间的突触联结力度加强，而且神经元细胞的对外界刺激的反应能力也随着增强。

刺激清醒动物的杏仁核，动物出现“停顿反应”，显得“高度注意”，表现迷惑、焦虑、恐惧、退缩反应或发怒、攻击反应。刺激杏仁首端引起逃避和恐惧反应，刺激杏仁尾端引起防御和攻击反应。诱发惧-怒反应时伴瞳孔扩大、竖毛、嗥叫等情绪表现。具有情绪意义的刺激会引起杏仁核电活动的强烈反应，并形成长期的痕迹储存于脑中。

沙赫特(S. Schachter)认为引起情绪产生的原因有三个：刺激因素、生理因素和认知因素[158]。刺激因素引起交感神经系统的一般唤醒，对于引起这些情绪状态的情境和生理唤醒，个体根据典型的知觉模式来解释和归类这些情绪状态。

生理唤醒发生后，个体的认知对于什么引起了这种唤醒给予准确的方向，个体搜寻认知信念以理解身体改变或唤醒的情绪意义。情绪既来自于生理反应的反馈，也来自于对导致这些唤醒情境的认知，即情绪是对生理唤醒进行的特殊的认知解释。同一刺激，如果个体的评价不同，产生的情绪反应就不同。如果对刺激评价为对个体“有利”，就会引起积极的情绪反应，个体会趋近该刺激；如果是评价为对个体“有害”，则会产生消极情绪反应，个体就会躲避刺激情境；如果是评价为与个体“无关”，则不会引起个体的情绪反应。

研究结果表明，存在一个独特的脑系统能调节对情绪刺激和表情的知觉和理解。这个系统包括在大脑的广泛区域里的一些复杂的皮质和皮质下区域。杏仁核是情绪知觉和表情的关键部分。杏仁核的外侧和基底外侧部分接收皮质下和皮质感觉输入，这些输入来自内脏和外部刺激。杏仁核是产生情绪、识别情绪和调节情绪的大脑中枢，也是控制情绪学习和记忆的主要脑区，具有情绪意义的刺激会引起杏仁核电活动的强烈反应，并形成长期的痕迹储存于脑中。

5.7 恐惧记忆加工

恐惧(fear)，是一种人类及生物心理活动的状态，属于情绪的一种。恐惧是人们在面临某种危险情境，企图摆脱而又无能为力时所产生的担惊受怕的一种强烈压抑情绪体验；或者因为周围有不可预料、不可确定的因素，导致无所适从的心态或者生理的强烈反应。恐惧记忆加工可以分为习得、巩固、再巩固和消退四个明显的阶段。巴甫洛夫的经典条件反射范式是恐惧研究的经典范式。通常选择不同颜色的方块作为条件刺激(CS+，CS-)，以电击或恐怖图片作为非条件刺激(US)。实验处理分为三个阶段：第一阶段是恐惧习得阶段；第二阶段是唤醒-消退阶段；第三阶段为再消退阶段。在习得阶段，运用经典条件范式，所有被试均完成了部分强化的恐惧习得任务。条件刺激为黄、兰颜色的方块，非条件刺激为电击。对条件刺激 CS+实施 38%的概率强化，即 38%CS+后面伴随着电击，而 CS-自始至终没有电击伴随。被试的任务是注视着电脑屏幕并找出方块与电击的关系。在唤醒-消退阶段，所有的被试均进行消退训练，即 CS+和 CS-重复出现并不伴随非条件刺激。在进行消退训练之前，分 3 种实验处理：恐惧记忆唤醒 10 min 后进行消退训练(组一)，恐惧记忆唤醒 6 h 后进行消退(组二)，未唤醒直接进行消退(组三)。再消退过程中，CS+和 CS-重复出现并不伴随非条件刺激。以皮肤电作为恐惧的指数，实验数据显示，在习得阶段三组被试对 CS+的恐惧程度明显高于 CS-，说明所有被试在 CS+和电击之间建立了联系。实验处理达到预期的效果。在消退阶段，所有被试在习得阶段建立的 CS+与电击的连接几乎消失，说明消退训练达到了短期效果；但是在再消退训练过程中，仅有组一对 CS+的恐惧指数没有增加，其他两组都出现了恐惧自发的恢复现象，这说明在恐惧记忆再巩固窗口内(1 h)进行消退的训练最好。

恐惧记忆与杏仁核相关，是情绪性记忆研究关注的重点。勒杜的研究以及戴维斯(M. Davis)的研究也许是关于情绪记忆的最好案例。他们研究的是关于调适巴甫洛夫恐惧条件反射的大脑系统。

著名神经科学家勒杜和同事们的实验关注通过杏仁核的通路，支持对简单听觉刺激形成恐惧反应的学习[111]。实验表明了直接投射到杏仁核的内侧膝状体核团的细胞和投射到皮质丘脑核的细胞的听觉反应的存在。对刺激物的情绪反应常常比认知评估来得快且及时。这种即刻的情绪反应为生物体的行为选择提供了线索和依据，使得生物体的快速行动成为可能。快速的情绪反应的作用在于中断现有的认知加工并将其重新引向最需要优先关注的问题，如迫在眉睫的危险源。勒杜及其同事们的研究对此提供了神经解剖学的证据。他们发现大脑中存在着从感觉输入到杏仁核的直接神经通路。

美国《大众科技》杂志 2008 年 1 月号载文，介绍了美国神经学专家勒杜对恐惧症的研究，告诉我们该怎样通过封闭大脑中的某些记忆路线来消除恐惧。勒杜的团队重复着声响实验，该实验有两个声调：一种是由电子设备发出的高声调的哔哔声，另一种是数字化的类似蟋蟀发出的唧唧声。大鼠将两种声调各听 20 次后给一次电击。这样重复了 3 次，足以让大鼠像以前一样认识到对声响的恐惧。到了阻塞记忆进而消除恐惧的时候，当只发出蟋蟀的唧唧声时，给大鼠注射 U0126(一种可以阻止长时记忆形成的化学药品)。24 h 后，大鼠再听这两种声调时，它们仅在听到电子设备发出的哔哔声时才产生了恐惧情绪。药物已将听过蟋蟀声音后受电击的记忆抹去了，没有记忆就意味着恐惧消除了。

传统的观点认为，恐惧和焦虑是进化而来的本能反应，威胁引发的行为出现就意味着恐惧和焦虑的体验出现。基于30多年来对情绪大脑的科学研究，勒杜对这些问题进行了全新的探索[112]。他认为，觉察威胁性刺激并产生条件反射行为是一种无意识的防御机制，即生存回路；人们有意识地体验到恐惧和焦虑感受则是另一种机制，需要大脑更高层次的认知加工。

戴维斯和同事们证明了杏仁核在恐惧条件反射形成中的重要性。他们的研究显示，从杏仁核经由腹侧输出通路到脑干尾部区域和到网状脑桥核通路的中断构成了增强惊吓表现的关键回路。受勒杜的启发，专家们努力攻克恐惧症。美国埃默尔大学精神病学和行为科学教授戴维斯研究了DCS(一种名为D-环丝氯酸的抗生素)是否能对从战场上回来的士兵患有的创伤性压力症候群起到缓解作用，戴上虚拟现实眼罩，士兵们受到了战斗视觉和听觉的攻击，在记忆重新被唤起前，患者将会服用DCS药片以消除相应记忆。

人类的恐惧情感是物种进化与生存过程中最重要和最不可或缺的基本情绪表征之一，外界的恐惧刺激可以激发生物个体特定的防御行为产生，从而在其生存和繁衍中起到重要作用。对于后天习得性恐惧的形成，人们已经普遍认识了大脑边缘系统以杏仁核为核心的大脑习得性恐惧情感处理网络，但是对于某些自然赋予的、不需要学习的对天敌或其他危险刺激而产生的本能恐惧反应，大脑处理这些信息的神经环路特征却仍不甚清楚。人们曾推测在大脑主要的皮质视觉信息处理加工系统之外，还存在皮质下的“快速通道”，用于对特定的威胁刺激信息进行自动化的快速处理。

2015年4月9日，国际学术期刊 *Nature Communications* 发表了来自中国科学院脑科学卓越创新中心，包括深圳先进技术研究院脑认知与脑疾病研究所王立平课题组等的研究论文 *Processing of visually-evoked innate fear by a non-canonical thalamic pathway*[195]，论文报道了中国科学院脑科学卓越创新中心团队在解析脑功能联接图谱领域取得的原创性成果：应用光遗传学神经环路调控方法、多脑区活体电生理以及跨突触病毒环路标记等技术，首次证实大脑中高度保守的皮质下神经通路中特定类型的神经元，能够特异性检测和快速处理不可预知视觉威胁刺激信号，导致动物产生非习得性恐惧样防御反应行为。该成果为皮质下神经通路存在性这一神经科学界富有争议的假说提供了最直接的实验证据。

此研究中，中国科学院脑卓越创新中心研究团队综合应用光遗传学技术、神经环路示踪技术、动物在体多通道电生理记录和行为学等手段，以小鼠为研究对象，解析了起源于皮质下感知觉整合中心上丘(superior colliculus)的中深层兴奋性神经元，经过对应于灵长类动物丘脑枕(pulvinar)结构的丘脑外侧后核(lateral posterior thalamic nucleus)，快速到达外侧杏仁核(lateral amygdala)的皮质下神经通路。上丘中深层兴奋性神经元会特异性地响应天敌威胁的视觉刺激，通过丘脑的快速中继通路将信号传输至外侧杏仁核，并持续激活杏仁核神经元的活动。利用光遗传学技术特异性地“关闭”或者“打开”这条通路的功能，研究人员发现这条通路特异性地介导了动物本能恐惧反应的产生。此项研究成果有望为进一步解析包括恐惧情绪在内的物种繁衍生存的基本神经环路特征和精神疾病的发生机制提供新的研究思路。

第6章　工作记忆

工作记忆(working memory)是指在执行任务过程中,用于信息暂时存储和处理的资源有限系统。工作记忆依赖于大脑前额叶皮质神经环路的功能,尤其是谷氨酸神经元和多巴胺神经元。工作记忆具有信息加工处理和存储的双重功能,影响复杂的认知活动。

6.1　概　　述

20世纪70年代,记忆系统三级模型遇到了挑战。首先它的基本假设是短时记忆的信息通过复述进入长时记忆。但一些研究表明,短时记忆中的复述信息并不能保证完全进入长时记忆,这与加工水平有关。短时记忆对学习来说是关键的部分,如果短时记忆受损必将给学习带来困难。但是实验发现,短时记忆有缺陷的病人仅在数字记忆的广度方面有所下降,仍能进行正常的长时学习,而且一般认知能力也没有缺损。这些现象用记忆三级加工模型无法解释。

1974年,巴德勒(A. D. Baddeley)等在模拟短时记忆障碍的实验基础上提出了工作记忆的概念[39]。传统的巴德勒模型认为工作记忆由语音回路、视空画板两个附属系统和中央执行系统组成[41]。语音回路负责以声音为基础的信息的储存与控制,包含语音储存和发音控制两个过程,能通过默读重新激活消退着的语音表征防止衰退,而且还可以将书面语言转换为语音代码。视空画板主要负责储存和加工视觉空间信息,可能包含视觉和空间两个分系统。中央执行系统是工作记忆的核心,负责各子系统之间以及它们与长时记忆的联系、注意资源的协调和策略的选择与计划等。大量行为研究和神经心理学上的许多证据表明了三个子成分的存在。

随着研究的深入,有关工作记忆的结构和作用形式的认识也在不断地丰富和完善。近年来最大的发展是在传统模型的基础上,为了克服传统模型的弱点,增加了一个新的子系统,即情境缓冲区(episodic buffer,EB)。情境缓冲区可用于解释系列回忆中的列表间位置干扰的问题、言语和视觉空间过程间的相互影响问题(如言语回忆中的视觉效应)、记忆组块问题、统一的意识经验问题等。

巴德勒建立多成分模型主要是为了解释双作业任务和认知神经学方面的大量研究资料。洛维特(M. C. Lovett)等的ACT-R模型则可用于解释大量个体差异方面的研究数据[123]。1992年,恩格尔(R. W. Engle)等针对工作记忆提出了"注意控制"模型。该模型认为工作记忆的实质就是"短时记忆"加"注意控制"。个体工作记忆容量的差异实际上反映了个体加工控制能力的高低,也就是说工作记忆容量的差异只有在需要控制注意参与的操作任务中才可以反映出来。工作记忆容量反映了在面临无关信息干扰时，个体有意识地激活记忆表征，将注意焦点引向并维持在这些表征上的能力。工作记忆容量就是执行性注意能力。

考恩(N. Cowan)于1988年在他早期研究的基础上提出了嵌套加工模型，其主要目的是为了在同一个结构中对注意和工作记忆领域内的一系列观察结果进行解释说明。

巴纳德(P. J. Barnard)关注人机对话时，工作记忆中的信息表征方式、资源有限性、与复杂认知活动的关系等，于1987年提出认知交互模型[42]。1995年，埃里克松(A. K. Ericsson)等提出了长时工作记忆模型[73]，该模型认为工作记忆是认知加工过程中随信息的不断变化而形成的一种连续的工作状态，其中除了暂时存储信息的短时工作记忆，还存在基于长时记忆的、操作者可以熟练使用的长时工作记忆。该模型广泛地描述了工作记忆可能存在的形式和机制。他们认为工作记忆概念的实质在于在特定的时间内，只有长时记忆中的一小部分知识、技能和信息影响被试当前的行为和心理过程。因此，工作记忆现象应该包括所有用于保证个体选择性通达完成当前任务所需信息和程序的机制。该模型在揭示传统工作记忆与长时记忆关系方面具有重要意义。

工作记忆能力对人类日常行为至关重要，在短时间内维持和控制来自外界的信息，以实现目标导向的行为，是一种核心的认知能力。近年来，与工作记忆相关的脑区和神经机制研究取得了很多进展，但是在参与工作记忆的脑区、神经振荡和分子机制等多个方面，尚需进行深入研究。人脑工作记忆感存算一体化的机制，引起人们极大的兴趣，有望在改进计算机体系结构和芯片研制方面产生重大影响。

6.2 工作记忆模型

所有的工作记忆模型可以大致分成两大类，一类是欧洲传统的工作记忆模型，其突出代表就是巴德勒的多成分模型，强调把工作记忆模型分成多种具有独立资源的附属系统，突出通道特异性加工和储存。另一类是北美传统的工作记忆模型，以ACT-R模型为代表，强调工作记忆模型的整体性，突出一般性的资源分配和激活。前者的研究主要集中在工作记忆模型的储存成分，即语音回路和视空画板。如巴德勒明确指出，应该在探讨更复杂的加工问题之前，先把比较容易操作的短时储存问题研究清楚。而北美传统注重探讨工作记忆模型在复杂认知任务中的作用，如阅读和言语理解。因此北美传统所指的工作记忆模型类似于欧洲传统中一般性的中央执行系统。现在两种研究传统正越来越多地相互认同一些东西，并在各自的理论建构上产生相互影响。如情境缓冲区的提出就与巴纳德的认知交互模型中的命题表征系统很相似。因此，两大研究传统已表现出一定的整合和统一趋势。

6.2.1 三成分工作记忆模型

巴德勒等早期提出的工作记忆模型由中央执行系统、语音回路、视空画板组成，如图6.1所示[39]。

1. 中央执行系统

中央执行系统是工作记忆模型的核心，其功能主要包括对工作记忆中各子系统功能的协调、对编码和提取策略的控制、操纵注意系统以及从长时记忆中提取信息。在这个模型中，许多认知加工活动由图式启动。

图 6.1　三成分工作记忆模型

2. 语音回路

语音回路负责以声音为基础的信息的储存与控制。该子系统由两部分构成：一部分是语音储存，能保持语音信息 1～2 s，其中的项目均由语音结构来表征；另一部分是发音控制加工，类似于内部语言，通过默读重新激活消退着的语音存储表征来防止衰退，加以巩固。而且发音控制加工还可以将书面语言转换为语音代码储存。语音回路还对言语理解、词汇获得和语言学习具有辅助作用。

3. 视空画板

视空画板主要负责储存和加工视觉空间信息，可能包含视觉和空间两个分系统：一个是视觉子系统，与颜色、形状有关；另一个是空间子系统，与位置有关。从发展的角度看，视空画板对幼儿的工作记忆更为重要。有研究表明，八九岁以下儿童的短时记忆主要依靠视觉图像的信息，视觉编码比言语编码的发展具有优先性。许多研究证明，即使是简单的言语单元也都是言语和视觉编码的结合。也就是说，语音回路和视空画板并不是完全分离的，它们之间的信息在某种水平上存在着相互作用。

6.2.2　四成分工作记忆模型

巴德勒后来有关工作记忆最大的发展是在传统模型的基础上，增加了一个新的子系统，即情境缓冲区[40]。巴德勒认为，传统的模型没有注意到不同类型的信息是怎样整合起来的，而且其整合结果是怎样保持的，因此不能解释随机的单词记忆任务中，被试者只能即时系列回忆出 5 个单词左右，但如果根据散文内容进行记忆，则能够回忆出 16 个左右的单词。情境缓冲区是一个能用多种维度代码储存信息的系统，为语音回路、视空画板和长时记忆之间提供了一个暂时信息整合的平台，通过中央执行系统将不同来源的信息整合成完整连贯的情境。情境缓冲区与语音回路、视空画板并列，受中央执行系统控制。虽然不同类型信息的整合本身由中央执行系统完成，但是情境缓冲区能保存其整合结果，并支持后续的整合操作。该系统独立于长时记忆，但却是长时情境学习中的一个必经阶段。新增情境缓冲区之后的四成分模型如图 6.2 所示。[40]

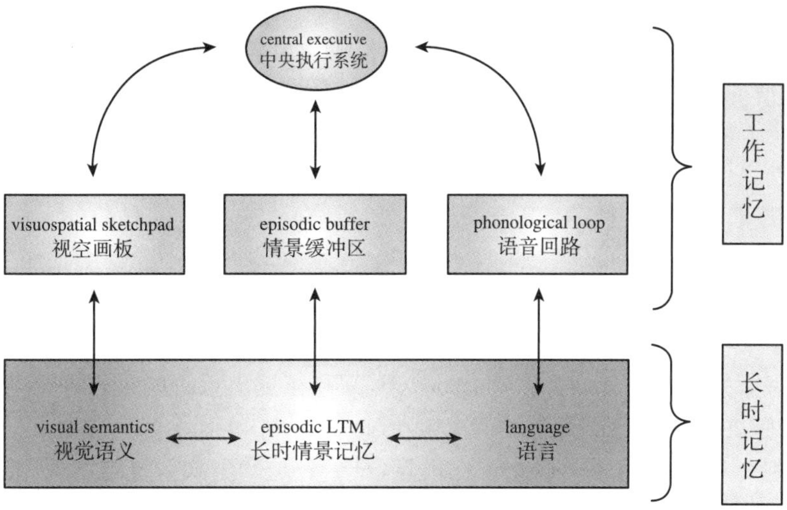

图 6.2 四成分工作记忆模型

6.2.3 嵌套加工模型

考恩于 1988 年在他早期研究的基础上提出了嵌套加工模型,如图 6.3 所示。其主要目的是为了在同一个结构中对注意和工作记忆领域内的一系列观察结果进行解释说明。嵌套加工模型仅有一个储存结构,这一储存区就相当于长时记忆系统,而且它还被假定为对一系列相关特征的表征进行储存(或称为特征整合)。首先,在长时储存区,一个"嵌套的"信息子集可以被放入一个突出的临时激活状态中,这种激活的时间有限而且容易消失。其次,这个被激活的信息子集可被进一步激活而进入注意的焦点,这就使得这些信息更为突出明显(也就是工作记忆)。这个注意焦点的容量(工作记忆的容量)是有限的,一次只能容纳少量的信息。

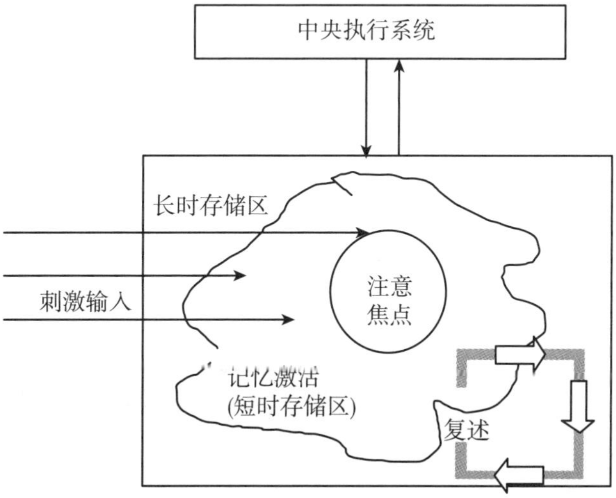

图 6.3 嵌套加工模型

尽管这个模型与巴德勒的模型有共同之处,但它们之间还是有一些本质的区别。这些区别主要包括：(1) 嵌套加工模型把工作记忆看作长时记忆的一个子系统，而不是一个专门的暂时储存系统。对不同类型的刺激（例如视觉、触觉和语言信息）的短时储存是在一个共同的存储媒介（长时记忆）中进行的，而不是像多成分模型那样在储存具体材料的子系统中进行。(2) 除了基于言语的复述之外，策略性加工也对重新激活已储存的信息起重要作用。工作记忆中信息的保持既可通过基于言语的复述来获得，也可通过策略性（内隐）加工已储存的信息来获得。

6.2.4 ACT 模型

美国心理学家安德森（J. A. Anderson）于 1976 年提出系统的整合理论与人脑如何进行信息加工活动的理论模型，简称 ACT（adaptive control of thought）模型[34]，原意为“思维的自适应控制”。安德森将人类联想记忆模型（HAM）与产生式系统的结构相结合，模拟人类高级认知过程的产生式系统，在人工智能的研究中有重要意义。ACT 模型的系统结构如图 6.4 所示。

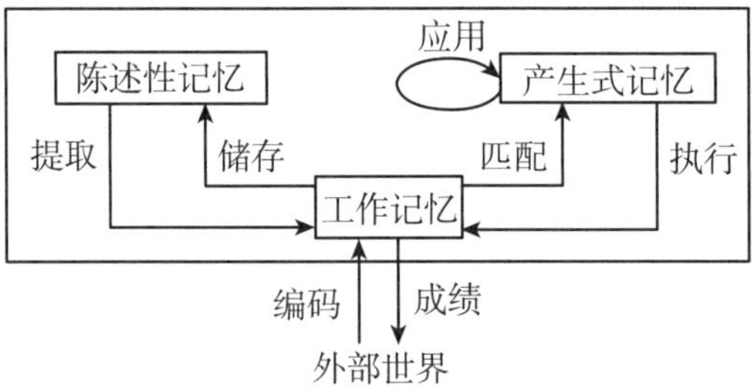

图 6.4　ACT 的系统结构

罗夫特（Lovett）等的 ACT-R 模型则可用于解释大量个体差异方面的研究数据[133]。该模型把工作记忆资源看成一种注意激活，叫作源激活。源激活从当前的注意焦点扩散到与当前任务相关的记忆结点，并保存那些处于可获得状态的结点。ACT-R 是一个产生式系统，根据产生式规则的激活进行信息加工；强调加工活动对目标信息的依赖性，当前目标越强烈，相关信息的激活水平就越高，信息加工就越迅速准确。该模型认为工作记忆容量的个人差异实际上反映了“源激活”总量的差异，用参数 W 表示。而且这种源激活具有领域普遍性和单一性，语言和视觉空间信息的源激活基于相同的机制。该模型的明显缺陷在于只用一个参数去说明复杂认知任务中的个体差异，而工作记忆的个体差异还可能与加工速度、认知策略、已有知识技能有关，但 ACT-R 模型强调工作记忆的单一性，以详细阐明共同结构作为主要任务，能弥补强调工作记忆多样性的模型的不足。

6.3　长时工作记忆

长期以来，工作记忆一直被看成是对认知加工中任何一个环节上的信息进行的暂时存储。在这种认识的指导之下，在讨论中央执行部分的作用时，人们设计了各种方法对这种暂时存储的容量进行测量。在阅读研究中，最有影响的是测量方法，以及有关阅读广度与阅读能力之间关系的研究。随着人们对工作记忆研究的深入,中央执行部分的作用和机制逐渐成为注意的焦点。1995 年,埃里克松(A. K. Ericsson)等提出了长时工作记忆模型[73],对工作记忆给出了新的解释,也对阅读理解过程中的信息提取和存储进行了详细的分析。

埃里克松等认为,如果把工作记忆看成是对认知加工中任何一个环节上的信息进行的暂时存储,并用这种定义和相应的机制来解释所有工作记忆现象,就会出现两个问题:(1) 目前的各种工作记忆容量的测量方法是否能够用来解释专家,或人们从事非常熟练的认知活动时,所表现出的非常宽广的工作记忆容量?(2) 短暂存储的工作记忆是否能够解释非常熟练的认知活动被中断后,无需很大的努力即可迅速恢复的现象?他们指出,工作记忆是认知加工过程中随信息的不断变化而形成的一种连续的工作状态,其中除了暂时存储信息的短时工作记忆外,还存在另外一种机制,即基于长时记忆的、操作者可以熟练使用的长时工作记忆。长时工作记忆中的信息可以稳定地、较长期地保留,同时又可通过短时工作记忆中的提取线索,建立一个短暂的提取通路。因此,长时工作记忆中的信息可以进行快速的动态更新,而不是像传统的理论那样,假定长时记忆中的信息都是相对固定的,提取和存储信息的速度较慢。

长时工作记忆的形成必须具备三个条件:

(1) 被试所从事的认知任务必须是他非常熟悉的。只有如此,他才能为进一步加工快速地提取相应的程序。

(2) 被试对认知的材料必须是非常熟悉的。只有如此,他才能在提取和存储某类信息时,确定相关的知识和模式。

(3) 被试必须能够将存储在长时记忆中的信息与适当的提取线索联系起来,这种联系能够在回忆活动中激活相应的提取线索,进而形成与对某种信息进行编码时相对应的条件,使这种信息能够从长时记忆中提取出来。

上述三个条件中,前两个提出了对长时记忆中信息进行选择性的快速提取和存储时,对于信息本身的要求。后一个说明长时工作记忆也必须依靠一个有效的提取结构,这个提取结构就是提取线索的一个稳定的组合。专家和新手都要依赖提取线索作为中介,但是专家所依赖的是一个有机联系的、稳定的提取结构,因而显得更有效。

长时工作记忆实际上是人们从事非常熟悉的认知活动时所表现出来的,对于长时记忆中信息的快速地、可靠地提取和存储的能力。这种能力是通过训练或在长期实践中得来的。同时,长时工作记忆也标志着长时记忆中存在一个能够进行快速、准确的信息提取和存储的区域。长时工作记忆必须得到短时工作记忆的支持才能有效地发挥作用,短时记忆保存了长时记忆所必需的提取结构。

揭示长时工作记忆特性的有效途径之一,是分析阅读理解过程中长时记忆中的信息提取和存储过程。阅读理解过程是读者根据文字材料描写的内容以及自己所具备的知识,建立对阅读内容的心理表征的过程。这种表征可以用命题网络来表示。组成网络的命题既可从文字材料中得来,也可从读者的长时记忆中提取。网络中的联系反映了命题间的关系及其紧密程度。通过对文字材料的分析可以得到语言的表面结构,通过语言的表面结构和长时记忆中的知识,可以得到有关文字内容的篇章语义结构,在此基础上最终可以形成表示文字内容与世界知识之间关系的情景模型。因此,阅读理解中的心理表征存在不同的层次。许多研究表明,尽管在许多情况下语言的表面结构缺乏完整性,读者仍然能够根据情景模型完成阅读理解过程。

表面结构、语义结构和情景模型这三种表征形式，在阅读过程中的存储特点各有不同。表面结构一般可以保持到一个句子的结尾，然后立即消失。语义结构表征了句子可能表达的内容，阅读过程没有结束，或语义结构不完整时，都要将语义结构保存下来并通过概念间的联系，建立相应的提取线索。情景模型是阅读所形成的记忆痕迹中保留时间最长的部分。尽管如此，如果某种语言表面结构形式在语义上具有显著的重要性，同时又与情景模型相适应，它就会得到充分的存储。这种现象在阅读结构复杂的句子时尤为常见。

一般情况下，阅读理解过程是正常成年人的一个高度熟练的、自动化的、连续的过程。它具备了长时工作记忆形成的三个基本条件。同时，引入长时工作记忆的概念能够更好地解释心理表征建构过程中的信息动态提取和存储的方式。对于阅读过程所涉及信息的不同工作状态和存取方式进行详细的分析，不仅有助于加深对长时工作记忆概念的认识，而且可以进一步了解阅读中涉及的一些加工机制。

阅读过程就是在短时工作记忆和长时工作记忆的支持下完成的。阅读理解过程的核心特征，就是将语言材料中连续不断的句子，整合成为一个连贯的表征。要使当前读到的句子能够被适当地整合，就必须使相应的上下文信息能够保持在工作记忆中。阅读开始时，处于注意中心的几个句子形成了当前加工的中心。通过句子分析，形成句子的表面结构，并建立起与之相应的局部语义结构。这种语义结构可以不是唯一的，它们与读者关于阅读内容的世界知识和特定的领域知识产生了某种联系。这些世界知识和领域知识是读者长时记忆中已有的。为了维持阅读过程形成的心理表征在各个水平上的连贯性，特别是语义结构和情景模型的连贯性，读者就必须将不同水平上的各个成分以及各水平之间的关系保存下来，在短时工作记忆中形成一个提取结构，其中保留的不是阅读所形成的每个命题，而是各个命题与长时记忆中相关知识之间的关系以及这些知识存储的地址。命题则以命题网络的形式存储在长时工作记忆中。这个命题网络与读者已有的知识网络中的相关部分发生联系，就会涉及读者以往的相关经历和经验，这些知识经验就形成了阅读过程所依赖的情景模型。情景模型不一定都是命题形式的，它可以是某种记忆表象。因此，表象在阅读理解中的作用，主要是为建立与语言材料所描写的内容有关的情景模型提供信息。随着阅读过程的进行和注意中心的移动，新的命题就会进入到长时工作记忆中。根据保持整体和局部连贯的原则，读者就会在上下文之间建立新的联系，将新命题整合到已有的多重表征结构中。在这个整合过程中，读者会对那些破坏连贯性的语义结构进行标记，并在适当的事后抑制这些结构的发展。上述所有的语义结构和情景模型构成了长时工作记忆。阅读的中断不会影响这些结构。而且一旦阅读恢复，新输入的句子，在正常情况下，总要与前文保持一定的连贯性，这样就能在长时工作记忆的帮助下，迅速恢复短时记忆中的提取结构，从而保证阅读过程顺利地、连贯地进行下去。

长时工作记忆与阅读理解的关系密切，材料熟悉性是长时工作记忆形成的三个基本条件之一。通过不同的途径选择阅读材料，可能会得到非常不同的实验结果。造成这种差异的可能原因之一，就是阅读过程中长时工作记忆存储的多重结构与读者的知识和经验关系极大，它不仅影响到情景模型的建立，而且制约着长时记忆中信息提取的速度。因此，在有关阅读理解的实验中，如何选择实验材料是一个十分关键的问题。特别是在中文的阅读理解研究中，很有必要建立一个实验材料的选择标准。

6.4　工作记忆和推理

推理是从已有的知识得出新的知识的思维形式，在推理中可以清楚地看到人类思维的创造性。人们用推理的方法去认识那些本能直接观察到的现实过程时，只要能够在实践中证实推理的复杂链条中的必需的重要环节，并且合乎逻辑地进行推论，那么所做出的新判断（结论）、提出的新概念就是科学的。

工作记忆是推理的核心，推理是工作记忆能力的总和。工作记忆在推理中基本上有两个作用：一是保持信息；二是在工作记忆中形成初步的心理特征。中央执行系统的表征形式比两个子系统更为抽象一些。工作记忆的推理加工过程可以分成三个步骤：(1) 工作记忆要保持信息，决定各单元图形的相同和不同之处。(2) 利用这些信息，决定各单元图形的关系。(3) 将其联结起来，协调各行和各列的关系，决定选择哪一项。

推理心理学的研究主要包括两方面的内容：演绎推理和归纳推理。当人们进行演绎推理时，通常是假设在某些表述或者前提成立的条件下推测必然会出现什么结果。在进行归纳推理时，人们是从描述个别例子的前提中概括出一般结论。常见的推理还有反绎推理、类比推理、常识性推理、非单调推理等。

根据工作记忆系统的概念，研究工作记忆各成分和推理之间的关系一般采用“双重任务”实验范式。“双重任务”指的是同时进行两种任务，一个是推理任务，另一个是可以干扰工作记忆各成分的任务，称之为次级任务。干扰中央执行系统的活动是要求被试随机产生字母或数字，或者利用声音吸引被试的注意并做出相应行动，干扰语音环路采取的方法是要求被试不断地发音，例如“the，the，...”，或者按一定顺序数数，比如按 1，3，6，8 的顺序数数等；对视觉空间初步加工系统的干扰任务是持续的空间活动，比如被试不看键盘，按一定顺序盲打。所有的次级任务都要保证一定的速率和正确率，并且与推理任务同时进行。双重任务的原理是两个任务同时竞争同一有限的资源。例如对语音回路的干扰使得推理任务和次级任务同时占用工作记忆子系统语音回路的有限资源，在这种条件下如果推理的正确率下降，时间延长，我们就可以确定语音回路参与了推理过程。有一系列的研究表明次级任务对工作记忆各成分的干扰是有效的。

吉尔霍利(K. J. Gilhooly)等研究了演绎推理和工作记忆的关系[81]。其实验之一，发现呈现句子的方式会影响演绎推理的正确率，在视觉方式下的正确率比听觉方式时高，这是因为视觉方式对记忆的负荷低于听觉方式。其实验之二，双重实验范式和视觉同时呈现句子的条件下，发现当有记忆负荷，即对中央执行系统进行干扰的情况下，演绎推理最容易受到影响和损害，次之是语音回路，视空画板系统最少参与。这表明在演绎推理中的表征是一种更为抽象的形式，符合推理的心理模型理论，导致了中央执行系统参与了推理活动。有可能语音回路也起了作用，因为与推理任务同时进行的语音活动减慢了，表明两种任务可能在竞争同一有限资源。在此实验中，吉尔霍利等人发现被试在演绎推理中可能运用一系列的策略，可以根据推理结果来推测被试使用的是哪种策略。次级任务不同，被试使用的策略可能不同，其对记忆的负荷也就不同；增加任务的负荷也会引起策略的变化，因为变化策略后对记忆的负荷也就降低了。1998 年，吉尔霍利等人又用序列视觉呈现句子的方式采用双重任务实验范式研究了工作记忆各成分和演绎推理的关系。序列呈现句子的方式比同时呈现句子的方式要求更多的储存空间。结果发现视空画板系统和语音回路都参与了演绎推理，而且中央执行系统仍然在其中起着重要的作用。

研究表明，推理影响工作记忆的因素有：(1) 推理任务。(2) 记忆负荷。在不同的推理任务中或者不同的记忆负荷下，工作记忆参与推理过程的成分不一样，参与的程度也不同。目前研究发现可以改变记忆负荷的方式有：呈现方式，比如听觉、视觉对记忆的负荷就不同；次级任务，比如随机产生和按固定模式产生数字对记忆资源的要求就不同；推理策略，比如逻辑策略和猜测策略对记忆的负荷要求就不同；任务难度，难度不同，要求建立的心理表征的数目不同，记忆负荷就不同。研究最多的是关于各推理任务对结果的影响，其他因素都有待于进一步研究。

6.5 工作记忆的神经机制

工作记忆是行为计划、语言、思维和意识等高级认知功能的基础。随着认知神经科学的发展，目前在探讨工作记忆的神经机制时，常借助功能磁共振成像(fMRI)、脑电图(EEG)、事件相关电位(ERP)、正电子发射层析摄影术(PET)、经颅磁刺激系统(TMS)等神经科学方法来研究。经过多年来，特别是近十年来脑科学的研究，已经发现思维过程涉及两类不同的工作记忆：一类用于存储言语材料(概念)，采用言语类编码；另一类用于存储视觉或空间材料(表象)，采用图形编码。进一步的研究表明，不仅概念和表象有各自不同的工作记忆，而且表象本身也有两种不同的工作记忆。事物的表象有两种：一种是表征事物的基本属性，用于对事物进行识别的表象，一般称之为“属性表象”或“客体表象”；另一种是用于反映事物空间结构关系(与视觉定位有关)的表象，一般称之为“空间表象”或“关系表象”。空间表象不包含客体内容的信息，只包含确定客体空间位置或空间结构关系所需的特征信息。这样，我们就有三种不同的工作记忆：

(1) 存储言语材料的工作记忆(简称言语工作记忆)：适用于时间逻辑思维。

(2) 存储客体表象(属性表象)的工作记忆(简称客体工作记忆)：适用于以客体表象(属性表象)作为加工对象的空间结构思维，即通常所说的形象思维。

(3) 存储空间表象(关系表象)的工作记忆(简称空间工作记忆)：适用于以空间表象(关系表象)作为加工对象的空间结构思维，即通常所说的直觉思维。

当代脑神经科学的研究成果已经证明，这三种工作记忆以及它们各自对应的思维加工机制，均可在大脑皮质中找到各自对应的区域(尽管有些工作记忆的定位目前还不很准确)。

根据目前脑科学研究的新进展，布朗大学的布隆斯腾(S. E. Blumstein)指出[49]：言语功能并不是定位在一个狭小的区域上——按传统观念，言语功能只涉及左脑的布洛卡(Broca)区和韦尼克(Wernicke)区，而是广泛地分布于左脑外侧裂周围区域上，并向额叶前部和后部延伸，包括布洛卡区、紧邻脸运动皮质的下额叶和左侧中央前回(但不包括额叶和枕叶)。其中布洛卡区受损将影响言语表达功能，韦尼克区受损将影响言语理解功能。但是和言语理解与表达有关的加工机制并不仅仅限于这两个区。用于暂存言语材料的工作记忆一般都认为是在“左前额叶”，但具体是在左前额叶中的哪一部位，目前尚未能精确定位。

与言语工作记忆相比，客体工作记忆与空间工作记忆的定位情况要准确得多。1993年，密西根大学心理系的钟尼兹(J. Jonides)等运用当代研究脑科学的先进测量技术之一——正电子发射层析摄影术(positron emission tomography，PET)，对客体表象与空间表象的生成过程做了深入研究，得到了关于这两种表象生成机制与工作记忆定位的富有价值的成果[102]。正电子发射断层显像是通过发射正电子的同位素作为标记物，将其引入脑内某一局部区域参与已知的生化代谢过程，然后用计算机断层扫描技术，将标记物参与代谢过程的代谢率以立体成像形式表达出来，因此具有定位准确、对大脑无损伤，适合于大量被试进行测试的优点。

通过对比工作记忆和控制任务的脑激活情况，确定了工作记忆与背侧枕叶、内侧颞叶、顶叶、运动前驱和额叶脑区相关。其中，背侧枕叶和内侧颞叶与工作记忆的编码有关，而顶叶和额叶则对工作记忆的保持过程贡献更大。研究发现，腹侧额叶对物体工作记忆敏感，而背侧额叶则对物体空间工作记忆敏感，这与视觉的腹、背侧通路的信息加工特征有相似之处。哈克斯比(J. V. Haxby)等人[91]进一步讨论了额叶的六个部分，他们认为，腹侧额叶在面孔工作记忆过程重激活持续时间更长，背外侧额叶在空间工作记忆中激活时间更长，而中间部分的额叶则在两种工作记忆中保持相似的激活水平。进一步的研究确定，背外侧额叶的激活强度与空间工作记忆相关，而中间和额叶下回激活强度与物体工作记忆相关。

采用脑电图(EEG)相干分析法构建功能网络，研究人脑负责工作记忆的主要区域——大脑后颞叶在不同模式工作记忆过程中的作用地位和区域职能。结果发现，后颞叶与其他脑区的 θ 频段 (4～7 Hz)同步效应参与了工作记忆过程。对比语音回路、视空画板的功能网络发现，左、右后颞叶分别在语音回路和视空画板中扮演着专家化区域的角色。颞叶下回与工作记忆中的注意控制相关，对于注意集中的项目，提取过程中颞叶下回激活增强，同时腹侧前额叶与颞叶下回的激活关联性增强。相关文献研究报道，左后侧颞叶很有可能是负责工作记忆中央执行系统的主要区域，有可能起到了协同各脑区 θ 连接步调、负责工作记忆中的注意控制的作用。

20 世纪七八十年代进行的开创性研究将工作记忆的神经基础追溯到了大脑的前额叶皮质。工作记忆是在多个相互联系的脑结构所构成的神经回路上形成的。那里的大量神经元似乎可以通过同时激活数秒至数分钟的方式来保存信息，这比单个神经元的 ms 级标准要长得多。耶鲁大学的神经科学家戈德曼-拉基奇(P. S. Goldman-Rakic)实验室采用 2-脱氧葡萄糖同位素标记和放射自显影技术证明，操作延缓反应任务的恒河猴，其背外侧前额叶和海马(主要是 CA1 亚区、齿状回和下托)的代谢活动均显著增强，这提示猴的海马和前额叶均在工作记忆中发挥作用[82]。海马-前额叶回路是工作记忆的关键神经回路，在工作记忆等认知功能的发育过程中也起重要作用。

洛克菲勒大学的神经科学家拉贾斯图帕蒂(P. Rajasethupathy)研究小组与康奈尔大学的塞图帕蒂(P. Sethupathy)实验室合作，探讨了特殊基因变异小鼠群体中工作记忆的功能。发表在《细胞》杂志上的论文中提供的证据表明，工作记忆并不是局限于一个大脑区域，而是需要至少两个脑区同步活动。脑活动记录显示，在工作记忆任务期间，这些受体有助于在丘脑和前额叶皮质之间建立同步活动[95]。

2022 年 2 月 11 日，*Science* 期刊以长文形式发表了题为《序列工作记忆在猕猴前额叶表征的几何结构》的研究论文[197]。该研究由中科院脑卓越创新中心王立平研究员和同事们合作完成。研究以猕猴的序列学习为对象，设计了时间和空间信息两个线索共存的实验范式。

其采用了双光子在体钙成像技术，记录了数千个大脑前额叶皮质神经元，发现了高维神经元状态空间可以分解为多个二维子空间之和，从而揭示了序列信息的工作记忆在猕猴前额叶皮质表征的简单几何结构。这个发现揭示了序列信息编码利用了降维原则，从而降低了神经计算复杂性。这是人类大脑在时间序列表征上的复杂性和简约性的辨证统一。关于空间-时间信息相互交融的研究结果证明序列信息中时间和空间的整合是发生在整体水平而不是在单个神经元层面。这个结果为70年前拉什利提出的理论假设“序列信息是通过创造和维系神经活动来进行加工。为了控制序列动作，我们的大脑需要将其工作瞬间转移到持续的神经活动模式上”提供了实验数据支持。在工作记忆中，前额叶在群体神经元水平上构建了若干个针对时序不同阶段的空间位置信息的几何表征。这些几何表征本质上是神经系统对动物所需记忆的序列信息从时序到空间的重编码。前额叶群体神经元在将记忆信息从视觉空间变换到抽象的表征空间过程中，物体和物体之间的“相邻性”这个知觉组织的最基本的性质仍然保持不变。

第7章 元 记 忆

元记忆(metamemory)是元认知的一种重要形式,它是指人对自己的记忆过程的认知和控制,包括对自身记忆活动的认识、评价和监控的过程。其主要表现为确定学习或识记的目标和计划,确定学习的时间分配,选择加工策略,启动、继续或终止识记或提取过程等。元记忆是一个复杂的动态认知系统,由元记忆知识、元记忆监测和元记忆控制三个部分组成。元记忆知识是指个体具有的与记忆活动有关的知识和信念,包括记忆中的人的因素,记忆目标和记忆内容,记忆策略和记忆方法。元记忆监测是指人对记忆状态的各种监测性判断及伴随的情感体验,由回溯性监测构成。元记忆控制是指在元记忆监测的基础上,激活自己已有的元记忆知识,对记忆过程进行有意识的组织和调节的过程。

7.1 概 述

元记忆的研究始于20世纪60年代初哈特(J. T. Hart)所做的关于知晓感(feeling of knowledge,FOK)的博士论文[89]。1970年,图尔文和麦迪根(Madigan)在美国《心理学年鉴》上发表题为《记忆与语词学习》的综述文章,概述当时有关记忆心理学研究成果并高瞻远瞩地指出:要真正了解人类记忆的过程,需要研究一个十分重要而又尚未探讨的方面,就是人类对自身记忆过程的认识及有关知识,人类记忆系统不仅对适宜刺激做出反应、储存和提取信息,而且还能够精确地估计有效进行记忆的可能性。在图尔文、麦迪根观点的影响下,弗莱维尔(J. B. Flavell)和韦尔曼(H. M. Wellman)于1971年正式将元记忆纳入记忆心理学的范畴[76]。

随着元记忆研究的不断进展和深化,人们对元记忆的内涵提出了不同的界定,提出了多种观点。下面介绍几种具有代表性的观点。

1. 弗莱维尔的元记忆观

弗莱维尔认为,记忆研究有记忆容量、策略、非策略性知识和元记忆等四个相互联系的领域,而元记忆是指对记忆过程和内容本身的了解和控制。弗莱维尔的元记忆概念是很宽泛的,包括了个体有关信息编码和提取所有方面的知识及其对自己记忆的功能和所使用的策略等的了解程度。弗莱维尔具体地把元记忆的内容划分为"敏度"和"变量"两个主要维度。"敏度"是指个体对什么时候需要记忆策略的敏感程度,是个体对自己的记忆活动的监控能力。元记忆的"变量"维度是对影响记忆活动的"变量"的了解程度。"变量"分为三类:(1)个人变量。它是指所有影响记忆的个人特征,诸如个人的知识经验、记忆容量、情绪、动机以及智力等。(2)任务变量。它是指所有影响记忆的任务特征,诸如材料的类似性、长度、有意义性以及呈现的时间等。(3)策略变量。它是指所有的可用来帮助记忆的策略。

个体对上述三方面变量的了解程度构成了其元记忆的主要内容。

元记忆的这一界定包括了个体有关信息编码和提取的所有知识，个体对自己记忆功能、局限性以及所使用的策略等的了解程度就反映了其元记忆的水平。

2. 布朗的元记忆观

布朗(A. Brown) 认为元记忆主要是对记忆过程的监控，研究对象是“有能力的信息加工者”，即拥有控制认知行为的有效措施的人。这种人意识到了系统的容量限制和策略，能够分析新的问题、选择适当的策略和着手解决问题；这种人监控着正在进行的记忆活动，知道哪些策略可以使用，哪些策略必须用新的、更有用的策略来代替。此外，“有能力的信息加工者” 知道什么时候他能够解决一个问题，什么时候不能够。

布朗认为监控在策略的执行中起着很大的作用，元记忆对记忆的调整作用是最为重要的因素。

3. 韦尔曼的元记忆观

韦尔曼(F. Vehlmann)通过对学前儿童元记忆发展的详细研究，认为学前儿童的知识可以划分为五类。第一类是关于外部世界的知识，这是最基本的。大约 2～3 岁时，儿童就知道有一个内在的心理世界，他们对诸如“思维”“记忆” 这类心理动词有了初步的了解，并能将心理过程以及与它们相联系的外部行为区分开来。儿童渐渐认识到心理世界可以区分为记忆、思维、情感等过程，即获得了有关不同心理的知识。这是学前儿童的第二类知识。学前儿童的第三类知识就是关于各种心理过程类似性的知识。第四类和第五类知识分别是关于变量和监控过程的知识，这两类知识类似于弗莱维尔对元记忆的划分。

4. 克鲁威的元记忆观

克鲁威(R. H. Kluwe)认为元记忆主要是对认知过程的监视和控制，而不只是对认知事实的了解。克鲁威强调长时记忆中程序性知识在认知活动中的作用，认为这种知识是一切认知活动的积极的动因，直接指导和控制着认知加工。他把程序性知识的作用分为监视作用和控制作用。监视作用即对正在进行的认知活动进行监视和评价。控制作用指如果目前的认知活动不能达到目标，就需要进行调整，重新分配注意力，选择适当的策略以及确定应用策略的强度等。

5. 普雷斯利的元记忆观

普雷斯利(M. Pressley)等人的元记忆观认为“策略” 是最基本的元记忆成分，是指能够促进记忆成绩的技巧和方法。策略是多种多样的，不同的策略适用于不同的任务。良好策略使用者拥有多种记忆策略，并能够在具体的情境下有意识地使用它们。由于经常地使用和练习，以致在许多情况下，这些策略的使用已经自动化和习惯化了。具体地说，良好策略使用者拥有以下几种策略知识：(1) 一般策略知识。即指使用策略的一般准则和要求。(2) 具体策略知识。这是指对各种具体策略的了解，诸如什么时候、什么情况下使用哪种策略最有效。(3) 关于策略获得过程的知识。即为了验证一种策略的有效性或获得关于一种策略的知识，必须借助于一定的方法。这三方面的知识是相互使用、相互影响的。例如，具体策略知识影响记忆策略的充分应用，当这种策略被应用时就受到了评价和验证，反过来又导致了具体策略知识的增长。

7.2 知晓感的机制

知晓感是指目前无法提取某种信息，但相信能从记忆中提取出该信息的一种心理状态，一般发生在提取失败之后。对知晓感的研究始于哈特的工作。1965 年，哈特在其题为《记忆与知晓感体验》的文章中指出知晓感和客体记忆的回忆及再认一样，其可以是衡量记忆储存的一个准确坐标。

知晓感的经典研究范式是回忆——知晓感判断——标准测验，其思想是将元记忆水平的知晓感判断与客体水平的标准测验成绩做相关检验，用相关程度表明知晓感判断的准确性。在知晓感影响因素研究的基础上，人们提出了几种理论来解释知晓感的产生机制。

1. 痕迹接通说

痕迹接通说(trace access mechanism)理论是 1967 年由哈特提出的。该理论认为，被试在回忆提取失败(未能提取出全部的信息) 时，对所要回忆的项目的痕迹有部分的接通，即知晓感判断是由于靶子本身残留痕迹的接通引起的。知晓感的判断等级的高低取决于所识记靶项目的记忆强度，或由可提取的记忆储存中靶子信息的量决定。知晓感判断等级随记忆对识记词的强化而变化。

痕迹接通说主要包括阈下痕迹强度、正向-逆向联结、无符号的正确语义参照、符号的部分回忆、错误参照和多维度靶子等假说。这些假说涉及不同回忆目标的不同方面，彼此之间并不矛盾。

2. 推论说

1984 年，纳尔逊(T. O. Nelson)等提出推论说[136]。这是在反对痕迹接通机制的基础上提出的，他们认为被试进行知晓感判断时，监测到的不是未回忆出的靶子信息本身，而是与靶子信息相关的信息，这些相关信息包括最初提出的启动问题、靶子回忆线索的相似性与储存在长时记忆中的情境信息等。相反标准测试中的回忆和再认所依据的是靶子信息本身，它们是两种不同质的状态，因此知晓感似乎不可能预测回忆和再认成绩，或者说不具有准确性。

推论说包括相关的情境信息、断言相关的情境信息、线索再认、专门知识、估计信息和社会期望等多种假说。其中最有代表性的是线索熟悉性假说，它是由线索再认和专门知识两种假说发展演变而来的。

3. 可接近性模型

1993 年，科里亚特(A. Koriat)提出知晓感判断依赖于与靶子有关的部分信息总的可获得性，建立在可获得信息的数量和强度基础之上[107]。可获得性包括两个方面，可接近的部分信息的总量(信息激活或可提取的量) 决定了知晓感判断等级的高低；被激活的信息的强度，提取的容易性、有效性、特定性与持久性决定了知晓感判断的准确性。知晓感判断等级与信息的正确性无关，随着可提取信息量的增加而增大，而被激活信息的强度决定了知晓感判断的准确性。图 7.1 显示了知晓感可接近性模型的框图，其中“+”表示正相关，“-”表示负相关。

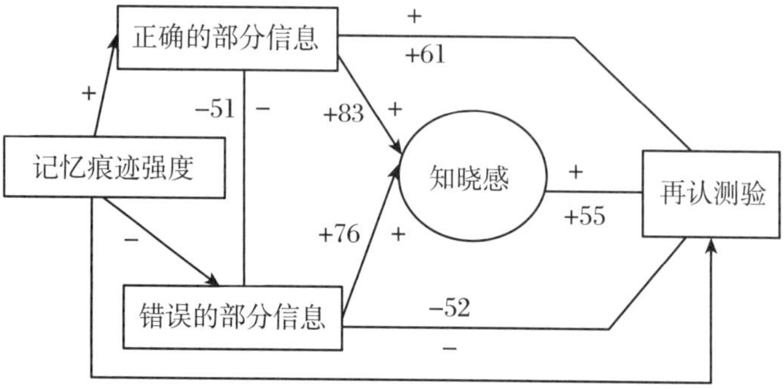

图 7.1　知晓感可接近性模型的框图

可接近性模型综合了前述有关知晓感产生机制的一些主要观点，它认为靶子本身的信息和相关信息都可以影响知晓感的判断，不仅正确信息会对知晓感起作用，错误的信息也会对知晓感起作用。该模型特别强调知晓感发生在提取过程中，而且是不断变化的。科里亚特还开创性地提出将知晓感判断的等级值与准确性分开来进行实验研究。

7.3　元记忆监测

元记忆监测指对记忆状态的各种监测性判断及伴随的情感体验，是对客体记忆活动进行的主观判断，其发展水平直接制约着个体的记忆效率。良好的元记忆监测能够准确地预测最新学习项目在以后记忆测验中的成绩，并以此为基础调节以后的学习活动。元记忆监测在记忆活动中发挥重要作用。

元记忆监测是由尼尔逊(T. O. Nelson)和纳伦斯(L. Narens)提出的。他们认为，人类认知过程应区分为两个各具特点而又相互联系的水平，即元水平和客体水平[137]。对人的记忆过程来讲，则相应区分为元记忆和客体记忆。客体记忆即是我们通常所研究的对客体信息的接收、编码、存储和提取的信息加工过程。元记忆则是人对自己客体记忆的认识、评价和监控过程。

依据元水平和客体水平之间信息流方向的不同，记忆信息加工过程中存在着两种主要关系和作用，称之为“控制”(control)和“监测”(monitoring)。它们是由两个水平之间的信息流的方向而定义的。二者间的区分可类比于使用电话机打电话和接电话。如果信息流方向是由元水平传向客体水平，则为控制作用，类似于人用电话机打电话；如果信息流方向是由客体水平传向元水平，则为监测作用，类似于人通过电话机接听电话。

监测作用的基本特点是元水平从客体水平获得信息。信息流是从客体水平流向元水平，从而改变元水平的状态。元水平依据从客体水平获得的信息，形成对客体记忆的各种类型的主观判断或评价，统称为监测。监测可区分为两大类：一类为回溯性监测，例如，对回忆、再认出的答案做出正确与否的信心判断。另一类为预见性判断，主要包括下列几种：

(1) 学习难度判断(easy of learning judgment，EOJ)：在学习或识记之前，对所要识记项目的难易程度所做出的预见性判断。

(2) 学习判断(judgement of learning,JOL):对当前已学得的项目,在以后测验中成绩的预见性判断。学习判断分为两种:一种是即时学习判断(immediate JOL,iJOL),即当被试学习完一对词后便做出判断;另一种是延迟学习判断(delayed JOL,dJOL),即当被试学习完一对词后间隔一段时间再进行学习判断。

(3) 知晓感判断(feeling of knowing,FOK):对当前回忆不出但又有"知晓感"的项目,在以后测验中的成绩的预见性判断。

(4) 自信心判断(judge of confidence,JOC):对测验成绩进行主观预测。

元记忆监测的主要研究方法是一致性测量。监测和记忆的一致性是指监测到的学习水平和实际学习水平是否一致。对于不同类型的监测,研究指标不同。不同元记忆成分在研究指标上是相似的,均考察监测判断等级和监测准确性。判断等级是指个体预测自己标准测验成绩的高低;监测准确性是指判断等级与实际测验成绩的一致性。监测准确性又分为绝对准确性和相对准确性:绝对准确性指预测成绩与实际成绩的吻合程度;相对准确性指被试预测不同项目的回忆成绩的区分能力,是否对回忆成功的项目判断等级比对回忆失败的项目判断等级更高。

元记忆监测的研究指标有绝对准确性、相对准确性、偏差、离散和辨别指数[163]。这五种研究指标适用于不同的情况并且其计算方法也不相同。

1. 绝对准确性

绝对准确性是预测某一项目学习程度有多高的精确性,它反映的是人们对自己能否正确回忆一组项目的预测能力。假设一个被试在测验的某一项目上的回答是正确的:当他有95%自信回答是正确的,可以认为其预测有高度的准确性;当他有50%自信回答是正确的,可以认为其预测有适中的准确性;当他有10%自信回答是正确的,可以认为其预测基本上没有准确性。常见的测量绝对准确性指数公式为

$$\frac{1}{N}\sum_{i=1}^{N}(C_i - p_i)^2 \tag{7.1}$$

式中,C_i表示自信等级,p_i表示测验成绩,N 表示测验项目数。主试让被试从 1~100 的等级中,选择自己的自信等级。同样被试的测验成绩也是1~100。式(7.1)计算的是自信等级和测验成绩的差值的平方,因此它的取值范围是 0~1。计算的值为 0 时,说明其有完全的准确性;计算的值为1时,说明其不存在准确性。

2. 相对准确性

相对准确性是预测两个项目的学习程度孰高孰低的精确性,它反映的是被试对一个项目相对于另一个项目的回忆成绩的精确性。相对准确性的计算一般采用相关系数,如皮尔逊(Pearson)相关 r 和 Gamma 相关 G[135]。

用皮尔逊相关 r 计算相对准确性:

$$\begin{cases} \text{相对准确性指数} = \dfrac{\sum Z_Z Y_Y}{n-1} \\ Z_X = \dfrac{\sum X_i - \bar{Z}}{S} \end{cases} \tag{7.2}$$

式(7.2)关注两个差值:一是被试在一个项目上的自信度和所有项目的自信度的平均值的差值;二是被试在一个项目上的测验成绩和所有项目的测验成绩的平均值的差值。式(7.2)涉

及两个分值，用来提供有关自信判断和测验结果之间的关系的信息。当分值为正数时，说明两者间的关系为正相关；当分值为负数时，说明两者间的关系为负相关。

Gamma 相关的公式：

$$G = \frac{C - D}{C + D} \tag{7.3}$$

式中，C 表示一致对的数目，D 表示不一致对的数目。所谓一致对是指这样的两个项目 i 和 j，其 JOL 的判断值和标准测验的成绩都是 $i>j$；不一致对是指这样两个项目 i 和 j，其 JOL 的判断值 $i>j$，但是标准测验的成绩都是 $i<j$。

3. 偏差

偏差观察的是当个体做自信判断时其过分自信或不自信的程度。计算公式为

$$\frac{1}{Z}\sum_{i=1}^{N}(C_i - p_i) \tag{7.4}$$

式中，C_i 表示自信等级，p_i 表示测验成绩，N 表示测验项目数。式(7.4)和式(7.1)的唯一区别是对自信度的判断等级和测验成绩之间的差值没有平方。但这一区别有关键性的意义，这样自信判断等级和测验成绩之间的差值就有正、负之分，它提供了自信判断等级和测验成绩之间的差值的方向和大小。差值的方向说明了过分自信或不自信的区别：当差值为正数时，说明产生了过分自信；当差值为负数时，说明产生了不自信。取值的大小说明了自信判断等级和测验成绩之间判断产生的错误的程度。

4. 离散

离散测量的是个体对正确项目的自信判断等级的变异性和错误项目的自信判断等级的变异性。计算公式为

$$\begin{cases} 离散指数 = \frac{1}{N}[N_c \mathrm{var}(C_{\mathrm{correct}}) - N_i \mathrm{var}(C_{\mathrm{incorrect}})] \\ N = N_c + N_i \end{cases} \tag{7.5}$$

式中，$N_c \mathrm{var}(C_{\mathrm{correct}})$表示正确项目的自信判断等级的差异，$N_i \mathrm{var}(C_{\mathrm{incorrect}})$表示错误项目的自信判断等级的差异。

式(7.5)提供了个体对正确项目和错误项目的自信判断等级的变异性，其取值范围是从正无穷大到负无穷大。正离散指数表示对正确项目的自信判断等级的变异性要大于错误项目的，负离散指数则相反，接近于 0 的离散指数表示对正确项目的自信判断等级的变异性等于错误项目的。

5. 辨别指数

辨别指数测量的是个体对正确项目自信判断等级与对错误项目自信判断等级之间的差异。计算公式为

$$\begin{cases} 辨别指数 = \frac{1}{N}[\sum_{i=1}^{N_c}(C_{\mathrm{icorrect}}) - \sum_{i=1}^{N_i}(C_{\mathrm{iincorrect}}) \\ N = N_c + N_i \end{cases} \tag{7.6}$$

式中，N_c表示正确项目的数量，N_i表示错误项目的数量，C_{icorreet} 表示正确项目自信判断等级的一致度，$C_{\mathrm{iincorreet}}$表示错误项目自信判断等级的一致度。

式(7.6)提供了个体对正确项目和错误项目自信判断等级之间的差异的区分能力。正辨别指数表示个体对正确项目的判断更加自信。负辨别指数表示个体对错误项目的判断更

自信。正辨别指数可以解释为对正确行为的元认知意识，因为相对于错误项目学生对正确项目更自信。辨别指数有方向和大小。它和绝对准确性及偏差指数有两方面的区别：一是差异的估算以正确项目和错误项目为基础而不是在自信等级和测验分数之间；二是它计算的是总值，而不是单个项目的值。

7.4 元记忆监测与创造性思维

创造性思维是一种发现或产生前所未有的事物、具有开创意义的思维活动，即开拓人类认识新领域、开创人类认识新成果的思维活动。创造性思维是以感知、记忆、思考、联想、理解等能力为基础，以综合性、探索性和求新性为特征的高级心理活动，需要人们付出艰苦的脑力劳动。这种思维的特性是具有创新性、独特性和现实性。

创造性思维与元记忆监测具有密切的关系。威廉斯（F. E. Williams）编制了威廉斯创造力倾向量表（Williams prefer measurement forms，WPFM），通过测验个人的一些性格特点，如冒险性、好奇性、想象力和挑战性，来测量个人的创造性倾向，可用来发现那些有创造性的个体。高创造力的个体在进行创造性工作时更容易成功，而低创造力的个体则循规蹈矩，更适合进行常规型的工作，故该测验亦可用于职业规划方面的研究。该测验共有50个题目，每题后有完全符合、部分符合和完全不符合三种作答选项。分为冒险性、好奇性、想象力、挑战性四个维度。测试后可得四种分数，加上总分，可得五项分数。分数越高，表明创造力水平越高。

将创造性思维的总分与四种形式的元记忆监测（iJOL、dJOL、FOK、JOC）的准确性进行相关性分析，结果发现：创造性思维的总分和自信心判断JOC准确性相关性明显，和其他几种元记忆监测（即时学习判断iJOL、延迟学习判断dJOL、知晓感FOK）的准确性相关性均不明显。

7.5 元记忆控制

元记忆控制作用的基本特点是元水平调制客体水平，从而改变客体水平的加工状态，例如启动（或开始）一个活动、继续或者终止一个活动，也可能是使客体水平自身的加工过程（信息获得、保持和提取过程）发生一定变化。研究表明，控制作用在记忆信息加工过程中可体现为以下具体形式：（1）确定学习（或识记）的目标和计划；（2）确定学习时间的分配；（3）选定信息加工的类型；（4）选择加工策略；（5）启动、继续或终止识记或者提取过程。但是控制作用本身并不能从客体水平产生任何信息，它需要一些监测成分作为控制的依据。

日常生活中常常会出现这样的现象，就是明明知道某件事或某个单词但就是回忆不出来，像这样的例子就是舌尖现象（tip-of-the-tongue，TOT）。舌尖现象是言语产生过程中的一种常见现象，你不能想起某个单词，但是你觉得自己知道它，并且感觉到它就在嘴边，而且自己很快就会想起来，这时你就处在舌尖现象的状态。

关于舌尖现象的研究早期主要采用内省法来研究其特征。1966 年开始对舌尖现象展开实验室研究，进而对其产生原因进行探讨。研究发现影响舌尖现象产生的因素有两个，一是与被试者有关的因素，例如年龄、大脑损伤、情绪、自尊等；另一个是与记忆材料有关，专有名词更易出现舌尖现象。舌尖现象报告的产生机制研究从两个方面进行，一是心理学角度，一是神经机制。从心理学角度进行的研究，产生的主要理论有部分激活理论、阻碍理论和元认知控制理论。

部分激活理论是由布朗等于 1966 年提出来的[56]。在实验中，布朗等人采用低频词汇法，向被试者呈现低频词汇的定义，然后要求被试者回忆与这个定义相对应的目标词。结果认为舌尖现象的出现是因为靶子词没有得到充分的激活而不能成功提取，也就是说，靶目标在记忆中的激活程度决定了舌尖现象的判断等级。阻碍理论认为当可能的但不是正确的单词出现时，舌尖现象就发生，可能正确或相似的单词代替了靶目标在记忆中的搜索[101]。元认知控制理论认为舌尖现象在控制被试提取努力的数量上起着功能性的作用，也就是当个体处于舌尖现象状态比他们不处于这种状态时更坚持在提取信息上付出努力[164]。这一理论突破了部分激活理论和阻碍理论对舌尖现象产生机制的探讨，而且涉及舌尖现象的解除问题。

人的总的记忆信息加工过程包括习得(或识记)、保持以及提取等阶段。记忆系统中元记忆的监测和控制，可按记忆过程的阶段分为几组起作用。尼尔逊等以大学生为准备考试，学习(识记) 课文为例，说明监测和控制是如何在记忆过程中交互起作用的。图 7.2 显示了记忆过程各阶段中的元记忆成分。

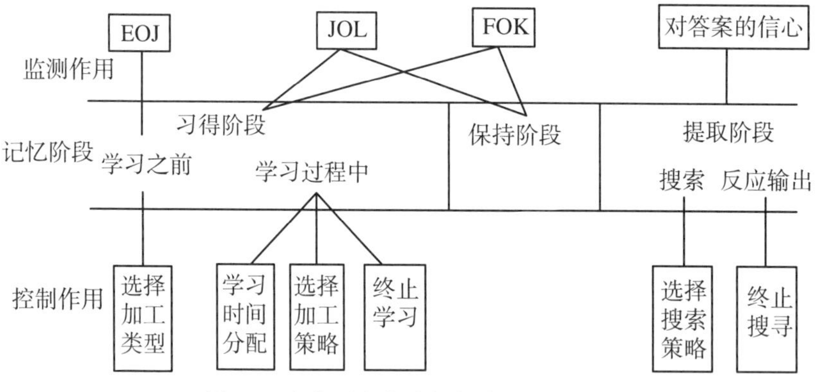

图 7.2　记忆过程各阶段中的元记忆成分

(1) 习得阶段。此阶段可划分为学习之前和学习过程中。学习之前，元记忆的监测作用表现在对某一将要识记的项目(或项目集) 做出学习难易程度的预见性判断(即 EOJ)。这种判断是依据习得某一项目达到学习标准所应当掌握的程度来做出的。学习之前元记忆的控制作用体现为预先选定加工类型。在学习过程中，有 JOL 与 FOK 等监测性判断；控制作用体现为分配学习时间(指由学习者自我进行的学习)和选择适当的加工策略，以及确定何时终止学习过程。图 7.3 给出了在习得进程中几种元记忆成分之间的因果关系的模型。

图 7.3 中虚线以上部分是元记忆成分，以下部分是客体记忆模型(包括短时记忆与长时记忆)。依据来自客体记忆的信息产生监测性判断 JOL 和 FOK，形成对学习中现在所掌握

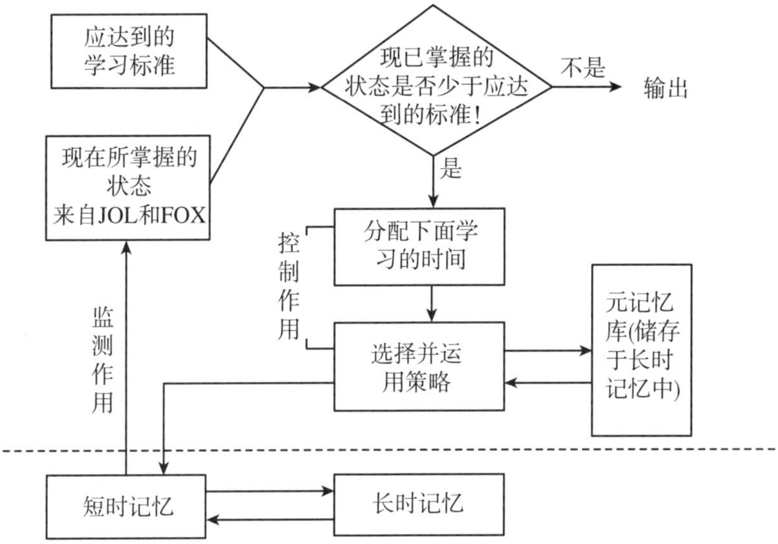

图 7.3　习得进程中几种元记忆成分之间的因果关系

的状态的元记忆估价,与应当达到的学习标准比较,如果现在所掌握的状态仍少于应达到的标准,则由控制作用决定继续学习,并分配下面要进行学习的时间;从存储于长时记忆的元记忆库中选取并运用适合的加工策略来进行学习。所习得的项目再进入短时记忆和长时记忆。这时依据从客体记忆来的信息又形成新的 JOL 和 FOK 判断,重新确定现已掌握的状态,与应达到的标准相比较,如果达到标准,则能输出答案,并终止学习;如仍有差距,再学习的过程仍会在控制作用的调制下继续进行,此过程循环进行,直至达到学习标准,终止学习阶段,将习得的项目存储保持起来。

(2) 保持阶段。在此阶段,主要的元记忆活动是维持住前面已习得的知识。在人做出决定如何以及何时进行复习的背后,可能有几个因素起作用。例如人对遗忘的揣度,即认为前面最难学的项目,也将最难记住。人还可能利用元记忆监测去决策,确定对保持测验中回忆不出的项目还应再学习多大程度,这种额外加工仍依赖于学习标准中规定的掌握程度与已经达到的掌握程度之间的差距;对不能回忆出的项目的 FOK 判断有助于指明该项目是否保持着,并由此决定分配给合适的重复学习。

(3) 提取阶段。图 7.4 给出了在提取阶段,人开始、继续或终止某一搜寻过程中可能涉及的若干元记忆成分。

① 元记忆对提取的快速开始和终止起着重要作用。人对需要提取的项目很快做出开始搜寻的决定,是基于非常快速的知晓感判断的基础上做出的。这种知晓感判断是对正需寻求的答案的知晓感,它是先于回忆出现的,并且比真实地回忆出答案要快得多。它决定了提取过程的快速开始。如果人对要求回忆的答案一点知晓感也没有,就会迅速做出不能回忆的决定,那么提取过程将会快速终止。

② 在搜寻过程中,对搜寻不出的项目是继续搜寻还是终止,也与知晓感有关。当人搜寻某一项目的过程开始后,可能顺利提取成功,也可能失败。如果搜寻失败,人要做出是否再继续搜寻下去的决定。此时,如果对要提取的项目的知晓感判断仍有一定强度,搜寻将继续下去。知晓感强度不是一成不变的,而是一个动态的过程。当知晓感强度降低到维持搜

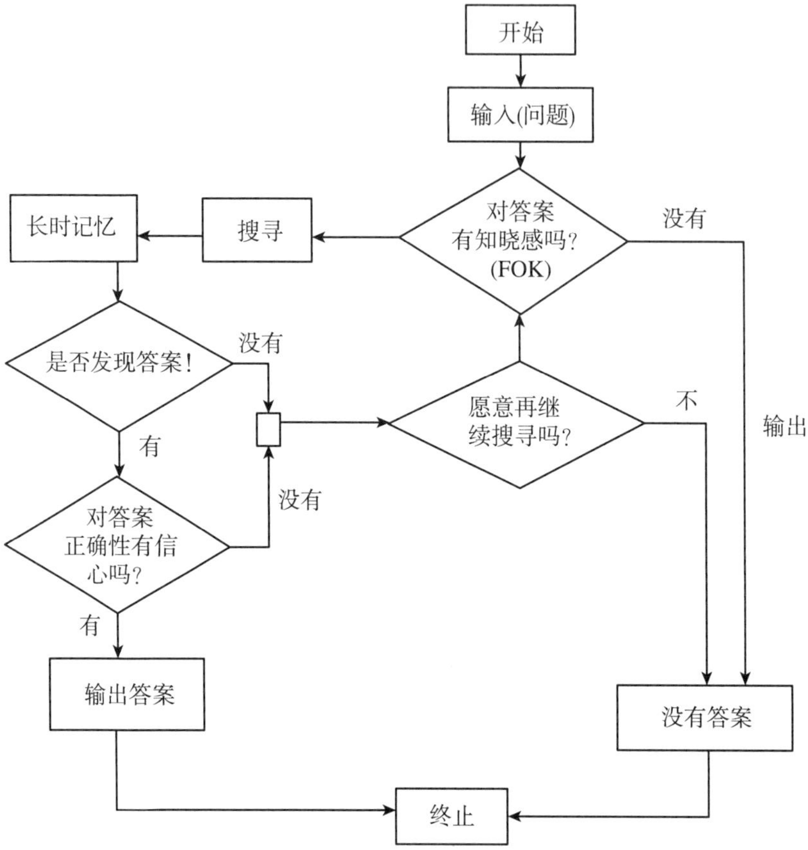

图 7.4 提取阶段元记忆成分的作用

寻所要求的阈限以下时，人将不愿意再继续搜寻下去，搜寻过程就会终止，相应做出不知答案的输出(见图 7.4 右侧支)，但此时有可能产生遗漏性错误，即指人记忆中存储着某一答案，却因未搜寻到而做出了没有的回答。

图 7.4 左侧支显示了成功的搜寻过程，人提取到并输出了答案。在此过程中，元记忆的监测作用表现为对答案的信心判断的作用。当人对已找到的答案信心不足时，可能会继续重复搜寻过程；如确信答案正确，则输出答案，终止提取过程，但此时可能产生替代性错误，即指用不正确的答案代替了正确答案。

7.6 元记忆的神经机制

元记忆的实质是个体对自己记忆活动的自我意识和自我调节。额叶在元记忆中处于核心地位，是元记忆的神经基础。

7.6.1 元记忆相对独立

为了考察元记忆的神经基础是否相对独立，神经影像学研究中将元记忆任务与其他无需元记忆参与的任务进行比较，探查与不同任务相关的神经活跃特异性。研究显示，元记忆任务期间激活较为强烈的脑区是有异于其他任务的，其神经基础是相对独立的。

元记忆任务和非元记忆任务（只涉及主观决策，而无需记忆参与的任务）都与内侧前额叶、内侧顶叶及外侧顶叶区域的活跃性增强有关，而且研究证明这三个区域都参与了内部定向认知。内部定向认知即将认知目标导向定位于自身内部，与将目标导向定位于刺激本身的刺激定向认知相对应。有研究显示，枕叶、侧额下回和背内侧前额叶区域是参与刺激定向认知的，元记忆任务期间，这些区域的活跃性下降。因此，元记忆监控机制被描述为一个转向内部定向和远离外部定向的认知过程。相较于非元记忆任务，元记忆任务期间，与内部定向认知有关的区域产生了更强烈的激活，如后扣带回（BA31）、腹内侧前额叶区域（BA32）及顶下小叶（BA40）。

在元记忆任务期间产生更强烈激活的腹内侧前额叶区域（BA32）和左侧 IPL（BA40），由于在非元记忆任务中表现出跨任务的、一致的、由任务引发的失活反应，因此，有学者推测，这种效应反映了非元记忆任务是从内部加工转向外部加工的，并认为这些区域参与了"默认模式"（default mode）处理过程[87]。"默认模式"的概念由雷奇勒（M. E. Raichle）提出，是"默认网络"的一部分，意指当大脑不加工外在任务时回归到基线状态，并将支持这一功能的脑区称之为"默认网络"（default mode network，DMN）。后扣带回（BA31/23）、IPL（BA40）和腹内侧 PFC（BA32/10/12）虽是默认网络的核心区域，但是这些区域也与其他子系统有关，如内侧颞叶和背内侧前额叶子系统，而这些子系统也是与侧颞叶和顶叶区域有关的。因此，很可能是激活的大群集包括了 IPL（BA40）、颞顶交界处 TPJ（BA40/42）和颞上回 STG（BA42/22），激活反映了这些子系统的参与。值得一提的是，很多激活的群集会延伸到与其相邻的区域，这可能会促进其他功能生成，并可能参与其他的功能网络。目前研究认为，后扣带回（BA31）和 TPJ（BA42/22）区域在监控或考虑认知时可能发挥关键作用。总而言之，与非元记忆任务相比，元记忆任务激活的是与内部定向认知有关的脑区。元记忆与非元记忆的神经基础是相分离的。

关于元记忆形成与客体记忆形成的研究，对我们的日常生活有极强的指导性意义。比如对于一份材料而言，如果我们的预测记忆成绩较低，我们将可能会付出较多的心理资源用于后续加工，而若该预测成绩低于实际成绩，那我们未免太得不偿失了。相反，若我们的预测记忆成绩高于实际记忆成绩，即高估了自己的记忆能力，那我们付出的加工精力将不够充分，并在看到后来的记忆结果时感到诧异和悲伤。元记忆成绩与客体记忆成绩相当是最理想的情形，这将使我们既能在执行与记忆能力有关的任务时少走弯路、避免无用功，又能使我们真实客观地把握自己的记忆能力，在面对任务时采取最恰当合理的策略。

有文献表明，内侧颞叶（medial temporal lobe，MTL）损伤（因而有客体记忆障碍）并不伴有元记忆缺陷，如 MTL 损伤致失忆患者曾报告记忆和知晓感成绩之间的分离。患有科萨科夫综合征的失忆患者表现出了记忆和知晓感的双重障碍，而回溯性信心判断（retrospective confidence judgments，RCJ）完好；阿尔兹海默症患者也表现出类似于这种知晓感受损而回溯性信心判断完好的模式。上述元记忆形成与客体记忆形成的研究表明，内侧颞叶参与了客体记忆形成的过程，而未参与元记忆形成过程和对记忆成功与否的主观评估过程。相反，元记忆形成则涉及前额叶皮质 PFC 区域网络，其中包括内侧区域，诸如腹内侧前额叶皮质（ventromedial prefrontal cortex，VMPFC）和背内侧前额叶皮质（dorsomedial prefrontal cortex，DMPFC），这表明内侧 PFC 参与了记忆编码。另外，元记忆形成与客体记忆形成之间的关联强度涉及了由 VMPFC 所调节的过程，关联强度越高，VMPFC 激活越强。再者，客体记忆形成与元记忆形成都涉及横向、背内侧和左外侧 PFC 等脑区。

由此可知，内侧颞叶 MTL 主要与客体记忆形成有关，内侧 PFC 主要与元记忆形成有关，而横向、背内侧和左外侧前额叶皮质 PFC 是二者的共同神经基础。总之，元记忆与客体记忆的神经基础是相分离的。神经系统之间既有分离又有结合，调节了元记忆和客体记忆的形成。记忆障碍不一定伴有元记忆障碍，二者并非同一。

7.6.2　元记忆监测的脑神经基础

有效的行为监控，是人类适应性行为的一个重要方面。元记忆监测可分为两大类，一类为前瞻性监测（prospective monitory），另一类为回溯性监测（retrospective monitory）。在元记忆研究中，前瞻性的判断包括知晓感、学习判断等。与知晓感相关的是我们非常熟悉的舌尖效应，即尽管有种能够回忆起答案的感觉，但回忆不出。与此相反，学习判断是在后续测试中对当前已学得项目的回忆成功率的判断。几十年来，学者们一直致力于研究对学习和记忆成绩的自我监测。当前，很多学者都将知晓感与回溯性信心判断结合起来进行对比研究。

知晓感判断是基于对目标、线索的熟悉性或这两过程的结合的语义、知觉和情感属性所做出的。相反，回溯性信心判断是基于潜在的记忆痕迹强度、检索容易度、具体研究和施测条件中所运用的启发方法，以及被试自身的记忆所做出的。前者是对于未来回忆的预期判断，而后者是一种伴随回忆的评估判断，二者有赖于不同的脑区。脑功能成像研究表明，很多脑区在回溯性信心判断和知晓感二者的神经激活度上有差异，这些区域包括纺锤体（BA37）、海马结构、内侧颞叶（BA21）和内侧顶叶区域（BA31/7）等。具体而言，纺锤体活动很有可能与知晓感判断期间所发生的线索过程有关。海马活动与目标的语义、知觉和情感属性有关，它虽是知晓感的基础，但与回溯性信心判断无关；而内侧顶叶则对由内部生成并被监控的信息量大小很敏感。另外，相较于低知晓感判断，纺锤体（BA37）和右侧海马在高知晓感判断时表现出更强的活跃性，而该效应在回溯性信心判断期间的表现则刚好相反，即这些区域对特定任务中的信息监控和主观结果判断很敏感。另外，有研究表明：腹内侧前额叶皮质可能是影响知晓感准确性的关键区域，而被假定参与回忆努力监控的外侧前额叶皮质，则可能是影响回溯性信心判断准确性的关键区域。

病理研究表明，右腹内侧前额叶皮质和前扣带皮质（anterior cingulated cortex，ACC）的损伤与知晓感准确性下降有关，但是回溯性信心判断并未受其影响，回溯性信心判断缺陷主要与侧额叶病变有关。在记忆的所有水平上，内侧前额叶皮质（medial prefrontal cortex，mPFC）单侧受损都导致了知晓感障碍；任一半球的内侧前额叶皮质损伤，以及背内侧前额叶皮质单独受损，都足以破坏知晓感。另外，伴随着知晓感水平提升，大面积前额叶区域（包括 mPFC 和 ACC）的活跃性增强。总之，内侧前额叶皮质尤其是背侧前扣带皮质在知晓感中起关键作用，同时，内侧前额叶皮质损伤也影响到回溯性信心判断，其影响程度与记忆任务的难度水平有关。那么，哪些脑区调节着知晓感的主观水平和回溯性信心判断的表达水平呢？对高低知晓感和回溯性信心判断的比较表明，右侧腹外侧前额叶皮质（right ventrolateral prefrontal cortex，VLPFC）（BA45）和左侧背外侧前额叶皮质（left dorsolateral prefrontal cortex，DLPFC）（BA10/9）的调节是基于知晓感水平，而非基于回溯性信心判断水平。就总体而言，前额叶和顶叶区域往往调节着基于知晓感的水平，而内侧颞叶、内侧顶叶和额叶内侧区域往往调节着基于回溯性信心判断的水平。

除了针对知晓感与回溯性信心判断的比较研究之外，学习判断也是当前研究的重点领域之一。学习判断和知晓感都是针对未来成绩的前瞻性判断。这里将学习判断和知晓感进行分别探讨是想说明，内侧前额叶皮质并不是前瞻性监测的关键，因为学习判断在预测未来回忆成绩时的准确性很少受内侧前额叶皮质损伤的影响，当然也并非全然无影响。准确的学习判断很可能是取决于额叶的非内侧前额叶皮质区域，而不准确的学习判断则与额叶受损有关。另外，学习判断准确性与知晓感评级不一定相关，且不能预测记忆成绩；学习判断在知晓感受损的情况下，依然能保持完好。其他针对学习判断的研究表明，学习判断评级及其准确性与腹内侧前额叶皮质激活程度有关，学习判断准确度越高，腹内侧前额叶皮质激活越强；此外，右额叶损伤患者的学习判断准确度不及左额叶损伤的患者及健康的控制组被试。

总之，在一般意义上而言，前瞻性监测任务由内侧前额叶皮质所支持，而回溯性监测任务则依赖于外侧前额叶皮质，两者都调节着前额叶皮质的活跃性。另外，前额叶皮质损伤在选择性影响元认知报告准确性的同时，还能够保持任务的相对完整性。腹侧前额叶皮质在前瞻性任务中起作用，或是由于它与内侧颞叶记忆结构具有强有力的连接，或是由于它在想象未来中发挥作用；与此相反，前侧和背外侧前额叶皮质在回溯性任务中所起的作用，可能更接近成绩监视器。除此之外，参与前瞻性监测任务的脑区还有外侧前额叶和顶叶，参与回溯性监测任务的脑区还有内侧前额叶、颞叶、顶叶内侧和顶叶外侧区域。这些都支持了不同类别的元认知监测的大脑系统之间解离的可能性。

7.6.3　元记忆准确性的脑神经基础

外侧前额叶皮质（rostrolateral prefrontal cortex，rlPFC）是 PFC 的又一重要解剖部位，控制着对社会规范的遵从。从宏观上来看，右外侧前额叶皮质对于先前决策的有关信息表征是尤为重要的。此外，脑成像研究表明，元记忆准确性的差异与右外侧前额叶皮质的灰质体积是呈正相关的，元记忆准确度高与胼胝体中部分区域所增加的白质完整性有关，这也是右外侧前额叶皮质的投射。一般而言，影响某一区域功能特性的局部大脑结构存在个体差异，该研究结果是与其相一致的。另外，外侧前额叶皮质的解剖位置位于认知层次顶端，即从前额叶皮质、扣带回和前颞叶皮质等区域接受信息，这恰好与其所起作用的关键性相一致。在元记忆报告与信心报告期间，右外侧前额叶皮质的活跃性都有所增强。因此，右外侧前额叶皮质可能控制着从任务调整中所分离出来的元记忆评论准确性，整合并保持扣带回和岛中的信息，这涉及任务进行中的即时调整，符合这些区域的解剖结构。此外，与其他灵长类动物相比，人类的外侧前额叶皮质有更稀疏的空间组织，这或许可以支持更强的信息互通性。

除此之外，背外侧前额叶皮质可以保持与先前决定有关的信息，符合其在工作记忆中的作用。脑成像研究表明，当前扣带皮质对当前决策冲突做出反应时，背外侧前额叶皮质的活跃水平构成选择元记忆反应的基础。背外侧前额叶皮质的作用是表征信心，而非监控错误。事实上，对成绩的准确元记忆判断涉及来自观念和反应两方面的信息。例如，在打网球时击中一下之后，你可能十分确信你的对手够不到瞄准点，但是你并不确信能够正确击中对手打回的球。因此，整合有关信心和反应双重信息的判断时，信息编码的“参照系”是至关重要的。

关于元记忆的神经机制尽管当前研究已经取得了很大的进展，但是到目前为止，研究主要集中在现象学和理论层面上，而对其神经基础方面的研究较少，仍存在诸多问题尚待进一步探讨。首先，我们已经知道，元记忆准确性与外侧前额叶皮质的灰质体积有关，取决于元记忆判断追踪正在进行的任务的紧密程度，具有一定的稳定性。那么，元记忆准确性是否是跨域稳定的、可以被重叠的神经基质所预测的？元记忆准确性(及其神经相关）在其他不同的领域里又将被推广到何种程度？其次，我们已经知道，元记忆准确性本身就影响着个体的任务成绩，那么，我们该如何反其道而行之，从那些有关自身任务成绩的元记忆判断中破译大脑系统？此外，如果个体的任务成绩可以在没有元记忆报告的条件下被监测和纠正，那么元记忆准确性的功能作用又是什么？再次，虽然人类的外侧前额叶皮质尚未形成明晰的细胞结构边界，我们暂时还不能确定它们是源于一个单一的功能区，还是促进不同功能的多重分区，但是我们已经知晓了外侧前额叶皮质在元记忆中所起的重要作用，然而，我们对于与其相对应的背外侧前额叶皮质机能的了解还不够充分，接下来我们尚需要探讨二者对元记忆的贡献是否有差别。最后，已有研究发现，个体差异在两个元记忆任务之间呈显著正相关，而与任务本身无关，这验证了元记忆能力具有跨不同感知任务的稳定性的说法，元记忆成绩极有可能是独立于特定任务的，然而目前对该领域的大规模验证性研究尚少，有说服力的证据仍然不够充分。从个体差异入手，研究元记忆的稳定性，是我们可以继续跟进的良好的实验范式。

第 8 章　内隐记忆

按照是否意识到记忆，可以将记忆分为外显记忆（explicit memory）和内隐记忆（implicit memory）。外显记忆是指对过去经验有目的或有意识的提取。内隐记忆，在心理学上是指在不需要意识或有意回忆的条件下，个体的过去经验对当前任务自动产生影响的现象，又称自动的、无意识的记忆。

8.1　概　　述

在内隐记忆的概念正式提出之前，研究者一直认为：记忆是人们对先前经验的有意识的提取和再现。但对于遗忘症病人的研究发现：先前经验对记忆测验效果的影响，可以是有意识的、主动的，也可以是无意识的、自发性产生。从此开始，心理学家们不再把记忆看作唯一的认知结构，而是应该把记忆看作是由不同的结构、不同的系统或类型所组成的认知综合体。它们之间可能性质不同、功能各异，并由此产生了"多重记忆系统学说"。记忆的多重结构意味着：不同的记忆可以拥有不同结构类型或组合方式，而且功能相互独立的认知过程可能会导致性质各异的记忆效果。近 30 年来，愈来愈多的证据显示：在有意识主动参与的外显记忆系统之外，还存在着一个相对独立的记忆类型，即内隐记忆。

1985 年，格拉夫（P. Graft）和沙克特（P. L. Schacter）提出外显记忆和内隐记忆的概念[83]。外显记忆是指对过去经验的有目的或有意识的提取，早期关于人类记忆的研究都是对外显记忆的研究。内隐记忆的研究是近 30 年来形成的一个较新的记忆研究领域，它是指过去的经验对当前任务表现或行为的促进或改变，这种促进或改变不需要有目的或有意识地对过去的经验进行回忆。

内隐记忆的提出涉及一个根本性问题，就是将意识纳入到记忆的考虑范围之内。但是在行为主义盛行的时代，将意识排斥在研究范围之外，以学习研究替代记忆研究。直到 20 世纪五六十年代，信息加工理论出现，认知心理学兴起，有关意识的研究才重新出现。到 20 世纪六七十年代，有关启动效应的研究成为认知心理学的一大热点。

启动效应指先前呈现的刺激项目对随后刺激项目或与其相关的刺激项目进行某种加工所产生的易化现象，或执行某一任务对后来执行同样的或类似的任务的促进作用。当前，内隐记忆的研究多使用启动效应方式。因为内隐记忆是一种无意识的心理经验，无法直接呈现出来，当然它就不能用传统的直接的方法来测量，只能用间接的方法。而启动效应作为一种记忆现象，可以在一定程度上表现内隐记忆，所以一般通过对启动效应的观测来测量内隐记忆。启动效应与内隐记忆是现象和本质的关系：启动效应是现象，内隐记忆是本质。

对内隐记忆特点的研究，基本上都是在与外显记忆的比较研究中显现出来的。主要表现在以下几个方面：

（1）年龄因素。随着年龄的增长，人们的外显记忆会随着个体发育逐渐提高、稳定，最终又会随着自然老化过程而逐渐衰退。但是内隐记忆却似乎始终保持稳定。从个体智力发展的角度看，内隐记忆的发展要早于外显记忆。在发生发展过程中，从幼儿至老年，内隐记忆不存在明显的年龄特点，而外显记忆随年龄的变化较大，其发展曲线呈倒"U"形。

（2）注意因素。早期研究认为，在编码阶段，注意状态对内隐记忆的测验成绩影响不明显。但是对概念性内隐记忆的研究表明，编码阶段的分散注意会降低类别范例的产生。

（3）智力因素。研究证明，尽管内隐记忆并非完全独立于智商，但较之于外显记忆，内隐记忆和智商的关系实在不算密切。

（4）加工水平。在早期的研究中，学者们普遍认为，加工水平影响外显记忆，而对知觉性内隐记忆几乎没有影响。

（5）保持时间。内隐记忆的某些启动效应非常短暂，几小时甚至几分钟就消退。而相同时间里的外显记忆却可保持。

8.2 内隐记忆理论

由于内隐记忆现象的多样性和复杂性，目前还无一种理论能够成功地解释所有的内隐记忆现象。目前影响最大、争议最热烈的是多重记忆系统说和加工说这两种理论。下面我们简要地介绍四种理论，即多重记忆系统理论、迁移恰当加工理论、记忆的有效提取理论、利用不明来源证据的优化反应。

8.2.1 多重记忆系统理论

在总结已有研究的基础上，沙克特(D. L. Schacter)和图尔文(E. Tulving)提出了多重记忆系统的观点，该理论认为记忆由多个不同的子系统组成，而每个子系统又都由若干特定的加工过程组成。在理论上每个记忆系统都可能具有其特定的神经机制与行为指标。在该理论看来，内隐记忆和外显记忆就分别代表了记忆的两种不同子系统。

1972 年，图尔文把长时记忆区分为情景记忆（episodic memory）与语义记忆（semantic memory），对记忆研究产生了重大影响。1982 年，他认为启动效应反映了一种新的记忆系统的功能。

结合认知功能和神经生理基础来衡量各类记忆的差异，沙克特和图尔文试图整合多种分类标准。他们提出了记忆系统划分的 3 个标准[161]：

（1）系统内记忆的操作规则可适用于任何对象和情景，以情景记忆和工作记忆为例，前者要求对个体经验信息进行有意提取，而后者是对某些言语或可言语化的信息在系统内的暂时保存、提取，因此二者的操作范围完全不同。

（2）系统内记忆具有可描述的特性，与其他系统内记忆的关系也可描述，这些特性包括记忆的操作规则、信息类型和神经结构。

（3）系统间的记忆任务存在实验性分离，以情景记忆和语义记忆为例，来自遗忘症患者的案例表明，相对于情景记忆的损伤，其语义记忆保持较为完好。

如表8.1所示，沙克特和图尔文概括了五类记忆系统：程序性记忆、知觉表征记忆、语义记忆、短时记忆和情景记忆，这些记忆系统不仅在功能上，而且在神经结构上都是相互独立的。

表8.1　五类记忆系统

系　　统	其他名称	子　系　统	提取
程序性记忆	非陈述记忆	运动技能 认知技能 简单的条件反射 简单的联想学习	内隐
知觉表征系统(PRS)	启动效应	结构描述 视觉单词形式 听觉单词形式	内隐
语义记忆	一般的记忆 事实的记忆 知识的记忆	空间的 关系的	内隐
初级记忆	工作记忆 短时记忆	视觉的 听觉的	外显
情景记忆	个人的记忆 自传的记忆 事件记忆		外显

8.2.2　迁移恰当加工理论

勒迪格(H. L. Roediger Ⅲ)等人在实验中发现了图片和文字启动效应的差异：被试在残词补全中受学习过的单词的显著影响，图片命名没有产生启动效应。当测验扩展为残词补全和残图补全后，在残图补全测验中出现了启动效应。勒迪格及其同事推论，被试在测验中表现出的分离反映了学习和测试过程中加工方式的差异，外显记忆受加工深度的影响，是因为有意识的、精细化的加工有利于概念信息的提取，而间接测验要求的知觉信息提取与加工深度无关。

勒迪格等人提出迁移恰当加工理论(transfer-appropriate processing，TAP)来解释直接和间接测验的分离[152]。该理论假设：

(1) 如果记忆测验所要求的认知过程与学习时所要求的认知过程相似或重叠，则测验的成绩好，否则就差。

(2) 内隐记忆与外显记忆要求的提取过程不同，结果这两类测验从学习时不同的加工过程获益也就不同。

(3) 学习时的意义加工、精细编码和心理映像等加工过程导致大多数外显记忆(回忆和再认等)成绩良好。

(4) 大多数内隐记忆测验严重地依赖于学习时与测验时的知觉过程的匹配程度。

勒迪格等人还区分了某些测验中的知觉基础和另一些测验中传输的语义基础，分别对应于数据驱动加工（data-driven processing）和概念驱动加工（conceptually-driven processing）。他们认为数据驱动加工是通过呈现的测验数据的信息来发动或指导的，而概念驱动加工则反映了被试主动产生的活动，如精细编码、有意义组织或对数据的重组。

虽然内隐记忆和外显记忆测验都可以包含数据驱动和概念驱动的成分，但对于大多数内隐记忆测验来说，其传输基础看起来是知觉性的，即主要依靠数据驱动的加工过程；相反，对于大多数外显记忆来说，其传输基础看起来是概念性或语义性的，即主要依靠概念驱动的加工过程。因此，内隐与外显记忆测验结果的分离就是由于数据驱动和概念驱动过程的差异造成的，即两种测验之间的不一致反映了不同加工过程的作用。

迁移恰当加工理论对正常被试在直接和间接测验间的许多分离现象提供了较好的解释，但在对遗忘症患者的分离现象进行解释时却不理想。

8.2.3 记忆的有效提取

记忆的有效提取（内隐）（retrieving effectively from memory，implicit，REMI）假设：人们是以向量形式进行特征值的表征的，可能被表征的特征为内容信息和环境信息。在知觉辨认任务中，如果没有启动项目，则人们对目标项目和干扰项目的环境信息表征是一样的，因此人们的反应主要是根据内容特征，依照贝叶斯推断进行优化决策。记忆的有效提取（内隐）进一步假设，这种优化判断是基于项目间的“诊断特征”，也即项目间的不同之处进行的。判断过程首先分别计算每个项目能否符合所知觉内容的诊断特征，然后比较何者的可匹配特征数量更多，胜出者即成为知觉辨认任务的反应。

然而启动项目的加入，使得启动项目除了在辨认任务中的内容表征之外（如果启动项目出现在辨认任务的备选项中），增加了之前的环境特征信息表征。由于这些额外的环境特征同样可以匹配测验条件下的环境信息，因此启动项目的诊断特征匹配数量就会提高，使被试的知觉辨认反应向着启动项目发生偏移。

8.2.4 利用不明来源证据的反应

利用不明来源证据的反应（responding optimally with unknown sources of evidence，ROUSE）理论对知觉辨认的短时启动机制的解释，包括了三个参数：(1) 启动刺激以概率 α 激活目标项及干扰项中与之相关者的各个诊断特征（每个特征都为 0、1 二值，初始值为 0）；(2) 知觉辨认刺激呈现以概率 β 激活目标项的各个特征；(3) 神经系统和环境中的噪音以概率 γ 激活目标项和干扰项的特征。

利用不明来源证据的反应理论假设：

(1) 在启动刺激带来的激活与目标刺激闪现带来的激活间，会发生混淆，也即所谓的“不明来源证据”。

(2) 在这种混淆的前提下，人们为了做出优化反应，将对 α 的大小做出主观估计，并据此修正将启动刺激的影响从诊断特征的比较中去除。按此思路推理：如果 α 被高估，则被试的判断反应将朝非启动项目发生偏移；而如果 α 被低估，则被试倾向于选择启动项目。

8.3　内隐记忆的研究方法

从方法论角度看，记忆心理学研究的第一个阶段开始于1985年艾宾浩斯的研究，至20世纪60年代初，该时期的研究在实验操作上多采用系列词或配对词为材料，主要围绕正常人的学习与遗忘等基本现象进行实验设计和精确测量。第二个阶段是20世纪60～80年代，该时期信息加工的研究范式逐渐取代了言语学习的研究范式，包括信息的编码、储存、提取。现阶段的记忆研究开始于20世纪80年代，内隐记忆研究成为这一时期研究的热点。

8.3.1　直接测验

常用的直接测验包括再认、回忆、线索回忆等。再认测验要求被试对测验材料做出“新”或“旧”的判断。再认正确率可以用三种方式表示：

（1）新、旧材料的区分率：

$$\text{新、旧材料的区分率} = \frac{N(\text{旧} \mid \text{旧}) + N(\text{新} \mid \text{新})}{T} \tag{8.1}$$

式中 T 为测验总数。

（2）新、旧材料的辨别率 d'。

（3）击中率与虚报率的差值。

回忆测验包括自由回忆和序列回忆。自由回忆允许被试按照任意顺序进行回忆提取。序列回忆则要求被试按照学习阶段材料呈现顺序进行回忆。回忆测验中的记忆提取水平可用正确回忆率来度量：

$$\text{正确回忆率} = \frac{N(\text{正确回忆})}{T} \times 100\% \tag{8.2}$$

也可以用回忆的时间、回忆错误的次数、回忆错误的具体类型以及回忆顺序的错误次数等数据表示。与再认测验相比，回忆是一个相对复杂的过程。

线索回忆是由实验者提供线索，要求被试“有意识”地运用先前的学习经验来完成任务。在线索回忆中，被试的记忆水平通常用正确回忆率来表示。当然，回忆的错误率、回忆时间和错误类型也可以用来衡量记忆提取水平。

8.3.2　间接测验

从操作的角度来看，间接测验与直接测验的主要差异在于测验指导语不同，直接测验的指导语会涉及学习过的材料，而间接测验并不涉及。常用的间接测验包括词干补笔、知觉辨认、词汇判断等。

（1）词干补笔。要求被试对测验过程中给出的词干予以补全，如“LET ________”。在补全过程中，指导语要求被试写出“第一个出现在脑海里的单词”。研究者认为，如果学习阶段出现过“LETTUCE”，那么词干补笔测验中被试填写“LETTUCE”的概率就会增加。因此，词干补笔测验的指标由填写目标词的概率和基线概率的差异来表示。其中，概率的基线水平指的是由某词干（例如“LET ________”）生成单词的一般概率。当然，词干补笔测验的启动效应也可以通过比较实验组合控制组的差异来进行校验。

（2）知觉辨认。知觉辨认（perceptual identification）是在测验中，被试首先学习一系列单字，然后要求他在快速显示（30 ms）的条件下辨认学过的单字以及另外一些没有学过的单字。通常的结果是，学过的单字辨认显著高于未学过的。知觉辨认测验中，因变量是正确辨认的概率和辨认反应时间。

8.3.3 任务分离法

记忆研究的一个中心目标是通过实验，能够说明记忆行为的中介加工过程。该目标提出了这样一个问题：如何从记忆任务的加工过程间复杂的交互作用中分离出独立的加工过程。一种解决该问题的思想认为：如果不同的记忆任务之间出现效果的分离，则这种分离可以作为独立的加工过程存在的证据，这就是任务分离范式（task dissociation framework）。任务分离通过控制自变量而比较两种不同的记忆任务的效应，如果自变量影响被试在一项记忆任务中的成绩，但不影响另一记忆任务（单一分离），或者自变量对记忆任务的影响是相反方向的（双向分离），可以认为两种记忆任务之间具有随机独立性，即出现了实验性分离。单一分离预示着一种记忆中介加工存在于一项记忆任务中，而在另一项记忆任务中不存在的可能性；双向分离则表明存在两个分立的加工过程，每一个加工过程都唯一地存在于一项记忆任务中。

在记忆研究中，任务分离范式运用于研究外显和内隐记忆任务之间的分离，促进了内隐记忆研究的发展。20 世纪 90 年代之前，外显记忆与内隐记忆的研究大多基于这样一个前提：许多记忆任务，如回忆和再认，均需要被试有意识地或主动地收集先前经验才能完成当前任务。以再认为例，需要判断一个测试刺激是否在先前的学习阶段出现过，这些任务被看成是外显记忆任务。而另外一些记忆任务所测量的是通过无意识机制运作的记忆，不需要对先前经验的直接记忆，表现为被试并未意识到的某些经验对当前任务的自动影响，这些任务被看成是内隐记忆任务。一类典型的内隐记忆任务是重复启动，指刺激的先前经验对当前任务完成的促进或抑制作用。重复启动包括词汇辨认（word identification）和词干补笔（word stem completion）任务等。在词汇辨认任务中，要求被试尽量辨认当前短暂呈现的刺激词，一般来讲，在学习阶段遇到过的词比新词能够更加精确地被辨认；词干补笔测验要求被试用首先进入意识的词来填充词干（如“STO ________”），通常被试更容易采用学习阶段遇到的词来完成补笔（如“STORE”）而不是其他合适的词（如“STOVE”）。采用任务分离方法揭示了外显记忆任务与内隐记忆任务间大量的分离。比如概念加工的编码操纵对再认记忆的影响极大，却对词汇辨认和词干补笔没有影响。在外显记忆任务与内隐记忆任务之间还发现了双向分离。比如当学习包含阅读词和通过线索回忆产生的词，词汇辨认对阅读词启动效应更大，而产生词的再认成绩更好。以上这些分离被认为是不同的加工过程介入外显和内隐任务的操作的证据。在 20 世纪 80 年代，由于任务分离方法能较好地区分外显记忆与内隐记忆的加工特点，增进了对记忆加工过程的理解，并有助于研究内隐记忆的加工机制，从而引发了众多研究者的兴趣。

随着研究的逐步深入，大量经验事实表明任务分离范式的意义是不明确的。这首先是由于任务分离过于依赖所使用的特定记忆任务,而传统所认为的记忆任务能够提供对内部加工过程的纯粹测量是值得怀疑的,加工过程与测验任务并不是一一对应的。特别是像词干补笔和知觉辨认这样的内隐测验,不完全是对无意识的自动记忆过程的纯粹测量,因为这些记忆任务的操作也同样受到意识的控制。回忆和再认等外显记忆任务也不是对意识控制加工过程纯粹的测量,这些任务的操作也受到无意识加工的影响。在记忆任务中意识与无意识很可能是同时发生的,即大多数记忆任务均包含了不同程度的意识与无意识加工。意识加工可能影响内隐记忆测量,无意识加工可能影响外显记忆测量。其次,任务分离对记忆加工过程的测量不是直接测量,而是完全依赖于特定任务间的分离来间接推论加工过程的存在及特点。第三,由于分离方法将不同记忆任务间的分离作为加工过程存在的证据,因而这种方法无法详细说明内隐、外显记忆任务所共有的加工阶段的特点,这种局限性导致对内隐、外显任务的某些共有加工过程的所知甚少。以上三点表明,任务分离范式存在方法论上的严重的局限性。

8.3.4 加工分离法

从任务分离范式到加工分离范式的方法革新,是20世纪90年代公认的内隐记忆研究方法论上的质的飞跃。雅各比(L. L. Jacoby)等提出的加工分离范式(process dissociation framework)是记忆研究中关于意识与无意识众多分离思想中最富创见性和影响最大的一种[99],它成功地使得意识加工和无意识加工成分得以在一个简单的记忆任务中分离。

加工分离范式最早是从对再认的双加工模型建构框架中发展出来的。雅各比认为,基于熟悉性(familiarity)F 的加工依赖于刺激的知觉特征,反映了自动地和无意识地利用记忆,它基本上不需要注意。而意识性提取(recollection)R 则是一种有意识的,需要分配注意资源的控制加工,一般认为该加工过程对于概念加工的编码操纵较敏感,概念加工的深度越深,意识性提取效果就越好。雅各比认为意识性提取和熟悉性是相互独立的加工过程,因而记忆任务的操作既可以是独立地基于意识性提取,其贡献为 $R(1-F)$,或熟悉性,其贡献为 $F(1-R)$,也可以是意识性提取和熟悉性的共同作用,其贡献为 RF。

为了考察基于熟悉性和基于意识性提取的两种加工的效应,需要提供两种测试条件。在第一种条件下,意识性提取和熟悉性共同促进作业成绩,该测试条件称为包含条件;在第二种条件下,意识性提取和熟悉性对作业成绩的影响正好相反,该测试条件称为排除条件。以再认测验为例,被试在学习阶段学习两组项目,其一为目标项目组,其二为辅助项目组。在测验阶段,雅各比根据指导语设计了两类测验。一类是包含测验(inclusion test),要求被试对目标组及辅助组项目均提供"新"和"旧"的再认判断。在包含测验中,被试利用意识性提取和无意识熟悉性两种加工机制来完成对目标组项目的再认判断任务,因而在此种条件下对目标组项目判断为"旧"的概率为 P("旧"包含) $= R + F(1-R)$。另一类是排除测验(exclusion test),被试只对辅助组项目进行积极的再认判断,在这种条件下,要求被试将目标组项目作为没有学习的项目,加以排除(判断为"新")。在排除测验中包含这样一种测验逻辑,即无意识加工提高测验成绩而意识加工则起相反作用,因而在此条件下,通过指导语使意识性提取和熟悉性对目标组项目的再认作用对立起来:意识性提取导致对目标组项目做"新"判断,而熟悉性导致对目标组项目做"旧"判断。此种条件下对目标组项目的再认判断为"旧"的概率为 P("旧"排除) $= F(1-R)$。结合这两个测验目标组项目判断为"旧"的概率,进行简单的数学运算,就可以计算出意识性提取和熟悉性的各自贡献,$R = P$("旧"包含)

$-P$(“旧”排除),$F=P$(“旧”排除)$/(1-R)$。这就是加工分离的实验逻辑。

加工分离范式依赖于以下三个基本假设:(1) 意识加工和无意识加工之间是彼此独立的,即它们之间是零相关,这一假设是加工分离范式的核心;(2) 意识加工在包含和排除测验中的影响是一样的;(3) 无意识加工或熟悉感的影响在包含和排除测验中也是一样的。另外,加工分离程序还有一个假设,即意识加工表现为全或无的(要么能再认,要么不能再认,不存在出错的情况),而无意识加工则是有对有错的。也就是说,那些通过意识加工策略获得的信息,不仅能被主动地报告出来,而且也能被主动地排除掉。

加工分离法将意识性提取与自动提取看作两种独立的加工过程,摆脱了任务分离法所面临的问题。加工分离法的提出为内隐记忆的研究提供了一种研究手段。但是,该方法理论上的不尽完善以及经验数据的不够充分也引起了理论界的众多争议。

(1) 意识加工与无意识加工之间的随机独立性假设:大部分心理活动都是无意识的,只有一小部分能够达到意识状态。自动提取可以不依赖于意识性提取,但意识性提取总是伴随着相应的自动提取,意识性提取和自动提取之间是包容关系而非独立的关系。加德纳(J. M. Gardiner)等认为意识加工和无意识加工是相互排斥的。在记忆测验中,决定被试做出判断的心理机制或者是意识性提取,或者是自动提取,两者不可能同时影响被试做出判断。图 8.1 给出了加工分离中的提取模型[79]。

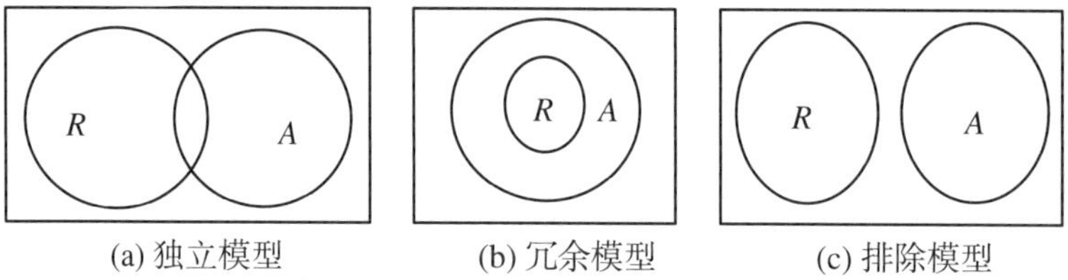

图 8.1　加工分离中的提取模型

R 表示意识性提取;*A* 表示自动提取

(2) 意识加工在包含和排除测验中的影响是一样的:加工分离法的排除测验中,目标学习项目的排除既可能归因于被试意识到该项目是“旧”的,也可能是信息自动进入被试意识状态。理查森-克拉文(A. Richardson-Klavehn) 等参考了艾宾浩斯的观点,将记忆分为三类:主动的意识记忆、被动的意识记忆和被动的无意识记忆。主动的意识记忆是指在存储和提取时都需要意识加工,提取时需要意志努力的记忆。被动的意识记忆是指经历过意识加工,但在提取时是自发的,不需要意志努力的记忆。被动的无意识记忆是指从未意识到但确实对当前事件产生某种无意影响的记忆。针对这些情况,理查森-克拉文等设计了三种测验,即有意测验、偶然测验和对立测验[151]。

理查森-克拉文等认为,有意测验实际上是一种直接测验,反映了主动的意识记忆。在对立测验中,受意识知觉影响的那些词都被排除掉了,但在偶然测验中却没有。这样,对立测验中所表现出的启动效应就完全是被动的、无意识记忆的作用,而在偶然测验中,启动效应则受到被动记忆的影响。这两个测验的启动效应之差就是被动的意识记忆在测验中的效果,因此只有当被动的无意识记忆的影响超过被动的意识记忆的影响时,对立测验才能获得一个正向的启动效应。

(3) 无意识加工或反应偏向(熟悉感)的影响:布克纳(A. Buchner)等认为在再认测验中,加工分离程序分离出的意识性提取和自动提取成分的贡献均受到反应偏向的影响,尤其当包含与排除测验不同的测试条件时，这种作用可能严重影响测量指标的精确性。基于这种认识，布克纳等在再认测验中，同时考虑了意识性提取、自动提取以及反应偏向的影响，对加工分离程序加以修正，提出了扩展模型(extended model)[57]。他们认为，在再认测验中，如果意识性提取和自动提取都不能为判断提供线索，那么，在这种既不能通过意识性提取又没有自动提取的情况下，被试将通过猜测进行判断。据此布克纳等增加了两个猜测变量，试图将反应偏向的影响与意识性提取及自动提取的贡献分离开来。其具体实施方法见图8.2。

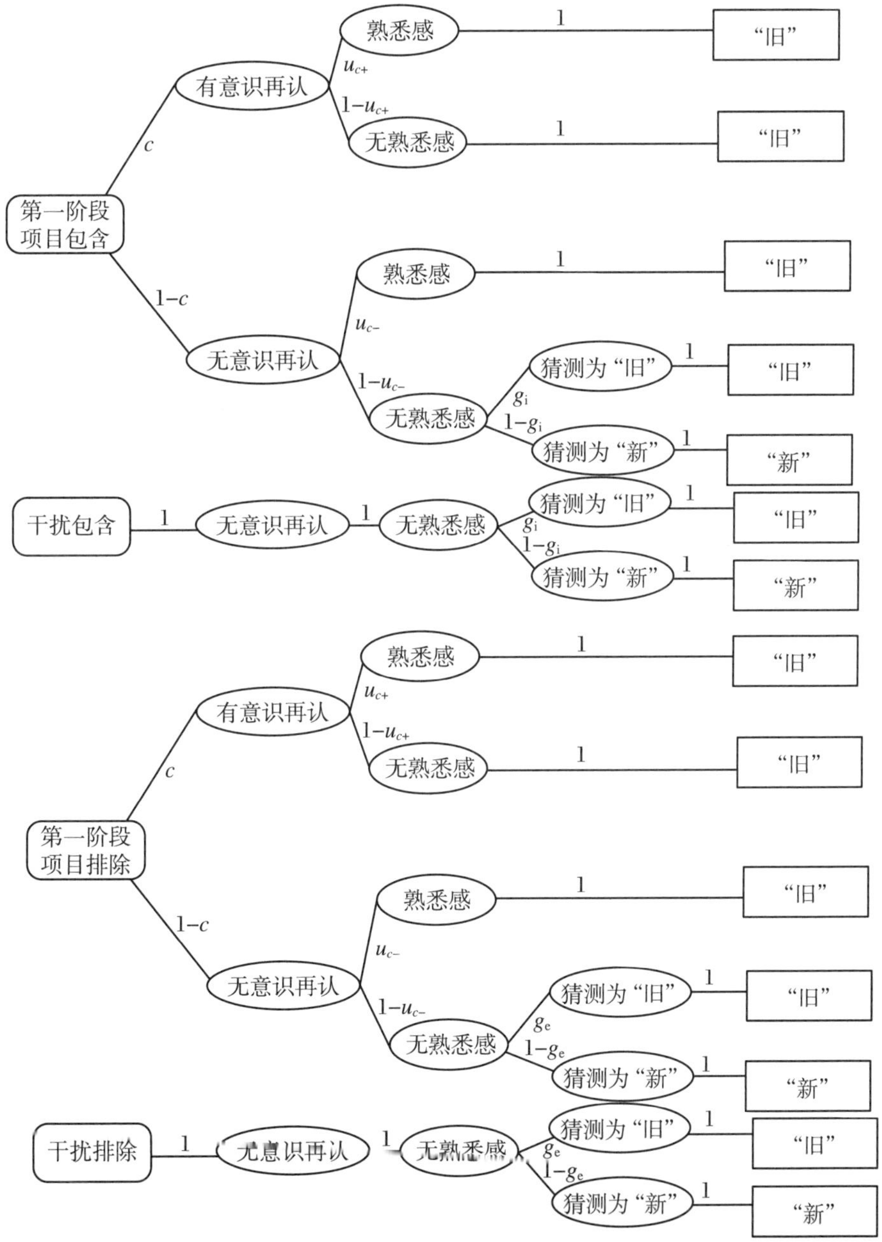

图8.2 扩展模型示意图

c:意识性提取的贡献，u_{c+}:在有意识回忆条件下自动提取的贡献，u_{c-}:无意识回忆条件下自动提取的贡献，g_i:包含测验中反应偏向的贡献，g_e:排除测验中反应偏向的贡献；c 是无条件概率，u_{c+} 和 u_{c-} 为条件概率在扩展模型的测验中，不仅考虑了学习项目的判断概率，同时考虑了干扰项目的判断概率。由于干扰项目未经学习，因而它不可能被有意识地提取。另外干扰项目仅仅在再认测验阶段被呈现，相对学习项目而言，它们不具有自动提取的条件。这样就可以推论：在包含测验和排除测验中，干扰项目和那些既不能有意识提取又不能通过自动提取获得熟悉性的学习项目的判断概率是相同的，两个测验中将干扰项目判断为“旧”的概率分别为 g_i 及 g_e，反映了被试的反应偏向。根据这个模型，在包含测验中有四种可能的认知状态使被试将呈现项目判断为“旧”。第一种情况是：呈现项目的再认既通过意识性提取获得了有意识回忆，同时又通过自动提取获得熟悉感，这种情况判断“旧”的概率为 $R \cdot AR_+$。第二种情况是：呈现项目能够被有意识地回忆但没有通过自动提取获得熟悉感，这种情况判断为“旧”的概率为 $R \cdot (1-AR_+)$。第三种情况是：呈现项目不能够有意识回忆但通过自动提取获得了熟悉感，这种情况判断为“旧”的概率为 $(1-R) \cdot AR_-$。第四种情况是：呈现项目既不能够有意识回忆又不具有自动提取获得的熟悉感，这种情况判断为“旧”的概率为 $(1-R) \cdot (1-AR_-) \cdot g_i$。该模型假设这四种判断所对应的认知状态是相互独立的，它们共同决定了对呈现项目做“旧”的判断。因而在包含测验中，呈现项目判断为“旧”的概率为 $P_i = R + (1-R) \cdot [AR_- + (1-AR_-) \cdot g_i]$。同理，在排除测验中，也考虑了被试的反应偏向，其引起判断为“旧”的概率为 g_e，因而在排除测验中，将呈现项目判断为“旧”的概率为 $P_e = (1-R) \cdot [AR_- + (1-AR_-) \cdot g_e]$。$g_i$ 和 g_e 分别由两个测验中干扰项目的判断情况获得，这样可以分别求出意识性提取(R)、自动提取(A)的贡献(在这里意识性提取与自动提取之间被认为是随机独立的，由此可推断 $A = AR_+ = AR_-$)。由前面所述可得以下公式：

$$R = \frac{P_i - \dfrac{1-g_i}{1-g_e} \cdot (p_e - g_e) - g_i}{1 + g_e \cdot \dfrac{1-g_i}{1-g_e}} \tag{8.3}$$

$$A = \frac{\dfrac{p_e}{1-R} - g_e}{1-g_e} \tag{8.4}$$

式中，R 表示意识性提取的贡献，AR_+ 表示在有意识回忆条件下自动提取的贡献，AR_- 表示没有意识回忆条件下自动提取的贡献，g_i 表示包含测验中反应偏向的贡献，g_e 表示排除测验中反应偏向的贡献。

加工分离法为分离自动化和意识控制的记忆加工提供了一个有效途径，但在使用过程中存在一定的困难，尚需不断改进，发展完善。

8.4 内隐学习

内隐学习(implicit learning)最早由美国心理学家罗伯(A. Reber)于 1965 年提出，是指人类无意识地获得关于刺激环境的复杂知识的过程。人们学习复杂任务时能够按照两种不同的学习模式来进行。一种是人们所熟悉的外显学习，这种学习受到人们意识的控制，是需要付出努力，采取一定策略来完成的活动。通过这种方式获得的知识即外显知识，可以在个体间传递，通常以语言、文字、图像等结构的形式存储。另一种是内隐学习，人们并没有意识到控制他们行为的规则是什么，但却学会了这种规则。例如语文内隐学习所获得的主要是缄默知识，即“只可意会不可言传”的知识。它储存于潜意识之中，不能有意识地加以提取，但能在适当的情境下被激活。

8.4.1 内隐学习的机制

目前通常采用的内隐学习研究方法有人工语法、复杂系统控制任务、序列反应时任务、非显著协变关系学习法、概率学习、信号检测论以及信息论等。尽管也有研究者关注了机制问题，但是由于研究范式各不相同，几乎没有形成一般性的理论框架，随处可见的往往是针对具体实验范式提出的理论模型。内隐学习研究开始于人工语法学习，因此这一领域发展较为成熟的理论模型大多针对人工语法范式下的内隐学习。目前人工语法范式下，较有影响的模型有分类器系统、竞争组块模型、范例模型以及联系者模型。

1. 分类器系统

在人工语法学习中，让被试记忆由限定状态语法构成的字母串，之后告知它们是受某一语法控制的，让被试确认新的字母串是否合乎语法，结果被试的正确率可达到70%。由此证明了内隐学习的存在。在典型的人工语法实验中，主试在学习阶段向实验组被试呈现符合语法的字符串，通过指导语要求被试记忆字符串，引导他们单纯识记，而不探究字符串之间的内在联系或规则；在后续的测验中，实验组被试被告知，刚才学习的材料是有规律的，并被要求判断测验阶段的材料是否符合规律。而对照组被试在学习阶段就被告知学习材料有规律，且被要求努力探寻这些规律。如果实验组被试的判断高于对照组，而又难以用言语陈述自己判断的依据，就表明发生了内隐学习。

在德鲁汉(B. Druhan)和马修斯(R. C. Mathews)的THIYOS(the ideal yoked subject)理想的连接被试系统中，条件可能是指字母串的某一方面(例如，字母串开始于“MTV”)，行动可能是指讯息是否与语法一致[124]。几个分类器能够把它们的讯息同时处理或安放。因此讯息表可能包含当前字母串所拥有的语法犯规数，以及据此做出的归类决定。一个单独的分类器还不能因为它的条件被满足了就能够把讯息安放好。能否把讯息分类好，还依赖于分类器的可能函数等条件。

不同的分类器能通过自身强度的调整来确定各自的优先权。那么调整是怎样进行的呢？如果分类器为一个成功的分类决定做了贡献，那么它的能力可得以增强(赢利)。带有平均有效性线索的分类器的能力倾向于保持稳定，高于平均有效性的分类器的能力倾向于增强，而低于平均有效性的分类器能力则倾向于减弱。因此能力是根据分类器有效性来调整的。

2. 竞争组块模型

塞尔万-施赖伯(E. Servan-Schreiber)和安德森(J. R. Anderson)把知觉和记忆看作连续的组块形成过程，在此基础上，他们提出了竞争组块模型[167]。该模型最初的起源是，他们觉得知觉和记忆都或多或少地属于自动化组块加工过程。如果个体看到了一个组块，他就会最大程度地觉得熟悉。当需要记住的项目被编码为一个组块时，它也就被记住了。如果被试被要求对新字母串进行归类，那么存在的预先组块越多，它就会显得越熟悉，被试也越可能认为它合乎语法。字母串的最低级组块为一个字母，然后是两个或三个字母组成的小组块，组块是被它下部亚组块的平均能力所支持的。组块之间交叉的部分会使它们所得到的支持最大，能力也最大。组块越来越大，以至最终字母串变成了一个大组块，而且随着组块的增大其熟悉性也不断地增大。

塞尔万-施赖伯和安德森认为，组块的内容可以到达意识，但其能力和支持则不会。组块可能会成为被试报告的规则的基础，这与德鲁汉和马修斯的结果一致。该模型的不足之处是，组块都是指特定的字母，然而事实上，被试却可以在不同字母串之间迁移。

3. 范例模型

布鲁克斯(L. R. Brooks)等认为内隐知识是范例的储存和展开，并于1978年提出范例模型[55]。他的实验材料为两套由不同语法生成的字母串。实验中，他使用了一个配对联想学习范式。在此范式中他把字母串与英语单词配对。两套字母串是以一个不明显的方式被区分的，它们分别与描写新世界的单词或描写旧世界的单词配对。此点被告知后来做区分的被试能够区分出语法与非语法字母串，未被告知的被试则不能区分。由此可知，被试能够用类比来储存范式并进行归类从而达到随机水平之上。

范例模型的基本假设是，被试知道测验字母串与已储存的字母串之间的平均类似性。但是被试不需要知道每个储存范例与测验字母串之间的类似性，或者这些类似性是怎样被合并产生总类似性指数的。而且，被试也不需要知道每个已储存范例。对于每一个测验字母串，类似性能够在测验字母串与所有习得范例之间计算出。

4. 联系者模型

内隐学习这一概念强调的是两个特征：(1) 它是学习的一种形式；(2) 这种学习是内隐的、无需意识努力的。人工神经网络的工作原理极好地匹配了这两个特征。因此，许多研究者针对不同的内隐学习任务，选择不同的人工神经网络模型来拟合内隐学习过程，以探讨内隐学习的本质和机制。人工语法学习任务通常是：在学习阶段，要求被试在不知道内在规则的情况下记忆一大堆合法字符串，然后，在测试阶段，向被试呈现一批新的合法和非法字符串，并告知前面学习的字符串是一类符合语法规则的合法字符串，要求被试根据前面的学习，判断新的字符串是否合法。从测试阶段的要求、学习阶段的要求和所学习的知识这三个不同的角度来看，人工语法学习具有三个主要特征：

(1) 测试阶段要求被试进行的是一项典型的分类任务。

(2) 学习阶段要求被试在没有任何指导(反馈)的情况下学习字符串，即并没有在被试学习某一字符串的同时，告诉他们这一字符串属于哪一类、合法还是非法。事实上，人类的许多学习过程都是在没有外部指导的情况下进行的。例如，当孩子看到麻雀和燕子(刺激模式)时，家长告诉他这是鸟(反应模式)，但很多时候，家长并不在身边，这种情况下，当孩子看到鸽子时，没有外在反应模式指导，孩子仍能反应为鸟。人类似乎能够在没有外在的反应模式引导教育的情况下，学会分类。人工语法学习也是一样，虽然在学习时，没有被告知哪些合法哪些不合法，但是被试仍能学会分类规则。这些事实提示研究者：必须开发一种没有外在引导者的自适应模型。于是，麦克莱兰和鲁梅哈特在对模式联系者稍做调整的基础上，提出了模式联系者的一个自适应特例——自动联系者[125]。由于没有外部引导，任何自适应模型必须具备自我反馈的功能，自动联系者也一样。如图8.3所示，每个单元除了接收外部输入(e)以外，还必须接收来自其他单元的内部输入(i)，这种存在内部反馈的模型被称为循环模型。为了达到分类的目的，自动联系者旨在再现单元的外部输入模式，就好像人工语法学习中记忆字符串一样。而为了达到这一点，必须调节连接权重，使单元的内部输入能匹配外部输入，用公式表示为

$$\Delta w_{ij} = \varepsilon(e_i - i_i)a_j \tag{8.5}$$

式中，Δw_{ij}为单元j和i之间权重的变化量；ε为学习率；e_i为单元i的外部输入；i_i为单元i的内部输入，有

$$i_i = \sum_j a_j w_{ij} \tag{8.6}$$

式中，aw_j为单元j的激活量。虽然自动联系者模型没有可比对的反应模式，但是上述算法的核心仍是用内部状态去匹配外部状态，尽量减少两者间的差异，因此，上述公式仍可看成是 Delta 法则的变式。

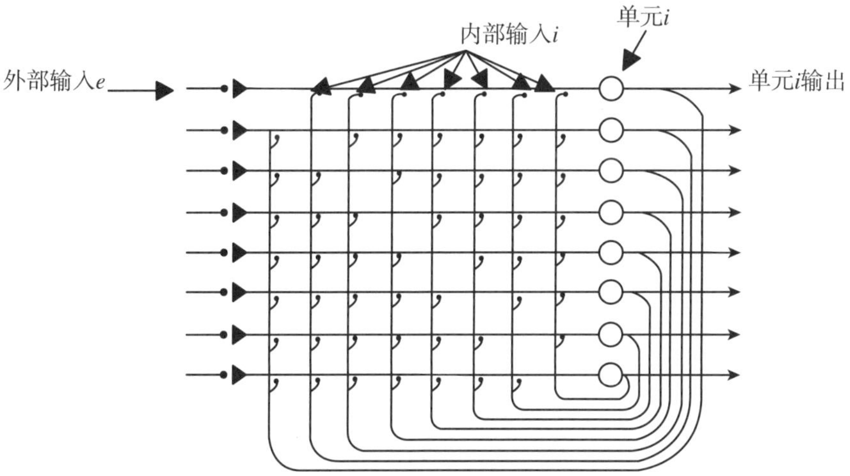

图 8.3 自动联系者模型

(3) 人工语法学习的本质特征在于所获得的是有关语法的知识。自动联系者模型获得的是一种无法外显的分布性表征的知识，但是，有意思的是这种表征似乎代表了某一类别的原型。而原型或许就好比语法的抽象表示方法。麦克莱兰和鲁梅哈特曾构建过一个由 24 个单元组成的自动联系者[125]，将一些有关狗的信息输入这 24 个单元，其中前 8 个单元输入的是狗的名字信息，后 16 个单元输入的是狗的外貌信息，结果发现经过训练后，模型的权重矩阵呈现出特殊的构造，即前 8 个单元之间及前 3 个单元与后 16 个单元间的权重处于随机水平，而后 16 个单元间的权重却出现了某种固定的模式，麦克莱兰和鲁梅哈特认为这种固定的模式就是狗视觉表象的原型。虽然无法从这种固定的权重模式中看出典型的狗应该具有哪些特征，但是至少可以认为，如果两个单元间的连接权重比较大，那么当这两个单元同时被激活时，模型有可能将目标判断为狗。也就是说，原型所表征的是每个视觉特征间的联系。这就好比人工语法学习中的语法知识，语法或许是由字母间的联系所表征的。所以，从这点意义上来看，自动联系者习得的原型或许就是语法知识。

基于权重调整来学习正确反应的人工神经网络模型和内隐学习的本质特征间有着极优的匹配，人工神经网络模型在内隐学习领域的适用性毋庸置疑。在实际研究中，合理地使用联系者模型，必将为内隐学习的理论和人工模拟提供更有力的支持。

8.4.2 认知模型 CLARION

与内隐学习有关的认知模型已有不少，其中安德森(J. R. Anderson) 的 ACT* 模型更为全面地反映了内隐学习和外显学习两方面，它包含两个成分：表征陈述性知识的语义网络

和表征程序性知识的产生式系统[36]。但是，ACT* 中程序性学习仅限于通过模仿形成产生式，基本上都是自上而下的学习，这与人类具有的自下而上的学习方式不相符合。孙荣(Sun Rong)等从表征方式与内隐、外显学习的关系着手分析，提出认知模型 CLARION (connectionist learning with adoptive rule induction on-line)[181]，为我们探讨内隐和外显学习的关系，提供了有效的理论。

1. CLARION 的系统结构

CLARION 模型包括两个层级，即底层和顶层，如图 8.4 所示，分别使用与内隐和外显加工相应的分布式表征和符号表征。模型的每一层，都可能存在多个模块，尤其是在底层，存在大量的反向传播网络。

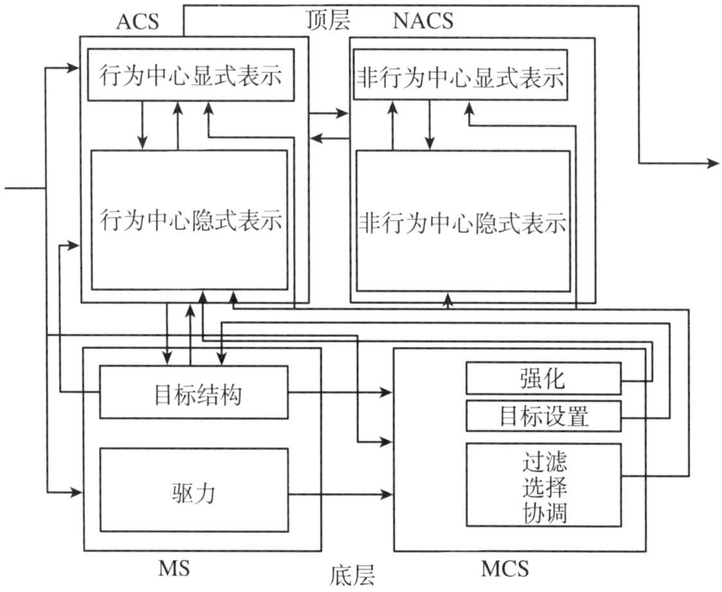

图 8.4 CLARION 的系统结构

模型还可以分为行为中心和非行为中心两个子系统。底层行为中心子系统控制个体的身体和心理行为，包括外部行为、工作记忆行为和目标行为，如图 8.5 所示。这些表征大体

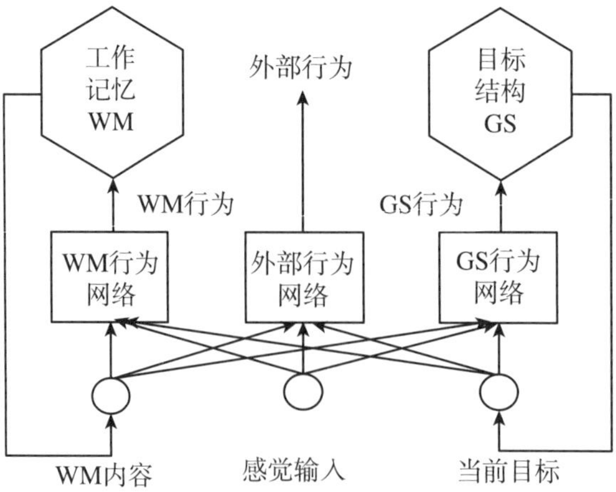

图 8.5 底层行为中心子系统

相当于程序性知识,但未必都是内隐的。非行为中心子系统的知识相当于概念符号性质的语义知识或陈述性知识,包括观念、对象、事实,它们也未必都是外显的。

CLARION 模型还存在两个子系统:动机子系统和元认知子系统。前者为个体行为提供动机和原因,包括目标和驱力;后者是认知的主要控制者,它控制其他子系统的活动,并计算强化、过滤信息,以使各子系统的活动更为协调有效。

2. CLARION 模型的算法

在内隐学习有关的讨论中,我们只介绍与技能学习有关的算法。内隐学习使用分布式表征加工,在有正确输入/输出映射时,可用直接反向传播学习算法,否则使用强化学习。可使用 Q 学习反向传播算法(q-learning-backpropagation algorithm,QBP)发展内隐技能。顶层外显学习可用局域符号表征加工。个体基于假设检验进行一次性学习,可使用规则抽取精化算法(rule-extraction-refinement algorithm,RER)抽取外显规则。它能动态获得表征,并可按需修改,这反映了技能学习的动态特征。因此,个体既可以用自上而下的方式,在内隐学习中使用顶层获得的外显知识,也可以用自下而上的方式,在外显学习中使用底层获得的内隐知识。

1) 底层算法描述

如图 8.5 所示,底层的输入包括三组:感觉输入、工作记忆内容、当前目标。它们各有不同维度,每个维度都有各自的值。底层的输出包括三组行为选项:工作记忆的设置/重置、目标堆栈的推进/弹出、外部行为。它们由不同网络计算。每个网络基于 Q 值(对行为质量的评价)计算行为,$Q(x,a)$表示状态 x 下行为 a 的适宜程度。通过 Boltzmann 分布,由 Q 值可计算出将要执行某一行为的概率:

$$p(a \mid x) = \frac{e^{Q(x,a)/\alpha}}{\sum_i e^{Q(x,a_i)/\alpha}} \tag{8.7}$$

式中 α 表示决策加工的随机度。

Q 学习算法是一个强化学习算法,此时 $Q(x,a)$ 也表示从当前状态 x 可得到的最大贴现累计强化($\max(\sum_{i=0}^{\infty} \gamma^i r_i)$),其更新公式为

$$\Delta Q(x,a) = \alpha(r + \gamma e(y) - Q(x,a)) \tag{8.8}$$

式中,γ 为贴现因子,y 为新状态。

2) 顶层算法描述

顶层外显知识为一种命题规则形式。孙荣等使用规则抽取精化算法描述自下而上的学习加工,其算法描述是:(1) 更新统计量;(2) 更新规则[182]。更新规则时使用下面 3 条标准。

(1) 抽取。若结果成功符合当前标准,且没有匹配状态和所采取行为的现成规则,则抽取新规则:状态→行为。将该规则加入规则网络。

(2) 特化(specialization)。若结果不符合当前标准,则通过特化修正所有匹配规则:从规则网络中去除这些匹配规则,并在规则网络中加入修正的规则版本。

(3) 泛化(generalization)。若结果成功符合当前标准,则概化这些匹配规则:从规则网络中去除这些匹配规则,并在规则网络中加入泛化的规则。

3) CLARION 的全局算法

CLARION 中既有自下而上的加工,也有自上而下的加工。其全局算法描述如下[181]:

(1) 观察当前状态 x。

(2) 在底层计算每个行为(a_is)的“值”，它们与状态 x 相联结：$Q(x, a_1)$，$Q(x, a_2)$，…，$Q(x, a_n)$。

(3) 基于状态 x(由底层来)和顶层现有行为规则，找出顶层所有可能的行为(b_1，b_2，…，b_m)。

(4) 基于底层 a_is 与顶层 b_js 的合并，随机选择一个适当的行为。

(5) 执行行为 a，观察下一状态 y 与可能存在的强化 r。

(6) 基于反馈，按照 QBP 算法更新底层。

(7) 用 RER 算法更新顶层。

(8) 返回第(1)步。

上述第(4)步通过合并两个层次的结果，决定采取哪个行为。如果顶层表明行为 a 激活值为 v_a，底层显示行为 a 激活值为 q_a，则最终的结果为 $w_1 \times v_a + w_2 \times q_a$。基于该加权和，用 Boltzmann 分布从可能行为中决定选择哪个行为。

孙荣等用 CLARION 对经典实验认知任务系列反应时(serial reaction time，SRT)任务进行了模拟[182]。在模拟中，底层和顶层分别使用 QBP 和 RER 算法。其做法大致如下：

(1) 外显指导条件(告知被试如何做)采用顶层给定知识的外显编码来模拟。

(2) 口语报告条件(要求被试在任务操作期间说出他们的思考过程)通过变换那些可促进更多顶层活动的参数来模拟。

(3) 外显搜索条件(明确要求被试寻找刺激的规则)通过更多的顶层规则的学习来模拟。

模型中参数设置是：固定参数设置依据先前研究；网络权重在 $-0.01 \sim 0.01$ 间随机初始化；Q 值贴现率设为 0.95；随机决策参数设为 0.01；两层的合并权重设为 $w_1 = 0.2$，$w_2 = 0.8$；密度参数设为 1/50。

对无意识获取复杂的程序性知识实验的模拟匹配结果[114]发现，模型可给出一个下降的错误率曲线，类似于原实验中的反应时曲线。孙荣等尝试了两种方法，将模拟的错误率转换为反应时。线性转换后，模型的结果与人类的数据拟合很好。但转到随机序列后，模型反应时变化很大，而人类的反应时受到的影响相对轻微。幂函数转换后，减少了模型的预测力，但获得了转折点后的更好匹配。该模型能成功匹配人类数据，应归功于底层的反向传播网络，顶层在该任务中的作用并不显著。对注意力和无注意力的序列学习实验的模拟匹配结果[66]发现，使用线性转换将错误率转换为反应时，结果符合人类数据的特征。幂函数转换效果更好。

CLARION 模型中含有自上至下和自下而上的学习，在模拟中得到了两层间的交互效应：(1) 外显指导效应；(2) 意识程度效应；(3) 协同效应，指导语和意识程度的提高都有助于提高成绩；(4) 双任务效应，第二任务的干扰引起指导语和意识效应的消失。

CLARION 通过两种类型加工的互动，不仅成功模拟了较广范围的人类技能学习数据，而且显示了自下而上学习的可计算性及其心理学意义上的合理性，可以模拟和阐释各种与内隐和外显加工交互作用有关的定量数据，为心理学和认知科学研究提供了一种有效的认知模型。

8.5 内隐记忆的应用

内隐记忆的研究提高了认知科学在各应用学科中的价值和地位，促使认知科学进一步发展。近年来，相关研究在临床应用、社会认知、教育指导、消费广告等方面具有广泛的实用价值。

1. 临床应用

内隐记忆在许多临床病症，如抑郁症、健忘症、脑外伤、帕金森病、失忆综合征、阿尔兹海默症等的治疗中发挥着重要作用。内隐记忆的存在有利于调节患者的情绪。脑外伤患者自觉努力进行回忆的能力下降，在潜意识中有失败的体验，遇到类似的情景易紧张。在外显记忆时让其"记住"，并努力用回想来辨认时产生紧张焦虑情绪，这些情绪对回忆会产生明显的抑制作用，难于消除其压抑的心理，引起记忆的自信心下降。而这种信心缺乏的信念会对自己产生暗示作用，引起大脑皮质相应的兴奋转为抑制，不利于机体潜能的发挥。

心境一致性记忆(mood-congruent memory，MCM)发生在人们试图学习更多与当前的情绪状态一致的事件时。当事件的情绪色彩和学习者当前的心境一致时，就有利于记忆。抑郁个体的心境一致性记忆是指抑郁个体能够回忆更多的与其抑郁心境相一致的信息。抑郁个体往往倾向记住一些消极事件，有更多的消极回忆。

布拉德利(B. P. Bradley)等以情绪词和中性词为材料，呈现阈上和阈下刺激，然后用词汇选择任务探索了非临床抑郁个体的内隐和外显记忆。结果发现，高分组的被试显示出抑郁相关词的阈下启动，从而证明了内隐记忆中有显著的心境一致性记忆。布拉德利等测验了临床抑郁和临床焦虑群体对情绪信息的内隐和外显记忆。结果发现抑郁被试在三种记忆任务中表现出了心境一致性记忆：阈上启动内隐任务，阈下启动内隐任务和自由回忆[51]。

在记忆康复训练中尽量把要记住的材料转化为操作活动的对象，多进行猜测操作的游戏，以使学习过的信息不经意地被唤醒，尽量少用"尽量记住、仔细想想、集中注意"等字眼，以免加重紧张、焦虑情绪。

2. 社会认知

社会认知领域借鉴内隐记忆的测量方法和技术，发展出了一系列研究态度、信念等社会认知问题的独特新方法。研究结果表明，攻击性信息存在内隐启动效应，而且强于灰度信息。在社会认知过程中，虽然行为者不能回忆某一过去经验(如用自我报告法或内省法)，但这一经验却潜在地对行为者的行为和判断产生了影响。这一结构影响在显意识水平(如内省状态)上无从觉知，但又潜在地作用于个体对社会对象的反应(如知觉、态度、判断、决策)，此概念关注的焦点在于：个体的无意识成分参与了其有意识的社会认知加工过程。

刻板印象是指人们对某一类人或事物产生的比较固定、概括、笼统的看法，是我们在认识他人时经常出现的一种相当普遍的现象。关于印象形成的研究和内隐性刻板印象的研究都证明了内隐记忆在社会认知中的作用。

3. 教育指导

在教学过程中，教师的指导都力求仔细、清晰，这有利于学生对知识的理解和掌握。但是对于诱发内隐记忆和内隐学习这一要求来讲，仅仅有清晰、仔细的指导是不够的。教师不仅仅要注重指导的表达，更要关注内隐记忆和内隐学习的引发问题。现实生活中普遍存在的一些例子告诉我们：使用更易引发内隐记忆和内隐学习的指导能提高自动化的速度和知识运用的效率。例如，教人游泳，比起有关如何控制身体肌肉运动的指导语，有关寻找“浮起来”感觉的指导语更易引发内隐学习无意识的探索过程，使被试更易无意识地习得并自动获得使用肌肉运动的法则。

内隐学习和外显学习在一定条件下可能会相互对抗，而在另一条件下又可能会相互协调促进。对于学校教育而言，我们希望的是尽可能地出现后一种情况。为了使学生的知识获得达到最佳水平，作为训练者的教师应该注意把握内隐与外显阶段训练结合的最佳顺序。

以往学校教育重视规则的直接表述，任何知识点的掌握与否首先是以学生能否外显描述其中规则为准绳。现在意识到，对外显训练的强调很可能更应该向后推移，而首先让学生在任务情景的操作和接触中开始内隐学习，这样才能为后期知识规则的外显理解打下更好的基础。比如儿童学习外语，可能不应该在最初阶段就灌输语法规则知识，而应该首先让他们充分接触新的语言，进行大量的视听模仿练习，随后才开始正规语法训练，这样学到的语言才是活的语言。

4. 消费广告

20 世纪 90 年代以来，内隐记忆理论的发展为广告记忆评价领域提供了新的研究方法。根据这一理论，消费者对广告的接触以及信息的获取往往是无意识的，且在此过程中，消费者对广告信息及广告情景进行了无意识的加工或记忆，就是说，广告已经对消费者产生了一定的影响。因此，为了更真实地测量消费者对广告的记忆水平，最近有学者提出了广告记忆评价的新方法，即无意识记忆测量法，也就是对消费者对广告的无意识记忆水平进行测量。认知心理学的有关理论，可以为测量消费者对广告的实际记忆水平和评价广告的真实效果提供新的理论依据和研究方法，对提高广告记忆评价方法的预测效果产生积极影响。

消费者不同的感觉通道中，听觉和视觉的偏好判断任务的启动，受感觉通道的改变而减弱，即同一品牌名称的标签可以迁移到不同的产品，听觉偏好判断任务中出现视觉标签的启动。

第9章 前瞻记忆

前瞻记忆是指对于预定事件或未来要执行的行为的记忆，即对于某种意向的记忆。一个完整的前瞻记忆包括两部分，即做什么的记忆和何时何地如何去做的记忆。

9.1 概述

前瞻记忆(prospective memory)是指对于未来要执行的行为的记忆，即对于某种意向的记忆。20 世纪 70 年代以前，涉及前瞻记忆的研究仅把它作为记忆任务的一种，没有独立出来成为和回溯记忆互补的一个记忆研究领域。20 世纪 70 年代开始，人们对自艾宾浩斯以来的记忆研究进行了深刻的反思，认为近百年来传统的记忆研究并没有解决有关记忆的真正重要的问题，不少人对记忆研究没有走入生活、指导生活的状况进行了尖锐的批评，记忆研究的领域或者是正常被试学习人工材料或者是脑损伤被试的神经学临床测试，一些研究者提出应该更多地关注人们的日常记忆，更多关注研究的生态效度。这一反思对于记忆的当代研究产生了重要影响，记忆研究从此更加重视自然情境和研究发现的实用性。在这种时代精神的召唤下，涌现出了诸如自传体记忆、证人证词记忆、闪光灯记忆等从现实生活中提炼出来的记忆课题，前瞻记忆是其中具有鲜明特色的一个，并在近年成为记忆心理学的热点问题。

最早关于前瞻记忆的研究可以追溯到 1971 年洛夫特斯(E. F. Loftus)等学者的研究，她们提出了对意向和计划的记忆。1996 年，布兰德蒙特(M. A. Brandimonte)主编出版了第一部有关前瞻记忆的著作[53]，其认为前瞻记忆是在没有附加的驱动情况下记得而且执行某项延迟的意向。可以看出，前瞻记忆是关于未来某一时刻的记忆，其目的是完成某项先前计划好的事情。前瞻记忆具有下列特点：

(1) 提取的自发性。前瞻记忆任务的特点之一是在某一特定时刻自发提取意向性。与回溯记忆相比，后者需要外在的提示，例如，在一个词汇测验里，要求被试提取先前学习过的外语单词。而前瞻记忆任务在意向形成之后没有明确的外在提示引发前瞻记忆任务的完成，往往需要被试自己监测和识别外在环境中的线索，完成前瞻记忆任务。

(2) 任务的镶嵌性。前瞻记忆任务的另外一个特点是所执行的意向行为被嵌含在进行中的活动里。也就是说，前瞻记忆任务的意向形成以后，个体即开始从事其他的活动。而对前瞻记忆任务的执行，常常需要在结束一种任务之后，或者前瞻记忆任务的线索一出现，立即中断进行中的任务，而转到另外一种目标活动。因而，在完成前瞻记忆任务的过程中，常常需要调动注意资源来监测环境中的线索，或者需要注意的转移，不断地在两种任务间进行跳跃性的维持等。

(3) 延迟性。前瞻记忆任务的另外一个特点是执行目标任务的延迟性，即在意向形成之后，目标任务完成之前存在一段延迟时间，也可能要求在某段时间以后完成。例如，星期五早上 8 点与同学见面讨论问题。

根据任务的性质，可以把前瞻记忆分为三类，即基于事件的前瞻记忆、基于时间的前瞻记忆、基于活动的前瞻记忆。

9.1.1 基于事件的前瞻记忆

基于事件的前瞻记忆(event-based prospective memory，EBPM)表示当一个特定事件出现在不断进行的活动中时，个体能够回忆并执行前瞻记忆任务，如路过邮局记得寄信件，遇到某人记得通知他开会等。在这种前瞻记忆任务中，需要把目标事件与前瞻记忆任务联系起来，而且这种联系在需要提取时能够恢复。其关键特征是目标事件的出现以及进行中任务的中断。因而，目标事件的特征(如醒目程度)、进行中任务的特点(如难度)可能会对其完成产生影响。

前瞻记忆的提取包括策略加工和自动加工两种过程，策略加工依赖个体的积极主动性，需要较多的注意资源；自动加工更多的是自发的、无意识的过程，需要很少甚至不需要注意资源。在前瞻记忆的提取过程中，这两种加工方式的参与程度受到多种因素的影响，如前瞻记忆任务的重要性。对于无关紧要的任务，人们通常不愿意付出很多努力，更多的是依靠自动加工来完成；而对于重要的任务，人们就会为之不辞辛劳，更多地采用策略监控。由此可见，前瞻记忆任务的重要性在一定程度上会影响策略加工和自动加工在前瞻记忆中的卷入程度。

在基于事件的前瞻记忆中，对目标事件的觉察是实现前瞻记忆任务的前提，如果被试没有注意到目标事件的出现，就不会做出前瞻记忆反应。醒目的目标事件是指相对于背景很突出，易被发现的事件。醒目程度高的目标事件相对于背景很突出，容易引起被试的注意，需要的注意资源较少；而不醒目的目标事件，不容易引起被试的注意，如果被试正专注于其他事情，就很容易忽视它的出现，从而导致前瞻记忆任务的失败。

9.1.2 基于时间的前瞻记忆

基于时间的前瞻记忆(time-based prospective memory，TBPM)是指个体在某一特定的时间或间隔一段时间以后再执行前瞻记忆任务。如，今天有雨，记得带雨伞；明天下午三点钟需要参加会议等。

对基于时间的前瞻记忆的研究从一开始就是在与基于事件的前瞻记忆的比较中进行的。基于时间的前瞻记忆和基于事件的前瞻记忆的本质差异一直是 TBPM 研究的一个重要方面。下面比较 TBPM 任务与 EBPM 任务的异同。首先，EBPM 任务有确定的外在线索提示应该执行以前形成的意向，而 TBPM 任务没有外在线索提示先前意向。但可以把查看时钟时两个指针指向的角度看为类似遇见某人这样的外在线索。其次，如果把线索或情境的可预期性或者计算的近似性作为区分时间性和事件性前瞻记忆的关键特征，似乎也不完全。至少有部分 EBPM 任务存在可近似计算线索出现的时空信息的情况，即 TBPM 和 EBPM 任务都有可预测性。最后，如果被试把一类前瞻记忆任务转化成另外一类来执行时，TBPM、EBPM 名义上的差异已不复存在。当这类时间-事件联结发生时，会易化或抑制目标任务。但来自神经病学和神经心理学的证据暗示从基于时间知觉的角度，TBPM 也许与 EBPM 是完全不同的。TBPM 比 EBPM 更依赖自发的、资源需求的加工，并进一步预测随着年龄增加 TBPM 任务成绩下降比 EBPM 任务更明显，即存在年龄效应。

研究结果表明，在前瞻记忆执行过程中注意资源的灵活分配扮演了重要角色。在经典的基于时间的前瞻记忆任务中，意向是由外在因素调节的，由与时间相关的线索所触发（例如时间相关的联想、内部时钟）。与经典的基于事件的前瞻记忆相比，这些线索更含蓄，更自发地想起和监视是成功执行基于时间的前瞻记忆任务的关键。基于时间的前瞻记忆任务比基于事件的前瞻记忆任务更多地依赖执行控制加工。

9.1.3 基于活动的前瞻记忆

基于活动的前瞻记忆（activity-based prospective memory，ABPM）是指个体在完成某个活动之后，再执行前瞻记忆任务，与基于事件的前瞻记忆所不同的地方在于进行中任务不需要中断，如上完课后去图书馆借书等。前瞻记忆任务的重要性会影响到策略加工和自动加工在前瞻记忆中的卷入程度。不重要的前瞻记忆任务的完成只需要很少的注意资源，主要是通过自动加工完成；重要任务则促进使用更多的注意资源，更多地采用策略监控来完成。

前瞻记忆任务的编码过程是目标（事件、任务、时间）与意向联结的过程，如果形成的联结牢固，则有助于前瞻记忆的恢复。实验结果表明，无论是对听觉信息进行编码还是对视觉信息进行编码，被试在头脑中形成的前瞻记忆任务的意向等效，只要形成了正确的意向，被试就可能在适当的时候成功完成前瞻记忆任务。

9.2 前瞻记忆研究的经典范式

随着前瞻记忆研究领域的发展与演变，其研究范式也在变化，常用的范式有自然法、实验法、情境模拟法、多项式加工树模型等。

1. 自然法

前瞻记忆起源于人们对日常生活记忆的重视，早期大都采用带有浓厚自然主义色彩的方法。由主试给被试安排相关的前瞻记忆任务，随后观测在自然环境下被试前瞻任务的完成情况，以此来判断被试的前瞻记忆水平。例如，让被试在某一特定时间给主试打电话或者在特定的时间打某个固定电话，要求被试在规定时间交回问卷给主试等。但由于前瞻记忆的实施与个体的习惯、动机等非认知因素密切相关，采用这种方法通常易混淆前瞻记忆与回溯记忆。也就是说不易区分前瞻记忆的失败是由于个体完全没有记住前瞻记忆任务，还是个体记得前瞻记忆任务而由于其他任务的干扰或者现实环境的限制而致使前瞻记忆失败。

自然法有较高的生态效度，但被试要在规定的时间内完成规定的任务受许多因素的影响，如线索、加工深度、自我卷入程度等，不能严格控制和评估被试是否使用了不同的记忆策略，也不能控制被试虽然记得某个要执行的任务，但由于种种原因没有执行等问题。因此，研究结果的信度令人质疑。

2．实验法

1990 年，爱因斯坦（G. O. Einstein）和麦克丹尼尔（M. A. McDaniel）创立了前瞻记忆研究的双任务实验范式[29]。其基本程序是首先告诉被试要完成一个任务，使被试认为此任务是实验的基本任务，即进行中任务。前瞻记忆任务则穿插在该任务之中。主试先呈现进行中任务的指导语，后呈现前瞻记忆任务的指导语，一般要求被试在进行中任务过程中，当看到目标事件后进行按键反应。实验任务开始前要求被试先完成一些干扰任务，以避免前瞻记忆任务保存在工作记忆中。接下来呈现进行中任务，被试在完成进行中任务的过程中完成前瞻记忆任务。因变量为被试对目标事件做出按键反应的正确率。双任务实验范式操作性强，各种变量的操作与控制都已被研究者们认同。

实验采用 2（青年，老年）×2（有外部帮助物，无外部帮助物）组间设计，每组 12 人，青年组为年龄范围 17～24 岁的大学生，老年组是 65～75 岁的志愿者，测试单独进行，每人约 45～60 min。实验过程如下：

（1）采用韦氏成人智力量表修订本（WAIS—R）进行词汇测验，保证被试具有正常理解力。

（2）短时记忆任务指导语。告诉被试实验目的是研究提高短时记忆容量的程度。为使被试集中注意，告知短时记忆容量采用一种组块策略后可大幅提高，并以一组词为例介绍。然后被试阅读短时记忆任务要求，步骤是首先在计算机屏幕中央呈现“准备测验”2.5 s，之后依次呈现一组单词，每词呈现 0.75 s，根据回忆信号口头按顺序回忆，每项 1.5 s，同时磁带记录，接着是三组练习。

（3）前瞻记忆任务指导语。读完短时记忆指导语并做完三组练习之后告诉被试实验的第二个兴趣是关于他们记住未来发生事件的能力，即当一个特定的靶事件出现时按下某一反应键，对所有被试靶事件都是“rake”，在 42 组词中共出现 3 次，但不一定何时出现。对于有外部帮助物组另外告之可以使用为之准备的钢笔、橡皮带、纸夹、订书机、橡皮、纸板、剪刀，在 30 s 内形成某种记忆帮助，没有使用这些外部帮助物的被试在测验后询问是否使用了内部帮助策略。

（4）干扰任务。设计的两个干扰任务共约 15 min，夹在前瞻记忆指导语和进行中任务之间以产生遗忘。一个是回忆任务，从巴蒂格（W. F. Battig）和蒙太古（W. E. Montague）1969 标准词库中选 6 类词，每类中选 6 个项目，每个项目呈现 4 s，对不同的被试随机呈现，之后用 3 min 口头回忆并用磁带记录。另一个是再认任务，从同样的词库中选出 56 类，每类一个项目，每项呈现 2 s，对不同被试随机呈现，然后选 56 个干扰项与旧项目混合呈现，要求被试 5 min 内找出旧项目。

短时记忆任务是总结指导语并鼓励使用组块策略来提高记忆容量，为鼓励被试尝试组块技术并集中精力于本任务，介绍了爱立信（Ericsson）和蔡斯（Cbase）1982 报告的提高情况，不再提到前瞻记忆任务。三个新的短时记忆练习之后进行 42 个测试，分为 7 块，每块由 6 个测试词组成，每块时间间隔 10 s，42 个测试词中每组单词数年轻人为 4～9 个，老年人为

3～8个，这样短时记忆任务对于两组被试难度相当。靶事件出现在一组词中的第2、3或4位置，不在两边，随机呈现。一半被试出现在1、4、6块，另一半出现在2、5、7块。

这种范式操作性强，各个变量的影响已较为人所熟知，非常适合基于事件的前瞻记忆任务，即有外部线索可以引导提取先前意向的任务。对基于时间的任务，如半小时后开会，提取过程没有外部线索引导而需要自己启动，则较难操作，现场情景模拟法可能是一种有效的方法。

3. 情境模拟法

在自然条件下研究，其内部效度不高；而在严格控制的实验室条件下研究，又面临生态效度问题，而情境模拟法既保持了较高的生态效度，同时又可对额外变量进行严格控制，增强了实验的内部效度。情境模拟研究方法中通常营造一个由主试安排的、模拟日常生活活动的情境，将前瞻记忆任务植入这一模拟情境中，从而对被试的前瞻记忆成绩进行考察。有的研究者设计了“虚拟的一周”和“真实的一周”的游戏来探讨前瞻记忆的年龄差异，实验结果是：在“虚拟的一周”实验中，出现了前瞻记忆老化效应，而“真实的一周”实验中，老年组的成绩好于青年组。研究者的解释是：在虚拟的实验室里，所需时间较短，年轻被试没有其他事情干扰；但在“真实的一周”的生活中，年轻被试常常会受到很多其他事情的干扰，而老年被试受到的干扰相对较少，这样就有更多的时间回想前瞻记忆任务，因此他们的前瞻记忆成绩好于年轻被试。由此可见，采用情境模拟法虽然其实验设计更接近生活，也填补了实验法和自然法的一些缺陷，但现实生活中两种任务并非都是单一的，可能包含着多种不同性质的联系紧密或无关的任务，采用情境模拟法，任务间的相互干扰无法控制；再加上人生活在现实社会当中，个体的诸多社会关系对前瞻记忆任务的干扰也是无法控制和直接测量的，所以该方法过程贴近生活但其结果却远离生活。

4. 多项式加工树模型

为检验行为内部的心理过程并对其进行量化，研究者引入建模的方法对数据进行分析，其中多项式加工树(multinomial processing tree，MPT)模型能够对社会认知的行为数据进行拟合并且提供较好的理论解释，因此被广泛应用。将多项式加工树模型应用于社会认知研究中，大致包括如下三个主要步骤：

(1) 构建模型结构。由于多项式加工树模型反映的是研究者对人们某种行为背后心理过程所设想的框架，因此首先需要研究者根据所研究问题及其涉及的方法与范式，建构出能够充分描述数据并提供心理过程的理论模型。该理论模型需要尽可能地反映心理过程的交互作用及它们对行为表现的影响，即被试的反应来源于一种或多种不同的心理过程的共同作用。

(2) 参数的有效性评估，即评估模型和参数的效度。虽然在步骤(1)中对多项式加工树模型与数据拟合程度进行了检验，但是拟合程度并不能直接说明模型参数对心理过程解释的有效性。因此，研究者需要进一步对参数的有效性进行评估。一种常用的方法是通过实验来操纵某个特定参数相应的心理过程，检验该心理过程对应的参数是否变化。若实验操纵能够影响该心理过程参数，并且参数值会随着操纵程度的不同而改变，则认为该模型参数可以较好地解释心理过程，即模型参数有效。

(3) 模型的应用。如果前两步均有效，表明该模型能够较好地反映心理过程，则研究者可以进一步设计实验来检验新的研究假设。例如，设计新的可能会改变某个特定心理过程的条件，从而检验该条件是否对相应的模型参数产生影响，进而验证该操作对心理过程影响的有效性。

2004年，史密斯(R. E. Smith)和巴恩(U. J. Bayen)使用多项式加工树模型测量了基于事件的前瞻记忆。多项式加工树模型与心理测量中的潜变量模型有着相似之处，均是先通过理论假设来推断人们的心理变量或心理过程，然后再通过实证数据对理论模型进行验证。但多项式加工树模型更加侧重于对认知过程进行模型的建构和检验，而潜变量模型则更加侧重于对心理变量或者心理特质/维度方面进行检验。值得注意的是，多项式加工树模型的使用前提是对心理过程有着明确的假设，因此使用前需要注意多项式加工树模型是否适合当前的实验范式和研究问题。在模型的数据分析中，多项式加工树的参数值使用数据估计的方法进行估计，相互之间不能精确比较，只能理解为一种“优于”的关系。

9.3 前瞻记忆的理论模型

前瞻记忆与我们的日常生活密切相关，其成败在很大程度上影响着我们的生活质量。前瞻记忆的提取通常没有外显的要求，需要人们在恰当的时间打断当前进行的任务，将注意转换到前瞻记忆任务。研究表明，前瞻记忆的提取需要进行中任务付出一定的认知资源代价，是一个需要认知资源而并非自动完成的过程，其中既有意识加工又有无意识加工的参与。围绕此类问题，研究者通过实验研究，提出了一些理论模型来解释前瞻记忆任务执行过程中的认知资源分配和记忆线索的编码与提取特点。下面介绍前瞻记忆的理论模型。

9.3.1 基于事件的前瞻记忆理论模型

1. 注意-搜索模型

该模型认为前瞻记忆的提取包括认知和控制两个加工阶段。认知阶段是对前瞻记忆目标事件的自动加工，没有外显的搜索。人们遇到目标事件会自动地引发一种熟悉感，并加以注意，预先的计划会突然闪现于人的头脑中。因此它不需要占用人们的注意资源，而且相对来说不受个体发展变化的影响。认知阶段过后，人们开始进行有意识的控制加工并搜索和提取意向行为，即进入控制阶段。此阶段需要占用人们的注意资源，使人们将注意集中到记忆任务上来。学习和测试之间的知觉特征的保持可以增强目标事件的熟悉感，而概念特征的保持可以增强前瞻记忆意向的提取。

2. 自动激活模型

麦克丹尼尔(M. A. McDaniel)等人借鉴长时记忆中激活扩散模型的思想，提出了前瞻记忆的自动激活模型[127]。模型假设，前瞻记忆是由一种自发的联想记忆系统来调节的，其提取在很大程度上是自动加工的过程：首先人们在编码阶段形成前瞻记忆目标线索与活动的联结，当目标线索从工作记忆中消失后这一联结就处于一种特殊的阈下激活状态。这种状态对后来呈现的目标事件更加敏感，使之更容易留下痕迹，并进一步加强了目标线索与活动的联结。当这个联结提高到阈限以上时便被自动激活，进入意识，使被试注意到所呈现的目标线索，并从目标线索出发沿着线索和活动的联结路径自动扩散，前瞻记忆任务完成。模型否认前瞻记忆提取过程中控制阶段的必要性，认为一旦目标事件与意向行为建立了联结，前瞻记忆任务就会自动得到执行，不存在对意向行为的控制搜索。在前瞻记忆中，记忆痕迹是前瞻记忆活动的编码，如果这个线索能够很好地与记忆痕迹产生足够强的相互作用，那么有关的记忆系统就可以快速地而且几乎不需要任何认知资源地把与线索有关的信息带入意识。

3. 双重加工模型

综合前两种模型的理论观点，人们提出了双重加工模型，认为前瞻记忆的提取在不同程度上既依赖于策略加工，也依赖于自动加工。策略加工过程需要注意活动的参与，个体有意识和积极主动地参与前瞻记忆的提取过程。而自动加工则涉及注意和记忆等几种不同的系统或过程。注意系统的自动加工对一些重要和不寻常的刺激做出自动反应，对意向进行自发的提取，基本上不消耗认知资源。如果意向活动很复杂或者与目标事件联系不紧密，则最初的自发启动接下来会伴随一个记忆的控制性搜索。记忆系统的自动加工则由无意识的自动联结记忆系统支持，目标线索与活动联结的编码从工作记忆中消失后就处于一种特殊的阈下激活状态，这种状态遇到所呈现的目标线索时，将从目标出发沿着线索和活动的特殊路径自动扩散。有研究者的实验结果证实，任务类型、目标线索的性质、计划和个体差异等因素影响前瞻记忆任务提取过程中策略加工和自动加工的不同参与程度，从而支持了双重加工模型。

4. 三重加工模型

前瞻记忆的提取需要注意资源，但又显然是(由靶线索)自发引起的，没有外显的搜索过程，仅仅用意识性的控制加工和无意识性的自动加工这两种加工机制来解释此过程已显勉强，赵晋全和杨治良提出"准意识"(quasi-conscious)和基于准意识的三重加工模型来解决前瞻记忆提取机制所面临的困难[30]。

准意识是不能通达于意识但又需要注意资源的心理状态。它与意识和无意识都有根本的区别，介于意识和无意识之间，客观影响和加工方式上更像意识，主观感受上更接近无意识。基于准意识概念，赵晋全和杨治良提出了前瞻记忆提取的三重加工模型，如图9.1所示[29]。

三重加工模型认为，靶线索和行为联结的编码从工作记忆中消失后就处于一种特殊的阈下激活状态——准意识状态。这是一种不能通达于意识但又需要注意资源的心理状态，介于意识和无意识之间，客观影响和加工方式上更像意识，而主观感受上更接近无意识。这种状态遇到所呈现的靶线索时，将从靶线索出发，沿着靶线索和行为联结的特殊路径自动激活扩散。前瞻记忆任务加工过程的完成涉及准意识对应的策略加工、意识对应的控制加工和无意识对应的自动加工。控制加工处理意向和靶线索的形成，以及意向的执行。策略加工处理阈下激活状态的意向，并在发现靶线索后做出是否提取意向的判断。自动加工处理意向编码、储存，并辅助策略加工完成前瞻记忆的提取过程。该模型假设：前瞻记忆的表现水平取决于策略加工和自动加工的总和；进行中任务的表现水平取决于控制加工和自动加工的总和；在一段时间内对于特定任务来说，控制加工和策略加工的总和为一常数，自动加工为另一常数。

有研究表明，前瞻记忆任务的重要性影响准意识所对应的策略加工。前瞻记忆任务的

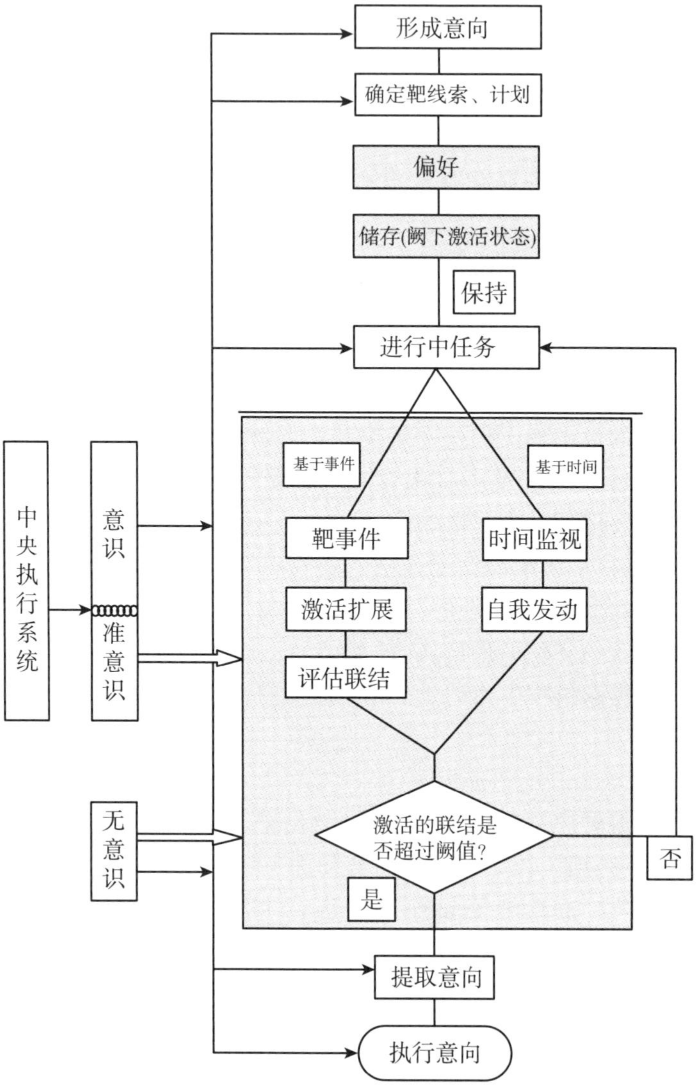

图 9.1　三重加工模型

靶线索、进行中任务的吸引程度以及它们的加工类型等因素也分别影响到意识对应的控制加工和准意识对应的策略加工。另外，对于需要注意资源的策略加工，增加前瞻记忆任务靶词的相对熟悉性和集中注意有助于提高前瞻记忆表现，而自动加工则对靶词的熟悉性和分心不敏感。这些研究从结果上证实并支持了三重加工模型。

9.3.2　基于时间的前瞻记忆理论模型

1. 注意闸门模型

扎凯(D. Zakay)和勃洛克（R. A. Block）在计时的量化属性和注意等认知因素之间找到了结合点，综合了注意模型、信息加工模型和内部时钟模型，提出了注意闸门模型(attention gate mode，AGM)[199]。如图 9.2 所示，注意闸门模型在信息加工模型的时钟阶段，在起搏器和开关之间增加了一个闸门。闸门打开就可以允许时间信息(由起搏器产生的

“冲动流”）通过开关进入“认知计数器”。这个闸门的打开受到分配给时间的注意的控制：注意越多，闸门打开得越广或者打开的频率越高，因此有更多的时间冲动可以经过。

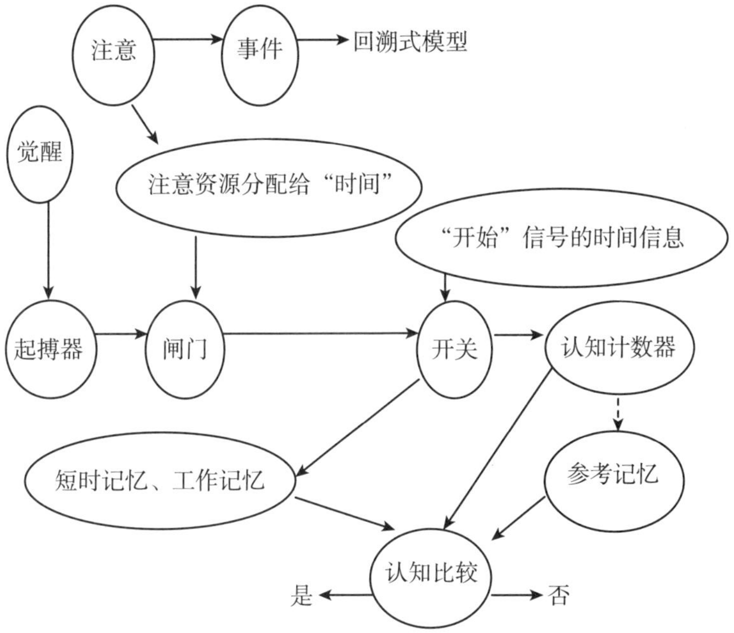

图9.2 注意闸门模型

开关被认为是在开始信号出现的时刻开始传送时间冲动，而这个开始信号是“刺激被赋予的时间含义”。当我们知觉到有一个刺激可以表明一个相对时距的开始时，这个开关就打开，计数器设定为0，信号流就可以到达计数器。转移的冲动数量首先取决于冲动的产生速率，它受到觉醒水平的影响（包括一般意义的觉醒，即生物周期，以及特定含义的激活水平，即由于刺激引发的激活）。其次还决定于闸门打开的时间比例，或者打开的宽度：“如果时间信息与任务要求不相关，或者说时间估计是发生在回溯式情况下，那么闸门开放得就比较窄，只有较少的冲动通过该闸门”。因此，正是这个闸门把“注意”引入了时间信息加工模型。当知觉到有一个刺激标志着一段相对时距的结束时，开关就关闭了，于是阻止了更多的冲动进入计数器，而与此同时，计数器中数字被转移至短时记忆中。

“注意分配给时间”（闸门）与“刺激的时间含义”（开关）之间的区别在于对注意的不同定义，前者是注意资源的分配，而后者是选择性注意的形式。从操作上讲，注意资源分配和选择性注意是相互补充，而不是相互排斥的：当计时发生时，注意资源（闸门）被分配给有意义的时间刺激（开关）。

虽然注意闸门理论得到了一系列研究结果的支持，但是该模型仍然存在不少问题。首先，闸门和开关的相对位置，还没有证据能够证明。其次，注意闸门理论，其核心思想是基于“内部时钟”的假设，可是人们一直没有找到这个内部时钟的生理机制。

2. 动态注意理论

动态注意理论（dynamic attention theory，DAT）假设注意及其同步性与任务规定的时间间隔之间相互关联，而对时间的判断取决于时间期望与任务规定的时间间隔这二者的复合程度。时间期望依赖于任务和事件的时间结构。从知觉角度来看，如果某个事件比预期到来得早，个体对其相关的时间间隔的感知就较短。

动态注意理论中，个体将一段时间内部表征为一个周期性的振动，因此在任务中需要对一系列的时间间隔进行应答，体现了个体的主观能动性。对事件结构的分析编码在时间判断任务中起到十分重要的作用。结合时间前瞻记忆任务的特点来看，监控时间是其中至关重要的一个环节。动态注意理论强调了个体对时间的监控，以及在时间任务中注意所发挥的作用。

9.4 前瞻记忆与个性

影响前瞻记忆的个性主要有人格特质和认知方式。人格特质是指在组成人格的因素中，能引发人们行为和主动引导人的行为，并使个人面对不同种类的刺激都能做出相同反应的心理结构。对于人格特质的研究，早在 1921 年，心理学家荣格(C. Jung)就采取科学方式把人分为直觉型(intuitor)、思考型(thinker)、情绪型(feeler)和感觉型(sensor)等 4 种。1949 年，卡特尔(R. B. Cattell)用因素分析法提出了 16 种相互独立的根源特质，并编制了《卡特尔 16 种人格因素测验》(16PF)。这 16 种人格特质是：乐群性、聪慧性、情绪稳定性、恃强性、兴奋性、有恒性、敢为性、敏感性、怀疑性、幻想性、世故性、忧虑性、激进性、独立性、自律性、紧张性[8]。

20 世纪 80 年代以来，人格研究者们在人格描述模式上达成了比较一致的共识，科斯塔(P. T. Costa)和麦克雷(R. R. McCrea)提出了人格五因素模式，被称为“大五人格”。这五种人格特质是：

(1) 情绪稳定性：焦虑、敌对、压抑、自我意识、冲动、脆弱。

(2) 外向性：热情、社交、果断、活跃、冒险、乐观。

(3) 开放性：想象、审美、情感丰富、求异、智能。

(4) 随和性：信任、直率、利他、依从、谦虚、移情。

(5) 谨慎性：胜任、条理、尽职、成就、自律、谨慎。

在一项关于自陈法测量前瞻记忆的信效度研究中，发现“谨慎性”与“情绪稳定性”能在一定程度上预测前瞻记忆的水平。在词汇判断的任务中，五因素中的“谨慎性”与前瞻记忆正相关显著。

认知方式是指个体在认知过程中所表现出来的较为固定的模式，它既表现在知觉、记忆、思维等认知过程中，也表现在动机、态度、能力等非认知因素中。认知方式可被分为场独立型-场依存型、思索型-冲动型、整体型-分析型等。场依存型-场独立型认知方式表示人们在信息加工过程中依赖于外部参照或内部参照的倾向，更多地依赖外部参照进行信息加工的人属于场依存型，更多地依赖内部参照进行信息加工的人属于场独立型。研究表明，场独立者与场依存者在认知重组技能、元认知技能等方面存在明显差异，场独立者具有较成熟的元认知技能，特别是较强的注意监控技能以及信息的提取和组织能力。而前瞻记忆的完成需要注意执行系统或注意监控系统以监控完成前瞻记忆的时间与场合，即要求被试能够监视靶线索的出现，并在合适的时机中断进行中任务，将注意力转移到前瞻记忆任务上来。因此，我们有理由相信，场依存型-场独立型认知方式是影响前瞻记忆成绩的一个重要因素。

不管是基于事件的前瞻记忆任务，还是基于时间的前瞻记忆任务，不同认知方式被试的回溯记忆成绩均没有明显差异，而前瞻记忆效果却存在明显的差异，场独立者的前瞻记忆效果要明显好于场依存者。这表明，认知方式这一个别差异变量是影响前瞻记忆水平的一个重要机体变量。其原因主要有三方面：

(1) 不管是何种类型的前瞻记忆，不管是什么特征的靶线索，前瞻记忆的成功完成都需要当事人自主监控完成前瞻记忆的时机，并在恰当时刻将注意力从进行中任务转移到前瞻记忆任务上来，以完成前瞻记忆任务。场独立者具有较高的心理分化水平和认知重组技能，具有较强的元认知技能，特别是注意监控技能占有优势，这有利于他们对前瞻记忆靶线索的监控，使得他们能够在恰当时刻将注意力从进行中任务转移到前瞻记忆任务上来，从而促进前瞻记忆任务的完成。

(2) 场独立者较高的认知重组技能有利于其从背景材料中发现线索，而场依存者的心理分化水平和认知重组技能较低，倾向于让已有的场保持原样，所以较难从背景材料中觉察到线索，这种对线索的敏感性程度影响了前瞻记忆水平，由此导致场依存者的前瞻记忆水平明显低于场独立者。

(3) 由于场依存者在信息加工过程中主要是依赖外部参照，因而在完成当前进行中任务时，投入了较多的认知资源，而对靶线索的监控投入的资源相对不足。可以说，场依存者完成进行中任务时，意识成分增加，准意识成分减少。因此，场依存者完成进行中任务时，由于意识成分的增加、准意识成分的减少而导致了前瞻记忆成绩的下降。

9.5　前瞻记忆的生理基础

日常生活中的记忆失败与前瞻记忆的失败有关，前瞻记忆的失败有时会严重影响人们的生活和发展。正因为其对人们正常活动功能的维持起着重要作用，近年来前瞻记忆已成为一个新的研究热点。但前瞻记忆的生理机制研究尚处于初期，尽管最近用不同的方法对前瞻记忆的生理基础进行考察的研究日益增多。大部分研究表明，前瞻记忆的生理基础和前额叶以及丘脑、颞叶的功能有关。前额叶是前瞻成分的生理基础，在前瞻记忆任务中主要负责意向维持、目标监测。丘脑、颞叶是回溯成分的生理基础，在前瞻记忆任务中主要负责对意向内容的提取。

科恩(J. D. Cohen)提出了一个以前额叶和丘脑的关系为基础的理论来解释计划和前瞻性记忆的理论[62]。在他的理论中，强调2个概念：联结(binding)和偏向(bias)。需要执行的任务可能是新的，也可以是高度重复的，或者是在这之间的。该理论认为联结的维度是和丘脑相连的。丘脑的重要功能是快速建立一个新联系，并且可以用这个联系来引导行为，所以丘脑对新任务的完成是必需的。丘脑的这个功能是通过连接储存在新皮质的、完成任务必需的表征来完成的。这些必需的表征可能包括、也可能不包括来自前额叶的表征，这取决于任务。因此，一个任务涉及对简单刺激的简单反应，即使是新的，也需要丘脑连接相对简单的在前额叶之外的表征。相反，执行一个涉及过程的时间顺序的新任务(许多或者全部需要与更优势的过程竞争)要求丘脑连接前额叶皮质的表征和非前额叶的表征。这种从上而下的影响有的时候表现为这个任务和经验关联的程度，这个维度被称为联结。联结描述的是丘脑在调解新联系中的作用，直到新联系的编码在皮质发生权重变化。前额叶是和当前的一系列活动相联系的，它必须抑制那些更优势的反应。这反映了前额叶支持和任务有关的过程而抑制无关过程的功能。科恩假设如果这些任务要求瞬间计划的激活或者仅仅涉及活动的优势过程，可以由前额叶单独完成。他们称这种控制的维度为偏向维度，用来表征前额叶对偏向过程的表征能力。根据一项任务被执行的环境，可以需要或多或少的偏向，所以它们和前额叶的关系也是变化的。然而，如果任务是被打断的，就需要前额叶来竞争。因为如果任务被打断，意味着它在和其他的更有优势的活动竞争，因此需要来自前额叶从上而下的输入或偏向来克服它的竞争者。该理论认为偏向和联结是在整个过程中持续变化的维度。这种变化过程根据任务对前额叶和丘脑的依靠程度而变化。

基于这个理论的神经网络模型模拟了一个例子来解释丘脑和前额叶在前瞻记忆中的作用。早上发现没有果汁，但是已经到了上班的时间，于是形成计划，要在下班回来的路上到杂货店买果汁。上班的计划和买果汁的计划相矛盾。神经网络模型通过强制满足来解决。强制满足是一种特殊的激活状态，既满足了当前的需要(上班)，又计划了将来的需要(买果汁)。通过联结，得到更多的果汁的计划会激活去杂货店的路的表征，和一些去上班和下班的路的激活重叠。同时，当前去上班的激活和类似于正点上班的表征相联结。一个在杂货店停下来的计划和现在上班的计划是矛盾的，比回家的路上去杂货店更矛盾，所以后边的计划是得到支持的。这和回家的环境的表征相联结(天黑了，到了下班时间)。因此，系统建立了一种下列表征的状态：上班，回家，去杂货店，5:00，等。正如前面所说，丘脑联结了稳定的新皮质状态的各成分。这就涉及了一个问题：为什么在这个时候是上班的计划，而在晚上回来的路上就是去杂货店的计划占了优势？答案是在现在的环境和上班的计划有强烈的联系，是储存在新皮质的。平常直接回家的计划和去杂货店的计划有冲突，这个时候，前额叶和丘脑在控制行为中起了很大的作用：丘脑帮助支持去杂货店的表征去战胜存储在前额叶的常规直接回家的表征。前额叶的表征偏向于去杂货店的反应。丘脑和前额叶联合执行计划行为，即前瞻性记忆完成。

科恩认为前瞻性记忆任务要求在前额叶的过程和丘脑过程的联结，和任务有关的偏向是前额叶加工过程的职责，记忆成分的新联结是在丘脑内完成的。

伯吉斯(P. W. Burgess)等采用正电子发射断层摄影术(positron emission tomography，PET)技术对前瞻记忆的脑神经机制进行了研究[58]。让被试执行四种不同的前瞻记忆任务，使用四种不同的实验材料(图形、数字、单词等)，每种实验材料包含三种条件：控制条件、预期条件和执行条件。控制条件只有背景任务，没有前瞻记忆任务；预期条件是告知被试在背景任务中包含一定的前瞻记忆任务，当看到前瞻记忆目标时要做出某种反应，但实际上预期的前瞻记忆目标却始终不会出现；执行条件是告知被试需要完成背景任务和前瞻记忆任务，前瞻记忆目标实际出现的比例大约为 20%。PET 数据表明，相对于控制条件，四种实验材料的预期条件和执行条件在前瞻记忆目标未出现时都激活了双侧额极布罗德曼 10 区，相应的在右侧前额叶的局部脑血流出现了下降。所以伯吉斯认为布罗德曼 10 区、右侧前额叶、顶叶后部区域和意向的保持或线索的监测有关。上述研究证明，前额叶区域参与前瞻成分的认知过程，但关于前额叶的不同部位的作用有一些不同的研究结果，有待进一步研究。

伯吉斯等的两项PET研究都发现，当被试执行前瞻记忆任务时，丘脑被明显激活，表明丘脑和意向的实现有关。有学者采用fMRI的研究也表明，丘脑参与了前瞻记忆的提取，在较长前瞻记忆任务条件下双侧丘脑出现了激活，且在高目标频率的前瞻记忆条件下的激活远强于低目标频率条件下的激活。这表明丘脑在前瞻记忆由当前进行的活动适时地转换为目的行为的过程中起着重要的作用。有学者采用脑成像技术，对前瞻记忆的两种成分是否具有共同的生理基础进行考察，把目标识别和意向提取的认知需求水平作为自变量进行操纵，目标识别条件把意向提取的认知需求水平最小化，把目标识别的认知需求水平增大，而意向提取条件把目标识别的认知需求水平最小化，把意向提取的认知需求水平增大，从而实现了对目标识别和意向提取在一定程度上的分离。结果显示目标识别和意向提取条件下行为数据有差异，但两者在前额叶皮质（布罗德曼10区）有明显相同的血液动力学改变模式，人们推测虽然目标识别和意向提取可能行为上独立，但它们至少在前额皮质有一些共同的神经基础。研究表明，在执行前瞻记忆时，双侧额极的局部血流量增加，但布罗德曼10区的内侧和外侧在前瞻记忆中的作用是不同的，内侧抑制目的行为的产生，而外侧则促进目的行为的产生。

有关前瞻记忆神经机制的研究可能为痴呆的早期诊断提供帮助和信息。但目前前瞻记忆生理机制的研究都是以事件前瞻记忆为研究对象，关于时间前瞻记忆的生理机制的研究严重缺乏，主要是由于技术问题较难开展。时间前瞻记忆与事件前瞻记忆的不同之处主要在于，它是在完全没有外显提示的情况下自我激发执行意向的，对前额叶的依赖程度可能是不一样的。今后应加强对时间前瞻记忆的生理机制的研究，以促进对前瞻记忆的生理机制的进一步了解。

前瞻成分和回溯成分是前瞻记忆的两个不可分割的成分，回溯成分不能被轻易忽略和简化。应加强对复杂的前瞻记忆的研究，以丰富前瞻记忆的研究体系。

第 10 章　错误记忆

错误记忆(false memory)是指人们会回忆或再认那些没有出现过的事件，或者对经历过事件的错误回忆。对错误记忆的分析有助于理解潜在的记忆过程。

10.1　概　　述

人类的记忆系统并非是对往昔经验的原样记录，任何经历过的事件都不是完全按照其最初的本来面貌进入头脑的。我们无法将过去经历过的事件像录像机一样完整地记录在头脑中，而只能根据个人的标准来保持对事件的编码。大脑中已经储存的经验或知识，会影响我们对新的事件记忆的编码、储存和提取。记忆是对我们所体验到的事件的记录，而不是对事件本身的复制，在此过程中经常会伴随着错误。记忆心理学家沙克特(D. L. Schacter)在其著作《记忆的七大故障》[159]中，列举了人类记忆的七种缺陷：

(1) 健忘(transience)是记忆的基本特征，在本质上是一种暂时性现象。因为人们能记住过去几小时干了什么不是一件难事，但是要问过去 6 周、6 个月或 6 年来干了什么，恐怕能记住的人很少。

(2) 分心(absent-mindedness)是指在记忆和注意之间的交界处出现的故障。分心并非是应该记住的事忘记了，而是当人们全神贯注于某一件事时，不能把注意力集中于我们应当记住的事上。这种情况要么是一开始就没有在记忆细胞上编码登记，要么是当需要的那一刻没有进行信息查询。所以，分心也会让人找不到眼镜、钥匙，甚至忘记午餐约会，因而与健忘有相似之处。

(3) 空白(blocking)是指人们在拼命回忆某些重要信息时出现的记忆阻滞现象。例如，每个人都有碰上熟人的面孔却叫不上人名的尴尬。但是，遇到这种情况我们都相信那人的名字并没有从我们的记忆中消失，要不了多久，也许几小时或几天后就会突然想起来，而且事实也正是如此。

(4) 错认(misattribution)是把虚幻的东西误认为是真实的，或者是把朋友告诉你的鸡毛蒜皮的小事记成你确实在报纸上看到的真实报道。

(5) 暗示(suggestibility)是指某些记忆根深蒂固，当你尝试回忆往事时，会产生一些相关联的问题、意见和建议。

(6) 偏颇(bias)是指在回忆过去时，思维在很大程度上受当前学问和信仰的影响。人们经常有意无意地按照现在的思路和信仰编写或者杜撰从前的经历，对一些突发事件甚至自己的亲身经历都是依据现在的感受而不是当时的事实来叙述。

(7) 纠缠(persistence)是人们内心认为不该记住的那些不愉快的烦心的事件却不时会

出现在自己的心头，挥之不去。尤其是深更半夜从睡梦中醒来，那些生命中经历过的灰暗经历，如工作上的痛苦挫折、考试时的差强人意以及更为严重的失恋或失去亲人的所有细节都会浮现在脑海。

记忆的七大缺陷一直与记忆如影随形，它提醒人们，我们的记忆远没有想象中的那样可靠。对错误记忆的研究发现，人类记忆不仅容易逝去，还很容易受到外界干扰信息的误导，甚至在没有任何外来信息干扰的情况下，也会因内部联想过程而自发地发生改变。

英国心理学家巴特利特（F. C. Bartlett）最早对错误记忆现象进行实证研究，他通过系列实验研究指出，记忆并不仅仅是痕迹的重要兴奋过程，而且是重构和建构的过程[43]。巴特利特强调了记忆过程中的主动性作用，使得人们对记忆中存在的基本错误类型的认识从单纯的遗忘扩展到另一种替代性错误。替代性错误的表现为人们会错误地记住没有发生过的事件，或者记忆与真实情况不同。对于错误记忆的研究得益于1959年迪塞（Deese）的实验，他描述了错误记忆，但并未在记忆研究者中形成广泛的兴趣。1974年，洛夫特斯探讨了干扰性信息所导致的记忆重构。直到1995年，罗迪格（H. L. III Roediger）和麦克德莫特（K. B. McDermott）的工作才使更多的心理学家开始对错误记忆现象寻求更多的理解[153]。

10.1.1　巴特利特的记忆建构

巴特莱特对记忆研究的贡献主要体现在对记忆的经典实验研究上。在方法论上，采用了比较接近日常生活的故事和图画材料，用重复回忆和系列回忆的手段来考查记忆的全过程。在理论上，他强调记忆过程的主动“建构”作用，突出了心理作用的整体性。巴特利特对艾宾浩斯的研究持批评态度。他认为记忆不仅仅是形成联想，学习与记忆是一个活跃的过程，涉及意义的追求，把识记材料纳入一定的图式。他批评艾宾浩斯为避免过去知识的影响而使用无意义音节作为学习和记忆的材料，使记忆研究陷入一种人为的状态，因而对日常生活的记忆缺乏现实意义。他认为艾宾浩斯过于注意被记忆的材料，而忽视了影响记忆的其他重要因素，例如被试的态度和他们过去的经验。

巴特利特用故事和图画等有意义的材料来进行记忆研究。巴特利特认为，回忆的过程包括建构的成分，在回忆中我们使用已保存的内容以及头脑中已有的图式来重新产生所学习的内容，被试会对学习内容进行改变、加工和简化。巴特利特研究记忆强调使用有意义的材料，这实际上是把文化因素引入记忆研究中。他提出的图式的概念对后来的人工智能有很大的启发意义。另一方面，他强调心理作用的社会性和整体性，坚持心理学应从实验室走向社会，这也是他研究工作的一个特点。

有学者指出，巴特利特的试验控制非常少，指导语也很模糊，诱使被试进行虚构，而且很少使用数学统计的方法，这不仅限制了他的研究工作的影响力，而且使他的实验很难被成功复制。

10.1.2　洛夫特斯关于误导信息的研究

洛夫特斯是美国认知心理学家，研究人类的认知和记忆活动，主要工作集中在干扰信息对记忆的影响方面。1974年，洛夫特斯等设计了一种与倒摄干扰范式相类似的实验范式，使用视频材料提出新问题，采用误导性信息改变人们对事件的记忆。

1978年，洛夫特斯等人在错误信息的经典实验中，采用了之前经历过同一事件的两组被试，第一组被给予关于该事件的误导性信息，第二组得到的信息与事件实际一致，结果发现最后对当初经历的同一事件进行描述时，第一组被试通常比第二组被试更有可能报告错误信息，这种现象被称为"错误信息效应"，即人们在暴露于误导性信息之后出现的记忆损伤。在此基础上，许多研究者更换了不同的变量，如对犯罪场景的描述、对普通场景的描述、对现实生活事件的描述、误导性的问卷以及对事件有误导性的声音等，但都能得到错误信息效应。

洛夫特斯经常以专家证人的身份，在法庭向陪审团解释人类认知、记忆的程序，以协助陪审团评价目击证人的证词。她运用自己对认知和记忆的研究心得，探讨司法程序中目击证人的可信度。洛夫特斯在创伤性压抑记忆和目击者的描述方面最著名，她已经证实了超过200个案例(试验)中目击者的证词是基于错误记忆，她相信目击的不可信，认为记忆是有可能被外在暗示挑起，被建议、被植入或在心里被创造的。1999年，她荣获美国司法心理学科学院杰出贡献奖。

洛夫特斯的研究让她卷入了20世纪90年代"记忆战争"漩涡的中心。当时，数十名因抑郁症、进食障碍和其他心理问题而接受治疗的人声称，他们恢复了自己在创伤事件中被压抑的、与童年虐待有关的记忆。她进行的一系列实验表明暴露在不准确的信息和引导性问题下会破坏目击者的证词。她向人们展示了心理治疗和催眠如何在患者身上植入了完全错误的童年记忆。她在面对针对她个人的恶劣敌意的情况下依然在公共利益问题上为科学和证据发声。追求科学的勇气，让她赢得了2016年的马多克斯奖(John Maddox Prize)。

10.1.3 罗迪格对词表记忆的研究

1995年，罗迪格和麦克德莫特发展出词表记忆范式[153]，在实验室控制情境下，通过简单的学习-测验任务，发现错误记忆效应，使得因联想过程而导致的错误回忆和错误再认成为错误记忆领域内的另一个重要主题。

在迪塞(J. Deese)编制的词表基础上，罗迪格和麦克德莫特进一步创造出一系列词表，用于研究错误记忆现象，如表10.1所示[153]。在实验中，他们向被试依次以听觉形式呈现由12个单词组成的词表，每个词表中的所有项目均与某个未呈现过的关键诱饵有关，但这些关键诱饵在学习阶段并不呈现。在每张词表呈现完毕时，都要求被试完成回忆测试，尽可能地写下他们确信在词表中曾经出现过的词。最后要求被试完成一个再认测试。再认测试由42个项目组成，其中包括12个学过项目和30个未学过项目。未学过项目有三种类型：(1) 6个关键词(如needle)；(2) 12个与学习词表完全无关的词；(3) 12个与学过词表有弱关联的词(每张词表2个)。再认测试以区组形式呈现，每个区组有7个项目(2个学过项目，2个弱关联项目，2个无关项目，1个未学过的关键诱饵)，且区组分别与6个词表相对应。每个区组都以一个学过项目开始，并以关键诱饵结束，中间项目随机呈现。在两个学过项目中，一个位于学习词表中的第一个位置，另一个位于学习词表中的前6的位置。在再认测试中，要求被试对测验项目先前是否呈现在词表中做出自信心判断，1为确认为新，2为可能为新，3为可能为旧，4为确认为旧。

表 10.1 实验词表

chair	mountain	needle	rough	sleep	sweet
table	hill	thread	smooth	bed	sour
sit	valley	pin	bumpy	rest	candy
legs	climb	eye	road	awake	sugar
seat	summit	sewing	tough	tired	bitter
soft	top	sharp	sandpaper	dream	good
desk	molehill	point	jagged	wake	taste
arm	peak	prick	ready	snooze	tooth
sofa	plain	thimble	coarse	blanket	nice
wood	glacier	haystack	uneven	doze	honey
cushion	goat	thorn	riders	slumber	soda
rest	bike	hurt	rugged	snore	chocolate
stool	climber	imjection	sand	nap	heart

实验结果显示:(1) 在回忆测验中,被试对学过项目的回忆率为 65%,对未呈现过的关键诱饵的回忆率为 4%,与其对应于词表中间位置的学过项目的回忆率相当;而且,被试是在回忆测验的后半程产生对关键诱饵的错误回忆。(2) 在再认测验中,对学过项目的击中率为 86%,对无关项目的虚报率仅为 2%,对弱关联项目的虚报率为 21%,对未学过的关键诱饵则为 84%;并且,超过半数的被试报告说他们确信关键诱饵在学习阶段曾经在词表中出现过。

罗迪格和麦克德莫特发展出的词表学习范式,可以成功地引发出被试对未学过的关键诱饵的错误记忆,且被试对关键诱饵的错误回忆或错误再认均接近对学过项目的正确回忆或正确再认。罗迪格和麦克德莫特使用同一研究范式,在回忆和再认测验中都发现了稳定而明显的错误记忆效应。这为错误记忆的进一步研究提供了有效的方法,吸引更多的学者对错误记忆现象开展研究。

10.2 错误记忆的研究范式

在众多心理学家的共同智慧下,错误记忆研究日趋精细。目前错误记忆研究的范式大致可以分为两类:一类是基于单词的错误记忆研究范式,一类是基于事件的错误记忆研究范式。

10.2.1 基于单词的错误记忆研究范式

基于单词的研究方法是最开始研究错误记忆时使用的方法,这其中有很多经典的研究范式至今都受到很多研究者采用。但是此方法一般用于实验室研究，而且相对于基于事件的研究方法，此方法因为很难推广到实际生活而显得单一，研究的运用领域也很难推广到教育之外的其他领域。主要有联想范式、无意识知觉范式、错误联结范式等。在这些研究范式中，联想范式和无意识知觉范式采用的实验材料主要是单词。错误联结范式中的实验材料既有单词，也有图片和脸谱等材料。

1. 集中联想程序范式

集中联想程序范式，又称 DRM(deese-roediger-mcdermott)范式，向被试呈现多个学习词表，每个词表由一个未呈现的目标词(也称关键诱饵，如寒冷)和与它相联系的 15 个学习项目(如冬天、冰雪、感冒、发抖)组成，然后在测验阶段让被试对呈现过的词进行自由回忆和再认。结果发现，在回忆和再认测验中被试将未呈现过的关键诱饵识别为"旧"的比率(即虚报率)接近那些实际呈现过的词的击中率(即真实记忆)，这就表明错误记忆发生了。

2. 类别联想程序范式

向被试呈现一个包含熟悉名词的多种类别的词表，每个类别中含有 1、3 或 5 个范例，在学习中随机呈现。比如词表上属于"阅读材料"的这个类别的范例是"小册子、喜剧书、报纸"。结果发现，在随后的测验中，被试对于学过范例的再认要高于未学过相关范例的错误再认。但正确和错误再认均随着学习过程中同一类别范例数量的增加而增加。

3. 无意识知觉范式

有人认为无意识知觉是错误再认的重要前提，错误再认的可能性与被试有没有注意到背景词的呈现有关，即无意识知觉影响了再认记忆的判断。实验中，先向被试呈现由一系列单词组成的学习表，并告知在随后测验中会让其判断测验词在词表中是否出现过。在再认测验阶段，每个测验词呈现之前先以短暂的时间闪现一个背景词，并进行视觉掩蔽，以防止被试看到。背景词与测验词之间的关系有三种：匹配(与测验词完全相同)、不匹配(与测验词完全不同)和基线(无背景)，并区分了有意识知觉和无意识知觉两种背景词呈现的时间条件。

结果发现：背景词对测验词的影响依赖于背景词呈现时间的长短，呈现时间短时，没学过的测验词在匹配的背景下比不匹配背景下更有可能出现"旧"的反应；而呈现时间较长时，其效应则相反。结论是：无意识知觉能够影响被试对材料的熟悉感，而被试的错误再认效应则可以解释为无意识提取和归因过程共同作用的结果。

4. 错误联接范式

错误联接是指对过去刺激重新结合的错误再认。在实验中，被试对由先前学习过刺激的部分重新组合成的新刺激产生了错误再认。安德伍德(B. J. Underwood) 等最早研究了这一现象[190]。他们向被试呈现若干个由两个单音节的词组成的合成词，在再认测验中，刺激包含了已学单词、一个音节与已学单词相同的词、两个音节与已学单词相同的词以及无关词。结果表明，对已学单词的正确再认率＞对两个音节与已学单词相同的词的错误再认率＞对一个音节与已学单词相同的词的错误再认率＞对无关词的错误再认率。对两个音节都与已学单词相同的词的错误再认称为"联合错误"，对一个音节与已学单词相同的词的错误再认称为"特征错误"。

实验证明，记忆不同的材料都会出现错误联接。但是，对于错误联接的机制，仍然存在着争论。表征观点认为，记忆有特征表征和构造表征。特征表征是低水平表征，可能会捆绑在一起形成更有结构性的表征。对联合诱词的错误再认是由于缺乏构造表征或在编码过程中形成不正确的构造表征所致。因为特征诱词包含有在学习阶段未出现的特征，所以该假设不能对特征错误做出合理的解释。过程观点中的双加工理论认为：熟悉性和回忆提供了再认反应的基础。评估新词是基于熟悉性，再认诱词则是基于熟悉性和回忆，但熟悉性使人产生错误再认，回忆则使人避免错误再认。双加工理论能解释联合错误和特征错误，但未对错误联结的熟悉性来源做出说明。目前，还有研究者借用其他错误记忆理论来解释错误联接，包括模糊痕迹理论、源检测理论等。研究者认为，大量因素都可能导致再认错误，如熟悉感和语义激活等，最为谨慎的看法是，熟悉感和错误捆绑都能导致错误联接。

目前，错误联接研究大多采用拼音文字为材料。但是，与按线性方式排列的拼音文字不同，汉字是方块字，属于平面型文字，每个汉字都是一个结构紧密的图形。汉字记忆中是否存在错误联接？还有待于证明。此外，以往对拼音文字的研究没有分析实验材料的特征。语音、语义和词形是语言的三种主要编码维度，或简称为词的三种码。在记忆中，这三种码可分别单独表征一个词，也可由一个以上的码结合起来表征一个词，在提取中则可利用多种码的信息以提高记忆。这种通过多种码来提高记忆效果称为码的相加性(code additivity)。如果说通过多重码可以提高记忆效果，那么多重码是否会对错误记忆产生影响？实验表明，义似形似组的特征诱字错误再认率显著高于义异形似组的，音似形似组的诱字错误再认率要高于音异形似的。不仅正确记忆中存在码相加效应，错误记忆中也存在码相加效应。

10.2.2 基于事件的研究范式

1. 误导信息干扰范式

误导信息干扰范式(misinformation effect paradigm)，是洛夫特斯继巴特利特的研究之后创立起来的一种新的研究范式，主要采用幻灯片或录像的形式给被试呈现一段材料，然后在被试观察完信息后，给予被试误导信息，再呈现原来所呈现的幻灯片或录像来观察事后误导信息对于先前所学习的材料或事件的记忆影响情况。经典研究有洛夫特斯等关于交通事故的实验[122]。实验结果表明一个诱导性的问题能够改变一个人对事件的记忆，从而导致错误记忆的产生。此研究也引起了司法界的注意，证人证词的可靠性由此引发关注。另外在心理咨询中，也引发了思考，很多研究者认为来访者很有可能会因为咨询师的暗示产生错误记忆，而这种记忆的产生可能帮助来访者找到了问题存在的原因，但错误记忆的存在可能本身对来访者就是一种伤害。

2. 想象膨胀范式

许多研究已经发现，想象能够影响人们的童年记忆和近期记忆[80]。研究者通过实验模拟了日常生活情境，让被试想象经历某件未发生过的事情，结果发现想象提高了他们相信这些事件确实发生过的程度，这就引发了想象膨胀。这种想象膨胀实际上是一种信心膨胀。由此，加里(M. Garry)和洛夫特斯等提出了错误记忆研究的想象膨胀范式。该范式典型的实验有三个阶段：第一阶段提供给被试一份列有多项童年事件的生活事件清单，要求被试判断在特定的年龄阶段每件事发生过的可能性(采用等级量表来评分)。至少间隔两周后，被试进行第二阶段实验——想象清单中的某些事件。第三阶段，要求被试再次填写生活事件清单，判断事件发生的可能性，但并不特别指明是否要完全按照第一次填写。实验主要根据想象事件发生过的可能性评分值的前后变化，来分析想象膨胀。图10.1给出了想象膨胀范式的流程图。

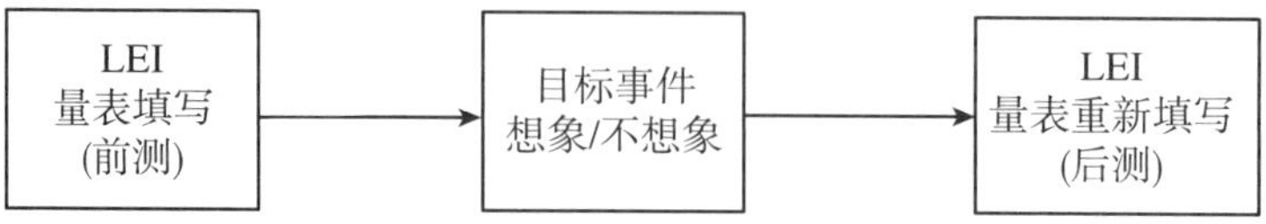

图 10.1　想象膨胀范式的流程图

1996 年,加里等采用上述经典范式进行了最初的想象膨胀研究[80]。实验发现想象过的事件比未想象过的事件,在事件发生过的可能性评分值上有更显著的增加,也就是说,在原先被试认为不可能发生的事件中,想象过的比未想象过的看起来更有可能发生过。加里等把这种由想象引发的信心膨胀称为想象膨胀,并对此做出了下述几种解释:(1) 如果虚构的事件看起来接近现实,那么人们就可能认为它是真实的记忆;(2) 被试再次填写生活事件清单时,可能对清单上的事件理解得比第一次更清楚;(3) 被试进行后测时,必须对记忆进行再次的搜索和提取,往往会回忆起更多的信息或细节,从而改变被试对事件的记忆。加里等对想象膨胀的初步探讨引起了许多研究者的兴趣,他们纷纷加入该领域的研究,在探索新发现的同时,促进了研究方法的不断完善。

3. KK 范式

KK 范式[105]是由卡辛(S. M. Kassin)和基切尔(K. L. Kiechel)于 1996 年提出的,主要研究人们对于自己行为的记忆是否会受到外在信息的干扰。他们在实验中让被试在计算机上键入听到的字母,并告知被试千万不能碰 Alt 键。一旦碰到,计算机程序就会崩溃。被试进行键入字母任务一段时间后,计算机发出剧烈的碰撞声(这是实验设计的一部分),接着主试指责其中的一半被试,说因为他们按了 Alt 键而使数据丢失。实验结果表明,被指责的被试更有可能供认自己的确按下了 Alt 键,并回忆出自己按键的细节。该范式将社会依从定义为被试表现出的对实验者的依从行为,认知不协调或自我知觉等进而使依从转变成为错误记忆的机制,促使被试相信自己做过某事。该研究指出,社会依从和社会压力对于人们是否承认其做过某事而言是一个重要的因素,被试对细节的虚构表明他们的记忆有所改变,即错误记忆发生了。此范式的一个重要影响因素是实验者的“逼迫”,这种记忆的存在性是有其独特的环境背景的。

10.3　错误记忆的影响因素

在记忆信息的编码、保持和提取阶段,都存在着不同的影响因素,会对错误记忆产生作用。在编码阶段既包括指导语的操纵、预警提示、加工水平等;也包括学习期间的一些不同的操纵,如呈现时间、呈现方式、呈现通道、分散注意和重复学习等。在集中联想程序范式中,词表中所有的项目均与一个未呈现过的关键诱饵之间存在极高的语义关联。可以说,语义关联性是导致错误记忆的关键。这里,语义关联包括两个方面:(1) 项目间的联想强度,即词表中的所有项目在自由联想中能产生词表中其他项目的平均相对频率;(2) 负向联想强度,即词表项目在自由联想测验中能产生关键诱饵的平均频率。这两个因素在词表学习范式中是影响正确回忆和错误回忆的重要变量。研究发现,词表项目之间的联结强度越高,正确回忆率就会越高,而错误回忆率会越低;而词表项目与关键诱饵之间的联结强度越高,错误回忆率会越高。

在记忆保持阶段,一个主要问题是学习和测验之间的时间间隔。许多研究发现,对关键诱饵的错误记忆在不同的保持时间间隔下不但不会发生变化,而且有时还会表现出增加的趋势。保持时间间隔对错误回忆和错误再认的影响与其对正确回忆和正确再认的影响方向相同,表现为随着时间间隔的延长,正确记忆和错误记忆都明显衰退,但正确记忆的衰退速度要更快些。

在提取阶段一些因素会使错误记忆发生不同程度的改变。研究发现,测验效应、重复测验、测验情境、指向性遗忘、来源监测等因素都可能使被试对关键诱饵产生错误记忆。在这里,测验情境是指在测验阶段中可能对关键诱饵的错误再认产生影响的一些背景因素,即再认测验中在关键诱饵之前进行测试的连续学过项目的数量,也有的称为测验引发的启动。指向性遗忘指的是在学习中要求被试记住一些项目(to be remembered,TBR)而忘掉另一些项目(to be forgotten,TBF)后,当要求被试对所有项目进行回忆时,被试对 TBR 项目的回忆成绩要明显高于其对 TBF 项目的回忆成绩,说明提取阶段的抑制对回忆存在影响。

1979 年,洛夫特斯在研究中提出,人们从观察到某一事件到向他人描述期间,可能会接触到有关事件的一些新信息,而这些新信息会补充到原始信息的记忆中,甚至会改变原始信息的记忆[120]。研究者关注的是,由于暴露在错误的事件后信息中,导致人们的原始记忆出现错误,特别是一些记忆细节被错误信息取代,这被称为错误信息效应(misinformation effect)。对错误信息效应开展研究以来,众多研究者在日常记忆、证人证词、广告和社交媒体传播等多领域中考察了错误信息效应。根据对大量研究成果的分析,发现错误信息效应的影响因素主要来自三方面:被试的心理状态、被试的认知操作和对被试的警示,图 10.2 给出了不同任务阶段中错误信息效应的影响因素[23]。

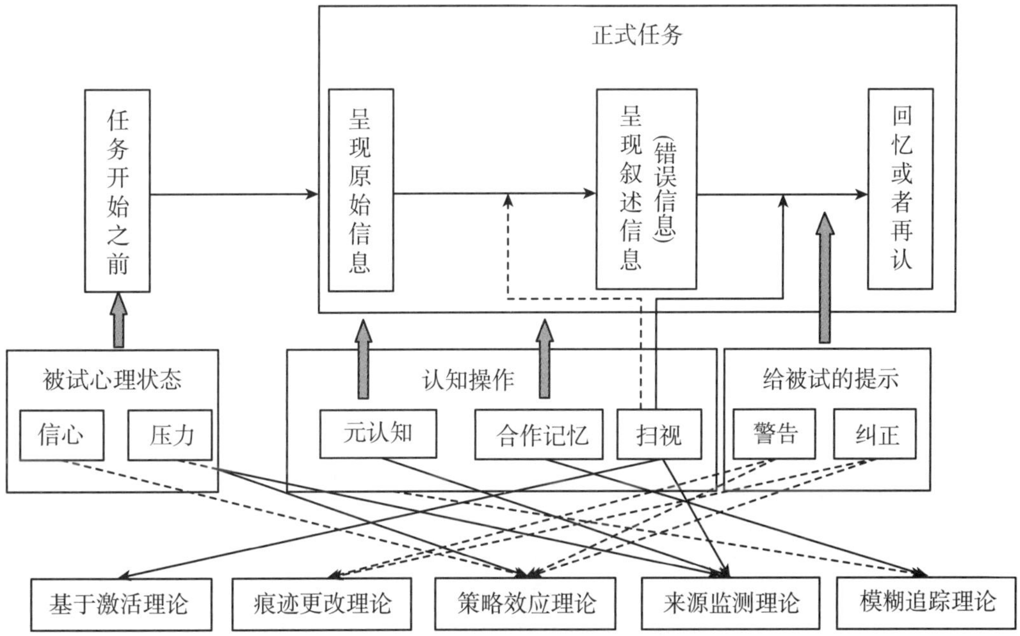

图 10.2 不同任务阶段中错误信息效应的影响因素

从图 10.2 可以看出，不同任务阶段中错误信息效应的影响因素如下：

(1) 被试心理状态的影响主要发生在正式任务之前，包括信息和压力。

(2) 认知操作发生在正式任务的不同阶段，其中扫视可以在提供错误信息之前或之后，元认知和合作记忆则是贯穿整个认知任务的。

(3) 给被试提示一般发生在提供错误信息之后。

(4) 不同的影响因素的作用机制与一个或多个错误记忆理论有关。

错误信息效应在现实生活中确实大量存在，而且在某些方面（例如证人、证词）还有着重要影响，值得更为深入的研究。

10.4 错误记忆的产生机制

个体在回忆经历过的事件时，大脑所检索出的记忆往往并非是现实的忠实再现，而是掺杂了已有经验和外界干扰后对原始事件的重新建构。这可能导致个体错误地回忆起未经历过的事件或回忆的内容与现实并不相符，产生错误记忆。研究者们提出了不同的理论模型，试图揭示错误记忆的产生机制，这些模型可以分为三类：基于激活的解释模型、基于监测的解释模型以及基于激活和监测的双加工模型。

10.4.1 基于激活的解释模型

基于激活过程对错误记忆进行解释的模型，认为错误记忆的产生主要是来自对实际未呈现信息的不同程度的激活或者不同性质的激活。该类模型包括内隐激活反应假设、模糊痕迹理论、联想激活理论、转换合适加工模型、特异性启发模型等。

1. 内隐激活反应假设

安德伍德（B. J. Underwood）的内隐激活反应假设（implicit activation response hypothesis，IAR）认为学习具有语义相关的词表时，通过对这些词的语义联想激活了最高语义相关词（关键诱饵）的表征，因此会错误再认关键诱饵。安德伍德区分了两种不同类型的内隐反应：第一种是对项目本身的知觉反应，被称为表征反应；第二种是由表征反应的刺激特征所生成的反应，被称为内隐联想反应，此种内隐反应生成的项目与实际呈现过的项目之间存在关联或联想，而且能够通过特定的联想反应生成的项目与学过项目之间的联想频率或关联性是最高的。如果对生成项目的内隐联想反应与对先前呈现项目的表征反应相同，被试就会混淆内隐联想反应和表征反应，认为生成的项目是先前看到过的，也就产生了错误记忆。安德伍德还指出，这种内隐联想反应并非是假设的建构，从被试角度来看是真实发生过的，因为在许多情境中都能够明显地观察到内隐联想反应确实发生了。

内隐激活反应假设的优点在于它可以解释 DRM 范式中的某些错误记忆现象，这些现象最终也得到了实验研究的支持。该理论的缺点是安德伍德对激活过程的特点没有做确切的描述。此理论模型的解释可以应用于教育领域，当学生对知觉的单个知识产生内隐激活便巩固了新旧知识，使得知识的存储更牢固。在学习过程中也不需要学生能确切地回忆出知识习得的先后顺序和事件。

2. 模糊痕迹理论

模糊痕迹理论[52](fuzzy-trace theory,FTT)最初是由布瑞那德(C. J. Brainerd)和金玛(J. Kingma)于1984年提出来的,用以解释推理、记忆以及二者之间的关系。随后布瑞那德等对该理论进行了扩展并将其应用到包括错误记忆在内的多个领域中。它与内隐激活反应假设的差别在于,内隐激活反应假设理论认为学习项目与未呈现的目标词在记忆中形成同样的表征,而该理论则认为二者的表征不同,并对错误记忆的产生机制提出了不同的解释。该理论认为记忆不是被试经验的单一表征,而是存在两种不同的记忆痕迹:字面痕迹和要点痕迹。字面痕迹记录的是关于词组的经验的表面水平信息,代表刺激的表面细节;而要点痕迹记录的则是经验的语义或概念含义及对细节的一般概括等,或者说是代表刺激的意义。这两种记忆表征相互独立,平行编码,独立存储。

对两种记忆痕迹的区分使得模糊痕迹理论可以很好地解释多种错误记忆现象。既可以用于解释误导信息干扰范式下的错误记忆效应,也可以用以解释DRM范式下的错误记忆效应。二者都是字面记忆和要点记忆的结果。不同的是,对误导信息干扰下的字面记忆会促进其错误记忆,而在DRM范式中,对词表项目的字面记忆却可降低对关键诱饵的错误记忆。要点记忆对两种范式下的错误记忆效应都是促进的。

在教育实践中可以运用控制呈现时间的方式,控制产生字面痕迹或要点痕迹,从而提高学习成绩。

3. 联想激活理论

豪(M. L. Howe)先后对三个年龄段的儿童(5岁、7岁、11岁)的错误记忆进行了系列实验研究,提出了联想激活理论,指出错误记忆是联想-激活过程的结果[93]。错误记忆的产生离不开两个关键的因素,一是个体自身的知识背景,二是自动化的联想激活过程。该理论引用了激活扩散模型的观点,指出个体在加工某一个项目如词语“冰雪”时,其心理词典(mental lexicon)或知识背景中与该项目对应的概念会被激活,并且这种激活会扩散到一些相关的概念上,如寒冷、下雪、冰冻等(见图10.3)。

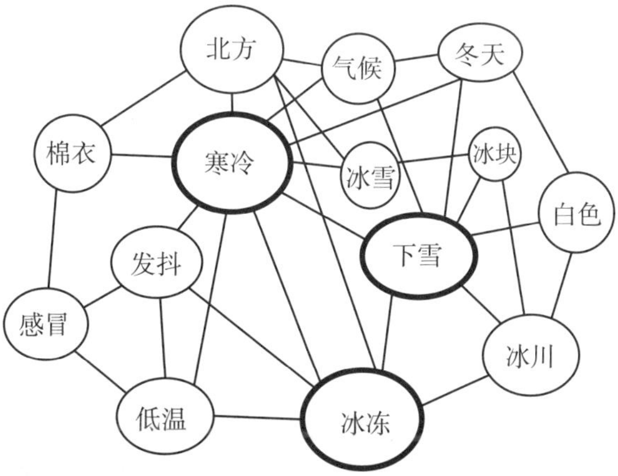

图10.3 导致错误记忆的联想激活网络

研究者通过三种不同的呈现方式,让被试学习DRM词表。第一种为语音呈现,被试在学习词表时只是听到了每个单词的发音;第二种为视觉呈现,被试学习的材料为一系列图片,这些图片与第一种呈现方式下的词语一一对应;第三种为联合呈现,被试在学习阶段既看到了图片，又听到了单词的发音。为了减弱视觉特异性的记忆优势对实验结果的干扰，每种呈现条件下的再认测验有所不同，第一种和第三种呈现条件下，被试在再认阶段的线索只来自实验者的询问："你是否听到了________？"，而在第二种呈现条件下，被试仅对图片进行再认而不接收任何语音提示。这样的控制是为了确保实验结果的差异最大程度地来自于编码阶段。实验结果表明，在三种呈现条件下，智力缺陷的儿童比正常儿童回忆出更少的关键诱饵。两类被试都是在混合呈现条件下产生的错误记忆最少，其次是视觉呈现，语音呈现产生的错误记忆最多。研究者认为，智力缺陷儿童虽然也能与人进行交流，但是相比正常儿童来说，他们缺少建立语义关系或提取项目要点的能力，建立的要点痕迹也较少，因此再认出的关键诱饵更少。出现视觉和听觉混合呈现产生的错误记忆最少、听觉呈现产生的错误记忆最多的现象，跟编码阶段产生的字面痕迹有关系。混合呈现产生的字面痕迹最多，包括视觉上的和听觉上的，而听觉呈现产生的字面痕迹最少，并且也最容易使被试加工单词的意义，从而产生要点痕迹。该研究的结果与模糊痕迹理论的预测是一致的。除了智力障碍儿童的研究，在其他关于患有注意缺陷障碍、阅读障碍、自闭症等特殊儿童的研究中也得出了相似的结论，这些儿童的共同之处均在于他们缺乏对材料建立语义联系或总结材料的一般意义的能力，他们与正常儿童之间的这种发展性差异也导致了两者的错误记忆出现了"发展性逆转"。

联想激活理论还假设，通过一些实验控制干扰被试的有意识加工，妨碍其主动建立语义联系，可以减少儿童的错误记忆，但是却不能减少成人的错误记忆；相反，通过另一些实验控制帮助被试主动建立语义联系，则可以增加儿童的错误记忆，却无法增加成人的错误记忆。这是因为随着年龄的增长，主动建立语义联系的过程逐渐被自动化的联想激活过程所取代，两类实验控制的效果逐渐减少。

联想激活理论认为返回联想强度（backward associative strength，BAS）是衡量个体在学习词表时能够产生多少自动化激活的一个重要指标，它同时也反映出了一个词表能够在多大程度上让儿童及成人产生错误记忆。BAS 是指词表项目（如"床"）与关键诱饵（如"睡眠"）之间的联结强度。单个项目的 BAS 越高，表示它越容易和关键诱饵建立联结，而整个词表的平均返回关联强度越高，表示该词表越容易与关键诱饵产生联结，被试在学习词表时也越容易激活关键诱饵，从而产生错误记忆。

联想激活理论的优势在于将单一的语义加工过程进行模拟和量化，引入了 BAS 这一变量来模拟关联性语义激活的加工过程，并通过该认知过程的发展规律来解释错误记忆的发展性逆转，这样的做法更加严谨，所得出的结果也更有说服力。联想激活理论的局限在于，该理论认为自动化的联想激活机制随着年龄的改变而改变，从而导致了错误记忆的发展性变化，然而即使控制了实验材料，使得其具有低的 BAS，却仍然出现了发展性逆转的现象。这种现象反映了两个可能存在的问题：第一，自动化的联想激活并不是导致错误记忆产生的唯一原因，错误记忆的发展性逆转并不仅仅是该认知功能的成熟所导致的；第二，BAS 并不能完全反映出自动化联想激活的过程，单纯使用 BAS 作为量化指标存在缺陷。基于此，未来的研究可以针对这两个问题对该理论进行完善。除此之外，联想激活理论忽略了项目的可区分性对错误记忆的影响。因为按照该理论的预测，学习项目的激活所导致的激活扩散是自动化的、不可控制的，那么只要学习项目之间具有高的返回关联强度，这种激活扩散必然会导致错误记忆的产生。但是有研究结果显示，当学习项目具有明显的可区分性时，个体的错误记忆则大幅度减少，错误记忆的发展性逆转也几乎消失了。项目的可区分性是否干扰了编码阶段的联想激活，还是让个体在提取阶段拒绝了错误记忆，个体对具有可区分性的刺激的加工能力是否会随着年龄的改变而改变，从而对错误记忆的发展造成影响，这些问题均有待研究。

4. 转换合适加工模型

转换合适加工模型认为在学习与测试阶段投入的认知努力程度的重叠，是决定记忆力表现的重要因素。已有实验说明，编码加工的水平（深或浅）影响记忆中的特征类型（语义或知觉），而这些特征又影响与提取因素相配对的记忆操作。加工方式影响在记忆中的存储方式，而存储方式又对记忆效果有影响。如音韵因素可引发记忆中类似的音韵特征提取，从而提高基于熟悉性的错误记忆，语义因素也类似。由此便可认为编码和提取两个密不可分的认知过程的重合部分对错误记忆有重要影响。

5. 特异性启发模型

许多编码-提取实验表明，在语义取向测验中加工水平效应要优于知觉取向测验，语义编码实验的成绩要好于知觉编码。一系列研究表明，不同的编码方式可以减少 DRM 范式中错误记忆的发生。沙克特等提出了特异性启发[160]（distinctiveness heuristic）理论来解释这一现象。特异性启发是一种提取策略，认为主要的错误记忆源是记忆中特异性信息的下降。当一个项目或事件失去了它的特异性特征（独特的属性，也就是让它与记忆中存储的其他类似记忆相区分的特征），这种记忆就会同实际发生过的事件相混淆，认为它也是实际发生过的。

10.4.2 基于监测的解释模型

基于监测过程的解释认为，错误记忆的产生主要来自提取时的决策性判断过程或归因过程中的失误。来源监测理论（source-monitoring framework，SMF）的核心部分是决策和归因过程。该理论认为，许多来源监测决策是基于激活记忆的定性特征而快速地、不假思索地做出的。这种决策可能包含两种判断过程，其一为基于激活信息的定性特征所进行的判断，这是自动的或启发式的过程，其判断标准中可能包含了一定水平的熟悉性或知觉细节的数量。其二为基于更广泛的推理所进行的判断，这是控制的或系统性的过程，判断标准中可能包含了知道与记得的事件之间不一致性程度的大小。这两种判断过程都需要设定响应的判断标准，并受反应偏向、元记忆和当前目标的影响。

差异-归因假设（discrepancy-attribution hypothesis）认为未呈现过的关键诱饵与词表中的项目存在语义关联的原型，被试会注意到学习项目的一般语义特征，导致对原型产生熟悉性错觉。这种熟悉感来自两个步骤，即相似性促进对原型的加工和产生差异。错误记忆效应产生自对这些差异的归因。差异-归因假设认为记忆活动是由两个独立的成分组成的：关于某刺激的信息生成过程和对该生成过程的评价。生成过程包括知觉、认知和反应等，是对刺激的不同方面的整合过程，受当前任务、刺激、背景和记忆中已有的先前经验表征等之间关系的影响。评价机制则是基于生成过程的性质，如流畅性、完整性和一致性等。在这两个过程中对刺激输入所进行的组织和解释都是建构性的。其中，评估过程是差异-归因假设中所强调的。根据该假设，当人们对刺激的不同方面进行整合时，会对该过程的一致性进行评估，而评估会导致将当前加工知觉分为三个基本类别：一致的、不一致的和差异的。在当前经验的所有方面彼此之间非常和谐时会产生一致的知觉，对该知觉的主要反应是接受当前加工的事件并继续前进；在当前加工的某些方面与其他方面明显不一致时会产生不一致的知觉，对该知觉的主要反应是停止当前的加工并找到不一致的来源进而纠正错误。差异-归因假设认为最后一种情况，对差异的知觉是最重要的。通常人们会将其来源归结为当前刺激本身的特征、自己当前的状态经验，或者一些看似真实的过去经验。

差异-归因假设中所提到的评估和归因的原则可以帮助我们较好地理解 DRM 范式中的错误记忆效应。在 DRM 范式中，与原型有关的学习项目的呈现影响了当原型在再认记忆测验或在自由回忆中出现在头脑中时对原型所做的评估，而评估导致了错误回忆和错误再认。在对记忆的主观特性的解释上，该假设认为主观体验更直接地来自对记忆表征控制下的操作特性进行解释的评估过程，该过程在加工经验的性质与人们的主观体验之间起到了媒介作用，这可以更好地解释记忆的主观特性。

10.4.3 基于激活-监测的双加工模型

基于激活-监测的双加工模型认为激活过程和监测过程在错误记忆的产生中具有同等重要的作用。激活过程对于错误记忆的产生是非常重要的，是错误记忆产生的重要来源之一。而激活既可以发生在编码过程中，也可以发生在提取过程中。该理论假设，在提取过程中被试回忆出的词表项目增多，或者在关键诱饵之前进行再认测验的词表项目增多，同样可以提高对关键诱饵启动的可能性。

激活-监测理论中的另一个重要因素是对记忆准确性的监测。作为一个更具策略性的控制过程，监测直接影响着激活是否能转化为后来的错误记忆。在先前的一些理论基础上，提出监测成分，包括来源监测理论、再认的双加工理论、记忆的归因方法以及对抗的逻辑。对于监测过程的性质，该理论认为监测与激活一样，可以发生在编码和提取阶段。在编码过程中，人们必须能够区分开发生过的事件和由这些事件所唤起的思想。在提取过程中，监测包括了判断先前唤起的思想是否代表了最初呈现过的事件。

激活-监测理论可以为许多无法用单一过程理论进行解释的错误记忆效应提供合理的解答，尤其是激活-监测理论在解释为何有些变量对二者的影响是相反的效应问题上会更有效。对这些问题的回答反过来又可以证实激活-监测理论中所提出的激活与监测的双加工过程的合理性。这些都使激活-监测理论成为众多错误记忆产生机制的理论中最普遍使用的理论。该理论认为激活和监测分别对编码和提取过程都起作用，但这两个因素的作用原理、方式及其交互作用是怎样的，还需要进一步研究。

10.5 错误记忆产生的认知机制

个体在回忆经历过的事件时，大脑所检索出的记忆往往并非是现实的忠实再现，而是掺杂了已有经验和外界干扰后对原始事件的重新建构。这可能导致个体错误地回忆起未经历过的事件或回忆的内容与现实并不相符，产生错误记忆。这里将探讨错误记忆产生的认知机制和神经机制[5]。本节先讨论错误记忆产生的认知机制，下节讨论错误记忆产生的神经机制。

1. 特异化表征

错误记忆研究通常关注被试对关键诱饵的虚报/拒斥反应。拒斥诱饵，即区分诱饵和目标，依赖针对目标细节的特异化程度较高的表征。当存在这样的特异化表征时，目标与诱饵间记忆表征的匹配程度下降，被试对诱饵探测的记忆强度随之降低，进而更倾向于拒斥诱饵。反之，当缺乏这样的特异化表征，而只存在反映目标和诱饵共同特征的抽象记忆表征时，被试便更倾向于依赖抽象表征对缺失的目标细节进行重构，导致虚报概率的增加。提取阶段缺乏特异化表征可能引发错误记忆，出现这种情况的原因可能有如下三种：(1) 特异性细节的编码失败。大量研究表明，成功的记忆提取实际反映了编码阶段神经表征的复现，因此编码阶段特异化表征的缺乏可能使提取阶段复现的神经表征同样过于抽象概括，在此基础上进行的记忆重构将增加被试对诱饵的虚报。(2) 特异性细节的存储失败。研究表明，特异性细节信息随时间的衰减速度较快，程度较高，抗干扰性较差。因此，特异性细节信息可能在存储过程中出现丢失而无法提取，进而引发错误记忆。(3) 特异性细节的提取方式不当。当给予被试合适的提取线索(如再次呈现目标)，目标项目的特异性细节依旧可以被顺利提取并抑制错误记忆的产生。

2. 认知图式增强

个体往往倾向于运用已有知识，即认知图式对信息进行自上而下的精细加工。这种图式驱动下的精细加工有助于个体对接收的信息进行快速有效的理解、吸收、组织和结构化，从而提升记忆效率，还有助于个体对事件主题和含义的提取，使抽象和概括成为可能。但另一方面这种精细加工也可能造成副产品，即错误记忆的产生。

3. 对误导信息的记忆更新

由于个体时刻处于与外界环境的交互中，个体形成的记忆不仅会受内部图式的影响，还会受外界环境变化的影响。面对环境变化，动态的记忆系统会适应性地进行记忆更新，及时将环境中新的有用信息灵活地纳入已有记忆表征中，从而更好地指导行为实践。但有时环境中的新信息是与原始事件，即目标事件不符的误导信息，这时原本具有适应性的记忆更新过程就可能由于纳入了误导信息而造成副产品，即错误记忆的产生。

10.6 错误记忆产生的神经机制

随着功能性核磁共振成像、正电子发射断层扫描成像等技术的发展，研究者对错误记忆的神经机制进行探索，取得了一些进展。与编码阶段有关的脑区包括海马、左颞中回和前扣带皮质，与错误记忆提取阶段紧密相关的脑区包括中部额上回、左侧中央前回、左下顶叶等。

1. 海马

记忆建构模型强调海马的模式分离功能在形成准确记忆中的重要作用。它是指海马将相似的记忆内容转换为正交化的神经表征的能力。具体来说，海马会尽可能地降低相似记忆内容间神经表征的重叠程度，从而使个体形成代表各记忆内容的标志性的特异化表征，这种具有高诊断性的特异化表征有助于不同记忆内容间的准确鉴别。海马的模式分离能有效调节高度重叠的皮质表征来避免损害准确记忆的形成。但尽管如此，海马的模式分离也并非毫无限制。当记忆内容过于相似而超出分离极限时，海马就不得不转而启动模式完成功能，复现相似表征并将之与当前表征进行比对，通过这种方式来使个体获得体现二者间细微差别的特异性细节信息，从而指导正确的记忆鉴别。

研究发现，在图式启动的过程中，与图式加工相关的角回会抑制海马的神经活动，使海马逐渐退出对目标图片的编码过程，并且角回对海马的抑制作用越强，被试越倾向于虚报见过相同图式下未呈现过的诱饵图片。这是由于图式加工流畅性的提升干扰了海马的模式分离，使海马无法形成针对细节的特异化表征，进而增加了错误记忆。

2. 前额叶

目前对错误记忆特异性脑区的研究主要集中在前额叶。前额叶是工作记忆的关键脑区。解剖学研究表明，从海马到前额叶的神经投射，是单突触、单向和同侧投射的。运用功能性磁共振成像技术（fMRI）记录操作复杂图片或面孔的视觉任务的人的脑功能变化，发现海马主要在处理新颖事物的工作记忆过程中被激活，而前额叶主要在处理熟悉事物的工作记忆过程中被激活。运用电生理技术记录到了右前额叶在来源监测任务提取时延迟 2 s 左右的激活，说明前额叶与记忆提取阶段的监测过程有关。背侧/前侧的前额叶皮质在错误再认中可表现出比正确再认更大的激活，这可能反映了对关键诱饵所导致的强烈熟悉感的评估或监测的需要。

腹内侧前额叶是图式启动的关键区域，它负责明确目标的对应图式（如词汇“预约”属于“看医生”，而非“睡觉”的图式），识别目标与图式间的一致/不一致性（如“放在水池里的仙人掌”与“仙人掌”的图式不一致），并通过加强与颞中回/颞下回、顶下小叶、楔前叶、后扣带等后部皮质的功能连接强化与图式相关的信息加工，弱化与图式无关或不符合图式的信息加工。当腹内侧前额叶受损而无法启动图式时，依赖图式驱动产生错误记忆的认知操作（如关联激活和/或要点抽取）将无法顺利进行。研究发现，在学习符合图式的目标图片后，腹内侧前额叶损伤患者反而会减少对相似诱饵图片的虚报，减少在 DRM 范式中对诱饵词汇的虚报和错误回忆。应用重复经颅磁刺激（rTMS）对健康被试的腹内侧前额叶功能进行抑制也得到了相似的结果。

左侧额下回和颞中回/颞下回，尤其是颞极，主要负责利用语义网络形成目标词汇间的语义联系，而内侧前额叶、后扣带回、压后皮质、楔前叶、顶下小叶主要负责利用脚本网络还原目标事件的发生规律和典型场景，两种图式网络分别决定各图式下记忆表征/强度的形成。语义网络和脚本网络将调节诱饵探测的记忆表征/强度，导致错误记忆的发生。

3. 角回

角回（angular gyrus）呈弓形，围绕在颞叶的颞上沟的末端的部分，在韦尼克区上方，顶-枕叶交界处，是大脑后部一个重要的联合区。角回位于视觉加工皮质与负责认知调控的前额叶的交界处，因此在记忆提取中起着重要作用。已有大量研究发现提取阶段角回的神经表征具有特异性，这些特异化表征能区别项目间明显知觉/语义差异（如“悉尼歌剧院”和“中国长城”的场景图片）的特异化表征。但关于角回的特异化表征与错误记忆形成的具体关系，目前研究尚无定论。

10.7 错误记忆的应用

人类的记忆不是对过去经历的原样复制，错误记忆现象普遍存在。错误记忆的影响可以体现在下列方面：(1) 影响人们正确认知和决策。(2) 引起疑惑、恐慌和混乱。(3) 给人带来记忆损伤。例如，1978 年洛夫特斯等人开创了研究错误记忆的经典实验设计，在实验中，之前经历过同一事件的两组被试，第一组被给予关于该事件的误导性信息，第二组得到的信息与事件实际一致，结果发现最后对当初经历的同一事件进行描述时，第一组被试通常比第二组被试更有可能报告错误信息，这种现象被称为“错误信息效应”，即人们在暴露于误导性信息之后出现的记忆损伤。

20 世纪 90 年代曝光了数千起与受压抑的记忆有关的案件，受影响的患者对家庭成员、前邻居、医生、牙医和教师采取法律行动。这些指控使得许多家庭分崩离析。作为此类案件的专家证人，洛夫特斯提出目击者证词从本质上说并不可靠的说法，受到了治疗师和患者的持续攻击，他们确信新发现的记忆是准确的。此类攻击与以往在学术期刊上进行的善意辩论明显不同。洛夫特斯告诉《卫报》：“那时候的争斗变得非常下流。当你孤身一人一次又一次地挑战人们的错误信仰时，都会觉得异常艰难。但是，这种挑战有时也可能是生死攸关的问题。”

错误记忆可以由外部误导性信息引起，也可以用某种方式从外部被植入到记忆系统中。外部误导性信息可能是语言或非语言的。在询问过程中，通过手势等非言语误导信息也会导致目击者产生错误记忆，这种现象被称为手势误导信息效应。共同目击者相互讨论时接受的误导信息也会导致错误辨认。

除了外部的误导信息外，个体本身内部的认知机制也可能产生错误记忆。DRM 范式所揭示的便是这种内在联想过程导致的错误记忆效应，且该效应在儿童和成人中均稳定存在。这种类型的错误记忆也可以被称为是内源性的，因为错误记忆的产生源自内部心理表征之间的自动激活过程。情绪是导致这种内源性错误记忆的重要因素之一。消极情绪产生的错误记忆显著高于积极情绪，而且高唤醒水平所产生的错误记忆也高于低唤醒水平。

错误的记忆是很容易产生的，在目击者证词领域，一般原则是在询问和审讯时避免向目击者提供暗示性信息。认知访谈技术是一种被广泛运用的访谈方式，通过运用几个认知原则来增强陈述的准确程度。在访谈过程中，访谈以一种友好的方式开始，以建立与目击者之间的融洽关系，从而降低目击者的压力。目击者可以自由报告所有回忆而不被询问者打断。在自由陈述之后，询问者可用开放式的问题来对目标事件进行调查。错误记忆会导致对罪犯或犯罪过程的错误描述，误导调查方向。特定的访谈技术可以有效降低错误记忆发生的概率或预防错误记忆的发生。

有些国家已经在不断吸收认知科学有关错误记忆的最新研究成果，将目击者证词的准确性和可靠性评估纳入司法体系，以最好地保护无辜的人不因目击者的错误记忆而被定罪。我国的司法领域，十分有必要借鉴认知科学的研究成果，采取一些措施以提高目击者证词的可靠性和准确性。

第 11 章　遗　　忘

遗忘是对识记过的材料不能再认与回忆，或者错误的再认与回忆，是一种记忆的丧失。遗忘分为暂时性遗忘和永久性遗忘，前者指在适宜条件下还可能恢复记忆的遗忘，后者指不经重新学习就不可能恢复记忆的遗忘。

11.1　概　　述

遗忘(forgetting)是识记过的内容在一定条件下不能或错误地恢复和提取。按照信息加工的观点，遗忘是信息提取不出或错误提取。

艾宾浩斯在专著《记忆：一种实验心理学的研究》中，提出采用实验方法研究记忆的三个要素：不变的心理过程(控制变量)、变化的简单变量(自变量)、行为的测量(因变量)。艾宾浩斯主要考查的两个自变量是间隔时间和所学音节表长度，而对于因变量(记忆水平)的测量，艾宾浩斯提出了节省法。他以自己作为受试，把识记材料学到恰能成诵，过了一定时间，再行重学，以重学时节约的诵读时间或次数，作为记忆的指标。他一般以 10～36 个音节作为一个字表，在七八年间内先后学了几千个字表。他的研究成果《记忆》发表于 1885 年。表 11.1 给出了他的实验结果的一例。利用表内材料可以画出一条曲线，一般称为遗忘曲线(图 11.1)。

表 11.1　不同时间间隔后的记忆成绩

时间间隔	重学节省诵读时间百分数
20 min	58.2
1 h	44.2
8 h	35.8
1 d	33.7
3 d	27.8
6 d	25.4
31 d	21.1

艾宾浩斯研究发现，遗忘在学习之后立即开始，而且遗忘的进程并不是均匀的。最初遗忘速度很快，以后逐渐缓慢。他认为“保持和遗忘是时间的函数”，他用无意义音节(由若干音节字母组成、能够读出但无内容意义即不是词的音节)作记忆材料，用节省法计算保持和遗忘的数量。

我们以一个记单词事件为例。当记单词事件发生后，你在几秒钟之内会产生一个“感觉记忆”，这个感觉记忆转瞬即失，每个人各不相同，但基本上都在3～4 s之内。感觉记忆之后还会有一个“短时记忆”，这个记忆的延续时间也各不相同，大概在4～16 h之间，不同的人最大可以相差四倍。比如，老师在课间对学生说：下节课要听写昨天学的单词，你特别着急，下课后赶紧背，管不管用？管用！但是放学回家吃顿饭或玩了一下，就什么也记不起来了，这是短时记忆，就是记完后马上会消失掉。在这个记忆消失的过程中，会产生一个长时记忆痕迹，这是我们最关心的东西，也是最有用的东西，是你真正的记忆。学习一个单词，学习任何东西，都会用到长时记忆痕迹。

从艾宾浩斯的遗忘曲线图11.1中可以看到，一个明显的结果是，遗忘的过程是不均衡的：在第1个小时内，保存在长时记忆中的信息迅速减少，然后，遗忘的速度逐渐变慢。在艾宾浩斯的研究中，甚至在距初学31天以后，仍然存在着某种程度的节省，对所记的信息仍然有所保存。艾宾浩斯的遗忘曲线被称为心理学历史上最杰出的研究，至今仍被作为制定合理学习策略的重要依据。

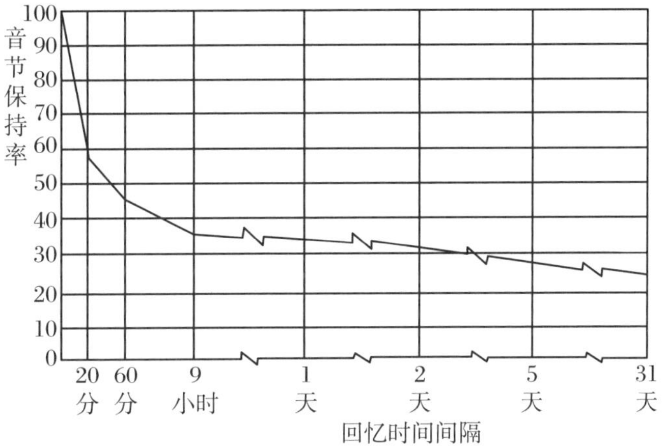

图11.1 艾宾浩斯遗忘曲线

遗忘出现在当记忆随着时间的推移逐渐消失时，它是大脑整体能量和信息处理效率所必需的。常见的遗忘的临床表现有以下几种：

1. 顺行性遗忘

即回忆不起在疾病发生以后一段时间内所经历的事件。遗忘的时间和疾病同时开始。

2. 逆行性遗忘

即回忆不起疾病发生之前某一阶段的事件。遗忘可能是完全的或部分的，但大多只涉及较短的一段时间。

3. 进行性遗忘

主要见于老年痴呆症。其影响较大的不是直接的识记和保存，而是再认和回忆，即病人除有遗忘外，同时伴有日益加重的痴呆和淡漠。有的病人同时具有逆行性和顺行性遗忘症，也可见由一种过渡到另一种，见于颅脑创伤的病人。

4. 心因性遗忘

由沉重的创伤性情感体验引起，疾病产生的原因往往与病人犯了某种严重的错误或罪行有关。遗忘的内容只限定于与某些痛苦体验有关的事。

越来越多的研究表明，在某些情况下，遗忘是由于记忆访问的改变而不是记忆丢失。记忆被存储在称为“记忆印记细胞”的神经元群中，成功回忆这些记忆涉及这些神经元群的重新激活。因此，从逻辑上来说，遗忘发生在记忆细胞不能被重新激活的时候，但记忆本身仍然存在。

11.2 灾难性遗忘

灾难性遗忘(catastrophic forgetting)是指智能系统，如深度学习模型，在学习新任务或适应新环境时，忘记或丧失了以前习得的一些能力的现象。灾难性遗忘会造成人工智能系统在原有任务或环境下性能的大幅下降。在深度神经网络学习不同任务的时候，相关权重的快速变化会损害先前任务的表现。通俗来说，就是在学习中像猴子掰棒子(玉米)，捡一个丢一个，记住了新知识，同时有可能会忘掉了老知识。灾难性遗忘除了导致新知识学习覆盖旧知识之外，还可能会阻碍模型对新知识的学习。灾难性遗忘的发生与神经网络学习知识的机制有关。在单个任务的训练过程中，神经网络中各个神经元之间的连接权重进行了专门的调整，以胜任当前的任务。而在新任务的训练中，连接权重要针对新任务进行调整，这将“抹去”适应旧任务的原有结构，导致在旧任务上的性能大大下降。现在的人工神经网络模型大部分是基于随机梯度下降来更新模型参数，这个过程主要服务于当前任务的优化，并不会去评估哪些参数权重对旧的知识是有用的，所以就很容易出现知识被覆盖的情况。破解灾难性遗忘是实现通用人工智能的一个关键，使智能系统能具备持续学习的能力，可以像人类一样不断获取新的知识、新的技能，同时能够最大化地保持旧的经验知识和技巧。为了实现这一点，大致可以采用5种方法，即多任务学习、正交权重修改、分离式表征学习、注意力、分层遗忘。

11.2.1 多任务学习

目前解决灾难性遗忘最常见的方式是多任务学习，就是把所有任务的训练数据同时放到一起，系统就可以针对多种任务进行联合训练优化。这种方式随着任务增多，新任务样本数量被稀释，学习新知识的效率会被拖慢，并且不是任何情况都能获得先前任务的数据来重新训练的。

11.2.2 正交权重修改算法

人类作为智慧生物，最重要的特征便是能够适应环境变化，实现自身目的。人类大脑不仅可以在新的环境中不断吸收新的知识，而且可以根据不同的环境灵活调整自己的行为。作为对应，当前以DNN为代表的神经网络，尽管可以建立输入输出之间非常复杂的映射关系，用于识别、分类和预测。但是一旦学习阶段结束，它所能做的操作就固化了，既难以方便地学习新的映射，也不能对实际环境中存在的情境信息(比如自身状态、环境变化、任务变化等)做出灵活的响应，难以满足复杂多变的需求，即缺少情境依赖学习(contextualdependent learning)的能力。

脑科学家的研究表明，大脑的结构，除了感觉输入、运动输出这个通路之外，还存在一个调控的通路(主要在大脑前额叶发挥作用，因此也可以说，前额叶区决定了人的随机应变能力)，这个调控通路在很大程度上决定了人的灵活应变能力。受此启发，余山等人提出了一种 PFC-like 新网络架构和正交权重修改 (orthogonal weights modification，OWM)算法，在输入、输出之间加入了一个情境处理模块(CDP)[200]。CDP 模块的作用便是在输入、输出之间，根据情境对结果进行旋转，从而能够依据情境动态调整网络内部信息。它包括两个子模块：(1) 编码子模块，其负责将情境信息编码为适当的控制信号。(2) "旋转"子模块，其利用编码模块的控制信号处理任务输入(由于其功能上相当于将特征向量在高维空间上进行了旋转，故称为"旋转"子模块)。他们在 CelebA 数据集上进行测试，若采用传统的做法，针对数据集上的 40 个类型，需要训练 40 个模型才能完成任务，而采用 CDP 模块后，一个模型便能解决所有分类问题，且性能不降：同一个分类器对于同样的输入，连续学习 40 种不同人脸属性的分类任务，正确率与用 40 个分类器的系统几乎一致。

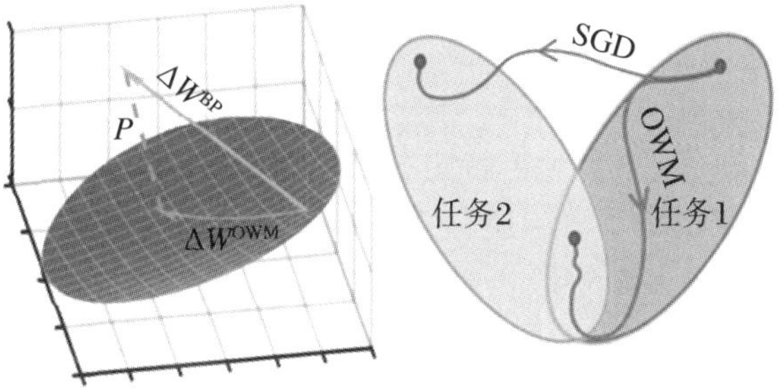

(a) (b)

图 11.2 正交权重修改算法 OWM 原理图

(a) 在权重更新时，OWM 算法只保留传统 BP 算法计算的权重增量中与历史任务输入空间正交的部分 ΔW^{OWM}；(b) 在新任务中，OWM 算法将神经网络对解的搜索范围约束在旧任务的解空间中

OWM 算法的核心思想是通过 P 映射之后，学习新任务的解仍然在旧任务的解空间当中。正如其名"正交权重修改"，在学习新任务时，只在旧任务输入空间正交的方向上修改神经网络权重[200]。如此，权重增量几乎不与以往任务的输入发生作用，从而保证了网络在新任务训练过程中搜索到的解，仍处在以往任务的解空间中。数学上，正交权重修改 OWM 算法通过正交投影算子 P 与误差反传算法得到的权重增量 ΔW^{BR} 作用来实现其目的，即最终的权重增量 $\Delta W = kP\Delta W^{\mathrm{OWM}}$，这里 k 为系数。OWM 算法实现了对网络中已有知识的有效保护，并可以与现有梯度反传算法完全兼容。

11.2.3 分离式表征学习

深度学习的一个重要挑战是用无监督学习的方式理解现有数据。目前提出的主要方法是一个利用分离式表征 (disentangled representation) 的模型，可以捕捉到各种相互独立的特征，如果其中一个特征改变了，其他特征不会受到影响。分离式表征方法被运用于图像、语言和文本的分析中，其预测与预见能力与生成模式有着密切的关系。根据在隐藏空间内的代码产生新的样本，通过学习合适的参数，它能够逐渐产生新的与目标对象同样的新数据，解决识别问题。遗忘意味着这种能力丧失而导致原有的信息无法被提取，所以这种方法主要是通过建立新的能力来克服灾难性遗忘。

11.2.4 注意力机制

注意力机制是20世纪90年代，一些科学家在研究人类视觉时，发现的一种信号处理机制。人工智能领域把这种机制引入到一些模型里，取得了成功。目前，注意力机制已经成为深度学习、自然语言处理等领域应用最广泛的机制之一，它让神经网络专注于输入的特定部分，取得了较好的效果。

人工智能领域中，将注意力机制分为软注意力和硬注意力两类。塞拉(J. Serra)等采用随机梯度下降，调节被遮蔽的学习任务，在克服灾难性遗忘问题上颇有成效，错误率降低80%[166]。

11.2.5 分层遗忘

主动神经遗忘过程是分层的，对于特定任务智能体激活必要的神经元，耶路撒冷(A. Ierusalem)据此于2018年提出了分层遗忘方法[98]。为了解决具有层次结构的任务问题，现有的人工智能将任务划分为多个层级。通过时序抽象，模型被划分为两个或两个以上的层级，但不可能清楚地定义一个有限的层次结构级数，也不可能最终确定特定任务所属的层次结构级别。

学习操作将发生在神经元的空间，每项任务的神经元是确定的。但当模型为新任务学习时，神经元是从用于解决的更高层次的问题中选择，这使得转移学习新任务更快。在每种情况下，仅根据经验，系统能够选择正确的动作，而无需通过规划进行。

11.3 遗忘理论

遗忘是一个能思考的大脑必不可少的组成部分，遗忘和保持是记忆矛盾的两个方面。记忆的内容不能保持或者提取时有困难就是遗忘，如识记过的事物，在一定条件下不能再认和回忆，或者再认和回忆时发生错误。遗忘有各种情况：能再认不能回忆叫不完全遗忘；不能再认也不能回忆叫完全遗忘；一时不能再认或重现叫临时性遗忘；永久不能再认或回忆叫永久性遗忘。

对遗忘的原因，有各种不同的看法，归纳起来有下述四种：衰退说、干扰说、压抑说、线索遗忘说。

1. 衰退说

衰退理论认为，遗忘是记忆痕迹得不到强化而逐渐减弱，以致最后消退的结果。这种说法易为人们所接受，因为一些物理的、化学的痕迹有随时间而衰退甚至消失的现象。在感觉记忆和短时记忆的情况下，未经注意或重述的学习材料，可能是由于痕迹衰退而遗忘。但衰退说很难用实验证实，因为在一段时间内保持量的下降，可能是由于其他材料的干扰，而不是痕迹衰退的结果。有些实验已证明，即使在短时记忆的情况下，干扰也是造成遗忘的重要原因。

2. 干扰说

干扰理论认为，长时记忆中信息的遗忘主要是因为在学习和回忆时受到了其他刺激的干扰。一旦干扰被解除，记忆就可以恢复。干扰又可分为前摄干扰与倒摄干扰两种。前摄干扰指已学过的旧信息对学习新信息的抑制作用，倒摄干扰指学习新信息对已有旧信息回忆的抑制作用。一系列研究表明，在长时记忆里，信息的遗忘尽管有自然消退的因素，但主要是由信息间的相互干扰造成的。一般说来，先后学习的两种材料越相近，干扰作用越大。对于不同内容的学习如何进行合理安排，以减少彼此干扰，在巩固学习效果方面是值得考虑的。

3. 压抑说

压抑理论认为，遗忘是由于情绪或动机的压抑作用引起的，如果这种压抑被解除了，记忆也就能恢复。这种现象首先是由弗洛伊德在临床实践中发现的。他在给精神病人施行催眠术时发现，许多人能回忆起早年生活中的许多事情，而这些事情平时是回忆不起来的。他认为，这些经验之所以不能回忆，是因为回忆它们时，会使人产生痛苦、不愉快和忧愁，于是人便拒绝它们进入意识，将其储存在无意识中，也就是被无意识动机所压抑。只有当情绪联想减弱时，这种被遗忘的材料才能回忆起来。在日常生活中，由于情绪紧张而引起遗忘的情况，也是常有的。例如，考试时，由于情绪过分紧张，致使一些学过的内容怎么也想不起来。压抑说考虑到个体的需要、欲望、动机、情绪等在记忆中的作用，这是前面两种理论所没有涉及的。因此，尽管它没有实验材料的支持，也仍然是值得重视的一种理论。

4. 线索遗忘说

有的研究者认为，储存在长时记忆中的信息是永远不会丢失的，我们之所以对一些事情想不起来，是因为我们在提取有关信息的时候没有找到适当的提取线索。例如，我们常常有这样的经验，明明知道对方的名字，但就是想不起来。提取失败的现象提示我们，从长时记忆中提取信息是一个复杂的过程，而不是一个简单的“全或无”的问题。如果没有关于某一件事的记忆，即使给我们很多的提取线索我们也想不出来。同样，如果没有适当的提取线索，我们也无法想起曾经记住的信息。这就像在一个图书馆中找一本书，我们不知道它的书名、著者和检索编号，虽然它就放在书库中，我们也很难找到它。因此，在记忆一个词义的同时，尽量记住单词的其他线索，如词形、词音、词组和语境等，会帮助我们在造句时想起这个词。

在平常进行阅读时，信息的提取非常迅速，几乎是自动化的过程。但有些时候，信息的提取需要借助于特殊的提取线索。提取线索使我们能够回忆起已经忘记的事情，或再认出储存在记忆中的东西。当回忆不起一件事情时，应该从多方面去寻找线索。一个线索对提取的有效性主要依赖于以下条件：

(1) 与编码信息联系的紧密程度。在长时记忆中，信息经常是以语义方式组织的，因此，与信息意义紧密联系的线索往往更有利于信息的提取。例如，触景生情，我们之所以浮想联翩是因为故地的一草一木都紧密地与往事联系在一起，它们激发了昔日的回忆。

(2) 情境和状态的依存性。一般来说，当努力回忆在某一环境下学习的内容时，人们往往能够回忆出更多的东西。因为事实上我们在学习时，不仅将要记的东西予以编码，也会将许多发生在同时的环境特征编入长时记忆，这些环境特征在以后的回忆中就成为有效的提取线索。环境上的相似性有助于或有碍于记忆的现象叫作情境依存性记忆。

同外部环境一样，学习时的内在心理状态也会被编入长时记忆，作为一种提取线索，叫作状态依存性记忆。例如，如果一个人在饮酒的情况下学习新的材料，而且测试也在饮酒的条件下进行，回忆结果一般会更好些。在心情好的情况下，人们往往回忆出更多美好的往事；而当人们心绪不佳时，往往更多记起的是倒霉事。

(3) 情绪的作用。个人情绪状态和学习内容的匹配也影响记忆。在一项研究中，让一组被试阅读一个包含有各种令人高兴和令人悲伤事件的故事，然后在不同条件下让他们回忆。结果显示当人感到高兴时，回忆出来的更多的是故事中的快乐情境，而在悲哀时则相反。已有研究表明，心境一致性效应既存在于对信息的编码中，也包含在对信息的提取里。情绪对记忆的影响强度取决于情绪类型、强度和要记的信息内容。一般来说，积极情绪比消极情绪更有利于记忆，强烈的情绪体验能导致异常生动、详细、栩栩如生的持久性记忆。此外，当要记的材料与长时记忆中保持的信息没有多少联系时，情绪对记忆的作用最大。这可能是由于在这种情况下情绪是唯一可资利用的提取线索。

11.4　遗忘的功能

对于人类来说，遗忘的发生带来两个好处：(1) 通过减少过时信息对人们产生的影响来提高决策灵活性。(2) 能够预防人们过度沉浸于某些过去的特定事件，提高适应能力。人们为了有效适应发展，必须具备战略性遗忘的能力。

战略性遗忘是人工智能所面临的最大挑战之一，计算机的遗忘逻辑与人类的情况不同。深度神经网络是一系列机器学习任务中完成度最高的技术，但是它不会像人们那样去遗忘。举个简单的例子，如果你要教一个会说英语的孩子学习西班牙语，那么他会将学习英语过程中的相关经验应用到学习西班牙语的过程中，这有可能是名词、动词时态和句子结构等，同时忽略掉那些不相关的部分，比如口音、晦涩词语和语调等。孩子们可以基于战略性遗忘策略不断地学习与重建。神经网络的逻辑与此不同，如果一个神经网络被训练学习英语，那么其会通过调用参数解决英语问题。如果你想教它学习西班牙语，那么神经网络对于西班牙语的认知就会覆盖掉之前为英语学习所储备的知识，有效清空所有内容并从零开始。我们将其称为"灾难性遗忘"，"这是神经网络所面临的基本局限之一"。攻克这一局限是一个全新领域，但是科学家已经在关于如何克服这种局限性所涉及的潜在理论的探索上取得了长足的进步。人工智能学会战略性遗忘有如下三种方法：

1. 长短时记忆网络

长短时记忆网络(longshort term memory networks，LSTM)是一种递归式神经网络，它通过特定的学习机制决定在什么时候记住哪些信息，更新哪些信息，注意哪些信息。用电影类比来解释长短时记忆网络工作的逻辑十分简单易懂。想象这么一种场景，一台电脑通过分析之前的场景来预测电影接下来会发生什么。在某个场景中，一个女人拿着一把刀，电脑会猜测她是厨师还是杀人犯？在另一个场景中，这个女人在一座金色拱门下面同一个男人一起吃着寿司，他们是在日本还是在麦当劳？或者是能确定他们在圣路易斯？这的确非常难以预测。长短时记忆网络则在这一过程中帮助神经网络实现遗忘/记忆、保存、聚焦。

(1) 遗忘/记忆。例如,在一个场景结束后,模型应该忘记当前的位置信息、时间信息,并重置任何有关场景的特定信息。但是,如果某个角色在某个场景中死去了,那么它需要记住的这个人已经不再会出现。因此,我们希望模型能够学习一种单独的遗忘/记忆机制:当新的信息出现时,它需要知道哪些信息需要保留而哪些信息需要丢弃。

(2) 保存。当模型看到一个新图像时,它需要了解这个图像的信息是否值得使用和保存。如果某个场景中一个女人走过了一个广告牌,是记住这个广告牌,还是仅仅将其视为冗余?

(3) 聚集。模型需要记住电影中的这位女性是一个母亲,因为之后的场景会出现她孩子的画面。但是如果在某个场景中女人并没有出现,那么这一信息就显得不甚重要,所以在这个场景中模型不需要关注这一信息。同样,并非所有存储在神经网络长期记忆中的东西每一次都会发挥直接相关的作用。因此,长短时记忆网络需要帮助确定模型在某个特定时间需要关注哪些部分,同时将所有信息妥善保管。

2. 弹性权重固化

弹性权重固化(elastic weight consolidation,EWC)是谷歌旗下 DeepMind 的研究人员于 2017 年 3 月创建的一种算法,该算法模拟了一种叫作"突触整合"的神经科学过程。在突触整合过程中,人们的大脑会进行任务评估,计算众多用于执行任务的神经元的重要性,并确认一些神经元所扮演的重要角色使其对正确执行任务发挥更加重要的作用,这些关键性神经元被标记上重要程度并使其在后续任务中被覆盖的几率减小。在神经网络中也有多个类如神经元的连接用于执行任务。弹性权重固化将某些连接编码标注上关键性,从而保护其不被过度写入遗忘/记忆程序。

3. 瓶颈理论

2017 年,耶路撒冷希伯来大学的计算机科学家与神经学家提斯比(N. Tishby)提出了"瓶颈理论"(bottleneck theory)的观点。其思想是一个网络会排除掉那些无关重要的嘈杂的输入数据,这就如同通过瓶颈向其中压缩信息,只保留与一般概念最相关的特性。正如提斯比所解释的那样,神经网络在学习过程中需要经历两个阶段:拟合与压缩。在拟合过程中,网络对其训练数据进行标记。而在更为复杂的压缩过程中,其对基于标记的数据信息只追踪那些具备巨大特征的信息。而这一过程对于之后的概化过程极为重要。在此过程中,压缩是一种策略上的遗忘方式,人工智能研究人员可以在未来用其构建更强大的神经网络和框架。正如提斯比所言,学习过程中最重要的环节是遗忘。

11.5 知识遗忘

遗忘不仅仅意味着记忆的遗失,也是一个帮助大脑吸收新知识并有效做出决策的积极过程。如何让计算机像人一样具备遗忘的能力,目前仍然是人工智能所面临的几大挑战之一。在基于符号逻辑的知识表示与推理领域,遗忘的思想最早可以追溯到 1854 年布尔(Boole) 提出的"消去"(elimination)概念。其直观含义是:从当前理论中删除某些信息,得到一个比原理论更弱的新理论,但在保留下来的信息范围内,新理论和原理论能够推导出一致的逻辑结论。

遗忘作为一个逻辑概念，首次由林方真和雷特（R. Reiter）于 1994 年在命题逻辑中正式提出[117]。林方真和雷特基于模型理论给出了命题逻辑中遗忘原子命题的定义，证明了其可定义性，且给出了遗忘结果的计算方法。关于遗忘的理论研究，主要集中在两个方面：可定义性问题和遗忘结果的计算问题。前者主要研究当前理论用某种逻辑语言表示时，遗忘结果是否依然能用该逻辑语言来表示；后者主要研究如何计算遗忘之后所得的新理论。

模态逻辑适用于智能体的知识表示与推理。模态逻辑中区分客观事实与主观知识，其知识遗忘比命题逻辑中的变量遗忘要复杂得多，因为命题逻辑只需要处理客观事实的遗忘问题，而模态逻辑要同时处理客观事实与主观知识的遗忘问题。采用知识编译的思想，先将一般公式等价转换为一种特殊的范式公式——K_n-DNF 公式，然后再计算知识遗忘[25]。该算法的时间复杂度是 K_n-DNF 公式长度的多项式时间。K_n系统是最小的正规多智能体模态逻辑公理系统。

多智能体模态逻辑是在命题逻辑的基础上，引入多个模态算子 K_i（$i \in A$）扩展而成。此外，还有一类与 K_i 对偶的模态算子 L_i，其定义如下：$L_i\phi \doteq \neg(K_i \neg\phi)$。$K_i$ 表示"智能体 i 知道 ϕ"，$L_i\phi$ 表示"智能体 i 认为 ϕ 有可能"。智能体 i 知道 ϕ（$K_i\phi$），当且仅当在当前世界下，所有他认为可能的世界中 ϕ 都成立；智能体 i 认为 ϕ 可能（$L_i\phi$），当且仅当在当前世界下，存在一个他认为可能的世界中 ϕ 成立。我们用 $\phi \models \varphi$ 表示公式 ϕ 的所有模型都满足公式 φ，$\phi \equiv \varphi$ 表示 $\varphi \models \phi$ 且 $\phi \models \varphi$。

正规的多智能体模态逻辑系统，都必须满足如下公理和推理规则：

A1 所有命题逻辑中的公理；

A2 $K_i\phi \wedge K_i(\phi \supset \varphi) \supset K_i\varphi$；$i = 1,\cdots,n$； (11.1)

R1 由 $\vdash\alpha$ 和 $\vdash\alpha \supset \beta$，可推导出 $\vdash\beta$；

R2 由 $\vdash\alpha$，可推导出 $\vdash K_i\alpha$，$i = 1,\cdots,n$。 (11.2)

仅满足上述公理和推理规则的公理系统称为 K_n 系统。在此基础上，根据对知识性质的不同要求，扩展出各种不同的公理系统。

基于模型理论，林方真和雷特定义了命题逻辑中的变量遗忘[117]。给定命题逻辑的公式 $\phi \in \mathcal{L}^p$ 和原子命题 $p \in \mathcal{P}$，公式 ϕ' 是公式 ϕ 遗忘 p 的结果，记为

$$\phi' \equiv \text{Forget}(\phi, p) \tag{11.3}$$

如果对任意命题逻辑模型 M，$M \models \phi'$，当且仅当存在模型 $M' \models \phi$ 且 $M' \simeq_{\{p\}} M$。其中，$M' \simeq_{\{p\}} M$ 表示模型 M' 和 M 在 $\mathcal{P} \backslash \{p\}$ 上的真值指派一致。

文献[74]将文献[204]中单智能体模态逻辑系统 S5 中知识遗忘的定义扩展到多智能体模态逻辑。在此基础上，文献[25]定义了多智能体模态逻辑知识遗忘。

给定命题逻辑的公式 $\phi \in \mathcal{L}^p$ 和原子命题 $p \in \mathcal{P}$，公式 ϕ' 是公式 ϕ 遗忘 p 的结果，记为

$$\phi' \equiv \text{Forget}(\phi, p) \tag{11.4}$$

如果对任意的模型 (M, ω)，$(M, \omega) \models \phi'$，当且仅当存在模型 (M', ω') 满足 $(M', \omega') \models \phi$ 且 $(M, \omega) \leftrightarrow_{\{p\}} (M', \omega')$。

为与命题逻辑中的变量遗忘区分，模态逻辑中的变量遗忘，特称为"知识遗忘"，记为 KForget。给定命题逻辑的公式 $\phi \in \mathcal{L}^p$ 和原子命题 $p \in \mathcal{P}$，则

$$\text{KForget}(K_i\phi, p) \equiv K_i(\text{KForget}(\phi, p)), \quad i = 1,\cdots,n \tag{11.5}$$

K_n 是最小的正规多智能体模态逻辑系统，其他正规多智能体模态逻辑系统都可以在其基础上扩展而来。

11.6 遗忘的神经机制

海马体位于大脑丘脑和内侧颞叶之间，是负责记忆的编码和存储的一个重要脑区。在这里，记忆信息被编码于一些神经元中，称之为记忆印迹细胞。随着科学研究的发展，科研人员发现印迹细胞的重新激活是记忆提取的"发动机"，印迹细胞间的突触联系是储存记忆的"仓库"。

2020年2月7日，浙江大学医学院谷岩研究员课题组和王朗副研究员课题组合作，在 *Science* 上发表文章[194]，他们发现用于免疫的小胶质细胞通过清除突触而引起记忆遗忘，并且进一步发现补体信号通路参与了小胶质细胞介导的遗忘，依赖于记忆印迹细胞的活动。

小胶质细胞约占大脑细胞总数的10%～15%。此前科学家已经明确，小胶质细胞是中枢神经系统中的主要免疫细胞。当大脑受伤感染，细菌进入皮质后，小胶质细胞作为重要的"防卫兵"负责"抵御杀敌"。越来越多的研究表明，小胶质细胞不仅参与神经系统的免疫调控，而且对于神经系统发育、神经元活动以及神经环路功能都有重要的调节作用。

通过免疫染色和高分辨率成像，研究人员发现海马的小胶质细胞"肚子"里，存在着突触特异性的成分，如位于突触前的突触素(synaptophysin)分子和位于突触后的PSD95分子，并且与小胶质细胞中的溶酶体共定位(共定位：两个蛋白位于同一空间位置的细胞学佐证)，表明成年海马中的小胶质细胞仍然具有"吃掉"突触结构的能力。当抑制小鼠的小胶质细胞吞噬作用时，记忆的遗忘被显著阻断。这些结果表明小胶质细胞通过"吃掉"突触而介导了遗忘。

研究人员发现，记忆在印迹细胞组成的这条"公路"上激活传递，这其中记忆印迹细胞之间的突触不仅是公路间相联系的"桥梁"，而且也是储存记忆的"仓库"。小胶质细胞就像是"拆迁队"，把"桥梁"给拆掉了，储存在其中的记忆信息也就无法继续传递下去，最终导致了记忆遗忘。研究人员通过高分辨率显微镜发现补体分子C1q不仅与印迹细胞的一些树突棘共定位，还与PSD95一起存在于小胶质细胞溶酶体中，这提示补体信号通路可能介导了小胶质细胞对记忆印迹细胞突触的清除。研究人员通过对比，发现在印迹细胞中阻断补体信号通路可以十分有效地抑制记忆的遗忘和印迹细胞激活率的下降。而C1q-补体信号通路就像是猎人的小狗，寻找并在记忆印迹细胞的一些突触上做上标记，这样小胶质细胞就像有了导航图一般，可以瞄准目标展开攻击，一吃一个准。生活中的一个常识，学习了一个新知识，假如总是复习，就不容易遗忘，而不去复习的话很快就会忘记。

海马的齿状回可以不断产生新生的神经元，称之为神经发生(neurogenesis)。齿状回中持续产生的新生神经元的整合会导致海马神经环路中大量突触的重组与替换，从而导致先前建立的记忆被遗忘，尤其是在婴儿期。为了找出小胶质细胞介导的遗忘和神经发生介导的遗忘之间的关系，研究人员同时操纵了海马神经发生和小胶质细胞，发现小胶质细胞介导的突触清除既参与了神经发生引起的遗忘，也参与了和神经发生无关的遗忘。因此，小胶质细胞的突触吞噬作用可能是在没有神经发生的大脑区域，或缺乏神经发生的哺乳动物大脑中介导遗忘的一种更为普遍的机制。

2019年9月5日，清华大学生命科学学院钟毅课题组在《美国科学院院刊》(PNAS)发表研究论文[78]。该论文对果蝇不稳定短时记忆和稳定长时记忆主动遗忘的下游分子机制进行了系统的比较和解析，发现不稳定短时记忆的主动遗忘由 Rac1/WAVE Complex/Dia 通路介导，而稳定长时记忆的主动遗忘通过 Cdc42/WASp/Arp2/3 Complex 通路介导。由于 Dia 和 Arp2/3 Complex 被报道分别调控神经元微丝骨架线性生长和分支生长，这使得该论文研究成果提供了一个有趣的可能性：稳定性不同的记忆组分的主动遗忘可能与神经元不同形式的微丝结构的生长方式有关。

遗忘现象作为人类记忆的基本特征，虽然在心理学中被广泛地研究和报道，但是在神经生物学的研究中几乎无人问津，俨然成了被"遗忘"的角落。其主要原因可能是遗忘过程被简单地认为是记忆失败的另外一种描述方式，是一个被动的过程（记得差则忘得快，记得好则忘得慢），从而忽略了遗忘自身可能存在独特的分子机制。直到 2010 年，钟毅课题组发现了主动遗忘的生物机制，即学习过程本身会激活遗忘信号分子通路来主动地遗忘所形成的记忆。这种主动遗忘机制并不影响学习自身效果的好坏，而是特异影响已获得记忆遗忘速度的快慢。而且不同记忆组分会分别拥有专属的主动遗忘机制。如在果蝇嗅觉惩罚学习中，一次训练（5 min）即可同时产生两种性质完全不同的记忆组分：不稳定的、维持几个小时的麻醉敏感记忆（anesthesia-sensitive memory，ASM）和较为稳定的、维持一天以上的抗麻醉记忆（anesthesia-resistant memory，ARM）。

钟毅课题组先后发现一次学习一方面会激活小 G 蛋白家族中的 Rac1 分子来抹掉不稳定的、维持几个小时的麻醉敏感记忆，另一方面激活另一个小 G 蛋白家族成员 Cdc42 分子来遗忘较为稳定的、维持一天以上的抗麻醉记忆。然而 Rac1 与 Cdc42 分别介导的遗忘机制的具体下游分子通路并不清楚。文献[78]首次解析了这两种遗忘机制的下游分子通路：Rac1/WAVE Complex/Dia 通路介导短时记忆组分（不稳定的、维持几个小时的麻醉敏感记忆）的主动遗忘，而 Cdc42/WASp/Arp2/3 Complex 通路介导长时记忆组分（较为稳定的、维持一天以上的抗麻醉记忆）的主动遗忘。这两种主动遗忘机制均发生在果蝇学习记忆中枢蘑菇体中（蘑菇体约包含 4000 个神经元，整个果蝇大脑有 10 万个以上的神经元）。有趣的是，细胞生物学研究发现 Dia 直接负责微丝骨架的线性生长，而 Arp2/3 Complex 则负责微丝骨架的分支生长。图 11.3 给出了稳定记忆和不稳定记忆的遗忘机制解析。

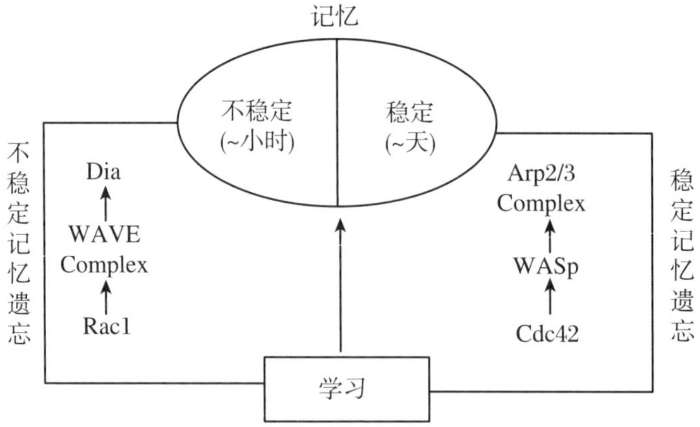

图 11.3　稳定记忆和不稳定记忆的遗忘机制解析

第 12 章　记 忆 存 储

记忆是信息以特定的形式，存储在大脑由神经元构成的神经网路里。人脑记忆与计算机信息存储极为相似。为了更好地理解大脑记忆的机理，本章将阐述计算机信息存储的有关内容。

12.1　概　　述

在近代科学技术发展史上，脑科学与计算机科学的发展互为启发、互为激励。受到脑科学的启发，英国科学家图灵（A. M. Turing）于 1936 年发表了著名的《论应用于解决问题的可计算数字》一文[188]，文中提出了思考原理计算机——图灵机的概念，推进了计算机理论的发展。1945 年 6 月，冯・诺依曼（J. von Neumann）提出了《EDVAC 报告书的第一份草案》，该草案不仅详述了 EDVAC 的设计，还为现代计算机的发展指明了道路：

（1）机器内部使用二进制表示数据。

（2）像存储数据一样存储程序。

（3）计算机由运算器、控制器、存储器、输入模块和输出模块 5 部分组成。

这是冯・诺依曼对当时全世界计算机建造经验集大成式的高度提炼。

冯・诺依曼将计算机与神经细胞类比，运算器、控制器和存储器相当于联络神经元，输入模块和输出模块相当于感觉神经元和运动神经元。通俗地讲，就好比人拥有可以思考（处理信息）的大脑，并通过“感觉”获取来自世界的信息，通过“运动”去改变世界。计算机同样需要这样一个世界，那就是当时的穿孔介质、开关、旋钮、接插件，等等，统称外部记录媒体。这种基于存储程序思想的计算机结构，后来被称为冯・诺依曼结构。冯・诺依曼结构奠定了现代计算机的基调，如图 12.1 所示。

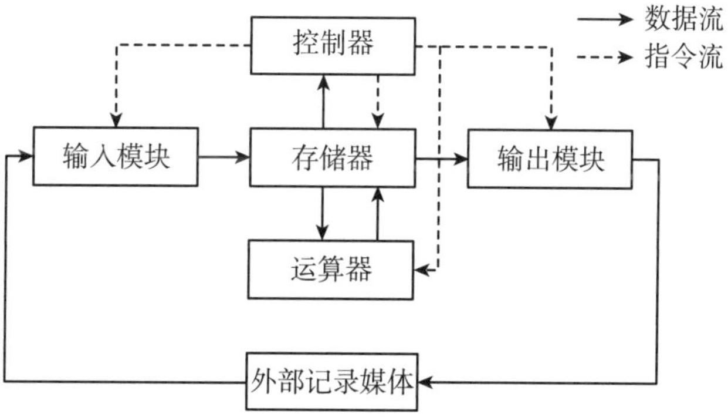

图 12.1　冯・诺依曼结构

1948年4月，ENIAC团队通过线路改造使ENIAC的函数表有了存储指令的能力，但其容量对于程序来说还是太小了。实现存储程序的关键是建造容量足够大的内部存储器，要既有不拖累电子运算的访问速度，又要有相对低廉的成本。一时间，计算机界百花齐放，涌现出各种不同的存储器。

1950年，世界上第一台具有存储程序功能的计算机EDSAC由冯·诺依曼领导设计实现。它的主要特点是采用二进制，使用汞延迟线作存储器，指令和程序可存入计算机中。1951年3月，由ENIAC的主要设计者埃克特(L. Eckert)和莫奇利(J. W. Mauchly)设计的第一台通用自动计算机UNIVAC-I交付使用。UNIVAC-I第一次采用磁带机作为外存储器，首先采用奇偶校验方法和双重运算线路来提高系统的可靠性。

12.2 层次存储

1971年，英特尔推出全球第一颗通用型微处理器4004，其由2300个晶体管构成。当时摩尔(G. Moore)就提出了著名的"摩尔定律"：每过18个月，芯片上可以集成的晶体管数目将增加一倍。在一块芯片上集成的晶体管数目越多，主频越高，意味着运算速度就更快。但到了2005年，当主频接近4 GHz时，英特尔和AMD发现，速度也会遇到自己的极限：那就是单纯的主频提升，已经无法明显提升系统整体性能。

多核中央处理器解决方案的出现，给人带来了新的希望。2006年7月23日，英特尔基于酷睿(Core)架构的处理器正式发布，之后又陆续推出了面向服务器、工作站和高端个人电脑的至强(Xeon)5300和酷睿双核、四核至尊版系列处理器。与上一代台式机处理器相比，酷睿2双核处理器在性能方面提高40%，功耗反而降低40%。人们称2006年为"双核元年"。

与单核处理器相比，多核处理器在体系结构、软件、功耗和安全性设计等方面面临着巨大的挑战，但也蕴含着巨大的潜能。单芯片多处理器结构(chip multiprocessing，CMP)和同时多线程(simultaneous multithreading，SMT)一样，致力于发掘计算的粗粒度并行性。CMP是指随着大规模集成电路技术的发展，在芯片容量足够大时，就可以将大规模并行处理机结构中的对称多处理机(SMP)或分布共享处理机(DSM)节点集成到同一芯片内，各个处理器并行执行不同的线程或进程。在基于SMP结构的单芯片多处理机中，处理器之间通过片外cache或者片外的共享存储器来进行通信。而基于DSM结构的单芯片多处理器中，处理器间通过连接分布式存储器的片内高速交叉开关网络进行通信。SMP和DSM都已经是非常成熟的技术了，CMP结构设计比较容易，只是后端设计和芯片制造工艺的要求较高，正因为这样，CMP成为最先被应用于商用CPU的"未来"高性能处理器结构。

多核处理器在研究提高本身核处理器计算能力的同时，"存储墙"(memory wall)问题也是研究重点。在过去的20多年中，处理器的性能以每年大约55%的速度快速提升，而主存储器性能的提升速度则只有每年10%左右。长期累积下来，不均衡的发展速度造成当前主存储器的存取速度严重滞后于处理器的计算速度，主存储器瓶颈导致高性能处理器难以发挥出应有的功效，这对日益增长的高性能计算形成了极大的制约。事实上，早在1994年就有科学家分析和预测了这一问题，并将这种严重阻碍处理器性能发挥的主存瓶颈命名为"存储墙”。为了解决这个突出的矛盾，必须使用多级 cache 来缓解。有共享一级 cache 的 CMP、共享二级 cache 的 CMP 以及共享主存的 CMP。通常，CMP 采用共享二级 cache 的结构，即每个处理器核心拥有私有的一级 cache，而所有处理器核心共享二级 cache。图 12.2 给出了多核处理器的存储层次。

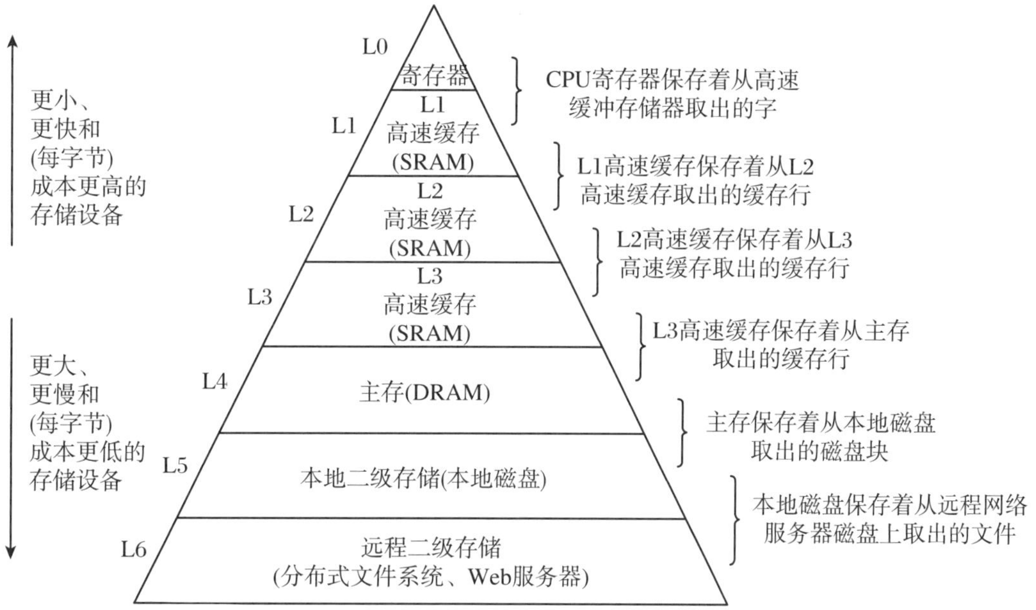

图 12.2　多核处理器的存储层次

12.3　主存储器

主存储器(main memory)，简称主存，其作用是存放指令和数据，并能由 CPU 直接随机存取，是计算机硬件的一个重要部件。计算机真正工作的场所是主存，所有驱动程序、操作系统、工作数据、成品/半成品应用程序必须加载到主存中才能由 CPU 读取。

从 20 世纪 50 年代开始，直至 70 年代初，磁芯存储器一直是计算机主存的标准配备。1947 年，维埃赫(F. Viehe)第一个申请了磁芯存储器的专利。1948 年，王安发明了“脉冲传输控制装置”，实现了对磁芯存储器的写后读(write-after-read)。1959 年 9 月 30 日，中科院计算所宣布 104 机调试完成，其中主存储器采用了由范新弼负责研制的磁芯存储器。1967 年，专为“两弹一星”研制的被誉为“功勋计算机”的 109 丙机，也是采用磁芯存储器作为主存。

从 20 世纪 70 年代起，逐步采用大规模集成电路构建计算机主存储器，用得最普遍的也是最经济的是动态随机存储器芯片(dynamic random access memory，DRAM)。DRAM 存储器的存储位元是由一个 MOS 晶体管和电容器组成的记忆电路，如图 12.3 所示。图中 MOS 管作为开关使用。存储的信息 1 或 0 则由电容器上的电荷量来体现，当电容器充满电荷时，代表存储了 1，当电容器放电没有电荷时，代表存储了 0。DRAM 存储位元是基于电容器上的电荷量进行信息存储的，这个电荷量随着时间减少，因此必须定期地刷新，以保持它们原来记忆的正确信息。

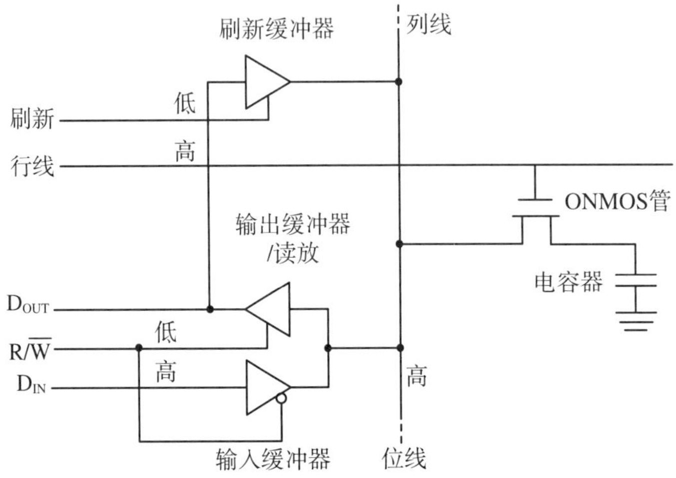

图 12.3　DRAM 存储位元

另一种可读可写的芯片是静态随机存储器（static random access memory，SRAM）。SRAM 要用 6 个晶体管实现一个二进位，所用 MOS 管多，占硅片面积大，因而功耗大，集成度低，价格昂贵。由于它采用一个正负反馈触发器电路来存储信息，所以读写速度快且无需刷新和读后再生，因而 SRAM 适合作高速小容量的半导体存储器，如高速缓冲存储器。

主存储器的主要性能指标：存储容量、存取时间和存储周期。

(1) 存储容量：按字节或字寻址，容量为多少字节，常用单位有 KB(2^{10})、MB(2^{20})、GB(2^{30})；地址线数决定最大直接寻址空间大小(n 位地址：2^n)。

(2) 存取时间（存储器访问时间或工作周期）(memory access time)：指启动一次存储器操作（读/写）到完成该操作所经历的时间。

① 读出时间：指从 CPU 向存储器发出有效地址和读命令开始，直到将被选单元的内容读出为止所用的时间。

② 写入时间：指从 CPU 向存储器发出有效地址和写命令开始，直到信息写入被选中单元为止所用的时间。

(3) 存储周期（又称访问周期）：CPU 连续两次启动独立的存储器操作所需间隔的最小时间。目前一般存储器可达几纳秒。

计算机中的主存储器主要由存储体、控制线路、地址寄存器、数据寄存器和地址译码驱动电路五部分组成。主存储器的基本结构如图 12.4 所示。存储体是存储器的核心，是存储单元的集合体，而存储单元又是由若干个记忆单元组成的。地址译码驱动电路由译码器和驱动器两部分组成。译码器将地址总线输入的地址码转换成与之对应的译码输出线上的有效电平，以表示选中了某一存储单元，然后由驱动器提供驱动电流去驱动相应的读/写电路，完成对被选中存储单元的读/写操作。I/O 和读/写电路包括读出放大器、写入电路和读/写控制电路，用以完成被选中存储单元中各位的读出和写入操作。存储器的读/写操作是在控制器的控制下进行的。半导体存储芯片中的控制电路，必须在接收到来自控制器的读/写命令或写允许信号后，才能实现正确的读/写操作。

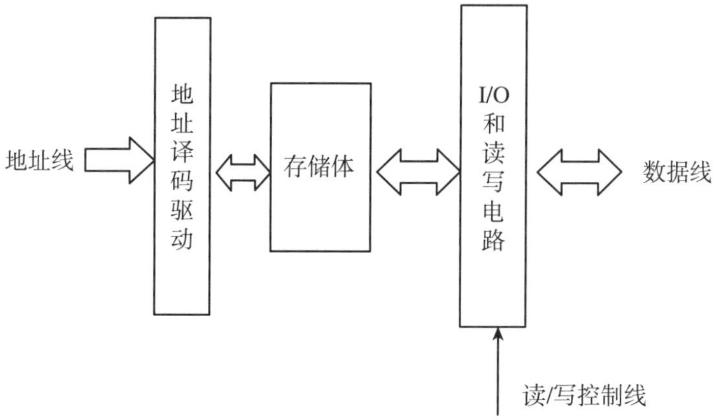

图 12.4 主存储器的基本结构

主存储器用来暂时存储中央处理器(CPU)正在使用的指令和数据,它和 CPU 的关系最为密切。主存储器和 CPU 的连接是由总线支持的,连接形式原理如图 12.5 所示。CPU 中 AR 是地址寄存器,DR 是数据寄存器。CPU 与主存之间采用异步工作方式,以 Ready 信号表示一次访存操作的结束。

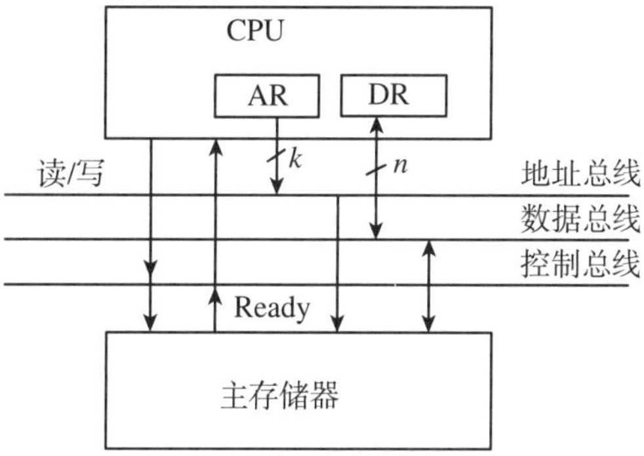

图 12.5 主存储器与 CPU 的联系

12.4 高速缓冲存储器

在多体交叉存储器中,I/O 向主存请求的级别高于 CPU 访存,这就会出现 CPU 等待 I/O访存的现象,致使 CPU 空等一段时间,甚至可能等待几个主存周期,从而降低了 CPU 的工作效率。为了避免 CPU 与 I/O 争抢访存,可在 CPU 与主存之间加一级缓存,主存将 CPU 要取的信息提前送至缓存,这样主存与 I/O 交换时,CPU 可直接从缓存中读取所需信息,不必空等而影响效率。

通过大量典型程序的分析,发现 CPU 从主存取指令或取数据在一定时间内,只是对主存局部地址区域的访问。这是由于指令和数据在主存内都是连续存放的,并且有些指令和数据往往会被多次调用(如子程序、循环程序和一些常数),也即指令和数据在主存中的地址分布不是随机的,而是相对地簇聚,使得 CPU 在执行程序时,访存具有相对的局部性,这叫程序访问的局部性原理。根据这一原理，很容易设想，只要将 CPU 近期要用到的程序和数据，提前从主存送到高速缓存，那么就可以做到 CPU 在一定时间内只需要访问高速缓存。一般高速缓存采用高速的 SRAM 制作，其价格比主存贵，但因其容量远小于主存，因此能很好地解决速度和成本的矛盾。

1967 年，吉布森(G. A. Gibson)提出高速缓冲存储器(cache，简称高速缓存)技术，1969 年在 IBM360/80 计算机上实现。高速缓存位于计算器和主存储器之间，规模较小，但存取速度很高。目前，高速缓存使用非常广泛，因此其定义可以扩展为凡是位于速度相差较大的两种硬件之间，用于协调两者数据传输速度差异的结构，均可称之为高速缓存。

12.4.1 高速缓存的工作原理

为了解决 CPU 和主存之间速度的不匹配，在主存与 CPU 之间插入一级或多级由 SRAM 组成的高速缓存。CPU 和主存之间直接数据传输的方式转变成 CPU 和 cache 之间的直接数据传输，以及 cache 和主存之间的数据传输。如果 cache 在 CPU 芯片外，它的控制逻辑一般和主存控制逻辑合成在一起，称主存/cache 控制器。若 cache 在 CPU 内，则由 CPU 提供它的控制逻辑。CPU 与 cache 之间的数据交换是以字为单位的，而 cache 与主存之间的数据交换以块为单位。一个块由若干字组成，是定长的，如图 12.6 所示。

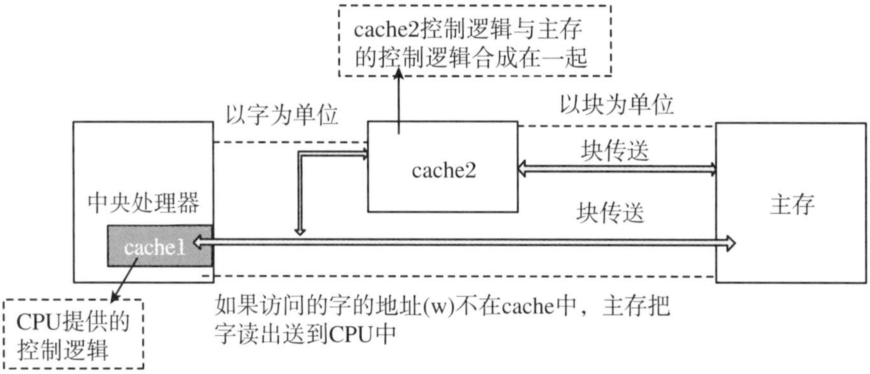

图 12.6　带 cache 的 CPU 访存操作

在系统启动或复位时，每个 cache 行都为空，其中的信息无效。只有在 cache 行中装入了主存块后才有效。为了说明 cache 行中的信息是否有效，每个 cache 行需要设置一个有效位。有了有效位，就可以通过将有效位清 0 来淘汰某 cache 行中的主存块，称为冲刷。

CPU 执行程序过程中，需要从主存取指令或读写数据时，先检查 cache 中有没有要访问的信息，若有，就直接在 cache 中读写，而不用访问主存储器；若没有，再从主存中把当前访问信息所在的一个主存块复制到 cache 中。cache 中的内容是主存储器中部分内容的副本。

在访存过程中，若 CPU 访问单元所在的主存块在 cache 中，则称 cache 命中(hit rate)，命中的概率称为命中率 p，反之则称为缺失或未命中(miss)，其概率称为缺失率，它等于未命中次数与访问总次数之比。命中时，CPU 在 cache 中直接存取信息，所用时间开销就是 cache 访问时间 T_c，称为命中时间。缺失时，需要从主存读取一个主存块送 cache，并同时将所需信息送 CPU，因此所用时间开销为主存访问时间 T_m 和 cache 访问时间 T_c 之和。通常把从主存读入一个主存块到 cache 的时间 T_m 称为缺失损失(miss penalty)。CPU 在 cache

-主存层次的平均访问时间为

$$T_a = p \times T_c + (1-p) \times (T_m + T_c) = T_c + (1-p) \times T_m \qquad (12.1)$$

为了使主存的平均读出时间尽可能接近 cache 的读出时间，cache 命中率应接近于 1。

12.4.2　地址映射

为了把主存块放到 cache 中，必须应用某种方法把主存地址定位到 cache 中，称作地址映射。目前常用的地址映射方式有全相联映射方式、直接映射方式和组相联映射方式。

1. 全相联映射方式

每个主存块都可映射到任何 cache 块的地址映射方式称为全相联映射，如图 12.7 所示。在全相联映射方式下，主存中存储块的数据可调入 cache 中的任意块框架，如果 cache 中能容纳程序所需的绝大部分指令和数据，则可达到很高的 cache 命中率。但全相联映射 cache 的实现比较复杂。当访问一个块中的数据时，块地址要同时与块表中的所有地址标志进行比较以确定是否命中。在数据块调入时，还存在着一个比较复杂的替换策略问题，即决定将数据块调入 cache 中什么位置，将 cache 中哪一块数据调出。

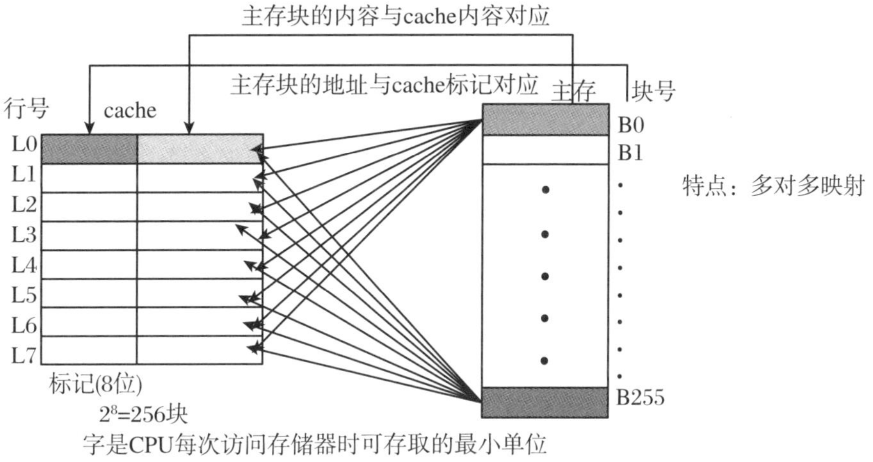

图 12.7　全相联映射方式

在全相联 cache 中，全部标记用一个相联存储器来实现，全部数据用一个普通 RAM 来实现。优点是冲突率小，cache 利用率高。缺点是比较器难于设计与实现。

2. 直接映射方式

一个主存块只能映射到 cache 中的唯一一个指定块的地址映射方式称为直接映射。在直接映射方式下，主存中存储块的数据只可调入 cache 中的一个位置。cache 中的这个数据块存储位置称为块框架(block frame)。因为主存的容量总是比 cache 大，因此会有多个主存地址映射到同一个 cache 地址。如果主存中两个存储块的数据都要调入 cache 中的同一个位置，则将发生冲突。直接映射的地址变换方法如图 12.8 所示，主存中每个区的第 0 块映射到 cache 的第 0 块，第 1 块映射到 cache 的第 1 块……第 $N-1$ 块映射到 cache 的第 $N-1$ 块。

直接映射方式下，地址映射的方法一般是将主存块地址对 cache 的块数取模即得到 cache 中的块地址，这相当于将主存的空间按 cache 的尺寸分区，各区内相同的块号映射到

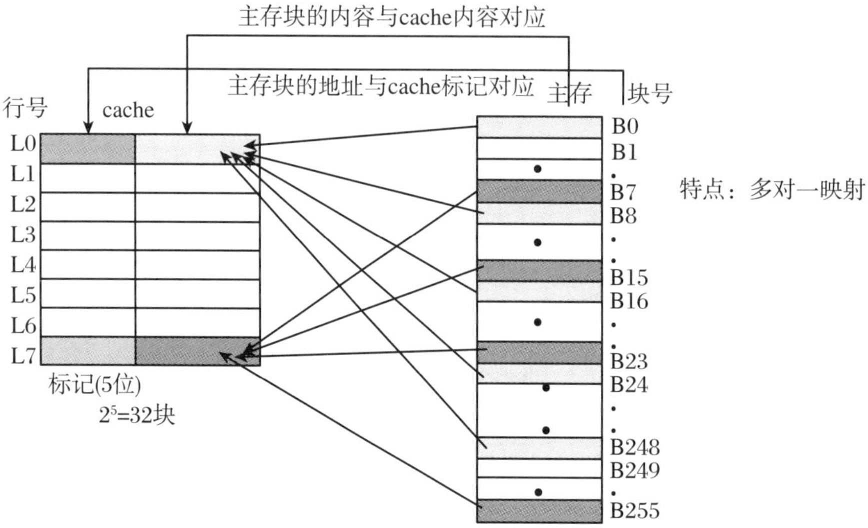

图 12.8 直接映射方式

cache 中相同的块位置。地址映射机构在判断命中与否时只需判断 cache 中某一块对应于主存中哪一区就可以了。因此，可以将主存地址的高位看作是区地址，即主存地址分为三段：区号、块号和块内地址。区号作为标志存放在地址映射表中，用于判断命中与否，主存的块号直接用于查地址映射表和在 cache 中进行块寻址，块内地址用于块内寻址。

直接映射方式的优点是硬件简单，成本低。该方法的缺点是每个主存块只有一个固定的行位置可存放，发生冲突的几率大。直接映射方式适合大容量 cache。

3．组相联映射方式

组相联映射指的是将存储空间分成若干组，各组之间是直接映射，而组内各块之间则是全相联映射。如图 12.9 所示，在组相联映射方式下，主存也按 cache 的容量分区，每个分区又分成若干个组，每个组包含若干个块，cache 也进行同样的分组。主存中存储块的数据块可调入 cache 中一个指定组内的任意块框架中，但主存中一个组的地址空间只能映射到

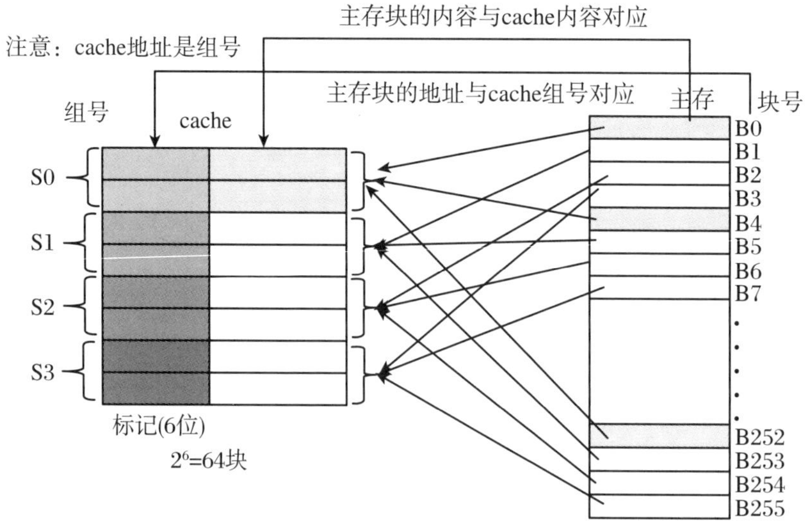

图 12.9 组相联映射方式

cache中相同的组,也就是说组内是全相联映射,组间则是直接映射。组相联映射可以看作是前述两种地址映射方式的一般形式,组的容量为 1 个块时就变成了直接映射,组的容量为整个 cache 的容量(也就是一个区的容量)时就变成了全相联映射。

在组相联映射中,组的个数一般为 2 的幂次数,组内块的个数也是 2 的幂次数。主存地址分成四段,高字段是区号;然后是组标志,用于确定组号;第三段是组中的块地址,用于确定组中的块;低字段是块内寻址段。cache 地址分三段:组号、组内块号和块内地址。组相联方法在判断块命中以及替换算法上都要比全相联方法简单,块冲突的几率比直接映射方式低,其命中率也介于直接映射和全相联映射之间。

组相联映射方式适度兼顾了全相联映射方式和直接映射方式的优点并尽量避免了两者的缺点。当 cache 的组数为 1 时,即为全相联映射方式;当每组只有一个 cache 行时,则变为直接映射。由于只有组内各行采用全相联映射,所以比较器的位数和个数都比全相联映射少,易于实现,查找速度也快得多。

12.4.3 cache 中主存块的替换算法

当采用全相联映射或组相联映射方式从主存向 cache 传送一个新块,而 cache 中的可用位置已经占满时,就产生了替换算法的问题。目前,常用的替换算法主要有以下几种。

1. 随机替换算法

随机替换算法的思想最简单,即随机地选择一个 cache 块进行替换,它不考虑 cache 块过去、现在及将来的使用情况。

2. 先进先出算法

先进先出(first input first output,FIFO)算法的思想是:按调入 cache 的先后决定淘汰的顺序,即在需要更新时,将最先进入 cache 的块作为被替换的块。这种方法不需要随时记录各个块的使用情况,容易实现,而且系统开销小。其缺点是可能会把一些需要经常使用的程序块(如循环程序)也作为最早进入 cache 的块替换掉。

3. 最近最少使用算法

最近最少使用(least recently used,LRU)算法是把 CPU 近期最少使用的块选作被替换的块。这种替换方法需要随时记录 cache 中各块的使用情况,以便确定哪个块是近期最少使用的块。LRU 算法相对合理,但实现起来比较复杂,系统开销较大。通常需要对每一块设置一个称为计数器的硬件或软件模块,用以记录其被使用的情况。

无论 FIFO 算法还是 LRU 算法,都不能确定调出去的块近期将不会再被使用。研究表明,采用这两种算法后可使 cache 的命中率达到 90%左右,其中 LRU 算法略优于 FIFO 算法,这在实际使用中已经是很不错的了。

4. 最不经常用算法

最不经常用算法(least frequently used, LFU)将一段时间内访问次数最少的存储块换出,每行设立一个计数器,每访问一次,计数器的数值加 1,替换的时候,将数值最小的 cache 块替换出去。这种算法与 LRU 有点类似,但不完全相同。

12.5 磁盘存储器

磁盘存储器是利用磁记录技术在旋转的圆盘介质上进行数据存储的一种辅助存储器。这是一种应用广泛的直接存取存储器。其容量较主存储器大千百倍，在各种规模的计算机系统中，常用于存放操作系统、程序和数据，是对主存储器的扩充。磁盘存储器存入的数据可长期保存，与其他辅助存储器相比，磁盘存储器具有较大的存储容量和较快的数据传输速率。典型的磁盘驱动器包括盘片主轴旋转机构与驱动电机、头臂与头臂支架、头臂驱动电机、净化盘腔与空气净化机构、写入读出电路、伺服定位电路和控制逻辑电路等。

世界第一台硬盘存储器是由IBM公司在1956年发明的，其型号为IBM350RAMA。这套系统的总容量只有5 MB，共使用了50个直径为24英寸的磁盘。1968年，IBM公司提出“温彻斯特”(Winchester)技术，其要点是将高速旋转的磁盘、磁头及其寻道机构等全部密封在一个无尘的封闭体中，形成一个头盘组合件(HDA)。1979年，IBM发明了薄膜磁头，进一步减轻了磁头重量，使更快的存取速度、更高的存储密度成为可能。

磁盘驱动器的框图如图12.10所示，主要包括数据读写系统、磁头定位系统、盘片驱动系统和控制电路等部分。

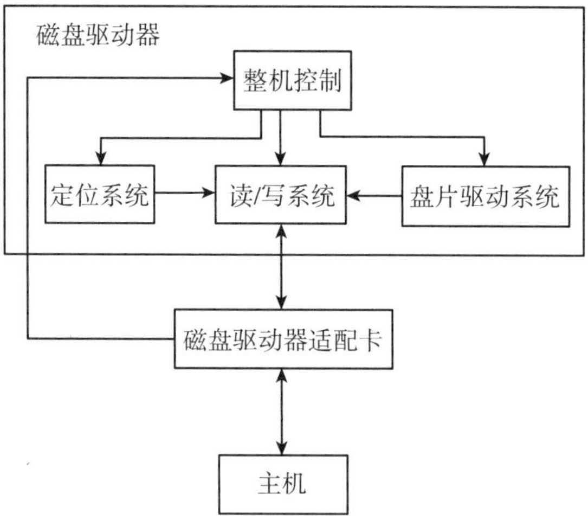

图12.10 磁盘驱动器框图

磁盘存储器的性能指标主要有：

(1) 存储容量：整个磁盘存储器能存储的二进制位数，它与磁表面大小及记录密度密切相关。硬盘的容量指标还包括硬盘的单碟容量，所谓单碟容量是指硬盘单片盘片的容量，单碟容量越大，单位成本越低，平均访问时间也越短。

(2) 平均存取时间：寻址时间、寻道时间和数据传输时间的总和。寻址时间是从磁头接到读写命令开始到找到地址的时间。寻道时间是指硬盘在接收到系统指令后，磁头从开始移动到移动至数据所在的磁道所花费时间。数据传输时间是指传输一个扇区的时间。

(3) 传输速率：硬盘的数据传输速率是指硬盘读写数据的速度，单位为兆字节每秒

(MB/s)。硬盘数据传输率又包括了内部数据传输率和外部数据传输率。内部传输率也称为持续传输率,它反映了硬盘缓冲区未用时的性能,内部传输率主要依赖于硬盘的旋转速度。外部传输率也称为突发数据传输率或接口传输率,它标称的是系统总线与硬盘缓冲区之间的数据传输率,外部传输率与硬盘接口类型以及硬盘缓存的大小有关。

12.6 虚拟存储器

随着计算机系统软件和应用软件功能的不断增强,程序的大小也相应增大,往往需要很大的内存才能运行,但是计算机本身的物理内存容量比较小。而且在多用户多任务系统中,多用户或多个任务共享全部主存,要求同时执行多道程序,这些同时运行的程序到底占用实际内存中的哪一部分,在编制程序时是无法确定的,必须等到程序运行时才会动态分配。

虚拟存储器(virtual memory)是一个容量非常大的存储器的逻辑模型,不是任何实际的物理存储器。它借助于磁盘等辅助存储器来扩大主存容量,使之为更大或更多的程序所使用。虚拟存储器指的是主存-外存层次,它以透明的方式为用户提供了一个比实际主存空间大得多的程序地址空间。虚拟存储区的容量与物理主存大小无关,而受限于计算机的地址结构和可用磁盘容量。根据所用的存储器映像算法,虚拟存储器管理方式主要有页式、段式和段页式三种。

1. 页式虚拟存储器

以页为单位的虚拟存储器,称为页式虚拟存储器。它的虚拟空间跟主存空间都将被划分为相同大小的页。主存中的页称为实页,虚存中的页称为虚页。虚拟地址被分为两个字段:虚页号和页内偏移。虚拟存储器管理方式采用请求分页思想,每次访问仅将当前需要的页面调入主存,而进程中其他不活跃的页面放在磁盘上。页式虚拟存储器的地址映射过程如图12.11所示。

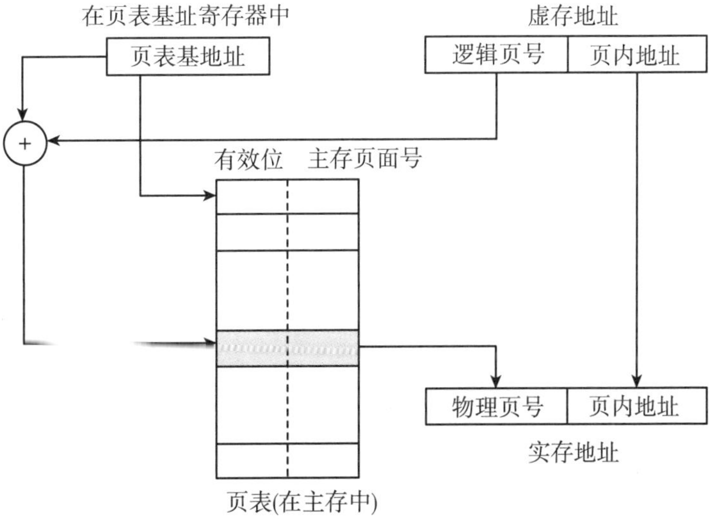

图12.11 页式虚拟存储器的地址映射

页式虚拟存储器的优点是页面的起点和终点地址是固定的，方便编造页表，新页调入主存也很容易掌握，比段式空间浪费小，易于管理，不存在外碎片。其缺点是页长与程序的逻辑大小不相关，处理、保护和共享都没有段式方便。

2. 段式虚拟存储器

段式虚拟存储器中的段是按程序的逻辑结构划分的，各个段的长度因程序而异。把虚拟地址分为两个部分：段号和段内地址。虚拟地址到实地址的变换是由段表来实现的，段表是程序的逻辑段和主存中存放位置的对照表。段表的每一行记录了某个段对应的段号、装入位、段起点和段长等信息。由于段的长度可变，所以段表中要给出各段的起始地址与段的长度。段式虚拟存储器的地址变换过程如图 12.12 所示。

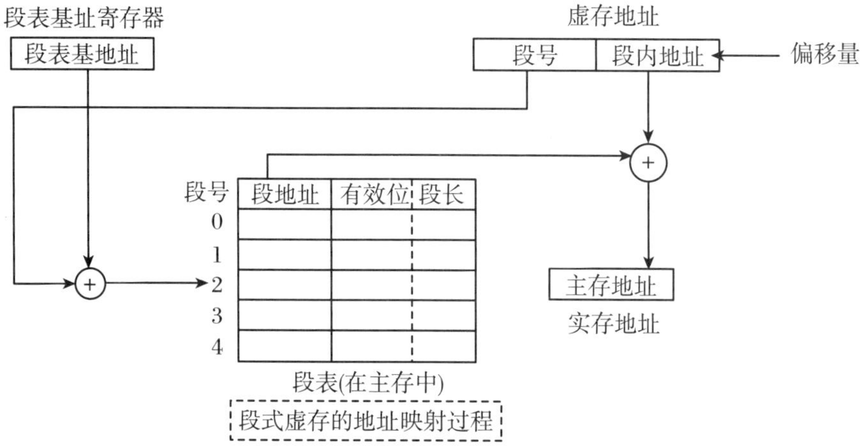

图 12.12　段式虚拟存储器的地址变换

段表的每一个表项对应一个段。每个表项至少包含下面三个字段：(1) 有效位。标记该段是否已经调入实存。(2) 段起位。在该段已经调入实存的情况下，该段在实存中的首地址。(3) 段长。记录该段的实际长度(目的是为了保证访问某段的地址空间时，段内地址不会超出该段长度导致地址越界而破坏其他段)。段表本身也是段，一般驻留在主存中。

段式虚拟存储器的分段通常对程序员是可见的，因而分段为组织程序和数据提供了方便。段的长度是不固定的。段式虚拟存储器的优点：(1) 段的逻辑独立性使其易于编译、管理、修改和保护，也便于多道程序共享。(2) 段长可以根据需要动态改变，允许自由调度，从而可以有效利用主存空间。该方法的缺点：(1) 主存空间分配比较麻烦。(2) 容易在段间留下许多外碎片，造成存储空间利用率降低。(3) 由于段长不一定是 2 的整数次幂，因而不能简单地像分页方式那样用虚地址和实地址的最低若干二进制位作为段内偏移量，并与段号进行直接拼接，必须用加法操作通过段地址与段内偏移量的求和运算求得物理地址。因此，段式存储管理比页式存储管理需要更多的硬件支持。

3. 段页式虚拟存储器

段页式虚拟存储器是段式虚拟存储器和页式虚拟存储器的结合。在段页式虚拟存储器中，把程序按逻辑结构分段以后，再把每段按照实存的页大小分页，程序按页进行调入和调出操作，但它又可按段实现共享和保护。因此，它兼有页式和段式系统的优点。它的缺点是在地址映像过程中需要多次查表，虚拟地址转换成物理地址是通过一个段表和一组页表来进行定位的，多次查表需要花费时间，同时实现复杂度也较高。

如果有多个用户在机器上运行，称为多道程序。每道程序均通过一个段表和多个页表进行两级再定位。段表中的每一个表项对应一个段，每个表项有一个指针指向该段的页表。页表则指明该段各页在主存中的位置，以及保存是否已装入、是否已修改等状态信息。程序按页进行调入和调出操作，但可按段进行编程、保护和共享。

段页式虚拟存储器中虚地址的格式如图 12.13 所示。

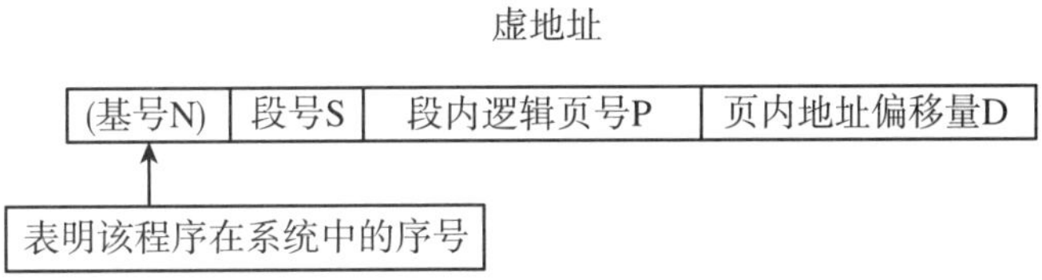

图 12.13 段页式虚拟存储器中虚地址的格式

虚拟存储器的替换算法与 cache 替换算法的区别：

(1) cache 的替换全部靠硬件实现，而虚拟存储器的替换算法是由操作系统支持的。

(2) 虚存缺页对系统性能的影响比 cache 未命中要大得多。

(3) 虚存页面替换的选择余地很大，属于一个进程的页面都可替换。

对于将被替换出去的页面，假如该页面调入主存后没有被修改，就不必进行处理；否则，需要把该页重新写入外存，以保证外存中数据的正确性。为此，在页表的每一行应设置修改位。

第 13 章　层次时序记忆

大脑皮质并不像计算机，无论是平行的还是其他类型的，它不会去计算问题的答案，而是用存储的记忆来解决问题并产生行为。大脑皮质将序列模式存储在层次结构的记忆中。

13.1　新皮质结构

大脑表面所覆盖的灰质称为大脑皮质。依据进化，大脑皮质分为古皮质(archeocortex)、旧皮质(paleocortex)和新皮质。古皮质与旧皮质与嗅觉有关，是三层的皮质，总称为嗅脑。人类新皮质高度发达，约占全部皮质的 96%。新皮质发展成为六层，如图 13.1 所示。第 1 层是皮质内部神经元投射信息交汇的地方。底下 L2/3 和 L5 层的锥体细胞投射上来轴突和顶树突，在这里交汇。这里的神经元细胞很少，其中大部分都是抑制性的。L2/3 层有各种神经元，主要是小锥体细胞，构建皮质内的局部回路，这些锥体细胞主要的连接是在皮质内部，但也有连到胼胝体的。L4 主要是颗粒性细胞，胞体较小而密集，负责接收丘脑传递的感觉信号。L5 主要负责传出信号，包含了最大的锥体细胞，将轴突投射到其他不同的脑区。L6 主要也是负责传出信号，但也接收丘脑传入的反馈信号。

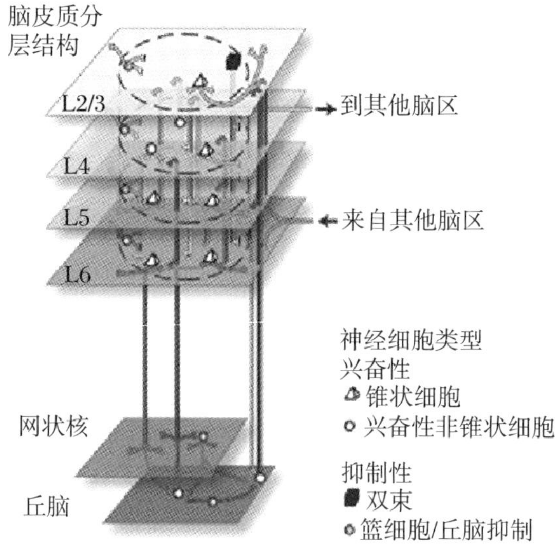

图 13.1　新皮质的分层结构

新皮质记忆结构化的知识，存储在新皮质神经元之间的连接中。当多层神经网络训练时，逐渐学会提取结构，通过调整连接权值，使网络输出的误差最小化，成为相对稳定的长时记忆。

13.2　新皮质功能

霍金斯(J. Hawkins)认为智能是大量群集的神经元涌现的行为，用基于记忆的世界模式产生连续不断的对未来事件的一系列预测。2004 年，他提出了记忆-预测理论，认为智能是以对世界模式的记忆和预测能力来衡量的，这些模式包括语言、数学、物体的物理特性以及社会环境[90]。大脑从外界接收模式，将它们存储成记忆，然后结合它们以前的情况和正在发生的事情进行预测。

图 13.2 显示了识别物体的前 4 个视皮质区域，分别用 V1、V2、V4、IT 表示。V1 表示条纹状视觉皮质区域，它对图像很少进行预处理，但包含着丰富的图像细节信息。V2 进行视觉映射，视觉图谱信息少于 V1。视觉输入用向上的箭头表示，始于视网膜，从图 13.2 中的底部开始传递到 V1 区。这个输入表示随时间变化的模式，由大约 100 万个神经轴突组成视觉神经传输。

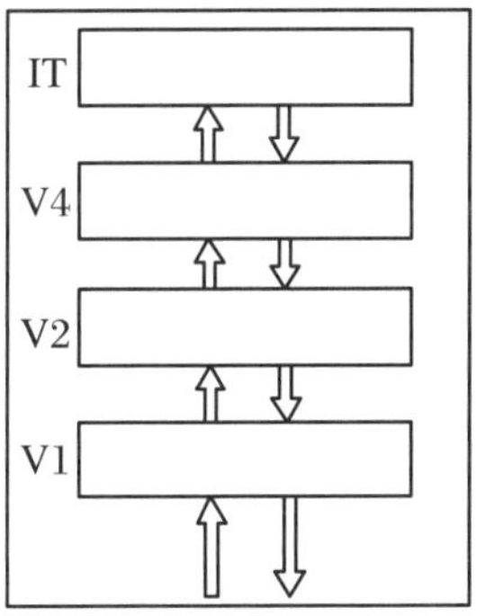

图 13.2　识别物体的前 4 个视皮质区域

在从视网膜到 IT 区的 4 个不同层次的区域中，细胞从快速变化、空间相关、能识别细微特征的细胞，逐渐变成了稳定激活、空间无关、能识别物体的细胞。例如，IT 区的“人脸细胞”，只要有人脸，就会被激活，不管出现的人脸是倾斜的、旋转的，还是部分被遮盖的，这是“人脸”的恒定表征。

当考虑预测时反馈连接很重要，大脑需要将输入信息送回到最初接收输入的区域。预测需要比较真正发生的事情和预期发生的事情。真正发生的事情的信息会自下而上流动，而预期发生的事情的信息会自上而下流动。

图 13.3 展示了脑区的层次，以及一起协同工作的纵向细胞单元组成的垂直柱。每个垂直柱中的不同分层都通过上下延伸的轴突互相连接，并形成神经突触。在 V1 区的垂直柱有些对某方向的倾斜的线段(/)发生反应，而另一些会对朝另一个方向倾斜的线段(\)发生反应。每个垂直柱中的细胞都紧密互联，它们整体会对相同刺激产生反应。第 4 层的激活细胞会让在它之上的第 3、2 层的细胞激活，然后又会让它之下的第 5、6 层的细胞激活。信息在同一个垂直柱的细胞中上下传播。霍金斯认为，垂直柱是进行预测的基本单元。

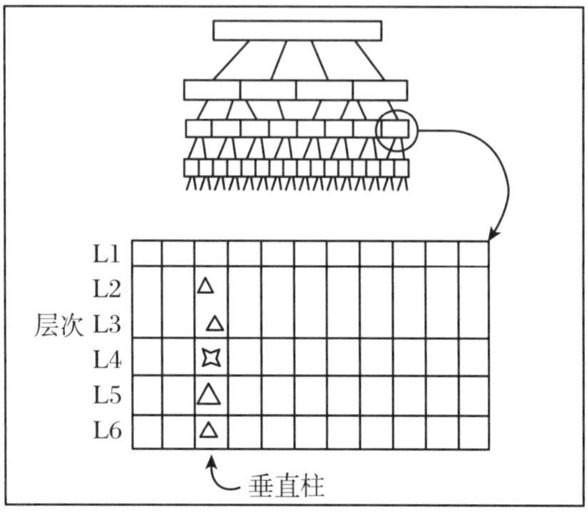

图 13.3　脑区的层次和垂直柱

运动皮质(M1)中的第 5 层细胞与肌肉以及脊髓中的运动分区存在着直接的联系。这些细胞高度协同地不断激活和抑制，让肌肉收缩，驱动运动。在大脑皮质的每个区域中都遍布第 5 层细胞，在各种类型的运动中发挥作用。

第 5 层细胞的轴突进入丘脑区，连接到某类非特定的细胞上。这些非特定的细胞又会将轴突投射回大脑皮质不同区域的第 1 层中。这个回路正像自联想记忆中能够学会形成序列的延时反馈。第 1 层承载着大量信息，包括序列的名字以及在序列中的位置。利用第 1 层的这两种信息，一个皮质区域就能够学习和回忆模式序列了。

大脑皮质具有 3 种回路：沿皮质体系向上的模式会聚，沿皮质体系向下的模式发散，以及通过丘脑形成延时反馈。这三种回路对大脑皮质区完成所需的功能极为重要，这些功能包括：

(1) 大脑皮质区如何将输入模式进行分类？

(2) 如何学习模式序列？

(3) 如何形成一个序列的恒定模式或者名字？

(4) 如何做出具体的预测？

大脑皮质的垂直柱中，来自较低区的输入信息激活了第 4 层细胞，导致该细胞兴奋。接着第 4 层细胞激活了第 2、3 层细胞，然后是第 5 层，进而导致第 6 层细胞被激活。这样整个垂直柱就被低层区输入信息激活了。当其中一些突触随着第 2、3、5 层的激活而激活时，这些突触就会得到加强。如果这种情况发生足够多次，第 1 层的这些突触就会变得足够强，能够让第 2、3、5 层的细胞在第 4 层细胞没有激活的情况下也被激活。这样，第 2、3、5 层细胞就能根据第 1 层的模式预测应该何时激活。在这种学习前，垂直柱细胞只能被第 4 层细胞激活。而在学习之后，垂直柱细胞能够根据记忆获得部分的激活。当垂直柱通过第 1 层中的突触激活时，它就是在预测来自下方较低区的输入信息，这就是预测。

第 1 层接收的输入信息一部分来自相邻垂直柱和相邻区的第 5 层细胞，这些信息代表了刚刚发生的事件。另一部分来自第 6 层细胞，是稳定的序列名字。如图 13.4 所示，第 2、3 层细胞的轴突通常会在第 5 层形成突触，而从较低区到第 4 层的轴突也会在第 6 层形成突触。这两种突触在第 6 层的交集同时接收两种输入信息，就会被激活，根据恒定记忆做出具体预测。

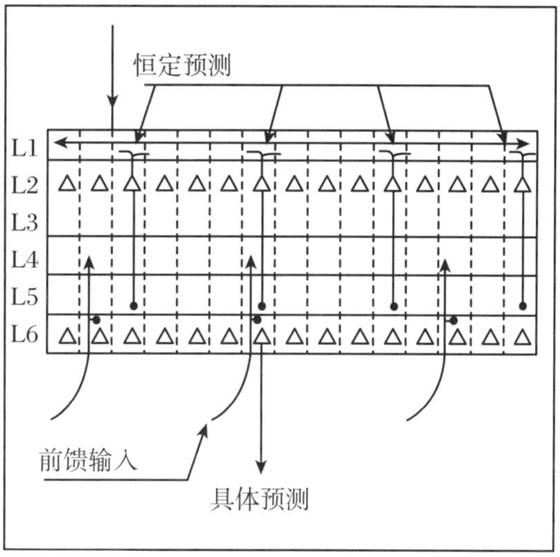

图 13.4　根据恒定记忆大脑皮质区做出具体预测

作为普遍规律，沿着大脑皮质向上流动的信息是通过细胞体附近的突触传递的。因此，向上流动的信息在传递过程中越来越确定。同样，作为普遍规律，沿着大脑皮质向下流动的反馈信息是通过细胞体远处的突触传递的。远距离的细树突上的突触能够在细胞激活中扮演积极且具有高度特异性的角色。通常情况下，反馈的轴突纤维要比前馈的多，反馈信息能够迅速准确地引起大脑皮质第 2 层中多组细胞激活。

13.3　层次时序记忆原理

层次时序记忆（hierarchical temporal memory，HTM）是一种以探索大脑新皮质的结构与算法特性为目标的机器学习技术。大脑新皮质在哺乳动物的大脑中对于智能思维起着重要的作用。高级视觉、听视、触觉、运动、语言以及规划都是大脑新皮质所控制的。看到如此多的认知功能，你或许认为大脑新皮质对于每一种功能都有一种对应的神经算法，但是情况正好相反，大脑新皮质的神经网络具有高度的统一性。生物学研究指出，大脑新皮质用一套公用算法去实现许多不同的智能功能。

层次时序记忆为理解大脑新皮质及其机能提供了一个理论框架。层次时序记忆可以被视为一个神经网络，是按列、按层、按区域排列的且有等级划分的。也可以把层次时序记忆看作一种新型的神经网络。

顾名思义，从根本上讲层次时序记忆是一个基于记忆的系统。层次时序记忆网络被大量具有时间性的数据训练而成，并依赖于储存的大量模式序列。从逻辑上讲层次时序记忆的数据存储访问方式不同于当今程序员使用的标准模型。传统的计算机记忆模型是一种平面的组织结构并且没有考虑时间性，一个程序员可以在计算机内存上实现任意的数据组织和结构，他们能够完全掌控数据怎样储存以及储存到哪。相对而言，层次时序记忆的记忆系统就有很多的限制了。层次时序记忆的记忆是有等级性的，并且是基于层间性的。信息总是被分布式地储存。用户可以指定层次时序记忆的等级划分以及用什么样的数据去训练，但是层次时序记忆控制数据怎样储存以及储存在哪。

尽管层次时序记忆网络从实质上讲与传统计算不同，但我们仍可以用普通计算机对其进行建模，只要我们包含了层次、时间性、稀疏离散表征的关键特性。

层次组织结构的好处就是效率高。它显著减少了训练时间和使用的记忆空间，因为每一层次中学会的模式将以一种新奇的方式在更高的层次中得到重用。为了进一步说明，让我们以视觉为例。在层次的最底层，你的大脑中储存着视觉区域中极小组成部分的信息，例如边和角。边是许多对象组成的基本构件。这些低级模式将会在中级层次中重组成更复杂的模式，例如曲线和条纹。一条弧线可以是耳朵的轮廓、方向盘的上部、咖啡杯的杯把。这些中级模式进一步组合成代表高级对象的模式，例如头、汽车、房子。学习这些新的模式你不需要重学它的构件。

层次的区域概念来自于生物学。大脑新皮质是一张约 2 mm 厚的巨大的神经细胞层。生物学家主要依据这些区域互相的连接方式来把大脑新皮质划分成不同的“区域”。一些区域直接从感受器接受输入而另一些区域只接受传经几个区域的输入。层次性的定义就是这种从区域到区域的连通性。

所有大脑新皮质的区域在细节上看起来都是相似的，它们除了尺寸不同和在层次中位置不同之外都是相同的。如果你做个 2 mm 厚的大脑新皮质区域横切片，你会看见 6 层、5 层细胞层和 1 层非细胞层。大脑新皮质区域的每一层内有许多互相连接的成列的细胞。层次时序记忆区域也是由一层成列的高度内联的细胞组成的。大脑新皮质中的“第 3 层”是神经的主要前馈层之一，层次时序记忆区域的细胞略等于新大脑皮质“第 3 层”区域中的神经细胞。尽管层次时序记忆区域只在一部分上等同于新大脑皮质区域，但它可以对复杂的数据流进行识别和预测，因此它可以解决许多问题。

虽然大脑新皮质中的神经元高度连通，但抑制神经元保证了同一时间只有很少一部分神经元处于活跃状态。因此，大脑中的信息总是通过巨大数量的神经细胞中的一小部分活跃细胞来表示。这种编码方式就叫作“稀疏离散表征”。“离散”意味着众多神经元的激活是为了表示一定的事物。一个神经元传达着一定的意义，但它必须被放到数量众多的神经元环境中解释才能传达完整的意义。

层次时序记忆区域也使用稀疏离散表征。实际上层次时序记忆区域的记忆机制就依赖且仅依赖于稀疏离散表征。层次时序记忆区域的输入总是离散表征，但它可能并不稀疏，所以层次时序记忆区域所做的第一件事就是将输入转化成稀疏离散表征。

13.3.1 学习

一个层次时序记忆区域通过发现模式并将它们从传感数据中序列化来了解世界。区域并不“知道”当前输入代表着什么。它处在一个纯粹的统计学领域内。它寻找着经常一起出现的输入位组合，也就是我们所说的空间模式。接着它研究这些空间模式怎样依次随着时间的变化而出现，也就是我们所说的实时模式或序列。

如果区域的输入来自一栋建筑周围环境的传感器，区域会发现建筑北侧的温度和湿度的组合不同于建筑南侧的，然后它会随着日积月累学会这些组合如何变化。

如果一个区域的输入代表着某家商店的销售，层次时序记忆区域会发现某些类型的商品在周末销售，或者是当天气寒冷时的晚上某些价格幅度是受欢迎的，那么它就可以知道紧随在熟悉的序列化模式后出现的各种销售数据。

单个的层次时序记忆区域学习能力是有限的。一个区域会根据现有的记忆空间和输入数据的复杂性自动调整学习内容。如果分配给一个区域的记忆空间减少了，这个区域学习的空间模式也会根据需要简化。同样，当区域的记忆空间增加了，学习的空间模式也会相应地复杂化。如果一个区域所学会的空间模式是简单的，那么就需要一个层次结构去理解复杂的信息。我们可以从人类视觉系统中看到这一特性。大脑新皮质区域从视网膜接收到只表示视觉区域中很小一部分的空间模式，只有经过好几个层次的组合，空间模式才能表示整个或者绝大部分的视觉区域。

正如一个生物系统，层次时序记忆区域中的学习算法能够“在线学习”，也就是说它可以通过最新的输入来学习。这里不需要从识别的阶段先划分出一个学习阶段，尽管通过附加的学习可以促进识别。随着输入模式的变化层次时序记忆区域也会逐渐发生变化。

经过初始化训练后，一个层次时序记忆可以继续学习或者在训练阶段完成后废除学习功能。另一种选择是只关闭最低层次的学习功能，在更高的层次依然继续学习。当一个层次时序记忆已经学会其世界的基本组成结构，更多的学习会发生在层次中的更高级内。如果层次时序记忆遇到以前没有见过的低层次结构，那么层次时序记忆将会用更长的时间去学习这些新模式。我们可以从人类身上发现这一特性。学习一个你已经掌握的语言的新单词是相对容易的，而尝试学习一个外语中有着不熟悉发音的单词，你会发现这会难得多，因为你不知道那些低层次的发音。

能够简易地发现模式是一种具有潜在价值的能力。能理解市场波动、疾病、天气、制造业中的高级模式，或者复杂系统中的风险，例如电力网，是极具价值的。即便如此，学习空间的实时的模式对识别和预测来说也是一个创举。

13.3.2　识别

当一个层次时序记忆学会了模式之后，它就可以对前所未见的输入进行识别。层次时序记忆会在接收输入的时候与以前学过的空间实时模式进行匹配。新输入与旧序列的成功匹配是识别和模式匹配的关键。

当你听一段旋律时，听到第一个音符之后你只能得到一点信息。第二个音符显著地缩小了可能性范围但是仍然不够。一般情况下你需要听到三四个甚至更多的音符才能认出一段旋律。层次时序记忆区域的识别与之相似。它时刻注意着输入的数据流并将它们与以前学过的模式序列进行匹配。层次时序记忆区域可以从一个序列的起始处发现匹配，但是多数情况下这个位置是不固定的，就像你从一段旋律任意处开始都可以识别出来一样。由于层次时序记忆区域使用离散表征，其对于序列记忆空间的使用和识别比旋律的例子要复杂得多，但是这个例子有助于我们认识它是如何工作的。

这可能不是显而易见的，但实际上你的感官经验对于你以前的经验来说都是新奇的，即便你可以轻易地发现新奇输入中熟悉的模式。层次时序记忆区域和你的大脑面临同样的问题：输入可能永远不会重复。所以层次时序记忆区域和你的大脑一样必须想办法在识别和训练的时候处理新奇的输入。层次时序记忆区域处理新奇输入的一种办法是使用稀疏离散表征。稀疏离散表征的一个关键特性就是你只用比较模式中的一部分就可以断定是否匹配。

13.3.3 预测

层次时序记忆的每一个区域都储存着模式序列。通过当前输入和储存序列的比较，一个区域会形成对接下来输入可能是什么的预测。层次时序记忆区域实际上储存的是稀疏离散表征之间的渐变。在一些实例中这种渐变可被看作是一种线性序列，就像一段旋律中的音符，但是在多数情况下会同时预测多个可能的输入。层次时序记忆区域会依据可追溯到很久之前的上下文环境来产生不同的预测。层次时序记忆大多数的空间都被用来储存序列或者储存空间模式之间的渐变。下面是层次时序记忆预测的一些关键特性：

(1) 预测是连续的。你总是在不停地预测，即使你自己没有意识到。层次时序记忆也是如此。当你在听歌的时候你会预测下一个音符。当你下楼梯的时候你会预测你的脚什么时候碰到下一级台阶。当看到投手掷球你会预测球将接近击球手。在层次时序记忆区域中，预测和识别基本上是一样的道理。预测不是独立的某一部分，而是存在于整个层次时序记忆区域的工作机制当中。

(2) 预测发生在层次中的每一层。如果你有一个层次时序记忆区域的局部结构，那么预测会发生在每一层。区域会根据它们已掌握的模式进行预测。以语言为例，低级区域可能会预测下一个音素，而高级区域可能会预测下一个单词或词组。

(3) 预测对语境环境是敏感的。预测基于过去所发生的事，并且和现在正在发生的也有关系。因此一个输入可能会由于先前环境的不同而产生不同的预测。一个层次时序记忆区域会根据需要去使用先前的环境，并且语境环境在时间上可长可短。这种能力被称为“可变顺序记忆”。

(4) 预测是趋于稳定的。区域的输出就是预测。层次时序记忆的特性之一就是区域的输出会变得稳定——变化得更慢，在更高层次驻留时间更长。这些特性是由区域预测的机制造成的。一个区域不是仅仅预测接下来会发生什么，如果可以，它会提前预测很多步。我们假设一个区域可以提前预测五步。当一个新输入来临，最新预测的那步会改变但是之前预测的四步可能不会改变。结果就是，即便每个新输入都是完全不同的，由于只有一部分输出发生改变，所以使得输出相对于输入更稳定。这一特性反映了我们现实世界的经验：高级意识要比低级意识变化慢得多，就像一首歌的名称比它实际的音符更难发生改变。

(5) 预测可以告诉我们一个新输入是否是期望的。每个层次时序记忆区域都是一个新鲜事物检测器，因为每个区域都会预测接下来将发生什么，所以当有未预期的事发生的时候它会“察觉”。层次时序记忆可以同时预测很多接下来可能的输入。所以它可能并不能准确预测接下来会发生什么，但是如果下面的输入不符合预测中的任何一个，层次时序记忆区域会知道发生了异常。

(6) 预测有助于增强系统的鲁棒性。当一个层次时序记忆预测出接下来会发生什么，预测会使系统识别的结果更倾向于它预测的结果。举个例子，当一个层次时序记忆处理自然语言的时候，它会预测接下来将发出怎样的声音、单词和观点。预测帮助系统补全缺失的信息。如果接收到一个有歧义的声音，层次时序记忆会将它识别成它所预期的结果，这样便帮助了系统在噪音中识别。

序列记忆、识别、预测在一个层次时序记忆区域中是一个密不可分的整体，它们共同构成一个区域的核心功能。

13.3.4　行为

行为指人们受思想支配而表现出来的一切有目的的活动，它是由一系列简单动作构成的，如做出动作、发出声音、做出反应。我们的行为会影响我们的感知。当我们转动眼球时，我们的视网膜会接收到变化的感官输入。移动我们的四肢和手指会将变化的触觉输入传输到大脑。几乎我们的一举一动都会影响到我们将感受什么。感官输入和运动行为是紧密联系在一起的。

数十年来，主流观点认为新大脑皮质中的一个区域——初级运动区，是运动命令在大脑新皮质中的发源地。随着时间的推移，人们发现大脑新皮质中的大多数区域都有运动输出，甚至是在低级感官区域。它使得整个皮质区域看上去是一个包含感官与运动功能的整体。

我们希望把运动输出添加到当前已实现框架的每个层次时序记忆区域中去，因为产生运动输出和产生预测有些相似。然而至今为止所有的层次时序记忆实现都是纯感官的，没有一个运动组件。

13.4　记忆预测

可以说智能就是基于记忆的预测行为，大脑的记忆模式为预测创造了充分条件。大脑新皮质的记忆具有如下属性[90]：

(1) 存储的是序列模式。

(2) 以自联想方法回忆模式。

(3) 以恒定的形式存储模式。

(4) 按照层次结构存储模式。

每个层次时序记忆区域寻找输入中共有的模式并且学习这些模式序列。每个区域根据对序列的记忆来产生预测。学习预测的过程可以分为3个阶段：(1) 构建输入的稀疏离散表征；(2) 在有先前输入的环境中构建输入的表征；(3) 在有先前输入的环境中根据当前输入构建预测。

1. 构建输入的稀疏离散表征

当你想象一个区域中的输入的时候，你可以认为是数量巨大的二进制位。在大脑中这些就是神经元延伸出的轴突。在任意时间点这些输入的其中一部分是活跃的(值为1)，另一些是不活跃的(值为0)。输入的活跃百分比是不断变化的，可以说在0%到60%之间。层次时序记忆区域所做的第一件事就是把输入转换成新的稀疏的表征。举个例子，输入可能有40%是“1”，但是新的表征可能只有2%是“1”。

一个层次时序记忆区域从逻辑上讲是柱状区域的集合。一个柱状区域又是由一个或多个细胞组成。柱状区域在逻辑上可能是按二维方式排列，但这不是必要条件。每个柱状区域都关联着输入中一个唯一的子集(通常会与其他柱状区域重叠但不会完全相同)。结果就是不同的输入模式导致了柱状区域活化程度的不同。有很强抑制作用的柱状区域相对来说活化程度较低。抑制通常发生在一个半径范围内，它可以从某些局部扩展至整个区域。输入的稀疏表征就是对哪些柱状区域活跃、哪些在抑制后不活跃的一个编码。抑制机制主要是为了实现将柱状区域的活跃百分比控制在一个相对稳定的范围内,即便是有大量变化显著的输入的时候。

现在想象一下输入模式发生了改变。如果只发生了很小的改变,有些柱状区域会接收到多一点或者少一点的"1",但是整个活跃柱状区域的集合可能不会发生太大改变。因此,相似的输入("1"的个数相差不多)会映射到一个相对稳定的活跃柱状区域集合。编码的稳定很大程度上依赖于柱状区域所关联的输入。这种关联将通过一种方法来建立。

这些所有的步骤(建立输入子集到每个柱状区域的连接,决定每个柱状区域的输入水平,使用抑制来筛选一个稀疏的活跃柱状区域集合)被称为"空间沉积池"。这个术语是指在"空间"上相似(指有着数量众多的相同的"1")的模式被沉积(指它们组合成一个共同的表征)。

2. 在有先前输入的环境中构建输入的表征

区域执行的下一个功能是把柱状区域的表征转换成一种新的包含过去状态或环境的表征。新表征通过激活每个柱状区域中的一个细胞子集而构成,对层次时序记忆而言通常每个柱状区域只有一个细胞参与。

思考一下当你听到两句话:"I ate a pear"和"I have eight pears"。单词"ate"和"eight"是同音异义词,它们发音完全相同。我们可以确信大脑中某处的神经元对"ate"和"eight"都做出了反应,毕竟不可区分的声音进入了耳朵。然而我们也可以确信在大脑另一处的某神经元对在不同语境中的输入会做出不同响应。在你听到"I ate"时,声音"ate"的表征是不同于当你听到"I have eight"的。想象一下你已经记住了"I ate a pear"和"I have eight pears"。当你听到"I ate …"时会产生一个和听到"I have eight …"不同的预测。因此在听到"I ate"和"I have eight"后一定有不同的内部表征。

对不同环境下的输入进行不同的编码,这一原则是感知和运动的普遍特点,并且也是层次时序记忆区域最重要的功能之一。对于这一能力,再怎么重复强调其重要性也不为过。

层次时序记忆区域中的每个柱状区域由许多细胞组成。同一柱状区域的细胞有相同的前馈输入。柱状区域的每个细胞可以是活跃的或非活跃的。通过在活跃的柱状区域中选择活跃的细胞,我们可以将不同环境中完全相同的输入加以区分地表示出来。一个特例可能会有所帮助:假设每个柱状区域有 4 个细胞并且每个输入的表征由 100 个活跃的柱状区域构成。如果同一时间同一柱状区域内只有 1 个细胞是活跃的,我们就有 4^{100} 种表示完全相同输入的方法。相同的输入总是会导致相同的 100 个柱状区域兴奋,但是在不同的环境中这些柱状区域活跃的细胞是不同的。现在我们可以表示在各种环境中的相同输入,但怎样使那些不同的表征变得唯一呢? 基本上全部随机地从 4^{100} 个可能的模式中选择一对,大概会有 25 个细胞是重复的(即同一柱状区域内活跃细胞相同)。因此,一个特定输入在不同环境中的两个表征会有大约 25 个共同的细胞和 75 个不同的细胞,这使得它们很容易被区分。

下面是层次时序记忆区域使用的通用规则。当一个柱状区域被激活时,它会关注柱状区域内的所有细胞。如果柱状区域中有一个或多个细胞已经处于预测状态,那么只有这些细胞会被激活。如果柱状区域中没有处于预测状态的细胞,那么所有的细胞都会被激活。你可以这样想,如果一个输入模式是预期中的,那么系统会通过只激活处于预测状态的细胞来进一步确认。如果输入模式不是预期中的,那么系统会激活所有柱状区域内的细胞,就好像在说"输入是意料之外的所以所有可能的解释都是有效的"。

如果没有前置状态，并且因此没有语境环境和预测，柱状区域中的所有细胞会随着柱状区域的激活而激活。这种情况与听到歌曲的第一个音符时相似。没有了语境环境你通常无法预测下面会发生什么，所有的选项都是有可能的。如果有前置状态但是输入与预期不相符，那么激活的柱状区域中所有的细胞也将被激活。这个决断是由柱状区域依据其根本原理而下达的，因此符合预测或不符合预测两者必有一个且仅有一个发生。

3. 在有先前输入的环境中根据当前输入构建预测

我们的区域所做的最后一步就是做出一个接下来可能会发生什么的预测。预测是基于第二步中生成的表征的，其包含了先前输入所构成的环境。

当一个区域产生一个预测的时候，它会激活（进入预测状态）所有可能因将来的前馈输入而变得活跃的细胞。由于区域内的表征是稀疏的，所以可以在同一时间进行多种预测。举个例子，如果有 2%的柱状区域因一个输入而变得活跃，你可以认为 10 个不同的预测会导致 20%的柱状区域有 1 个处于预测状态的细胞，或者有 20 个不同的预测会导致 40%的柱状区域有 1 个处于预测状态的细胞。如果一个柱状区域有 4 个细胞，随着一次激励的发生，10%的细胞会处于预测状态（40% * 1/4）。

一个区域怎样做出预测？当输入模式随着时间变化时，不同的柱状区域以及细胞的集合按一定的顺序变得活跃。当一个细胞变得活跃时，它会优先与附近马上能激活的细胞子集建立连接。这种连接建立的快慢是由应用程序的学习速率高低决定的。然后一个细胞所需做的就是注意这些连接是否有激励。当有激励从连接传来时，细胞会意识到它将要被激活并进入预测状态。因此一个细胞集合的前馈激励通常会导致另一个细胞集合的预测激励。

总之，当一个新输入会导致一个稀疏的柱状区域集合活跃，柱状区域中的一个或多个细胞将变得活跃。这种改变通过已经学习建立的细胞间的连接使其他细胞进入预测状态。区域内连接激活的细胞（处于预测状态）构成了接下来可能发生什么的预测。当下一个前馈输入来临时，它又会选择另一个稀疏的柱状区域集合。如果一个非预期的柱状区域（没有预测状态的细胞）被激活，也就是说它不在任何细胞的预测之中，它会激活该柱状区域内所有的细胞。如果一个被激活的柱状区域有 1 个或多个处于预测状态的细胞，那么只有这些细胞会被激活。区域的输出就是所有细胞的活跃状态，包括因前馈输入而活跃的细胞和处于预测状态的细胞。

正如之前所提到的，预测不是仅仅预测下一步，层次时序记忆区域是对未来好几步进行预测。还是用旋律的例子，层次时序记忆区域不只是预测旋律的下一个音符，它可能会预测下面四个音符。这便造就了一个令人满意的特性：一个区域的输出（区域中所有处于活跃及预测状态的细胞集合）比输入变化得要慢。想象一下区域正在预测一段旋律中的下面四个音符。我们用字母序列“ABCDEFG”表示旋律。在听到前两个音符后，区域识别出了序列并开始预测。它预测出了“CDEF”。“B”细胞已经处于活跃状态，所以表示“BCDEF”的细胞必属于两种活跃状态之一。现在区域听到下一个音符是“C”。处于活跃及预测状态的细胞集合现在变成“CDEFG”。需要注意的是输入模式由“B”到“C”被完全改变，但是只有 20%的细胞发生了变化。因为层次时序记忆区域的输出是表示细胞活跃情况的矢量，所以输出在本例中比输入要稳定 5 倍。在层次区域中，我们会发现随着层次的升高，实时稳定性也会随之增长。

我们用术语“时间沉积池”来表示为表征添加语境环境和预测这两个步骤。通过对模式序列构建变化缓慢的输出，我们实际上将时间上连续的不同模式“沉积”在一起。

时间沉积池和空间沉积池中的学习是相似的。两种学习都包括在细胞间建立连接，或者说突触。时间沉积池负责同一区域内细胞间的连接，空间沉积池负责输入与柱状区域之间的前馈连接。

13.5 层次时序记忆学习算法

学习过程涉及树突区域的潜在突触的连通值的增加和减少。突触连通性增减的规则与赫布(Hebbian)定律相似。举个例子，如果一个突触后的细胞因树突区域接收到的输入超过阈值而激活，那么这个树突区域中突触的连通值将被修改。活跃的突触，并且因此而有助于细胞被激活的，它们的连通性会增加。不活跃的突触，并且因此而对活跃无所贡献的，它们的连通性会下降。在空间沉积和时间沉积时具体更新哪些突触的连通值的情况是有所不同的。关于层次时序记忆技术和有关的算法可参阅文献[138]。

13.5.1 空间沉积

空间沉积的主要功能是将一个区域的输入转换成稀疏模式。这一功能是十分重要的，因为在学习序列和做出预测的机制中要求从稀疏离散表征开始。

1. 使用所有的柱状区域

一个层次时序记忆拥有固定数量的柱状区域用来学习如何表示输入中的共有模式。有一个原则就是保证所有的柱状区域都学着去表示些有用的事物，无论你有多少柱状区域。我们不希望有柱状区域仍未活跃过。为了防止此类情况发生，我们记录一个柱状区域相对于相邻的区域的活跃频率。如果一个柱状区域的相对活跃度过低，它会增强它的输入活跃等级直到它变得活跃。事实上所有的柱状区域都与相邻区域竞争着成为表示输入的参与者。如果一个柱状区域不是很活跃，它会变得更具“侵略性”。此时，其他柱状区域会被迫修改它们的输入并开始表示有细微不同的输入模式。

2. 避免琐碎模式

我们希望所有的柱状区域都表示输入中较重要的模式。这一目标可以通过设置激活柱状区域的输入的最小阈值来实现。例如，如果我们将阈值设置为50，那就意味着一个柱状区域的树突区域中至少要有50个突触被激活，这样才能保证它所表示的模式有一定程度的复杂性。

3. 避免多余的链接

如果我们不注意，一个柱状区域会构成数量巨大的有效突触。这样会导致它对许多不相关的输入模式都有强烈的响应。不同突触子集会对不同的模式做出响应。为了避免这一问题，我们减少对柱状区域当前活跃无贡献的突触的连通值。通过对无贡献的突触进行有效惩罚，我们可以保证一个柱状区域表示有限数量的输入模式，有时只有一个。

4. 自适应的感受域

真正的大脑是高度可塑的。大脑新皮质的区域可以学会表示完全不同的事物并对各种变化做出反应。如果大脑新皮质中的一部分被损坏，其他部分会调整自身并表示损坏部分所表示的事物。如果一个感受器官损坏并发生改变，大脑新皮质中与之相关联的部分会表示其他的事物（即放弃原来所表示的）。这一系统称为自适应。

我们希望层次时序记忆区域也能展现出同样的灵活性。如果我们为一个区域分配10000个柱状区域，它应该学会怎样才能最合理地用10000个柱状区域来表示输入。如果我们分配20000个柱状区域，它也应该学会怎样去合理利用。如果输入的统计信息发生改变，柱状区域也应该改变以便反映最真实的情况。总而言之，层次时序记忆的设计者能够对区域任意分配资源，并且区域将会在可用的柱状区域和输入统计数据的基础上尽其所能地最优地表示输入。有一个通则，区域中柱状区域越多，每个柱状区域就会表示更大更多的输入模式的细节。一般来说，柱状区域也会因此减少被激活的次数，但我们会维持一个相对稳定的稀疏水平。

实现这一令人高度满意的目标不需要新的学习法则。通过促进不活跃的柱状区域，抑制周围的柱状区域来维持稳定的稀疏度，确立输入的最小阈值，维持一个庞大的潜在突触池，并且基于突触的贡献来进行增减，所有的柱状区域会动态地进行设置以达到预期的效果。

空间沉积的实现被分为三个阶段：

(1) 根据当前输入计算柱状区域的覆盖情况。

(2) 在抑制作用完成后计算最终活跃的柱状区域。

(3) 更新突触的连通值和内部变量。

13.5.2　时间沉积

时间沉积的基本方法是当一个细胞变得活跃后，它会与比它先活跃起来的细胞建立连接，然后细胞可以通过关注它们的连接来预测它们何时会被激活。如果所有的细胞都是如此，那么它们就可以储存和回忆起序列，并且它们可以预测接下来可能会发生什么。这里没有所谓的模式序列的储存中枢，取而代之的是记忆离散地存储在单个细胞内。正因记忆是离散的，所以系统有良好的鲁棒性。单个细胞会导致失败，通常对识别只起到一丁点或者没有作用。值得注意的是时间沉积所利用的几个稀疏离散表征的重要特性。

1. 子抽样

假设我们有一个区域总是用总的10000个细胞中的200个活跃细胞（任何时刻活跃细胞占2%）来构建表征，我们怎样记忆和识别一个200个活跃细胞的特定模式？一个简单的做法是为我们关心的这200个细胞建立一个表。如果我们再次看见相同的200个细胞，那么我们就识别了序列。但是如果我们只记录200个活跃细胞中的20个而忽略其余的180个会怎么样呢？你可能会认为只记录20个细胞会造成许多错误，那20个细胞会出现在许多不同的模式中。但这不是关键。因为模式是巨大并且稀疏的（在本例中是10000个细胞中的200个活跃细胞），记录20个细胞几乎和记录所有的细胞效果相同。实际系统中的出错率是极其小的，并且我们也尽可能地减少了使用的内存。

层次时序记忆区域中的细胞利用了这一特性。每个细胞的树突区域都有一个到其他细胞连接的集合。树突区域构建这些连接作为识别任意时刻网络状态的手段。在其附近可能有成百上千的活跃细胞但是树突区域只连接其中的15到20个。当树突区域发现其中有15

个细胞活跃，它会相当确信较大的模式出现了。这一技术被称为“子抽样”并且其应用贯穿整个层次时序记忆算法。

2. 稀疏性

每个细胞都参与了许多不同的离散模式和许多不同的序列。一个特定细胞可能是几十或几百个临时渐变的一部分。因此每个细胞有多个树突区域，不止一个。理想中的是每个细胞为每个它希望识别的活跃模式分配一个树突区域。但是实际上，一个树突区域可以学习几个完全不同的模式的连接并且很好地工作。例如，一个树突区域可能从 4 个不同的模式每个学习到 20 个连接，总共也就是 80 个连接。然后我们设定一个阈值，当有任意 15 个连接被激活那么树突区域就被激活。让我们来说说发生错误的可能性。这是可能的，在一定巧合下不同模式混合的 15 个活跃连接会达到树突区域的阈值。然而这种错误发生的概率很小，再说一次，这是因为表征的稀疏性。

现在我们知道了一个有十几、二十个树突区域和几千个突触的细胞是怎么识别成百个独立的细胞活跃状态的。

我们接着空间沉积停止的地方，仍表示前馈输入的活跃柱状区域集合说起，介绍时间沉积的执行步骤。

(1) 对于每个活跃的柱状区域来说，查找柱状区域中处于预测状态的细胞并将其激活。如果没有细胞处于预测状态，那么就激活全部的细胞。结果得到的活跃细胞集合是当前输入在先前的输入环境下的表征。

(2) 对于区域中每个细胞的每个树突区域来说，统计有多少已建立的突触连接到了活跃的细胞。如果数量超过了阈值，那么该树突区域就会被标记为活跃。有活跃树突区域的细胞被置为预测状态，除非该细胞已经被前馈输入激活。没有活跃树突区域并且没有因自下而上输入而活跃的细胞将变得不活跃或者维持不活跃。此时区域中处于预测状态的细胞集合就是区域的预测。

(3) 当一个树突区域变得活跃时，修改与之相关的所有突触的连通值。对于活跃树突区域中的每个潜在的突触，增加那些不活跃细胞相连接的突触的连通值并减少那些与不活跃细胞相连接的突触的连通值。突触连通值的这一变化被标记为临时的。

修改这些已经经过充分训练的树突区域的突触是为了更好地激活树突区域并产生出预测。然而我们总是想尽可能地预测得更远。因此，我们在同一细胞内再选取一个树突区域来训练。第二个树突区域我们选择和系统前几步的预测描述最匹配的树突区域。对于这个树突区域，通过使用系统前几步的预测描述，增加那些连接到活跃细胞的突触的连通值并且减少那些连接到不活跃细胞的突触的连接值。这种对突触连通值的改变被标记为临时的。

(4) 当一个细胞因前馈输入而从不活跃变得活跃，我们会遍历每个与该细胞相连接的潜在突触并且去掉一切临时性标记。因为我们只有当突触准确预测了前馈输入的活跃细胞后才会更新它的连通值。

(5) 当一个细胞从活跃状态变得不活跃的时候，撤销该细胞的潜在突触中标记为临时的连通值变化。我们不希望强化没有正确预测前馈细胞活跃的突触的连通值。

注意只有被前馈输入激活的细胞才会在区域内传播激励，否则预测会产生更远的预测(即将预测作为输入再进行预测)。但是所有的活跃细胞(包括前馈激活的和处于预测状态的)构成了区域的输出并且传播到层次中的更高层。

时间沉积计算的是每个细胞在当前时刻 t 的活跃和预测状态。每个细胞活跃和预测状态的逻辑或结果构成了时间沉积对下一层级的输出。整个程序按照发生顺序被分为三个不同的阶段：

(1) 计算每个细胞的活跃状态。对于每个获胜的柱状区域决定哪些细胞应该变得活跃。

(2) 计算所有细胞的预测状态。一个细胞的 predictiveState 会置为 1，当且仅当它的横向区域变得活跃，也就是说它的横向连接正因前馈输入而处于高使用率状态。

(3) 执行学习操作，更新突触。在这一阶段才会真正进行更新等待队列中的横向连接，当我们获得前馈输入并且细胞被标记为学习细胞。不然，当细胞因为任何原因停止预测时我们会否定对横向连接的增强。

在时间沉积池中，每个细胞都使用两个数字作为索引：一个是柱状区域索引 c，一个是细胞索引 i。细胞维护着一个树突区域的列表，每个树突区域又包含一个突触的列表以及它们的连通值。细胞突触的改变被标记为临时的直到细胞因前馈输入而变得活跃。这些临时修改储存在 segmentUpdateList 中。每个树突区域还维护着一个布尔值标记：sequenceSegment，它指示了树突区域是否预测了下一刻的前馈输入。

说明：

· predictiveState(c,i,t)：每个细胞都有一个布尔向量，它表示了给定自底向上的其他柱状区域的激励和过去的时间环境，柱状区域 c 的细胞 i 在 t 时刻的预测。predictiveState(c,i,t)是柱状区域 c 的细胞 i 在 t 时刻的产出。如果为 1，那么细胞正在预测在当前时间环境下的前馈输入。

· segmentUpdate：更新给定树突区域的数据结构。拥有三部分信息：① 树突区域索引(新树突区域为 −1)；② 存在的活跃突触列表；③ 一个标记，指示当前树突区域是否被标记为 sequence segment(即预测了下一刻的前馈输入的树突区域)，默认为 false。

· segmentUpdateList：segmentUpdate 结构体的列表。segmentUpdateList(c,i)表示柱状区域 c 的细胞 i 的更新。

13.6　层次时序记忆算法的应用

流数据的早期异常检测在许多领域都非常有价值，例如信息技术安全、金融、车辆跟踪、医疗、能源网格监控、电子商务等，在这些应用中，都有传感器产生重要的数据随时间变化。基于层次时序记忆算法的应用程序可以大大改进现有的流数据异常检测方法：

(1) 容易使用性。基于层次时序记忆的方法不需要训练数据或单独的训练步骤。自动模型构建和学习消除了手动定义和维护模型与数据集的需要。这大大减少了用户需要花费的时间和精力。

(2) 可伸缩性。每一个被监视的指标都会自动建立独特的模型。

(3) 灵活性。持续学习使应用程序能够不断更新其模型，以识别每一个指标新的或变化的行为，而无需人工干预。

(4) 通用性。相同的层次时序记忆学习算法在很多不同领域中工作，在这些领域流式数据分析非常重要。

基于层次时序记忆算法的应用程序擅长快速学习模式，并在指标数据流中检测异常。图 13.5 给出了异常检测识别建模的关键步骤。

当我们的大脑试图在一个音乐旋律中预测下一个音符时，层次时序记忆学习算法会不断地预测度量数据流中接下来可能发生的事情。这些复杂的算法往往同时预测多个事件，并为每个预测提供一个可能的分数。当每个新的度量数据点到达时，层次时序记忆学习算法将它们的预测与新的输入进行比较，以确定预测是否正确。其结果不是简单的“是或否”。每一个预测加上新的数据点都会带来一个标量值的错误。然而，在单个时间点预测某个指标的错误通常不足以探测异常，因为几乎所有的数据流都有一些不可预测性或噪声。即使是最好的模型，也只有 80%的时间能够正确预测下一个值。如果我们把每一个不正确的预测都报告为异常，那就会有太多的误报。

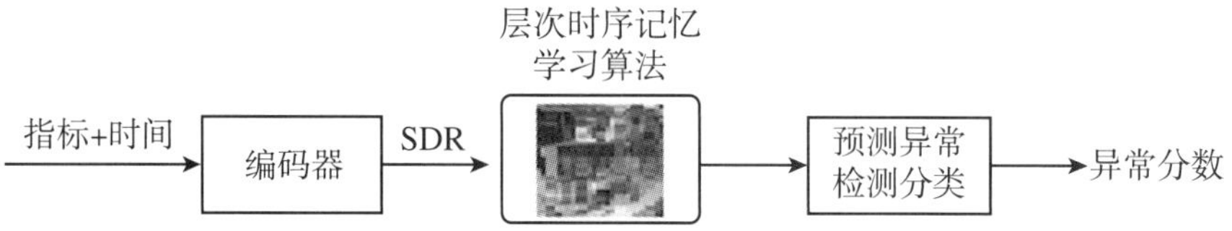

图 13.5　异常检测识别的建模步骤

为了减少误报，下一步是至关重要的。该算法创建了错误分数的运行平均值(在过去的一个小时内)，然后将当前的运行平均误差与过去几周平均误差的分布进行比较。通过这种方式，层次时序记忆算法可以精确地确定当前运行的平均错误得分的可能性。根据过去三周的模式，指出最近的度量值出现误差的可能性。这类似于听了几天音乐家的音乐，你会发现他即兴发挥时犯了多少错误，他的风格是否改变了，如果他演奏的音乐类型改变了，或者他开始犯更多的错误。这些变化不能通过阈值来检测。我们把这个分析转换成一个异常的分数来显示。异常值表示最近的度量输入将基于过去几周数据的可预测性而发生的概率。

第 14 章　存 算 一 体

冯·诺依曼计算体系用不同的单元存储数据和执行计算,随着数据量的增加以及算法复杂程度的提升,数据在存储器和运算器之间存取的时间消耗,是进一步提升计算性能的瓶颈。针对这一问题,研究如何将计算机中的运算从中央处理器转入内存中进行,这种方法也被称为存算一体化。这一方式不仅可以提升计算速度,也可以减少计算功耗。

14.1　概　　述

在过去几十年中,处理器的运行速度遵从摩尔定律高速提升,然而计算机主存储器采用的动态随机存储器(dynamic random access memory,DRAM)是基于电容充放电实现的高密度存储方案,其性能(速度)取决于电容充放电速度以及 DRAM 与处理器之间的接口带宽,总体来看其性能提升速度远远慢于处理器,目前 DRAM 的性能已经成为计算机整体性能的一个重要瓶颈,即所谓阻碍性能提升的“内存墙”。

除了性能之外,内存对于能效比的限制也成了传统冯·诺依曼体系计算机的一个瓶颈,尤其是对于人工智能(神经网络模型)应用来说。神经网络的特点就是计算量大,而且计算过程中涉及的数据量也很大,使用传统冯·诺依曼架构会频繁读写内存。目前的 DRAM 一次读写 32 bit 数据消耗的能量比起 32 bit 数据计算消耗的能量要大两到三个数量级,因此成了总体计算设备中的能效比瓶颈。

存算一体架构对于需要处理大量数据的应用场景,如人工智能非常有吸引力,理想的存算一体架构能把整个人工智能模型存在芯片上并直接在存储单元上运行。这样可以彻底舍弃外置存储单元如 DRAM,从而极大地提高芯片的功耗比和处理量。存算一体化的解决方案有以下几种:

(1) 使用现有的存储技术比如静态随机存储器(static random access memory,SRAM),这种方案比较成熟,被很多初创公司和科研机构所采用。但是,由于 SRAM 密度和功耗的限制,它只能用在很小的“玩具模型”(toy model)上。大的模型还需要将参数储存在外置的 DRAM 上,整个系统的功耗比会因此迅速下降。

(2) 新型的非易失性存储器(non-volatile memory, NVM),比如 RRAM、STT-MRAM,这个方向同样有很多公司感兴趣。这类嵌入式非易失性存储器有希望实现整个模型的片上存储,但其局限是,模型的运算还需要通过中央处理器 CPU,并不能彻底解决数据传输比如总线的堵塞等问题。

(3) 真正意义上的存算一体结构会尽量避免使用 CPU,而通过嵌入的非易失性存储器直接做运算。其中的困难在于，怎么解决使用存储单元做运算带来的模拟信号的误差问题，以及怎么实现足够精度和高效的模拟/数字信号转换。忆阻器以及其他非易失性内存器件是实现存算一体化非常合适的选择。

14.2 神经形态芯片

模仿人类大脑的理解、行动和认知能力，成为重要的仿生研究目标，该领域的最新成果就是神经形态芯片。《麻省理工科技评论》(*MIT Technology Review*)2014 年 4 月 23 日刊出了《2014 十大突破性科学技术》的文章，高通（Qualcomm）公司的神经形态芯片(neuromorphic chips)名列其中。

14.2.1 神经形态芯片简史

神经形态芯片的研究已有 20 多年的历史。1989 年，加州理工学院米德(C. Mead)在文献[128]中给出了神经形态芯片的定义："模拟芯片不同于只有二进制结果(开/关)的数字芯片，可以像现实世界一样得出各种不同的结果，可以模拟人脑神经元和突触的电子活动。"然而，米德本人并没有完成模拟芯片的设计。

语音处理芯片公司 Audience 公司，对神经系统的学习性和可塑性、容错、免编程、低能耗等特征进行了研究，研发出基于人的耳蜗而设计的神经形态芯片，可以模拟人耳抑制噪音，应用于智能手机。Audience 公司也由此成为行业内领先的语音处理芯片公司。

高通(Qualcomm)公司的"神经网络处理器"与一般的处理器工作原理不同。从本质上讲，它仍然是一个由硅晶体材料构成的典型计算机芯片，但是它能够完成"定性"功能，而非"定量"功能。高通开发的软件工具可以模仿大脑活动，处理器上的"神经网络"按照人类神经网络传输信息的方式而设计，它可以允许开发者编写基于"生物激励"的程序。高通设想其"神经网络处理器"可以完成"归类"和"预测"等认知任务。

高通公司给其"神经网络处理器"起名为"Zeroth"。Zeroth 的名字起源于机器人"第零原则"。"第零原则"规定：机器人必须保证人类的整体利益。高通公司研发团队一直致力于开发一种突破传统模式的全新计算架构。他们希望打造一个全新的计算处理器，模仿人类的大脑和神经系统，使终端拥有大脑模拟计算驱动的嵌入式认知——这就是 Zeroth。"仿生式学习""使终端能够像人类一样观察和感知世界""神经处理单元(NPU)的创造和定义"是 Zeroth 的三个目标。关于"仿生式学习"，高通公司是通过基于神经传导物质多巴胺的学习(又名"正强化")完成的，而非编写代码实现。

IBM 公司自 1956 年创建第一台人脑模拟器(512 个神经元)以来，就一直在从事对类脑计算机的研究，模仿突触的线路组成、基于庞大的类神经系统群开发神经形态芯片也就自然而然地进入了其视野。IBM 的第一代神经突触(neurosynaptic)芯片用于"认知计算机"的开发。尽管"认知计算机"无法像传统计算机一样进行编程，但可以通过积累经验进行学习，发现事物之间的相互联系，模拟大脑结构和突触可塑性。

2008 年，在美国国防高级研究计划局（DARPA）的资助下，IBM 的“自适应可变神经可塑可扩展电子设备系统”（SyNAPSE）第二阶段项目则致力于创造既能同时处理多源信息又能根据环境不断自我更新的系统，实现神经系统的学习性和可塑性、容错、免编程、低能耗等特征。项目负责人莫得哈（D. Modha）认为，神经芯片将是计算机进化史上的又一座里程碑。

2011 年，IBM 首先推出了单核含 256 个神经元、256×256 个突触和 256 个轴突的芯片原型。当时的原型已经可以处理像玩 Pong 游戏这样复杂的任务。不过相对来说还是比较简单，从规模上来说，这样的单核脑容量仅相当于虫脑的水平。2013 年 8 月初，IBM 研究院公布了类脑系统 TrueNorth 计算机系统架构和编程语言，希望在某些应用场景下取代今天的计算机。

2014 年 8 月 8 日，IBM 在 *Science* 上公布了仿人脑功能的芯片[129]，能够模拟人脑神经元、突触功能以及其他脑功能，从而完成计算功能，这是模拟人脑芯片领域所取得的又一大进展。IBM 表示，这款名为 TrueNorth 的微芯片擅长完成模式识别和物体分类等繁琐任务，而且功耗还远低于传统硬件。

2003 年，英国 ARM 公司开始研制类脑神经网络的硬件单元，称为 SpiNNaker（spiking neural networks architecture）。2011 年，正式发布了包含 18 个 ARM 核的 SpiNNaker 芯片。2013 年，开发了基于 UDP 的 Spiking 接口，可以用于异质神经形态系统的通信。2014 年，与滑铁卢大学合作开展了支持 Spaun 模型的硬件计算研究。

2011 年，德国海德堡大学在 FACTS 项目的基础上，在 Proactive FP7 的资助下，启动了为期 4 年的 BrainScales 项目[162]。2013 年，加入欧盟“人类大脑计划”。2013 年 6 月 20 日结束的莱比锡世界超级计算机大会上，人脑研究项目协调人之一，德国海德堡大学麦耶教授（K. Meier）介绍了德国科学家取得的研究进展。麦耶宣布，神经形态系统将出现在硅芯片上或硅圆片上。这不是一个普通的芯片，而是一个完整的硅圆片，在上面目前集成了 20 万个神经元和 500 万个突触。这个硅圆片的大小也就像一个略大些的盘子。这些硅圆片就是未来十年欧盟人脑研究项目要开发的类似人脑的新型计算机系统结构的基石。

中国科学院计算技术研究所陈天石、陈云霁等人于 2012 年提出了国际上首个人工神经网络硬件的基准测试集 benchNN[61]。这项工作提升了人工神经网络的处理速度，有效加速了通用计算。其先后推出了一系列寒武纪神经网络专用处理器，如 DianNao（面向多种人工神经网络的原型处理器结构）、DaDianNao（面向大规模人工神经网络）和 PuDianNao（面向多种机器学习算法）等。

14.2.2　IBM 的 TrueNorth 神经形态系统

在美国 DARPA 的 SyNAPSE（systems of neuromorphic adaptive plastic scalable electronics）计划的资助下，2011 年的时候，IBM 首先推出了单核含 256 个神经元、256×256 个突触和 256 个轴突的芯片原型。当时的原型已经可以处理像玩 Pong 游戏这样复杂的任务。不过相对来说还是比较简单，从规模上来说，这样的单核脑容量仅相当于虫脑的水平。

经过 3 年的努力，IBM 在复杂性和使用性方面取得了突破。2014 年 8 月 8 日，IBM 在 *Science* 上公布了仿人脑功能的 TrueNorth 微芯片[129]，如图 14.1 所示。这款芯片能够模拟神经元、突触的功能以及其他脑功能执行计算，擅长完成模式识别和物体分类等繁琐任务，而且功耗还远低于传统硬件。由三星电子负责生产，拥有54亿个晶体管，是传统PC处理器的四倍以上。它的核心区域内密密麻麻地挤满了4096个处理核心，产生的效果相当于100万个神经元和2.56亿个突触。目前，IBM已经使用16块芯片开发了一台神经突触超级计算机。

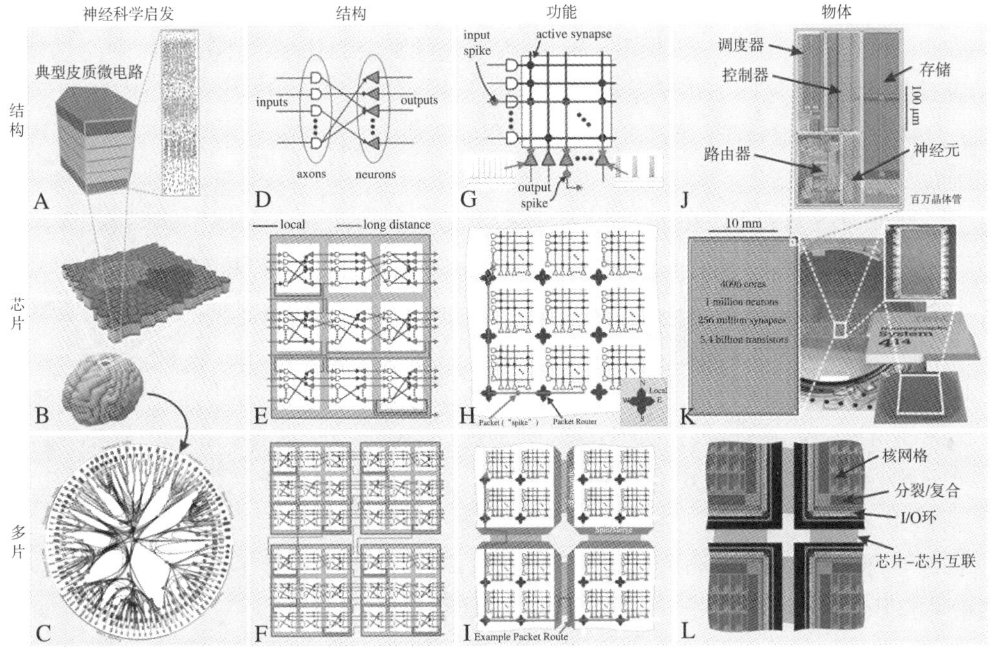

图 14.1　IBM的TrueNorth芯片

TrueNorth的4096个核心之间就使用了类似于人脑的结构，每个核心包含约120万个晶体管，其中负责数据处理和调度的部分只占用了少量晶体管，而大多数晶体管都被用在了数据存储以及与其他核心沟通方面。在这4096个核心中，每个核心都有自己的本地内存，它们还能通过一种特殊的通信模式与其他核心快速沟通，其工作方式非常类似于人脑神经元与突触之间的协同，只不过化学信号在这里变成了电流脉冲。IBM把这种结构称为“神经突触内核架构”。

IBM使用软件生态系统将一些众所周知的算法，例如卷积网络、液态机器、受限玻尔兹曼机、隐马尔科夫模型、支持向量机、光学流量、多模态分类等，通过离线学习加到系统结构中。现在这些算法在TrueNorth中运行无需改变。为了测试，在现实世界应用问题方面，开发了固定相机配置的多目标检测和分类应用。该任务有两个挑战：

(1) 在稀疏图像下准确检测人群、自行车、汽车、卡车和公交车。

(2) 正确辨别物体。

测试时，在400像素×240像素孔径下操作，每秒30帧3色视频(见图14.2)，芯片耗电63 mW。和传统计算机用FLOPS(每秒浮点运算次数)衡量计算能力类似，IBM使用SOP(每秒突触运算数)来衡量这种计算机的能力和能效。其完成460亿SOP所需的能耗仅为1 W。

通信效率极高，从而能大大降低能耗是这款芯片最大的卖点。TrueNorth的每一内核均有 256 个神经元，每一个神经元又分别都跟内外部的 256 个神经元连接。但是，人脑有上千亿个神经元，每个神经元又有成千上万的突触，相比这样规模的一个神经网络，目前的 TrueNorth 无疑还是“渺小”至极。IBM 的最终目标就是希望建立一台包含 100 亿个神经元和 100 万亿个突触的计算机——这样的计算机要比人类大脑的功能强大 10 倍，而功耗只有 1000 W。

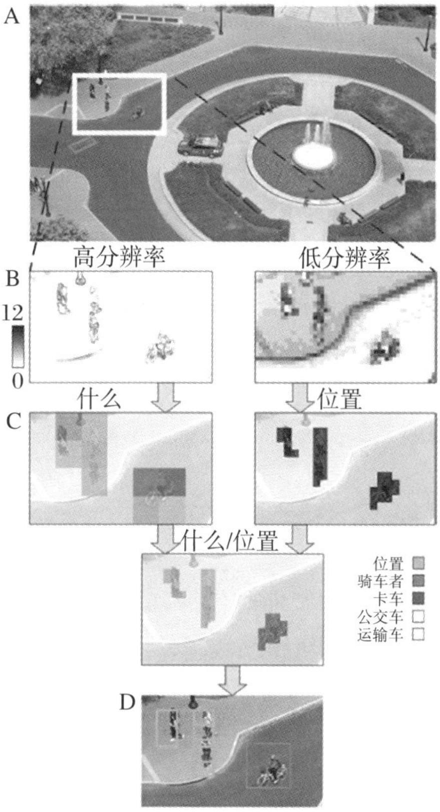

图 14.2 多目标检测和分类

14.2.3 英国的 SpiNNaker

SpiNNaker 是曼彻斯特、南安普顿、剑桥、谢菲尔德等地多所大学和企业机构联合发起的项目，并得到了英国工程和自然科学研究委员会（EPSRC）500 万英镑的投资。负责领衔的是曼彻斯特大学教授弗伯（S. Furber），其从事人脑功能与架构研究很多年，同时也是 ARM 处理器核心鼻祖 Acorn RISC Machine 的联合设计师之一。在这一项目 2005 年获得批准之后，ARM 公司立即投入了大力支持，向科研团队提供了处理器和物理 IP。

人脑中有大约 1000 亿个神经元和多达 1000 万亿个连接，即使是一百万颗处理器也只能模拟人脑的 1%。神经元彼此通过模拟电子峰电位脉冲的方式传递信息，SpiNNaker 则利用描述数据包的方式模拟，并建立虚拟神经元。使用封包的电子数据意味着 SpiNNaker 能够以更少的物理连接像人脑那样快速传递峰电位脉冲。该项目 2011 年正式发布了包含 18 个 ARM 核的芯片[143]，最新实现了 48 个节点的 PCB 板。

单个 SpiNNaker 多处理器芯片含有 18 个低功耗的 ARM 968 核，每个核可以模拟 1000 个神经元。每个芯片还有 128 MB 的低功耗 SDRAM，存储神经元间的突触连接权值、突触延时等信息。单个芯片的功耗不超过 1 W。芯片内采用局部同步的方式，芯片间采用全局异步的方式。

SpiNNaker 系统没有中央计时器，这就意味着信号的发出和接收不会经过任何时间同步，这些信号将会相互干扰，输出结果也会随着数百万微小的随机变化因素而发生改变。这听起来似乎会造成混乱，对于数学计算等对精度要求很高的任务来说也确实如此，但是对于那些模糊运算任务，比如你何时该松开手以便丢出一个球，或者用哪个词来作为一个句子的结尾，这一系统就能从容应付，毕竟大脑在处理这类任务时不会被要求要将计算结果精确到小数点后 10 位，人脑更像是一个混沌系统。大量的 SpiNNaker 处理器通过以太网连接异步互联。

每个 SpiNNaker 中含有一个特制的路由器，用于完成 SpiNNaker 内部神经元间及芯片间神经元的通信。Core 间采用地址时间表示通信协议进行神经动作电位时间信息传输。

2013 年，该项目开发了基于 UDP 用户数据报协议的锋电位接口，可以用于异质神经形态系统的通信，之后演示了 SpiNNaker 和海德堡大学 BrainScaleS 系统的混合通信，展现了发展大规模神经形态网络的前景。

14.2.4 寒武纪神经网络处理器

随着人类社会从信息时代过渡到智能时代，人工智能芯片将是支撑智能计算不可或缺的载体。复杂的深度学习网络计算需求很高，需要有更多更强大的计算资源。GPU 作为目前主流的人工智能计算平台，由于其基本框架结构并不是为人工智能所设计的，因此效率受到很多限制。而 FPGA（现场可编程门阵列）虽然迭代快，但从计算速度和能耗比来说，和专用的人工智能芯片相比仍然有差距。

由于定制化、低功耗等优点，特定用途集成电路 ASIC 正在被越来越多地采用。谷歌为 TensorFlow 设计的 TPU 芯片就采用了 ASIC。智能发展到现在，算法上的进步很多，也能解决很多实际应用中的问题，比如模式识别，但这和人们所期望的智能还存在很大的距离。神经网络芯片对于人工智能进步，尤其是对于高级智能能力的实现，会有关键的作用。每个时代都有其核心的物质载体，比如工业时代的蒸汽机、信息时代的通用 CPU，智能时代也将会出现这个核心载体。中国科学院计算技术研究所陈云霁、陈天石等研发的寒武纪神经网络芯片，能在计算机中模拟神经元和突触的计算，对信息进行智能处理，通过设计专门存储结构和指令集，每秒可以处理 160 亿个神经元和超过 2 万亿个突触，功耗却只有原来的十分之一。未来甚至有希望把类似 AlphaGo 的系统都装进手机。

当前寒武纪系列已包含三种处理器结构：DianNao（面向多种人工神经网络的原型处理器结构）、DaDianNao（面向大规模人工神经网络）和 PuDianNao（面向多种机器学习算法）。在 2015 ACM/IEEE 计算机体系结构国际会议上，发布了第四种结构：面向卷积神经网络的 ShiDianNao。

陈天石等提出的 DianNao 是寒武纪系列的第一个原型处理器结构[61]，包含一个处理器核，主频为 0.98 GHz，峰值性能达每秒 4520 亿次神经网络基本运算（如加法、乘法等），

65 nm 工艺下功耗为 0.485 W，面积为 3.02 mm^2，其结构如图 14.3 所示。在若干代表性神经网络上的实验结果表明，DianNao 的平均性能超过主流 CPU 核的 100 倍，面积和功耗仅为 CPU 核的 1/30～1/5，效能提升达三个数量级；DianNao 的平均性能与主流通用图形处理器（NVIDIA K20M）相当，但面积和功耗仅为后者的百分之一量级。

DianNao 要解决的核心问题是如何使有限的内存带宽满足运算功能部件的需求，使运算和访存之间达到平衡，从而实现高效能比。为此提出了一套基于机器学习的处理器性能建模方法，并基于该模型最终为 DianNao 选定了各项设计参数，在运算和访存间实现了平衡，显著提升了执行神经网络算法时的效能。

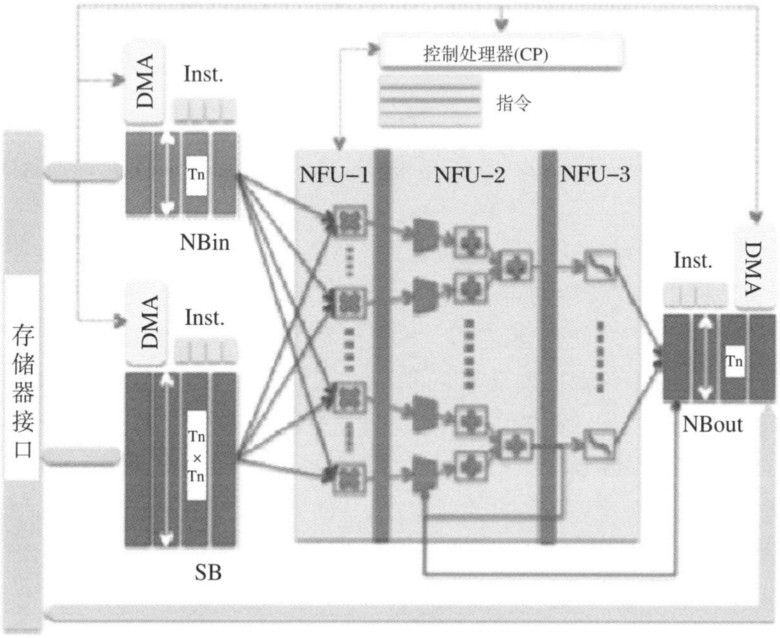

图 14.3 DianNao 结构图

文献[118] 介绍 Cambricon 处理器，提出新的加速神经网络处理的指令集，把 Add/Multplication 这些操作都集中在了 Vector/Matrix Func Unit 里，片上存储体系的设计也更为通用，通过更为精巧的 crossbar scratchpad memory 来统一提供片上访存支持。在指令集的层次为更丰富的应用类型提供了支持。文献[203]介绍了稀疏深度学习处理器 Cambricon-X，对于稀疏连接，将访存逻辑定制在硬件层面，通过引入一个称之为 IM（Index Module）的硬件模块，完成稀疏访存的处理，从而将稀疏向量/矩阵运算转换成常规向量/矩阵运算。在 Cambricon-X 里，支持的还是权重的稀疏化，对于神经元的稀疏化并没有进行特殊的支持。全连接层的神经元稀疏化可以比较自然的得到支持，而卷积层的神经元稀疏化则不太容易支持。Cambricon-X 的架构与 Cambricon 很相似，主要区别在于 Cambricon-X 中间多出了一个 Buffer Controller 模块。这个模块就是完成稀疏访存操作的核心模块。

14.2.5 神经形态完备性

当前几乎所有现有的编程语言都是图灵完备的，冯·诺依曼结构通过图灵完备的接口（即通用指令集）支持图灵机，通过引入图灵完备性以及基于图灵完备性的层次结构和冯·诺依曼体系结构，避免了当前计算系统中软件和硬件之间的紧密耦合，实现了高效、兼容和独立的进程，通过设置硬件（图灵完备性）的最低要求，在任何冯·诺依曼处理器（编译）上将任何高级语言的程序转换成等效的指令序列变得可行。相比之下，类脑计算目前缺乏一个简单但健全的系统层次结构来支持整体开发，神经形态软件和硬件之间没有清晰完备的接口，不同研究方面之间的交互也比较复杂。尽管各种基于类脑计算的算法、计算模型和软件设计不断出现，科研人员也研发出了各类神经形态芯片，但它们通常都需要特定的软件工具链才能正常运行。其结果是，类脑计算系统（包括应用程序模型、系统软件和神经形态设备）的各个层被紧密绑定在了一起，影响了软件和硬件之间的兼容性，损害了类脑计算系统的编程灵活性和开发效率。

为解决上述问题，张悠慧、施路平等提出了"神经形态完备性"的概念，这是一种更具适应性、更广泛的类脑计算完备性的定义，它降低了系统对神经形态硬件的完备性要求，提高了不同硬件和软件设计之间的兼容性，并通过引入一个新的维度——近似粒度（the approximation granularity）来扩大设计空间[202]。同时，他们也提出了一种全新的系统层次结构，这一结构包括软件、硬件和编译三个层次，具有图灵完备的软件抽象模型和通用的抽象神经形态结构。在该系统层次结构下，各种程序可以用统一的表示来描述，在任何神经形态完备的硬件上都能转换为等效的可执行程序，从而确保了编程语言的可移植性、硬件的完备性和编译的可行性。

软件指的是编程语言或框架以及建立在它们之上的算法或模型。在这个层次上，他们提出了一种统一的、通用的软件抽象——程序设计操作图（programming operator graph，POG），以适应各种类脑算法和模型设计。POG 由统一的描述方法和事件驱动的并行程序执行模型组成，该模型集成了存储和处理，描述了什么是类脑程序，并定义了如何执行。由于 POG 是图灵完备的，它能最大程度地支持各种应用程序、编程语言和框架。

硬件方面，则包括所有类脑芯片和架构模型。他们设计了抽象神经形态体系结构（ANA）作为硬件抽象，包括一个执行原语图（execution primitive graph，EPG），作为上层的接口来描述它可以执行的程序。EPG 具有控制流-数据流的混合表示，最大化了它对不同硬件的适应性，且符合当前硬件的发展趋势，即混合架构。

编译层，是将程序转换为硬件支持的等效形式的中间层。为实现可行性，研究人员提出了一套被主流类脑芯片广泛支持的基本硬件执行原语（hardware execution primitives，HEP），并证明配备这套硬件的神经形态是完备的，以一个工具链软件作为编译层的实例，论证了该层次结构的可行性、合理性和优越性。

对此，他们认为，这一层次结构促进了软硬件的协同设计，可以避免硬件和软件之间的紧密耦合，确保任何类脑程序都可以由图灵完备的 POG 在任何神经形态完备硬件上编译成一个等效和可执行的 EPG，也确保了类脑计算系统的编程可移植性、硬件完备性和编译可行性。

此外，他们也实现了工具链软件的设计，以支持不同类型的程序在各种典型硬件平台上的执行，证明了这一系统层次结构的优势。结合所提出的系统架构(包括软件和硬件抽象模型)，扩充的完备性定义使图灵完备性软件与神经形态完备性硬件的等效转换成为可能，即实现了软件和硬件的去耦合。基于此，软件研发人员不需要考虑如何设计底层硬件，硬件开发人员也只需要遵循一定指令集规范，不用担心兼容性和上层软件开发的问题。

这一设计理念使得系统不同方面之间的接口和划分更加清晰，他们希望在当前层次结构的基础上继续研究，进一步提高类脑计算系统的效率和提升其可兼容性，从而促进包括通用人工智能在内的各个应用方向的发展。

14.3 忆 阻 器

1971 年，美国加州大学伯克利分校蔡少棠(Leon Chua)在研究非线性电路理论过程中发现，基本电路变量之间的两两关系中缺少了磁通量与电荷的直接关系。从电路变量关系的对称性和完备性角度出发，蔡少棠推导了这一缺失的关系，定义了“第四种”基本无源电路元件(其他三种为电阻、电容和电感)，并将其命名为忆阻器(memory resistor，memristor)[113]。如图 14.4 所示。

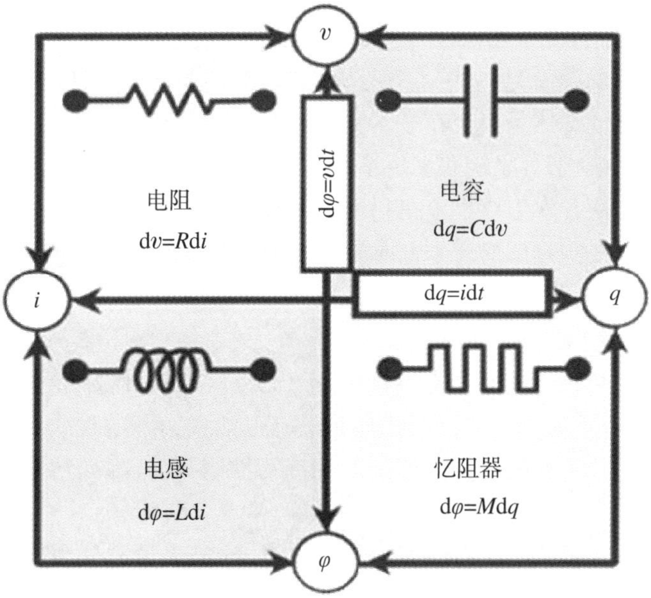

图 14.4 电路变量之间的关系

忆阻器的阻值状态——忆阻值 M 表征了磁通量与电荷之间的状态依赖决定关系，即

$$\text{磁通量控制 } M = \frac{d\varphi}{dq} \tag{14.1}$$

或

$$\text{磁通量控制 } M = \frac{\mathrm{d}q}{\mathrm{d}\varphi} \tag{14.2}$$

忆阻器区别于其他无源器件的主要标志是其电流-电压特性曲线为自交叉的滞回曲线，并且该曲线会随着频率的升高逐渐收缩为一条直线，如图14.5所示。

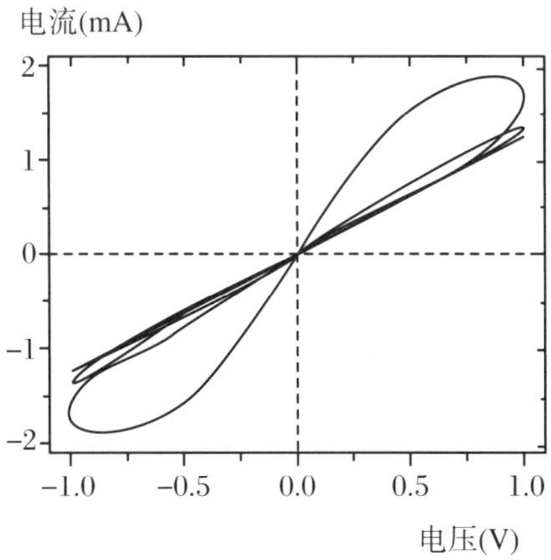

图14.5 电流-电压滞回曲线

狭义忆阻器的定义对电荷和磁通量之间的相互作用有严格的要求，但这种相互作用直到现在也没有在实际两端口器件中得到证实。1976年，蔡少棠将忆阻器的定义拓展到电流-电压之间的时间状态依赖(state-dependent)关系，从而可以涵盖所有的两端、无源、非易失存储器件，这种广义的忆阻器也被称为忆阻系统。2009年，蔡少棠等研究人员进一步提出了忆容系统(memcapacitive system)和忆感系统(meminductire system)的概念[191]，从而建立了完备的记忆器件理论体系。现在学术界大多数人的共识是，电路学领域的三种基础元器件应拓展为忆阻系统、忆容系统和忆感系统。

基于忆阻器的应用开发主要集中在利用忆阻器的非易失记忆特性和逻辑计算能力开发新型计算系统。研究最为热门的三个方向为新型非易失存储器、新型计算/存储融合架构计算系统、新型神经形态计算系统。

1. 新型非易失存储器

忆阻器最大的优势在于其所具备的非易失记忆特性，同时器件集成密度高(4F2)、开关速度快(5 ns)、编程功耗低(1 pJ)等优势，使其最有可能成为下一代非易失存储介质。目前的研究主要集中在对单个忆阻单元阻值的精确读写控制、忆阻阵列结构的设计和读写方法优化设计上。

为进一步提高忆阻器非易失存储器的存储密度，研究人员充分利用忆阻器阻值可连续调节的特性，提出了使用不同置位电压或不同限制电流(compliance current)的方式控制忆阻器跳变至多个阻值状态。现已实现单个忆阻器稳定存储5个状态的信息。由于忆阻器阻态存在显著波动，忆阻器多值状态的精确控制与测量还存在一定困难，但相关研究为进一步提高存储密度，构建下一代多值计算系统奠定了扎实基础。

2. 新型计算/存储融合架构计算系统

忆阻器的非易失记忆特性使其具备数据存储能力，而状态可连续调节的能力使其具备数值计算能力，二者相结合使忆阻器可在同一位置实现计算与存储的融合，从而可以彻底突破传统冯·诺依曼计算架构的限制。相关研究主要集中于两个方面：

(1) 基于忆阻器的新型逻辑计算单元的设计与实现。2005年，惠普(Hewlett-Packard，HP)实验室提出了基于纳米交叉杆结构进行通用计算的结构和方法。2010年，惠普实验室实现了基于忆阻器交叉电路的蕴含逻辑，该研究首次表明忆阻器具有融合逻辑运算和存储的能力。

(2) 基于忆阻器的计算/存储融合架构的设计与实现。杜克大学的杨柳(Yang Liu)对忆阻器的存储结构进行了研究，提出了基于忆阻器的MemCAM和MemTCAM结构。北京大学提出了一个名为"iMemComp"的非冯·诺依曼计算架构，其使用一个兼具存储与计算功能的忆阻统一核心模块来执行任务，这一模块具备并行计算、学习和记忆以及用户自定义逻辑功能的能力[115]。

3. 新型神经形态计算系统

忆阻器在实现非易失存储的同时，还可以在外部激励作用下模拟大脑神经突触的工作特性。结合其在高集成密度、低编程功耗等方面的优势，忆阻器已成为人工神经形态计算系统新的物理基础，是当前研究最为热门的一个方向。该方向的研究主要集中在两个方面：

(1) 利用单个忆阻器件模拟神经突触特性。2010年，密歇根大学卢伟等人证实忆阻器可以模拟神经突触长时可塑性、峰时依赖可塑性等特性。国防科技大学利用钛氧化物忆阻器模拟了神经突触的短时/长时可塑性以及脉冲时序依赖可塑性，并建立了用忆阻器模拟神经突触的模型，使得基于忆阻器的神经形态电路的复杂度和能耗大幅降低。

(2) 利用忆阻器阵列实现神经形态学习行为。2010年，珀辛(Y. V. Pershin)等成功采用忆阻器模拟器搭建忆阻器神经网络实现巴甫洛夫(Pavlov)联想记忆，表明忆阻神经网络可以实现传统网络的功能[144]。2015年，普雷齐奥(M. Prezioso)等在*Nature*上发表文章介绍了他们的研究成果：使用无源忆阻交叉阵列实物实现了单层的感知器，并应用此感知器进行了3×3黑白图形的分类，验证了实物实现较为复杂的神经网络方面的可行性[147]。

忆阻器是信息技术新的物理基础，在制备与表征测试等方面的研究日趋完善，已呈现广阔的应用前景。但相关研究中还存在一些技术难题，包括：(1) 忆阻器件导电机理尚不完全清楚；(2) 忆阻器件存在状态波动、性能不一致；(3) 忆阻器计算/存储融合架构的设计与实现方法；(4) 忆阻器神经形态计算架构互联方式。如何利用忆阻器件与相应的硬件电路实现类似的神经拓扑连接方式(诸如反传神经网络、Hopfield神经网络等)，进而模拟人脑的信息处理机制，还需进一步研究。

14.4 存算一体技术

作为模拟人类大脑处理信息的计算技术，神经形态计算与传统的计算技术相比，最主要的一个区别在于其摆脱了冯·诺依曼架构存算分离的枷锁，追求人脑神经元的高效整合形式，将数据存储和处理的功能集中在相同的计算单元上，从而可以能效更高、性能更好、速度更快地进行数据的处理，因此颇受人工智能领域的关注。

针对这一问题，诸多的芯片公司、初创公司和科学家们投入了大量的时间和资金，来研究如何将计算机中的运算从中央处理器转入内存中进行，这种方法被称为存算一体化。这一方式不仅可以提升计算速度，也可以减少计算功耗。目前实现“存算一体”主要有三种技术路线：

（1）近存计算（processing near memory）：计算操作由位于存储芯片外部的独立计算芯片完成。

（2）存内计算（processing in memory）：计算操作由位于存储芯片内部的独立计算单元完成，存储单元和计算单元仍相互独立存在。

（3）存储计算（processing with memory）：由存储芯片内部的存储单元完成计算操作，存储单元和计算单元完全融合，没有独立的计算单元。

其中，近存计算通过将计算资源和存储资源距离拉近，实现对能效和性能的大幅度提升，此方法被认为是现阶段解决内存墙问题的最佳途径。阿里的达摩院目前也是沿着这一方向进行突破。

14.4.1 忆阻器阵列芯片

2019 年，密歇根大学卢伟及其团队成功研发出全球第一款基于忆阻器阵列的通用人工智能芯片[59]。这款新型人工智能芯片的创新之处在于所有的存储计算功能都集成在同一个芯片上，从而真正实现了存算一体化，而且可以通过编程应用于多种人工智能算法，进一步提高计算速度，并减少能量损耗。基于推理的边缘计算（edge computing）是这种新型人工智能芯片很适合切入的一个应用场景。

这款新研发的芯片，是将 5832 个忆阻器元件和一个 OpenRISC 处理器集成在一起，还添加了 486 个特制数字-模拟电路转换器、162 个特制模拟-数字电路转换器，以及两个混合信号接口用来实现忆阻器模拟电路和中央处理器电路的衔接。全功率工作下，芯片只需 300 mW 的功耗，就能实现每秒每瓦特 1880 亿次运算。虽然计算速度相比于英伟达最新推出的人工智能芯片（每秒每瓦特可达 9.09 万亿次运算）略显逊色，但这款芯片在功耗和数据存取上有着明显的优势。

而在通用性的验证上，团队使用忆阻器阵列芯片，实现了三种人工智能算法。首先是称为“感知器”（perceptron）的著名机器学习算法，该算法也是最为常见的用来进行信息分类的机器学习算法之一。团队用这款芯片成功地实现了单层感知器的运算，并将其用来识别希腊字母的有噪图片。这款芯片实现的另一种更复杂的算法是“稀疏编码”算法。这种算法通过比较神经元来优化神经网络，剔除无效的神经元，找出最优的神经元连接方式，进而针对目标找出最优的神经网络，可以用来有效地进行特征提取、数据压缩以及数据分类等工作。最后，这款芯片实现的是双层神经网络的无监督学习算法，用来识别和判断乳房肿瘤图像。神经网络中的第一层使用主成分分析方法，来自主识别图像中的特征，第二层使用感知器来进一步判断图像中的肿瘤是否是恶性的。这种算法在这款芯片上运行的准确率可以高达 94.6%，这一结果已经非常接近在传统芯片上运行得到的 96.8% 的准确率。这一细微差距，主要是忆阻器元件在分类边界上的电荷不确定性造成的。

当然，这款忆阻器芯片仍有很大的优化和提升空间。他们在芯片中使用了 40 年前的 180 nm 的晶体管，而如果使用 2008 年 40 nm 的晶体管技术，就可以将功耗继续降低至

42 mW，并可将计算效率提高至每秒每瓦特 1.37 万亿次运算。

14.4.2 忆阻器卷积神经网络

清华大学的新兴存储与新型计算实验室（The Laboratory of Emerging Memory and Novel Computing，LEMON）一直致力于基于忆阻器的神经形态计算的研究。2020 年 1 月 30 日，吴华强等在 *Nature* 上发表题为《完全由硬件实现的忆阻器卷积神经网络》（*Fully hardware-implemented memristor convolutional neural network*）的文章[198]，详述了基于忆阻器阵列芯片实现卷积网络的完整硬件过程。

该阵列芯片以忆阻器替代经典计算机底层的晶体管，以更小的功耗和更低的硬件成本大幅提升了计算设备的算力，在一定程度上突破了传统冯·诺依曼计算框架瓶颈的限制，大幅提升算力的同时，实现了更小的功耗和更低的硬件成本。

这项工作中开发的阵列芯片集成了 8 个包含 2048 个忆阻器的阵列，以提升并行计算效率，并构建了一个五层的卷积神经网络进行图像识别，如图 14.6 所示。采用基于 ARM 核的动态随机存取存储器。每个忆阻器与晶体管采用漏级端相连，即 1T1R（one transistor one memristor，单晶体管忆阻器）结构。每个核心的印制板子系统上安装 8 块忆阻器阵列芯片，每个忆阻器阵列具备 128 × 16 个 1T1R 单元。在水平方向上共有 128 条并行字线和 128 条源线，在垂直方向上共有 16 条位线。吴华强团队构建了基于忆阻器的五层卷积神经网络 mCNN 来执行手写数字字符集 MNIST 的图像识别任务，识别准确率超过 96%。与当前最优的图形处理器（GPU）比较，基于忆阻器的 CNN 神经形态系统的能效要高出两个数量级以上，并且该系统可扩展至大型网络，如残差神经网络（ResNet）。

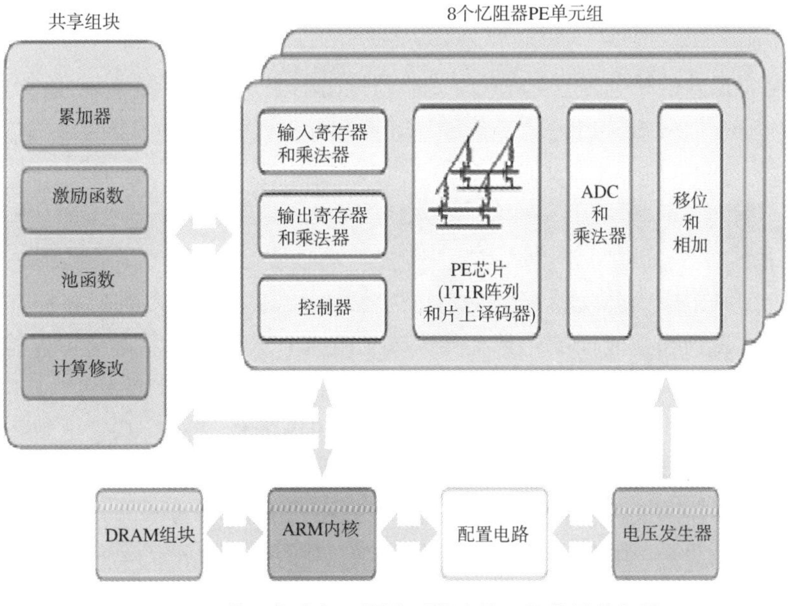

图 14.6 基于多个忆阻器阵列的存算一体化计算架构

当前国际上的忆阻器研究还停留在简单网络结构的验证上，或者是基于少量器件数据进行的仿真。基于忆阻器阵列的完整硬件实现仍然有很多挑战。器件方面，需要制备高一致、可靠的阵列；系统方面，忆阻器因工作原理而存在固有缺陷（如器件间波动、器件电导卡滞、电导状态漂移等），会导致计算准确率降低；架构方面，忆阻器阵列实现卷积功能需要以串行滑动的方式连续采样、计算多个输入块，无法匹配全连接结构的计算效率。

14.4.3 近存计算

近存计算通过将计算资源和存储资源距离拉近，实现对能效和性能的大幅度提升，被认为是现阶段解决内存墙问题的最佳途径。达摩院计算技术实验室使用混合键合3D堆叠技术实现了一种存算一体的芯片。该芯片内存单元采用异质集成嵌入式DRAM（SeDRAM），拥有超大带宽、超大容量等特点；计算单元方面，达摩院研发设计了流式的定制化加速器架构，对推荐系统进行"端到端"的加速，包括匹配、粗排序、神经网络计算、细排序等任务。

达摩院研发的存算一体芯片同时实现了高性能和低系统功耗。在实际推荐系统应用中，相比传统CPU计算系统，存算一体芯片的性能提升10倍以上，能效提升超过300倍。该技术的研究成果已被芯片领域顶级会议ISSCC 2022收录，未来可应用于VR/AR、无人驾驶、天文数据计算、遥感影像数据分析等场景。

存算一体是颠覆性的芯片技术，它拥有高性能、高带宽和高能效的优势，能解决后摩尔时代的芯片性能和能耗问题。达摩院研发的芯片将这一技术与场景紧密结合，实现了内存、计算以及算法应用的完美融合。

14.5 感存算一体技术

随着半导体工艺的快速发展，纳米传感器与忆阻器集成，感知、存储和运算进一步融合，传感器感知的模拟信号直接经过忆阻器阵列运算和存储，可以进一步减少数据交换。

14.5.1 触觉感存算一体技术

触觉仿生皮肤由压力感受器实时感知压力空间分布，并将压力数据存储在外部存储器中以操纵分配的识别和智能任务。具有存算单元的压力感觉神经元不仅可以检测外部刺激信号，还可在模拟的大脑皮质中存储复杂信号并进行预处理。

2019年，深圳大学张晨、韩素婷、周晔等人将两端压阻传感器与基于电解质的忆阻器进行集成，搭建了一个如图14.7所示的触觉神经元系统[201]，使用微金字塔结构制作压阻式压力传感器感知静态压力和动态压力，基于电解质忆阻器模拟基本突触功能。将触觉感知系统组装在智能笔的底部，用来识别英文字符。采用定制笔触对单字符收集20组数据，10次训练后的字符识别精度为91.7%。

为提升触觉感知阵列大小以及多感知能力，2020年，大连理工大学的宋金会、江诚鸣和李奇昆（共同通讯作者）等人报道了一种基于双压电光电晶体管（DPT）的创新压力映射交互（PMI）系统[100]，其能够在宽输出范围内检测出大的压力梯度，从而提供了更多的触觉细节。

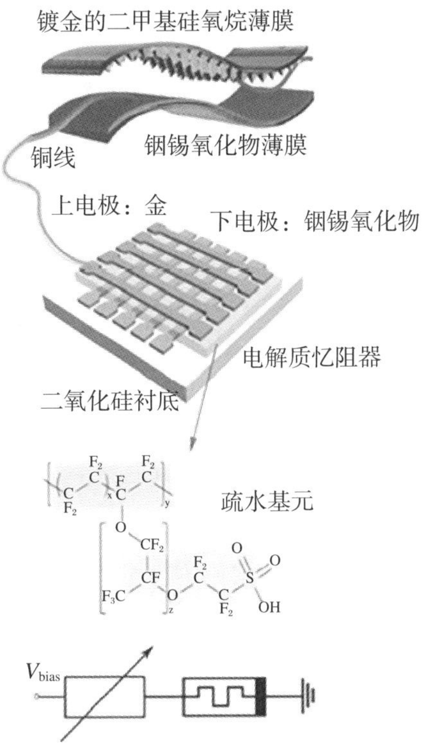

图 14.7　人工触觉神经元系统

所制备的 DPT 将压电-纳米线(NWs)通道和压电-有机发光二极管(OLED)栅极集成为一个模块,从而双重增强了压电-光电效应,其在有效工作区域内具有 120 dB 的高动态范围(DR)和 61.2 μs · kPa^{-1}的高压力灵敏度。此外,通过将小型 DPT 用作 PMI 像素,器件可以在优化的阵列结构中获得 5 μm 的高位置分辨率。他们将设计良好的压电有机发光二极管阵列覆盖在压电忆阻器阵列上,将压力传感、记忆功能和实时照片生成功能集成在一个系统中,在 15×15 大小的触觉感知矩阵上完成了对字母“N”、“P”以及五角星、钻石、眼睛等特殊图形的感知、记忆以及实时处理。该研究成果展示了压电 OLED 栅极-压电纳米线通道双增强效应,并展示了用于设计和应用 PMI 的方法,有望于实现高探测精度和动态范围的电子皮肤等应用。

14.5.2　视觉感存算一体技术

人类视觉感知系统收集信息后经过简单预处理发送至大脑皮质进行深度识别,处理后的图像信息根据重要度进行短期或长期存储。传统视觉感知将图像感知、处理、存储相分割,产生的冗余数据大大降低了感知速度。受人类视觉系统和忆阻器突触功能的启发,研究人员将光学感知器和忆阻器进行集成,为光学学习、存储、计算和识别融合发展提供了一种新思路。

中南大学机电工程学院张磊等利用光电探测器复合忆阻器完成可控光调制突触记忆行为,实现了视觉记忆仿真并建立了视觉存储阵列以完成图案化光分布的检测和存储过程[205]。

14.5.3 听觉感存算一体技术

现有机器听觉通过大数据的整合处理，实现语言翻译、语意理解、歌曲识别等功能。将忆阻系统用于听觉信号处理的研究尚处于初期阶段，声波的多尺度、时间依赖性、独特时空编码等特点使得构建听觉感存算一体技术富有挑战。人脑实现声音定位的两种主要工作机制包括耳间时差（interaural time difference，ITD）和耳间水平差（interaural leveld，ILD）。2018 年，北京理工大学物理学院孙林锋等人利用忆阻器的短期可塑性实现了精确的时间计算[180]。他们利用抑制声音强度、频率相关的突触连接对时间差进行低功耗检测，从而实现了对声音的定位。该实验证明忆阻突触在抑制 ILD 干扰的情况下只对宽频率、高音强范围编码 ITD 信息。

忆阻器感存算一体技术起步较晚，目前的应用主要集中在触觉、视觉感存算一体方面，处理数据量级较低，工作任务较为简单。自 2019 年起，多种感存算一体技术的原型芯片逐渐展现，未来嗅觉、听觉等生物感存算技术将成为重要研究方向。柔性忆阻材料和新型纳米技术、多感知器件以及感存算片上集成技术将是未来可穿戴感存算设备以及感存算芯片大规模集成的重要基础。

第 15 章　全　球　脑

全球脑(global brain)是由生物神经网络和数字网络共同构成的智能系统,包括全球人脑和互联网。借助于各种信息处理工具,通过各种通信方式,彼此之间交互作用,组成具有神经系统特征的自组织巨型网络。该系统具有比人脑更高级的信息处理能力和创造力。

15.1　概　　述

全球脑是由生物神经网络和数字网络共同构成的智能系统,包括全球人脑和互联网。我们可以将它概括为“地球是一个脑,每个人是一个神经元”。

全球脑思想由来已久,很多人使用不同的术语描述该思想,例如世界脑(world brain)、全球心智(worldwide mind)、超脑(super-brain)等。100 多年前,特斯拉(N. Tesla)就曾预言,有朝一日世界将实现全人类的头脑连接。地球成为一个大脑,每个人都是一个神经元。法国人德日进(Pierre Teilhard de Chardin)在《人的现象》一书中,根据科学的进化论来立论,实现了三重的综合:物理的世界与心智的世界的综合;过去和未来的综合;复杂众多的和统一单独的综合。他着重于分析全球脑的精神层面,将每个人比喻为微粒,个体意识的多元性聚集在一起,形成全球脑的精神圈。

1982 年,英国学者罗素(P. Russell)发表了著作《地球脑的觉醒——进化的下一次飞跃》[156],从理性的层面探讨了地球存在的本源和意义,是一部关于现代信息革命如何改变人类的心灵,以及如何影响我们所赖以生存的地球的著作。他认为地球未来会变成一个巨大的神经系统——地球脑,每个人是地球脑的一个神经细胞。

1999 年,伯纳斯-李(T. Berners-Lee)首次提出了“语义 Web”(semantic Web)的概念。2001 年 2 月,W3C 正式成立“Semantic Web Activity”来指导和推动语义 Web 的研究和发展,语义 Web 的地位得以正式确立。2001 年 5 月,伯纳斯-李等人在《科学美国人》杂志上发表文章,提出语义 Web 的愿景[46]。语义 Web 提供了一个通用的框架,允许跨越不同应用程序、企业和团体的信息共享和重用数据。

20 世纪 90 年代,多智能体系统(multiagent system,MAS)的研究成为分布式人工智能研究的热点。多智能体系统主要研究自主的智能体之间智能行为的协调,为了一个共同的全局目标,也可能是关于各自的不同目标,共享有关问题和求解方法的知识,协作进行问题求解[16]。个体智能受生物性的制约,其感知能力总是有限的。但是,当计算机呈现分布式的架构,各种智能传感器不断代替人的感觉器官,各种形式的数据、文本、图表、声音、信息不断地被转化为数字形式,并且能在赛博空间进行存储和传播时,那么人类的个体智能就有可能连接起来，从而突破个体智能的局限，形成超个体的智能行为，并具备更有社会属性类的智能，形成集体智能(collective intelligence)。集体智能是一种共享的或者群体的智能，以及集结众人的意见进而转化为决策的一种过程。它是从许多个体的合作与竞争中涌现出来的。

2004年，基于语义Web和多智能体的思想，都柏林城市大学沃尔什(R. Walshe)等提出利用生物技术作为子心智构建复杂脑[193]。我们在心智模型CAM和World Wide Web的基础上构建了全球心智模型WWM[172]。

2018年6月1日，上海维外科技有限公司成立。几个月后，该公司推出了一个手机应用软件(App)——“Ta在”，而该软件所使用的技术就是演化群体智能算法。在“Ta在”上面，用户既可以发布内容，例如发文章、提问、转载资料等，也能与别人发布的内容进行互动，例如点赞、评论和收藏等。而“Ta在”底层的算法，经过汇聚众多用户的行为，再经过统计分析，就可以做出一定判断，从而发挥系统的智能。例如，通过分析一篇文章的互动情况，也就是用户的点赞、评论、收藏等行为，可以分析出一篇文章的质量等级。随后，系统就会把高质量的文章推荐给更多的用户。与此同时，它也可以分析出一个用户所发布内容的综合质量，并给出一个相应的评分。评分越高，系统就会认为该用户的内容综合来讲更有价值，随之而来，就会把该用户所发布的内容推荐给更多的用户。

15.2 语义Web

互联网(Internet)是人类文明史上的重大创举，对信息技术和人工智能的发展起到了革命性的影响。众多的信息资源通过互联网连接在一起，形成全球性的信息系统，并成为可以相互交流、相互沟通、相互参与的互动平台。从诞生到现在互联网发展的50多年中，可以分为五个阶段，即计算机互联、网页互联、用户实时交互、语义互联、云计算。

语义互联是为了解决在不同应用、企业和社区之间的互操作性问题。这种互操作性是通过语义来保证的，而互操作的环境是异质、动态、开放、全球化的Web。每一个应用都有自己的数据，例如日历上有行程安排，Web上有银行账号和照片。要求致力于整合的软件能够理解网页上的数据，这些软件能够检索并显示照片网页，发现这些照片的拍摄日期、时间及其描述；需要理解在线银行账单中的交易；理解在线日历的各种视图，并且清楚网页的哪些部分表示哪些日期和时间。数据必须具有语义才能够在不同的应用和社区之间实现互操作。通过语义互联，计算机能读懂网页的内容，在理解的基础上支持用户的互操作。

语义Web要提供足够而又合适的语义描述机制。从整个应用构想来看，语义Web要实现的是信息在知识级别上的共享和语义级别上的互操作性，这需要不同系统间有一个语义上的“共同理解”才行。伯纳斯-李等人指出：“语义Web不是另外一个Web，它是现有Web的延伸，其中信息被赋予了良定义的含义，从而使计算机可以更好地和人协同工作”[46]，本体自然地成为指导语义Web发展的理论基础。2001年，伯纳斯-李给出了最初的语义Web体系结构。2006年，伯纳斯-李给出了新的语义Web层次模型[47]，该模型如图15.1所示。

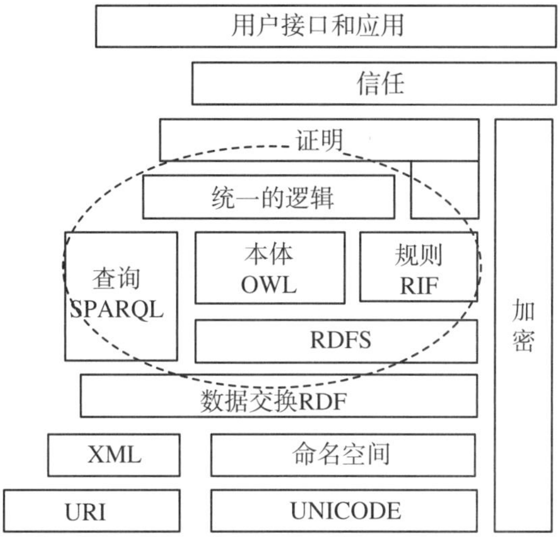

图 15.1 语义 Web 的层次模型

新的 Web 层次模型分为七层，即 UNICODE 和 URI 层、XML 和命名空间层、RDF + RDFS 层、本体层、统一逻辑层、证明层、信任层，下面简单介绍每层的功能。

(1) UNICODE 和 URI 层。UNICODE 和 URI 是语义 Web 的基础，其中 UNICODE 处理资源的编码，保证使用的是国际通用字符集，以实现 Web 上信息的统一编码。URI 是统一资源定位符 URL 的超集，支持语义 Web 上对象和资源的标识。

(2) XML 和命名空间层。该层包括命名空间和 XML Schema，通过 XML 标记语言将 Web 上资源的结构、内容与数据的表现形式进行分离，支持与其他基于 XML 标准的资源进行无缝集成。

(3) RDF + RDFS 层。RDF 是语义 Web 的基本数据模型，定义了描述资源以及陈述事实的三类对象：资源、属性和值。资源是指网络上的数据，属性用来描述资源的一个方面、特征、属性以及关系，陈述则用来表示一个特定的资源，它包括一个命了名的属性和它所对应资源的值。因此一个 RDF 描述实际上就是一个三元组：(object[resource]，attribute[property]，value[resource or literal])。RDFS 提供了将 Web 对象组织成层次的建模原语，主要包括类、属性、子类和子属性关系、定义域和值域约束。

(4) 本体层。本体层用于描述各种资源之间的联系，采用 OWL 表示。本体揭示了资源以及资源之间复杂和丰富的语义信息，将信息的结构和内容分离，对信息做完全形式化的描述，使 Web 信息具有计算机可理解的语义。

(5) 统一逻辑层。统一逻辑层主要用来提供公理和推理规则，为智能推理提供基础。可以进一步增强本体语言的表达能力，并允许创作特定领域和应用的描述性知识。

(6) 证明层。证明层涉及实际的演绎过程以及利用 Web 语言表示证据，对证据进行验证等。证明注重于提供认证机制，证明层执行逻辑层的规则，并结合信任层的应用机制来评判是否能够信任给定的证明。

(7) 信任层。信任层提供信任机制，保证用户 Agent 在 Web 上提供的个性化服务，以及彼此之间交互的安全可靠。基于可信 Agent 和其他认证机构，通过使用数字签名和其他知识才能构建信任层。当 Agent 的操作是安全的，而且用户信任 Agent 的操作及其提供的服务时，语义 Web 才能充分发挥其价值。

从语义 Web 层次模型来看，语义 Web 重用了已有 Web 技术，如 UNICODE、URI、XML、RDF 等，所以它是已有 Web 的延伸。语义 Web 不仅涉及 Web、逻辑、数据库等领域，层次模型中的信任和加密模块还涉及社会学、心理学、语言学、法律等学科和领域。因此，语义 Web 的研究属于多学科交叉领域。

语义 Web 为全球脑信息共享提供了很好的基础。通过大范围的共享，人类能够传播海量的数据、信息和知识。这些内容汇聚在一起，彼此交融，让人类文明变得愈加丰富多彩。

15.3 智　能　体

智能体(agent)也称主体、代理，可以看作是一个实体，通过传感器感知环境，通过效应器作用于环境。一般智能体可以用图 15.2 表示。

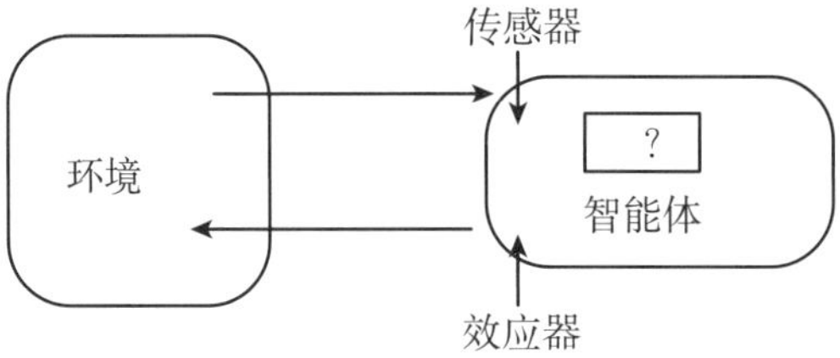

图 15.2　智能体与环境的交互作用

通常认为一个智能体需要具有下述部分或全部特性：

(1) 自治性。这是一个智能体的基本特性，即可以控制它自身的行为。智能体的自治性体现在：智能体的行为应该是主动的、自发的；智能体应该有它自己的目标或意图(intention)；根据目标、环境等的要求，智能体应该能够对自己的短期行为做出计划。

(2) 交互性，即对环境的感知和影响。无论智能体生存在现实的世界中(如机器人、Internet 上的服务主体等)，还是虚拟的世界中(如虚拟商场中的主体等)，它们都应该可以感知它们所处的环境，并通过行为改变环境。一个不能对环境做出影响的物体不能被称为主体。

(3) 协作性。通常智能体不是单独地存在，而是生存在一个有很多个智能体的世界中。智能体之间的良好有效的协作可以大大提高整个多智能体系统的性能。

(4) 可通信性。这也是一个智能体的基本特性。所谓通信，是指智能体之间可以进行信息交换。更进一步，智能体应该可以和人进行一定意义下的“会话”。任务的承接、多智能体的协作与协商等都以通信为基础。

(5) 长寿性(或时间连贯性)。传统程序由用户在需要时激活，不需要时或者运算结束后停止。智能体与之不同，它应该至少在“相当长”的时间内连续地运行。这虽然不是智能体的必须特性，但目前一般认为它是智能体的重要性质。

另外，有些学者还提出智能体应该具有自适应性、个性等特性。在实际的应用中，智能体经常需要在时间和资源受到一定限制的情况下做出行动。所以，对于现实世界中的智能体,除了应该具有智能体的一般性质外,还应该具有实时性。

1987年,布拉特曼(M. E. Bratman)从哲学上对行为意图(intention)的研究对人工智能产生了广泛的影响。他认为只有保持信念(belief)、愿望(desire)和意图(intention)的理性平衡,才能有效地解决问题[54]。在此基础上,人们提出了经典的智能体BDI(belief-desire-intention)模型。智能体决策时不仅要考虑自身内部的心智状态,还要考虑与外界的交互和环境的影响。

2014年,史忠植等扩展了经典的智能体BDI模型,构建了ABGP(awareness-belief-goal-planning)模型,如图15.3所示[174]。在构建的ABGP模型中,增加了环境感知和动机驱动意图2个模块。环境感知模块主要实现对外界环境的全面感知和交互,为智能体提供实时的态势信息,与外界智能体进行交流互动。动机驱动意图模块主要根据智能体当前最佳的动机,选择意图,进行行为规划,使智能体适应环境的变化。这种智能体模型既考虑了智能体内部的思维状态,又考虑了对外部场景的认知和交互,对智能体决策发挥着重要作用。

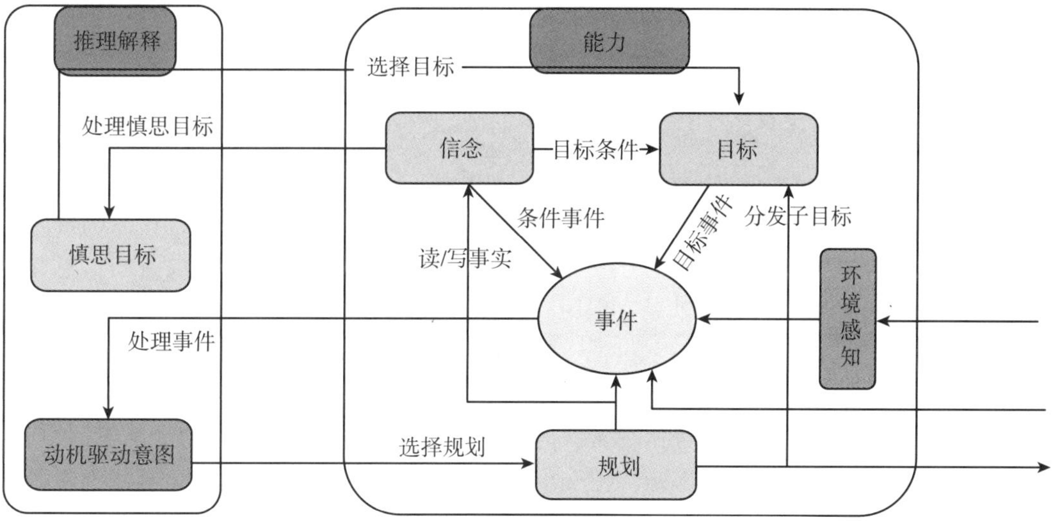

图15.3 智能体ABGP模型

15.4 脑机融合

生物智能(脑)与机器智能(机)融合乃至一体化,将脑的感知和认知能力与机器的计算能力完美结合,构建脑机融合(brain-computer integration),有望产生令现有生物智能系统和机器智能系统均望尘莫及的更强智能形态,为全球脑奠定坚实的技术基础。

15.4.1 脑机接口

脑机接口(brain-computer interface,BCI)是不依赖于大脑的正常输出通路(即外围神经和肌肉组织），就可以实现人脑与外界（计算机或其他外部装置）直接通信的系统。1973年，维达（J.J.Vidal）发表了第一篇关于脑机接口技术的文章[192]。

麻省理工大学、贝尔实验室和神经信息学研究所的科学家已经成功研制了一个可以模拟人类神经系统的电脑微芯片，并成功地植入大脑，利用仿生学的原理对人体神经进行修复。它与大脑协作发出复杂的指令给电子装置，监测大脑的活动，取得了很好的效果。剑桥大学的翰福瑞斯认为，在不久的将来，人们将可以在脑中放入增加记忆的微芯片，使人类有一个备用的大脑。

美国生物计算机领域的研究人员将取自动物脑部的组织细胞与计算机硬件进行接合，这样研制而成的机器被称为生物电子人或是半机械人。如果芯片与神经末梢相吻合，就可将芯片通过神经纤维和身体上的脑神经系统连接起来，这样就能通过电脑提高人的大脑功能。

美国南加州大学的勃格（T. Berger）和列奥（J. Liaw）于1999年提出了动态突触神经回路模型[116]，并于2003年研制出大脑芯片，能够代替海马功能。大脑芯片在活体小白鼠上实验成功，证明该回路模型与活体鼠脑中的信息处理是一致的。该项目是美国心智-机器合成（Mind-Machine Merger）计划的一部分，其研究成果取得了突破性进展，曾被中国科学界评为2003年世界十大科技进展之一。

马斯克（E. Musk）于2016年建立神经科学公司Neuralink，致力于脑机接口技术的研究，可以帮助那些失去行动能力或感觉能力的截瘫患者。其长期目标为建立一个“至关重要的超级智能系统”，将人类与人工智能结合。马斯克表示，脑机接口就是通过在人脑神经与具有高生物相容性的外部设备间建立直接连接通路，实现神经系统和外部设备间信息交互与功能整合的技术。简单来说，就是实现用意念控制机器。它意味着，人与机器的主要交互方式，除了手工输入，以及近几年兴起的人工智能语音交互之外，还可以直接通过大脑向机器发指令。2021年4月9日，神经科学公司报道：一只名为“帕格”（Pager）的猕猴，在其脑内植入Neuralink设备，利用脑机接口技术，能够让猴子在没有游戏操纵杆的情况下，仅用大脑意念方式来控制一台电脑，并玩转“MindPong”游戏（一款模拟两个人玩乒乓球的电子游戏）。

15.4.2 脑机融合的认知模型

脑机融合是一种基于脑机接口技术，综合利用生物智能和机器智能的新型智能系统。脑机融合是脑机接口技术发展的必然趋势。在脑机融合系统中，大脑与大脑、大脑与机器之间不仅是信号层面上的脑机互通，更需实现大脑的认知能力与机器的计算能力的融合。但大脑的认知单元与机器的智能单元具有不同的关联关系和逻辑通路，因此，脑机融合的关键科学问题之一是如何建立脑机协同的认知计算模型。

脑机融合是当前智能科学中一个活跃的研究领域。2009年，迪乔范纳（J. DiGiovanna）等[70]设计了基于强化学习的互适应脑机接口系统，利用奖惩机制调节大脑活动，机器采用强化学习算法自适应控制机械臂运动，实现了性能更为优化的机械臂运动控制。2010年，福山雅治（O. Fukuyama）等[77]通过提取和分析老鼠的运动神经信号来控制一辆机械车。2011年，尼科勒利斯（M. A. L. Nicolelis）团队[140]在*Nature*上报道了一种新型的脑-机-

脑信息通路的双向闭环系统，在对猴子大脑神经信息进行解码的同时将猴子触觉信息转化为电刺激信号反馈到大脑，实现了脑与机的相互配合。

脑机融合系统具有三个显著特征：(1) 对生物体的感知更加全面，包含表观行为理解与神经信号解码；(2) 生物体也作为系统的感知体、计算体和执行体，且与系统其他部分的信息交互通道为双向；(3) 多层次、多粒度地综合利用生物体和机器的能力，达到系统智能的极大增强。根据脑机融合的需要，我们提出了脑机融合的认知模型[18]，如图 15.4 所示。

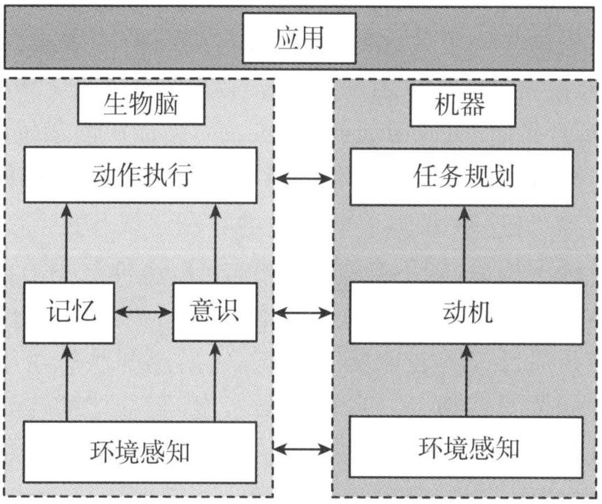

图 15.4 脑机融合的认知模型

15.4.3 脑机融合的环境感知

在环境感知方面提出了基于深度学习的视觉感知机制、基于特征整合的视觉感知方法、大数据谱聚类算法。

1. 基于深度学习的视觉感知

卷积神经网络是典型的深度学习算法，在图像识别领域应用广泛。作为环境感知，以CNN 为基础，综合其他分类器，实现特征提取与非线性特征映射的组合。利用卷积神经网络提取不变性的视觉特征，例如轮廓和边缘信息等，然后使用超限学习机完成最后的分类。

2. 基于特征整合的视觉感知

感知外界环境时，人脑中形成了两类谱图：位置主谱图和特征谱图。位置主谱图记录了全局图像中每个局部底层图像特征的具体位置。特征谱图，记录了局部的底层特征的关系，叫作关系编码模式。通过扫描位置主谱图，被扫描到的特征谱图被激活，形成当前物体的暂态表示。为获得对输入特征序列的整体理解，注意机制启动注意，串行扫描主谱图，通过注意将特征联系起来。通过最大熵原则选择势函数，将特征函数联系起来，构成随机场。通过查询识别网络，随机场通过 Veterbi 算法进行连接搜索来获得对感知图像的预测，物体的底层特征和高层语义被联系起来，从而完成整个物体识别的特征捆绑。

3. 大数据谱聚类算法

针对谱聚类中特征分解计算复杂度过高的问题，基于 Nyström 采样方法，设计了一种自适应的 Nyström 采样方法，每个数据点的抽样概率都会在一次采样完成后及时更新。利用 Normalized Cuts 与加权核 k-means 之间的联系，设计了近似加权核 k-means 算法来优化

Normalized Cuts 的目标函数，有效降低了 Normalized Cuts 的时间和空间复杂度。

15.4.4 脑机融合的自动推理

动机是内部的驱动力量和主观推理，直接驱使个体活动来发起并维持心理状态以达到某种特定的目的。通过动机驱动规划，实现自动推理。在脑机融合系统中，提供两种类型的动机，即基于需求的动机和基于好奇心的动机。

基于需求的动机被表示为一个 3 元组$\{N,G,I\}$，其中 N 表示需要，G 是目标，I 表示动机强度。在脑机融合系统中，需求有三类，即感知需求（perception needs）、适应需求（adaptation needs）以及合作需求（cooperation needs）。动机由激励规则激活。

基于好奇心的动机是通过动机学习算法建立一个新的动机。智能体将观察到的感知输入创建为一种内部表达，并将这种表达与学习到的有利于操作的行为相联系。如果智能体的动作结果与其当前目标不相关，则不会进行动机学习，这种对学习内容的筛选是非常有用的。但是即便学习不被其他动机触发，基于新颖性的学习仍然可以在这样的情况下发生。

动机的学习过程就是通过观察获取感知状态，然后感知状态由事件进行相互转换。发现新颖性事件会激发智能体的兴趣。一旦兴趣被激发，智能体的注意力可以被选择并集中在环境的一个方面。基于新颖性的动机学习算法中，利用观察函数将注意力集中在感知状态的子集，然后利用差异函数计算子集上的差异度，再借助于事件函数形成事件，事件驱动内省搜索，利用新颖性和兴趣度选择出最感兴趣的事件项，以便让智能体专注于该事件项，最后基于所关注事件项的最大兴趣度创建一个新的动机。

15.4.5 脑机融合的协同决策

根据脑机协同的认知计算模型，作者提出脑机融合的协同决策[175]。脑机融合的协同决策基于联合意图的理论，该理论可以有效地支持智能体间联合社会性行为的描述和分析。在脑机融合中，脑和机器被定义为具有共同的目标和共同的心智状态的智能体。在短时记忆支持下，采用分布式动态描述逻辑（distributed dynamic description logic，D^3L）刻画联合意图。分布式动态描述逻辑充分考虑了动态描述逻辑在分布式环境下的特性，利用桥规则构成链，通过分布式推理实现联合意图，使脑机融合中的智能体进行协同决策。

15.5 全球脑数据记忆

在全球脑中，核心功能单元是人类个体。人与人之间可以通过多模态方式交换信息，以达到相互交流沟通的目的。全球脑记忆海量的数据，可以采用数据库、数据仓库、数据库计算机等技术存储数据。限于篇幅，这里仅对数据库计算机做一简要介绍。

实践证明，常规计算机用于数据库管理时有许多局限性，例如，常规计算机与数据库应用之间是失配的，多层映射使常规系统的性能变坏，数据调运瓶颈影响系统的效率等。由于数据库应用的日益发展，上述矛盾越来越突出，有必要研制专门的数据库计算机来缓和这些矛盾。数据库计算机是具有一些专用硬件设备的计算机,执行数据库管理系统(DBMS)的大部分功能。一般可以分为两大类,即正文检索计算机和格式化数据库计算机。

正文检索计算机主要用于处理由字符串所构成的正文信息,如报纸、文件等。正文检索主要是查找正文中有关的项子字、短句和段落。它的基本结构如图15.5所示。磁盘控制器在数据库计算机控制器的控制下输出有关数据。项比较器及查询分辨器加工送来的有关数据并输出答案。查询分辨器只是在初选答案中确定所需的最终答案,所以大量的工作是由项比较器完成的,它是整个系统的瓶颈口。

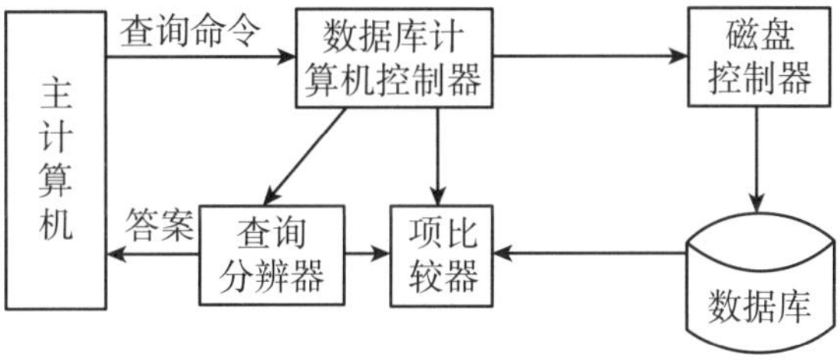

图15.5 正文检索计算机的基本结构

用通用的数据模型(如层次、网状或关系)构成的数据库称为格式化数据库。格式化数据库计算机使用专用硬件实现数据库管理系统的功能。数据库机的实现方案有多种,下面只介绍以数据库机作为后端机(back-end)的系统,其最著名的系统是由俄亥俄州立大学肖开美(D. K. Hsiao)团队研发的DBC(database computer)[94]。DBC系统把硬件、软件、数据库管理系统DBMS作为一个整体来进行设计,采用了专门的硬件,用流水线工作方式及并行处理技术提高系统的效率。图15.6给出了数据库机DBC的体系结构,主要由目录回路、数据回路组成。目录回路负责数据存取,数据回路处理数据的存储和安全性。

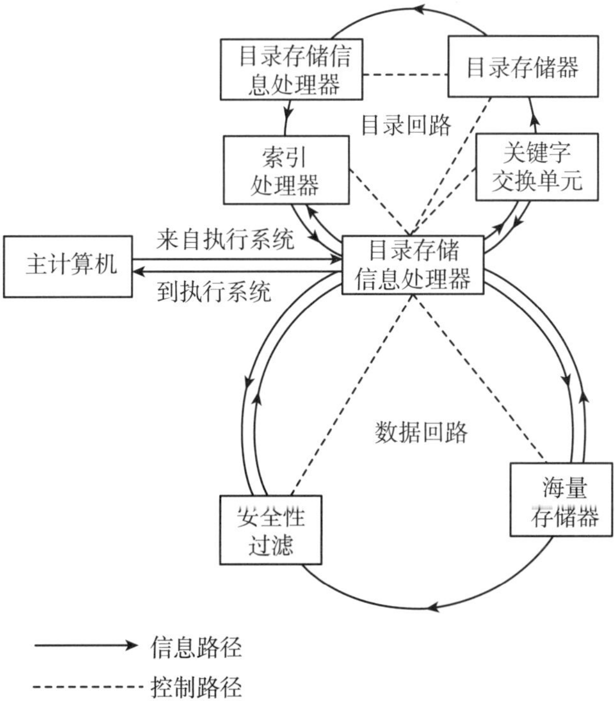

图15.6 数据库机DBC的体系结构

1. 目录存储器

为提高检索效率，要求仅对包含满足查询参数各限定词的记录所在柱面进行检索，故数据库机设置了目录存储器和索引处理器。目录存储器存储数据库的目录，用以指明对应某一属性值或值域的各记录在哪些柱面上。其每一目录项的形式如下：

（属性 — 值）{满足此属性值各记录所在柱面集合}

或

（属性 — 值域）{满足此属性值域各记录所在柱面集合}

由此数据库机可根据查询参数的各限定词从目录存储器中取出对应的柱面集合，送到索引处理器进行加工。

2. 索引处理器

索引处理器将从目录存储器中取出满足各限定词的柱面集合，按照查询参数中各“与表达式”逐个进行相应的交集运算，得到满足各个“与表达式”的输出柱面表。例如查询参数 q 中的一个“与表达式”为

（部门名 ＝ SALES）AND（工资 ＜ 20000）

索引处理器将满足限定词 P_1 =（部门名 = SALSE）的柱面集合与满足限定词 P_2 =（工资＜20000）的柱面集合进行交集运算，得到满足 q 的柱面集合。

从前端计算机发来的数据库命令，经控制器分析其查询参数，将其分解为若干个与表达式，然后逐个加工，对其每一个限定词分别检索目录存储器，得到相应的柱面集合，索引处理器将这些柱面集合进行交集运算，得到满足各与表达式的柱面集合交控制器，控制器即命令海量存储器对各柱面进行按内容寻址的检索，找出所需记录递交前端计算机输出。数据库机的输出是文件 F 中满足 q 的所有记录。

随着云计算的迅猛发展，越来越多的企业和个人把数据外包到公有云上管理，用户可以租用基础设施即服务提供的虚拟机，并在其上搭建自己的数据库系统。用户甚至可以免去安装配置的繁琐，直接采用云服务商提供的数据库机服务，如谷歌的 Cloud SQL、微软的 SQL Azure 和亚马逊的关系型数据库服务等。无论哪种方式，都将数据迁移到了云端，并利用了云环境下的数据库系统做数据管理，让用户享受到云计算的廉价、便捷、弹性、可靠等优点，同时也凸显了云计算在数据安全和隐私保护方面的重要。

15.6 全球脑知识记忆

全球脑将人类知识组织成结构化的知识系统，构建各种知识库，支撑智能信息服务的应用，使智能信息检索从字符串匹配跃迁至智能理解。1993 年，美国斯坦福大学知识系统实验室(KSL)的格鲁伯(T. Gruber)给出了本体的正式定义[84]，并为信息科学领域广泛接受。格鲁伯认为：概念化是从特定目的出发对所表达的世界所进行的一种抽象的、简化的观察，本体是对某一概念化所做的一种显式的解释说明。本体中的对象以及它们之间的关系是通过知识表达语言的词汇来描述的，因此可以通过定义一套知识表达的专门术语来定义一个本体，以人们可以理解的术语描述领域世界的实体、对象、关系以及过程等，并通过形式化的公理来限制和规范这些术语的解释和使用，因此本体就是可用逻辑描述的陈述性知识[19]。

本体是语义 Web 的基础,本体可以有效地进行知识表示、知识查询,或不同领域知识的语义消解。本体还可以支持更丰富的服务发现、匹配和组合,提高自动化程度。本体知识管理(ontology-based knowledge management)可实现语义级知识服务,提高知识利用的深度。本体知识管理还可以支持对隐性知识进行推理,方便异构知识服务之间实现互操作,方便融入领域专家知识及经验知识结构化等。

本体知识管理一般要求满足以下基本功能:(1) 支持本体多种表示语言和存储形式,具有本体导航功能。(2) 支持本体的基本操作,如本体学习、本体映射、本体合并等。(3) 提供本体版本管理功能,支持本体的可扩展性和一致性。

图 15.7 给出了一种本体知识管理框架,它由三个基本模块构成:

(1) 领域本体学习环境 OntoSphere。其主要功能包括 Web 语料的获取、文档分析、本体概念和关系获取、专家交互环境,最终建立满足应用需求的高质量领域本体。

(2) 本体管理环境 OntoManager。OntoManager 提供对已有本体的管理和修改编辑。

(3) 基于主体的知识服务 OntoService。其提供面向语义的多主体知识服务。

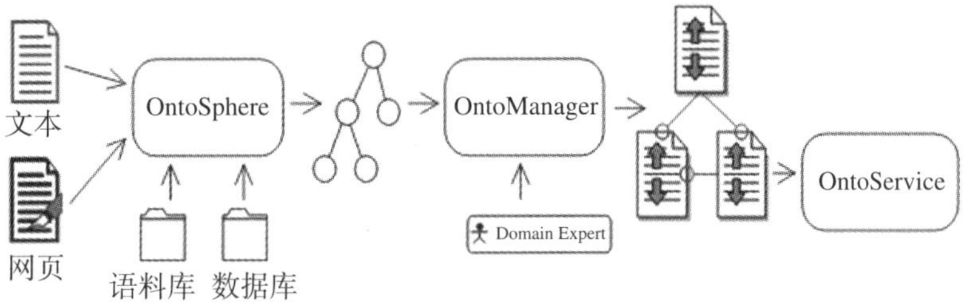

图 15.7 基于本体的知识管理框架

按照本体知识管理框架,中国科学院计算技术研究所智能科学实验室研制了知识管理系统 KMSphere[16]。图 15.8 给出了知识管理系统 KMSphere 的系统结构。

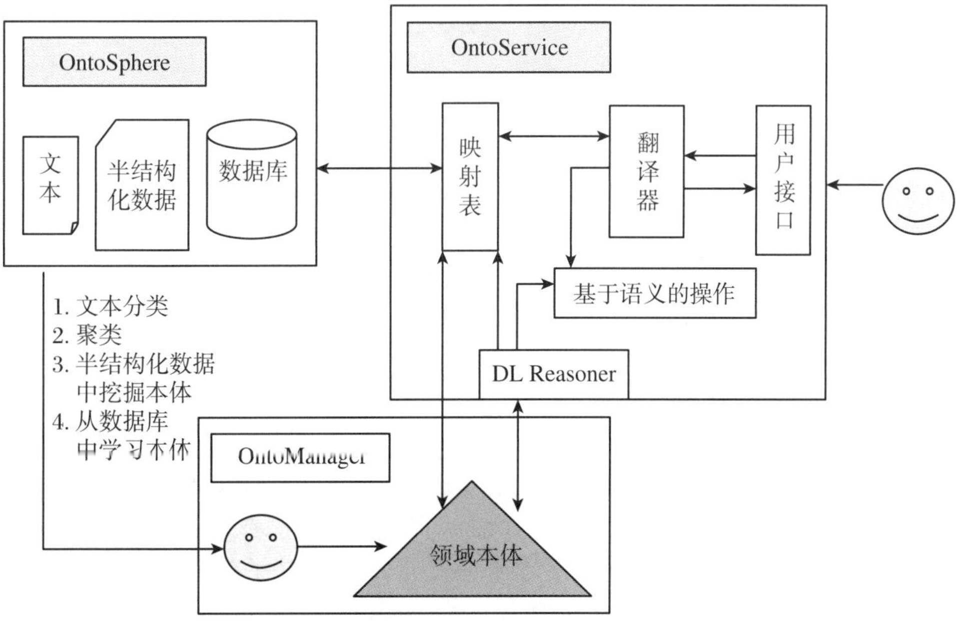

图 15.8 知识管理系统 KMSphere 的系统结构

1. OntoSphere

手工方法构造的本体一般具有较高的质量和丰富的语义，但这种本体构建方法枯燥单调、效率低而且代价高。现有的本体学习方法还不能获得高质量本体满足实际应用的要求，对此，我们提出一个半自动本体获取框架，从领域应用需求开始，通过分析原始语料、本体概念学习和关系学习、领域专家确认等过程，并不断反复，来获得满足需求的本体。在概念学习过程中，通过利用语料库等工具发现新的领域概念，利用层次关系学习和关联规则等算法发现新的领域关系，提高了本体的质量。

半自动本体获取环境 OntoSphere 框架结构如图 15.9 所示，主要提供以下功能：文档获取、源文档预处理、相关度计算、种子本体管理和词汇评价等。其中源文档预处理和相关度计算是核心部分。在 OntoSphere 工作过程中，用户可以与系统进行交互。

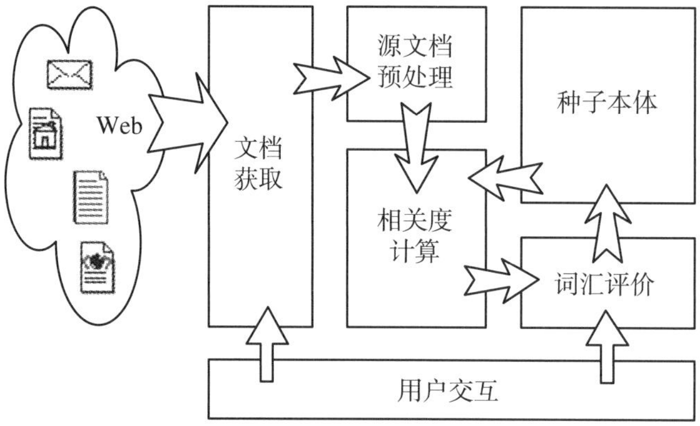

图 15.9 OntoSphere 体系结构图

2. OntoManager

可视化本体管理编辑环境 OntoManager，提供对已有本体的修改编辑等功能。本体的手工开发是一件单调枯燥的事情，并且难以保证其正确性，良好的工具支持是必不可少的。工具可以辅助概念识别、一致性检查和文档编写等，提高本体开发质量。根据工具在本体开发过程中的不同作用，可以分为本体开发工具、本体评价工具、本体合并和映射工具、本体注释工具、本体查询工具和推理引擎等五大类。

参考了斯坦福大学的开源软件 Protégé，采用可视化的编辑环境，可以使用 OWL 代码编辑方式和图形化编辑方式。

3. OntoService

知识服务框架 OntoService 提供基于多主体系统的知识共享服务，包括知识查询、主动知识分发服务和基于协议的知识共享机制。该部分内含 DDL 推理机，以实现知识的映射。

在语义 Web 数据链接的基础上，谷歌公司于 2012 年 5 月 17 日发布知识图谱项目，并宣布以此为基础构建下一代智能化搜索引擎。该项目始于 2010 年谷歌收购 MetaWeb 公司，获得了该公司的语义搜索核心技术，包括从互联网的网页中抽取出实体及其属性信息，以及实体间的关系。知识图谱（knowledge graph）是一种大规模语义网络，以实体或者概念作为节点，通过语义关系相连接。通过发掘实体之间的关联，将半结构化、非结构化的数据整合，知识图谱可以帮助机器理解数据、解释现象、知识推理，从而发掘深层关系、实现智慧搜索与智能交互。

15.7 全球脑心智系统

基于语义 Web 和多智能体的思想，都柏林城市大学奥利里(C. O'Leary)等人构建了一种复杂心智系统[193]。结合一系列算法和技术，通过人工选择和组合现有的在线心智，使用全球心智技术开发出一套新颖的心智系统。全球心智系统的框图如图 15.10 所示，它定义了三种类型的实体：全球服务器(World Server)、心智服务器(Mind Server)和客户端(Client)。实体之间发送消息使用 XMLlike 组成的心智标记语言协议(society of mind markup language，SOML)标记语言。

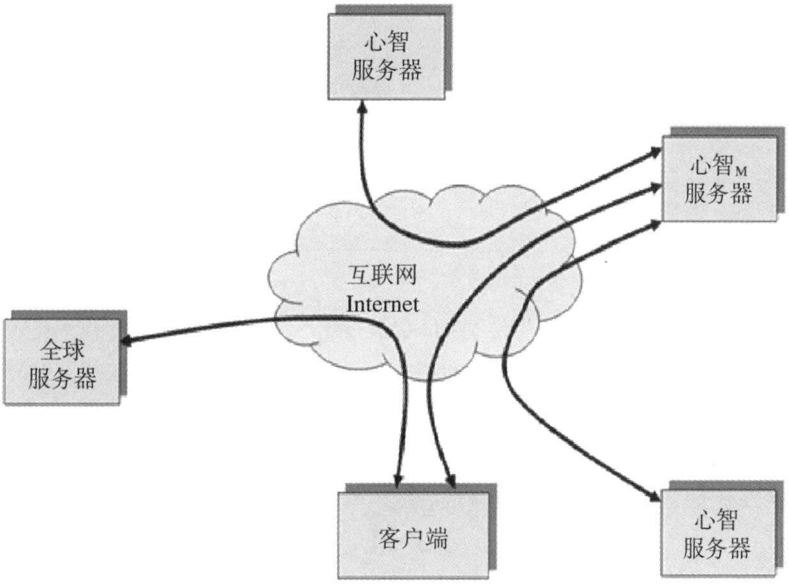

图 15.10 全球心智系统的框图

1. 全球服务器

全球服务器是一个虚拟世界，它支持一组用于检索的 SOML 消息世界的现状，以及在世界执行一个给定的操作。对于大多数问题，状态是指当前对智能体的感知世界，尽管这显然可以扩展到包括关于世界的任何类型的信息。操作将是智能体可以解释的某些值或符号世界。

全球服务器为状态定义自己的格式，以便当另一个实体查询其状态时，请求实体能够根据为该特定服务定义的规则解析该状态。类似的，全球服务器也将为其操作定义自己的格式。

2. 心智服务器

心智服务器通常表示为特定类型的世界服务开发的一种操作机制。心智服务器将接收来自全球服务器的 SOML 消息，然后对那个特定的全球服务器建议可能采取的操作。对心智作者有三种方案可供选择。首先，他们可以把想法放在网络上，但是没有描述该想法所用的算法，这实际上意味着心智将被看作黑箱，只能基于性能在心智服务器上选择。其次，心智服务器的作者可以发表有关其实施的详细信息。$Mind_M$的作者希望重用这些想法，然后，$Mind_M$将可以利用已发表的心智属性组件设计自己的操作。第三，心智可以根据额外的信息，在更高的层次进行操作选择。例如，使用强化学习的亚心智如何计算值，该值表示它们希望在多大程度上得到遵守特定的状态。进一步研究将解决子心智社会中实现异构算法的权重方法。

3. 客户端

客户端是实体，负责插入心智到一个世界的智能体。它通过选择指定一个全球服务器的 URL 并选择另一个心智服务器的 URL，然后通知全球服务器和心智服务器打算开始涉及它们的运行。这两个服务器通常会创建算法新的例示，并为此各返回一个唯一的 ID 到客户端。客户端将在两个服务器的所有通信中使用标识符 ID。这两个标识符 ID 和两个 URL 都唯一标识实体之间的后续交互，即运行。运行由以下步骤不断迭代组成：

（1）客户端请求全球服务器返回其状态。

（2）客户端接收全球服务器的状态并将其牢记在心智服务器上，然后返回它所执行的操作，为给定状态提供建议。

（3）客户端执行所选择的操作，并将其发送到全球服务器，指示其在全球服务器上执行此操作。

此过程将连续执行，直到全球服务器发送消息给客户端，表示运行已经结束。然后客户端会向心智服务器发送一条消息，告诉它运行不再需要。

4. 心智标记语言协议

心智标记语言协议 SOML 是一种类似 XML 的语言，用于定义全球心智 WWM 上实体之间发送的消息。这个协议的核心信息如下：

（1）newrun：可以发送任何类型的服务，请求创建一个新实例。

（2）endrun：可以发送到任何类型的服务，通知它给定的运行已结束。这种消息也可以由全球服务器发送到客户端，通知其运行已在全球结束。

（3）getstate：可以发送到全球服务，请求返回其状态。

（4）getaction：可以发送到心智服务，以请求为包含在请求中的状态提出操作建议。

（5）takeaction：可以发送到全球服务，以指示其采取包含在请求中的操作。

（6）getdescription：可以发送到任何类型的服务，响应通常包含信息，如服务的作者、上次修改的日期等等。

（7）getscoreboard：此请求可以包含给定心智和数字（×）的 URL。当全球服务器接收时，返回由心智所识别最高×分的 URL。如果请求不包含任何参数，则应返回所有分数。这个分数的格式也由服务定义。

5. 记分板

如上所述，全球服务应该支持名为 getscoreboard 的请求，并应该返回一个给定的心智所获得的分数，或者实际上是全球上所有心智的分数。全球服务器可以为自己的分数定义自己的格式，唯一的要求是记分板（scoreboard）的排列方式应该使表现更好的人更接近记分板的顶部。

构建记分板的一种可能方法是记录全球上的每一次运行，并把最好的运行放在最前面。使用这种方法会让记分板的数量很快变得非常大，并且记分板的顺序可能会出现误导。

另一种可能的方法是记录统计数据，每一个心智的信息表现不是记录每个分数，而是记录与平均分或标准分的偏差，并适当记录分数顺序，能更准确地反映心智的相对表现。

爱尔兰都柏林城市大学在全球心智系统 WWM 的基础上，结合一系列算法和技术，开发出一套新颖的全球心智系统，通过人工选择和组合现有的在线心智，有可能进化出更优秀的心智。他们把该系统应用在联合创作动画上。

15.8 集体智能

集体智能（collective intelligence），也称为群体智能（swarm intelligence）或集体智慧，是一种共享的或者集体的智能，它是从许多个体的合作与竞争中涌现出来的，并没有集中的控制机制。集体智能在细菌、动物、人类以及计算机网络中形成，并以多种形式的协商一致的决策模式出现。

集体智能的规模有大有小，可能有个体集体智能、人际集体智能、成组集体智能、活动集体智能、组织集体智能、网络集体智能、相邻集体智能、社团集体智能、城市集体智能、省级集体智能、国家集体智能、区域集体智能、国际组织集体智能、全人类集体智能等，这些都是在特定范围内的群体所反映出来的智慧。

集体智能的形式可以是多种多样的，有对话型集体智能、结构型集体智能、基于学习的进化型集体智能、基于通信的信息型集体智能、思维型集体智能、群流型集体智能、统计型集体智能、相关型集体智能[186]。

塔普斯科特（D. Tapscott）等人认为，集体智能是大规模协作，为了实现集体智能，需要存在四项原则，即开放、对等、共享以及全球行动[184]。开放就是要放松对资源的控制，通过合作来让别人分享想法和申请特许经营，这将使产品获得显著改善并得到严格检验。对等是利用自组织的一种形式，对于某些任务来说，它可以比等级制度工作得更有效率。越来越多的公司已经开始意识到，限制其所有的知识产权，可能导致他们关闭了所有可能的机会，而适度的一些分享，则使得他们可以扩大其市场，并且能够更快地推出产品。通信技术的进步已经促使全球性公司出现，全球一体化的公司将没有地域限制，而全球性的联系使他们能够获得新的市场、理念和技术。

集体智能系统一般是复杂的大系统，甚至是复杂的巨系统。20 世纪 90 年代钱学森提出了“开放的复杂巨系统”（open complex giant systcn，OCGS）的概念[11]，并提出“从定性到定量的综合集成法”作为处理开放的复杂巨系统的方法论，着眼于人的智慧与计算机的高性能两者结合，以思维科学（认知科学）与人工智能为基础，用信息技术和网络技术构建“综合集成研讨厅”（hall for workshop of metasynthetic engineering, HWME）的体系，以可操作平台的方式处理与开放的复杂巨系统相联系的复杂问题[3]。随着互联网的广泛普及，综合集成研讨厅就可以构建为以互联网为基础的集体智能系统，其系统示意图如图 15.11 所示[22]。

如图 15.11 所示，综合集成研讨厅可以视为一个由专家体系、机器体系、知识体系三者共同构成的虚拟工作空间。钱学森指出，面对开放的复杂巨系统，这类问题应该采用的对策是人-机结合、以人为主的综合集成，需要把人的“心智”与计算机的高性能两者结合起来。他借用我国哲学家熊十力的“性智”和“量智”两个概念，在“人-机结合”中做了新的解释：“性智”是一种从定性的、宏观的角度，对总的方面加以把握的智慧，与经验的积累、形象思维

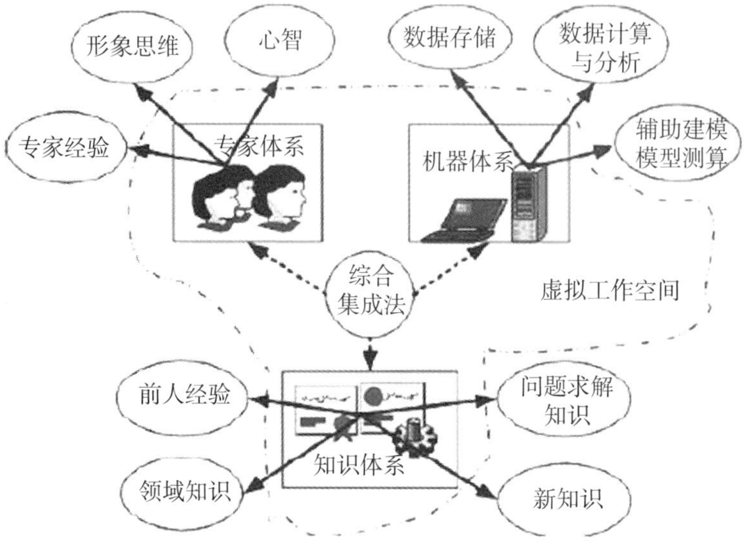

图 15.11　综合集成研讨厅系统示意图

有密切联系；“量智”是一种定量的、宏观的分析、概括与推理的智慧，与严格的训练、逻辑思维有密切的联系。“人-机结合”是以人为主，机不能代替人，而是协助人。从信息处理的角度考虑把人的“性智”“量智”与计算机的高性能相结合，达到定性的（不精确的）与定量的（精确的）处理相互补充促进。

20 世纪 90 年代以来，多智能体系统迅速发展，为构建大型复杂系统提供了良好的技术途径。我们将多智能体技术和网格结构有机结合起来，研制了智能体网格智能平台（agent grid intelligence platform，AGrIP）[171]。AGrIP 由底层集成平台 MAGE、中间软件层和应用层构成，如图 15.12 所示。该软件创建协同工作环境，提供知识共享和互操作，成为开发大规模复杂的集成智能系统良好的工具。AGrIP 主要功能特点如下：

（1）开放性。面向服务 AGrIP 提供开放式平台，而不是一个工具集。使得任何一个应用可以把“智能”嵌入到它的核心功能中，或者任何一个分析工具和智能体网格的接口中。提供使用系统工具和外部应用的无缝集成模式。

（2）自主性。智能体是一个粒度大、智能性高、具有自主性的软件实体。

（3）协同性。AGrIP 支持多组织群体协同完成一个任务，系统中角色动态化、流程柔性化、表单多样化，具有面向服务的、灵活的数据接口，提供协同工作的环境。

（4）可复用。AGrIP 为软件复用提供了有效途径，利用粒度大、功能强的可视化主体开发环境 VAStudio 开发应用系统，可以提高应用软件的开发效率，支持应用系统集成，可伸缩性好，软件可靠性高，能有效缩短开发时间及降低成本。

（5）分布性。AGrIP 分布式计算平台构建在 Java RMI 之上，隐藏底层实现细节，呈现给用户的是统一的分布式计算环境。

（6）智能性。AGrIP 提供多种智能软件，包括多策略知识挖掘软件 MSMiner、专家系统工具 OKPS、知识管理系统 KMSpher、案例推理工具 CBRS、多媒体信息检索软件 MIRES 等，全面支持智能应用系统的开发。

为了争夺高科技的制高点，国务院于 2017 年 7 月 8 日正式发布《新一代人工智能发展规划》。规划中明确指出了群体（集体）智能的研究方向，对于推动新一代人工智能发展有着

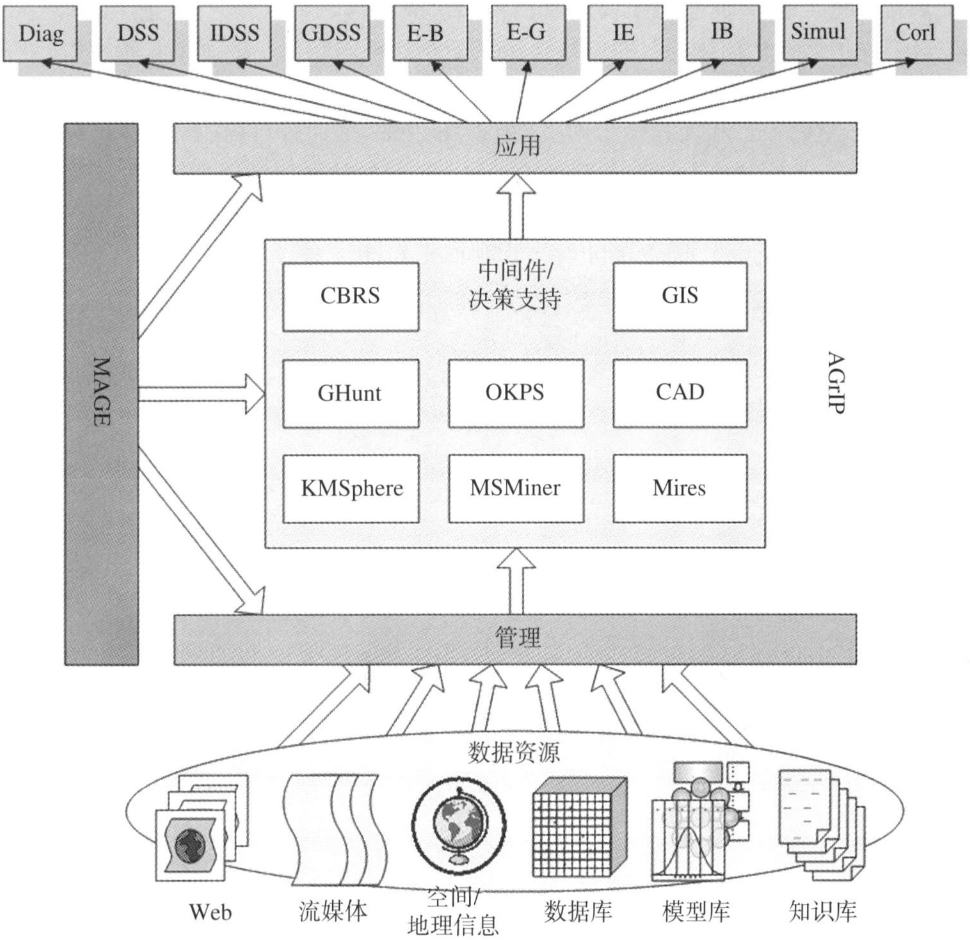

图 15.12 智能体网格智能平台 AGrIP

十分重大的意义。目前,以互联网及移动通信为纽带,人类群体、物联网和大数据已经实现了广泛和深度的互联,使人类群体智能在万物互联的信息环境中日益发挥着越来越重要的作用,深刻地改变了人工智能领域。

群体智能的研究方向,实际上是综合集成研讨厅在人工智能新时代的拓展。它的研究内涵不仅是关注精英专家团体,而且是通过互联网组织结构与大数据驱动的人工智能系统,吸引、汇集以及管理大规模的参与者,凭借竞争与合作等多种自主协同方式来共同应对挑战性任务,尤其是开放环境下的复杂系统决策任务,展现出来的超越个体智力的智能形态。

《新一代人工智能发展规划》在群体智能的理论基础及前沿技术上分别设置了四个方面的基础理论研究任务及八个方向的关键共性技术研究任务。群体智能的基础理论部分包括:群体智能激励机制与涌现机理、群体智能的结构理论与组织方法、群体智能通用计算范式与模型、群体智能学习理论与方法,用来解决群智涌现的不确定性、群智组织的有效性、群智交互的可计算性以及群智汇聚的质量保障等科学问题。在群体智能关键共性技术部分,设置了八个方向的研究任务,包括:知识获取与生成、评估与演化、群体智能的主动感知与发现、协同与共享、自我维持与安全交互、人机整合与增强、服务体系架构以及移动群体智能的协同决策与控制等,用来支撑形成群智数据-知识-决策自动化的完整技术链条。

面对新一轮工业革命，全球主要国家都在加快战略部署的步伐。美国积极部署工业互联网，提出“先进制造伙伴计划”，并主导组建了工业互联网联盟。德国率先提出“工业 4.0”计划，重点部署制造业的升级与改造，旨在利用物联信息系统将供应、制造、销售环节智慧化，打造智能制造行业。我国在《“十四五”规划和 2035 年远景目标纲要》中进一步提出了“要深入实施制造强国战略”的发展目标。在人工智能蓬勃发展的背景下，将制造业中的机器人、自动引导运输车、边缘设备、机械臂、机器人等作为智能体，构建“人-机-物”群体智能协作增强的智能制造空间。国家推动形成基于群体智能的科技创新生态系统，培育新兴繁荣的群体智能产业发展新模式、新生态，将加快促进传统产业转型升级以及新兴产业发展，使中国群体智能成为国家科技创新的核心驱动力。

第 16 章　记忆的神经机制

记忆的神经机制是指神经元和神经网络在记忆过程中发生的变化和协作。神经元之间的突触连接强度和数量会随着刺激的同步和重复而增强或减弱，形成记忆联系。突触可塑性的调节涉及多种生理生化因素，如基因、蛋白质、神经递质和激素等。坎德尔以海蜗牛为研究对象，探究了记忆的神经基础。利根川进致力于印迹的研究，认为印迹细胞是记忆的生理基础。

16.1　概　　述

记忆的神经机制是指神经元和神经网络在记忆过程中发生的变化和协作。记忆涉及信息的保存和检索的过程。人脑中涉及记忆的脑区有很多，包括海马体、前额叶皮质、颞叶皮质等等。这些脑区在记忆过程中会相互作用，从而帮助我们保存和检索记忆。例如，海马体被认为在短期记忆的形成和转换为长期记忆的过程中发挥着重要作用，而前额叶皮质则在检索过程中扮演着关键角色。在记忆的过程中，神经元之间的连接和突触连接的强度发生改变，这是记忆的基础。同时，神经网络的活动也是记忆的关键因素，不同的脑区之间相互协作，形成了记忆的神经机制。

坎德尔是一位奥地利裔美籍神经学家，他因在神经生物学领域做出的杰出贡献而获得了 2000 年的诺贝尔生理学或医学奖。他的成就之一是开创了一个记忆研究的鼎盛时代，并推动其不断向前发展。他用一流的科学研究开创了记忆生物学的新纪元，帮助我们更好地理解人类大脑的工作方式。他以海蜗牛为研究对象，发现海蜗牛在神经元受到电击后，会释放出神经传导物质，透过突触彼此传递，在强化刺激与反应的联结、传导过程中，神经元之间的联结也更为紧密。后来他又通过一系列的实验阐明了记忆加工过程中的细胞反应，并发现了影响长时记忆的反应结合蛋白 CREB-1 和 CREB-2。

1904 年，德国生物学家塞蒙创造性地提出了“印迹”(engram)这一术语，指的是生物体中记忆的物理基础。确定大脑中记忆位置的最早尝试之一是卡尔・S. 拉什利（Karl S. Lashley）进行的，他切除了啮齿类动物的部分大脑。在拉什利的实验中，老鼠被训练穿过迷宫，然后从它们的大脑皮质中取出组织。增加切除的组织数量会增加记忆的退化，但更值得注意的是，切除组织的位置没有任何影响。因此，他的探索被证明是不成功的，而他的结论——记忆广泛分布在大脑中——产生了广泛的影响。然而，今天我们认识到，记忆并不完全而是大部分分布在大脑中。这一点，加上其动态性质，使得使用传统科学方法来识别印迹具有挑战性。

后来麦考密克(David A. McCormick)和汤普森(Richard F. Thompson)在小脑而不是大脑皮质中寻找印迹。他们利用兔子眼睑反应的经典条件反射来寻找印迹。他们将空气吹到兔子眼睛的角膜上,然后将其与音调配对。经过多次与声音联系起来的经验后,兔子在听到声音时习惯性地眨眼,即使没有吹气。麦考密克研究的区域之一是外侧间核（LIP)。他发现该细胞核中神经元的记录揭示了反映学习的活动,刺激细胞核引发了学习的反应,而该大脑区域的损伤则消除了该反应。汤普森小组的其他成员发现,当间核被化学方法失活时,条件反应就会消失,当重新激活时,它们再次做出反应,这表明外侧间核是此反应印迹的关键元素。这种针对小脑的方法虽然成功,但只检查了几乎所有动物都具备的基本自动反应。然而,在与学习过程有关的子系统中发现了特定类型记忆的印迹。因此,印迹仅与简单调节的外侧间核相关,但与语义记忆无关。

神经科学承认存在多种类型的记忆,并且它们在大脑中的物理位置可能取决于介导这种记忆编码的相应系统。小脑、纹状体、大脑皮质、海马体和杏仁核等大脑部分被认为在记忆中发挥着重要作用。例如,海马体被认为参与空间记忆和陈述性记忆,以及将短期记忆巩固为长期记忆。研究表明,陈述性记忆在大脑深处的边缘系统和外部皮质区域之间移动。这些与更原始的小脑的机制不同,后者在眨眼反应中占主导地位并直接接收听觉信息的输入。它不需要"接触"其他大脑结构来帮助形成一些简单联想的记忆。麻省理工学院的一项研究发现,基于高级认知的行为,例如特定记忆的表达,可以通过对特定的小脑细胞亚群进行高度特定的物理激活来产生。通过物理手段重新激活小鼠的这些细胞,例如用光照射受光遗传学影响的神经元,似乎可以回忆起长期的恐惧相关记忆。另一项研究利用光遗传学和化学遗传学来控制动物编码和回忆空间背景记忆的神经元活动,以研究大脑如何决定记忆的寿命。研究人员发现的结果明确了特定海马抑制细胞(生长抑素表达细胞)在限制参与空间信息存储的神经元数量和限制相关记忆持续时间方面的作用。

2016 年,麻省理工学院的一项研究发现,通过加强阿尔茨海默病小鼠模型大脑中特定的记忆印迹细胞连接,可以逆转阿尔茨海默病早期的记忆丧失。

16.2 突触强化

突触强化 (synaptic facilitation) 是指两个或多个动作电位在短期内(几毫秒)发生在突触前膜末端时,突触强度会迅速增加的现象。许多证据提示突触强化与突触活性增加后引起的前膜钙离子内流延长有关。尽管钙离子内流触发前膜动作电位的时长仅为几毫秒,但是其恢复静息水平相对缓慢,如果下一个刺激在钙离子还未静息下来时就已到达,那么钙离子水平会在突触前膜末端不断蓄积,导致更多神经递质的释放。其中,科学家们已经发现突触拮抗素 7(Syt7)在此环节中作为钙离子的下游靶点,介导该突触强化过程。

坎德尔等于 1962～1963 年,采用海兔研究了神经元中动作电位发生的部位。他们参考巴甫洛夫用狗做的实验研究，设计了三种形式的刺激：模拟习惯化、敏感化和经典条件反射。1969年，坎德尔将缩鳃反射的感觉神经元都找了出来，除了感觉细胞和运动细胞的直接联系外，它们还通过中间细胞元形成间接联系。感觉神经元通过直接和间接联系把触觉信息传递给运动神经元，后者触发了鳃组织的收缩，这就是海兔缩鳃反射的完整过程，如图16.1所示。

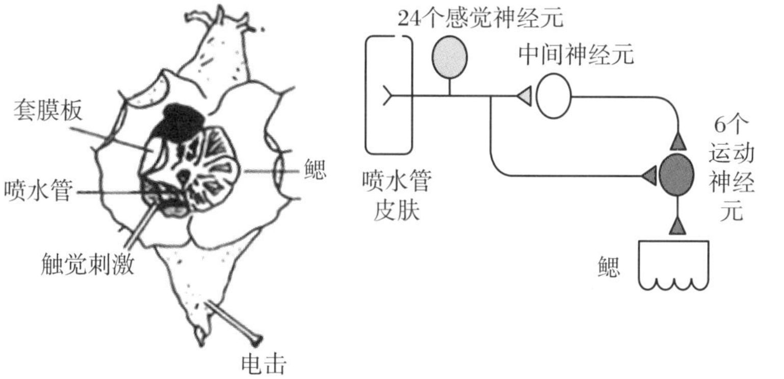

图16.1　海兔缩鳃反射过程

16.3　短时记忆

1956年，美国心理学家米勒(George A. Miller)明确提出，短时记忆容量为7±2个组块(chunk)。组块是指将若干较小单位联合而成熟悉的、较大的单位的信息加工，也指这样组成的单位。组块既是过程，也是单位。信息在短时记忆中一般只保持20～30 s。

1975年，坎德尔开始探讨记忆的细胞基础。他将目光锁定在感觉神经元与运动神经元之间的突触上。感觉神经元通过此突触将虹吸管的触觉传递给运动神经元，随后运动神经元发放动作电位，引起缩鳃反射。其中只有感觉神经元参与了突触强度的改变。在持续数分钟的短时习惯化中，感觉神经元释放的神经递质谷氨酸减少。在短时敏化中，感觉神经元释放的神经递质谷氨酸增多。

当于海兔尾部施加电击时，激活了另一类感觉神经元。在尾部感觉神经元和虹吸管感觉神经元之间有一组中间神经元。这些中间神经元释放的神经递质是5-羟色胺。海兔尾部受到电击后，感觉神经元特定的生化反应链被5-羟色胺启动，导致感觉神经元释放出更多谷氨酸。这个生化反应链必须具备两个基本功能。首先，它必须将5-羟色胺的短暂作用转化为能够持续数分钟的信号。再者，必须将细胞膜上的信号传递到细胞内部，特别是轴突末端释放谷氨酸的那个部位，坎德尔指出，一种叫作cAMP(环磷腺苷)的分子可能与此有关。

环磷腺苷为参与调节细胞功能的第二信使物质，化学式为$C_{10}H_{12}N_5O_6P$。第二信使将第一信使携带的信号从细胞表面转移到细胞内部，并在整个细胞范围内启动一系列反应，如图 16.2 所示。

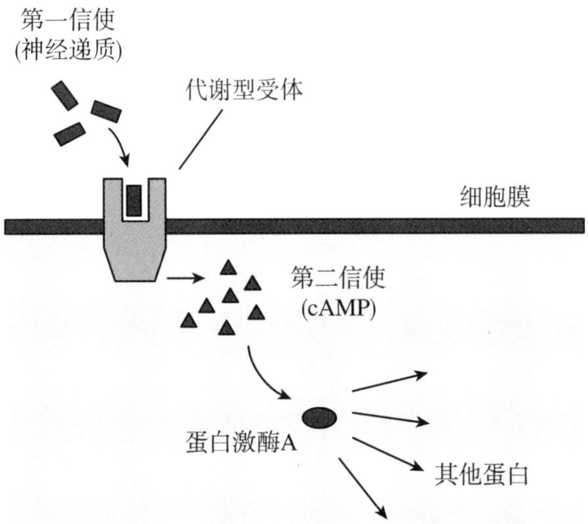

图 16.2　cAMP(环磷腺苷)的工作机理

16.4　长时记忆

长时记忆是指保持时间在 1 min 以上的信息记忆。人类的记忆可以分为程序性记忆和陈述性记忆。程序性记忆是保持有关操作的技能，主要由知觉运动技能和认知技能组成。陈述性记忆是存储用符号表示的知识，反映事物的实质。程序性记忆和陈述性记忆都是反映某个人现在的经验和行动受到以前的经验和行动的影响的记忆，这一点是相同的。同时，它们之间又有区别。首先，程序性记忆中表示的方法只有一种，要进行技能的研究；陈述性知识的表示可以是各种各样，与行动完全不同。第二是关于知识的真假问题，熟练的过程没有真假之分，真假问题只出现在对世界的认识以及自身与世界的关系的知识方面。第三，两种信息习得的形式不同。过程信息必须通过一定的练习，而陈述性信息只要一次机会的习得。最后一点不同是熟练的行动是“自动”执行的，而陈述性信息的表达要给以注意。

陈述性记忆更进一步分为情景记忆和语义记忆。前者是存储个人发生的事件和经验的记忆形式。后者存储个人理解的事件的本质的知识，即记忆关于世界的知识。情景记忆是加拿大心理学家图尔文(Endel Tulving)提出来的。1983 年图尔文出版了专著 *Elements of Episodic Memory*[187]，专门讨论情景记忆的原理。

1986 年，坎德尔等在 *Nature* 上发表了一篇综述文章“长时记忆的长与短”，指出如果基因表达是长时记忆所必需的，那么突触就一定要向细胞核发送信号，通知细胞核开启调节基因。在长时记忆形成过程中，突触使用 cAMP 和蛋白激酶 A 来促使促进神经递质的释放。蛋白激酶 A 可能从突触转移到细胞核里，激活某些蛋白质以利调节基因的表达。激活一种被称为 CREB 的调节蛋白，激活后的 CREB 作用于某启动子上。直接向感觉细胞核内注入活化的 CREB，就能开启与长时突触强化有关的基因。基因受制于环境，环境刺激激活中间神经元，促进 5-羟色胺的释放。5-羟色胺作用于感觉神经元提高细胞内 cAMP 的水平，促使蛋白激酶和MAP激酶向细胞核内转移。在细胞核里,激酶激活CREB,开启某些基因的表达,进而改变细胞的结构和功能。

1995年发现,细胞里存在两种不同的CREB蛋白:CREB-1激活基因表达,而CREB-2抑制基因表达。蛋白激酶A激活CREB-1,而MAP激酶使CREB-2失活。实际上,两种CREB蛋白的拮抗性作用方式为记忆存储提供了阈值,只有重要事件才能超越该阈限,进入长时记忆,如图16.3所示。为突破阈值,反复练习是必不可少的。

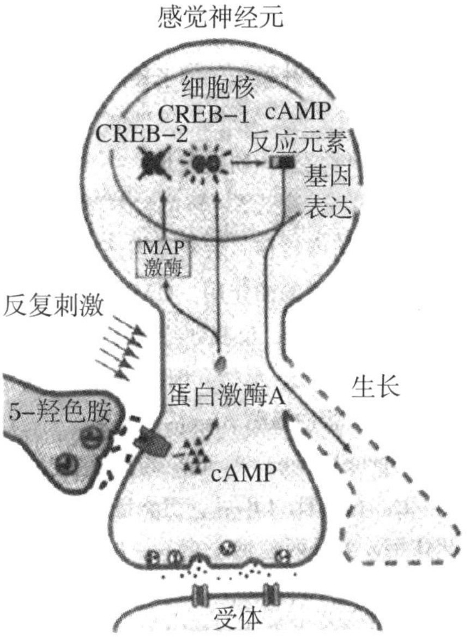

图16.3　长时记忆的分子机制

16.5　印迹形成

印迹是指持久的离线的物理或化学变化,这些变化是由于学习而引起的,并且是新形成的记忆关联的基础。印迹细胞是构成给定印迹的关键细胞成分的细胞群。这些细胞支持其他记忆的关键组成部分。印迹细胞被① 通过学习经历激活,② 通过学习经历进行了物理或化学修饰,并且③ 通过随后呈现的在学习经历(或其某些部分)中出现的刺激而被激活,最终实现记忆提取。

功能获得性研究试图在缺乏自然线索的情况下,通过人工激活印迹细胞诱导记忆提取。利根川进及其同事提供了印迹存在的第一个功能获得证据。在情境恐惧条件下激活的海马齿状回(DG)神经元(在情境中与足底电击偶联)被标记并表达兴奋性视蛋白通道。在非训练环境中进行测试时,小鼠没有冻结反应。然而,即使小鼠从未在这种非训练环境中受到电击,光激活带标记的印迹细胞也足以诱导冻结反应,这种冻结是学习特有的条件反应。重要的是,光诱导的冻结不是由于先天的、不需要学习的神经回路的激活或简单的反射反应引起的,因为如果在训练期间使下游CA1神经元沉默(从而阻止学习),则光激活标记的DG神经元不能诱导冻结。

通常认为，特定记忆的印迹分布在一个以上的大脑区域。例如，对于环境的恐惧记忆，内嗅皮质层Ⅱ(EC-Ⅱ)以及海马亚域(DG，CA3，CA2，CA1 和下托(Sub))中的印迹集群可能表征环境，而杏仁核细胞集群表征恐惧信息。这些印迹集群在功能上连接以形成印迹复合体。因此，出现了一个概念，即印迹复合体中特定的细胞连接模式充当特定记忆的基础，如图 16.4 所示，其中 US 为无条件刺激，LA 为外侧杏仁核，BLA 为基底外侧杏仁核，CS 为条件刺激。

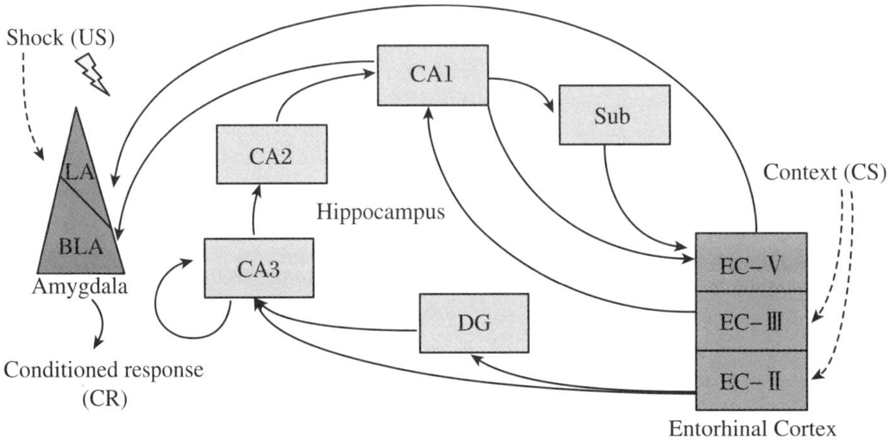

图 16.4　海马体中印迹复合体特定的细胞连接模式

在各种任务中，通过光遗传学或化学遗传学重新激活不同脑区标记的或分配的印迹细胞，可以在没有额外感觉线索的情况下诱导记忆表达。因此，人为再激活印迹细胞可作为诱导记忆表达的充分线索，来“唤醒”休眠的印迹，类似于塞蒙最初对兴奋痕迹复现的定义，将记忆痕迹或印迹从其潜伏状态唤醒。

约瑟琳(Josselyn)、席尔瓦(Silva)及其同事发现，在印迹形成的过程中，给定大脑区域中合格的神经元会相互竞争，以分配(或募集)印迹。具有相对增加的固有的神经元兴奋性的神经元会赢得这场分配竞争并成为印迹细胞。基于兴奋性的竞争性印迹分配也发生在其他大脑区域，并支持不同类型的记忆，例如海马背侧 CA1 区和前额叶皮质(情景恐惧记忆)、岛叶皮质(条件性味觉厌恶记忆)和压后皮质(空间记忆)。

神经元会竞争支持记忆的印迹的分配，而训练时相对兴奋性增强的神经元会“赢得”分配竞争。基于兴奋性的神经元印迹分配是内源性产生的，可以由计算机建模预测，并且是与先前研究无脊椎动物的记忆痕迹形成中的固有兴奋性一致的。这些发现加在一起表明，在任何给定的时间，在某些大脑区域中，一小部分的神经元都会优先成为印迹的一部分(如果有经验发生)，而与经验的正负性效价无关。

尽管海马背侧 CA1 区的稳定细胞和印迹细胞有所不同，但其形成的某些机制可能是共有的。在给定的环境中，CA1 神经元的一小部分是位置细胞，因为大多数 CA1 神经元是沉默的。在放入新环境中之前，有着相对较高的兴奋性的神经元更容易成为在该环境中的位置细胞，而通过实验升高初始沉默细胞的兴奋性也可使之偏向于成为一个位置细胞。有趣的是，当前印迹分配研究与之前的选择性稳定研究在数据上具有一定相似性。选择性稳定提出在大脑中内源地产生多种前表征，并且在任何给定的时间点仅选择一种或几种适合这种情况的细胞来控制行为和/或持久性。分配和选择性稳定都与达尔文竞争的概念框架有着一致性。

观察和标记实验研究与计算理论一致，即印迹是稀疏编码的。也就是说，并非给定大脑区域内的所有神经元都会变成支持特定记忆的印迹细胞。不同记忆强度中，给定大脑区域内的印迹大小（即印迹细胞数）是稳定的，并且不会改变。例如，听觉恐惧条件记忆和可卡因记忆中一个 LA 印迹的大小（LA 印迹细胞数）是相似的，而且记忆强度不会影响印迹大小。事实是，更强的记忆意味着印迹细胞之间的更大量的突触。

一些证据表明，一种限制印迹大小的机制涉及抑制性神经元。因此，在基底外侧杏仁核复合体中抑制 PV 中间神经元的活性，可以增加听觉恐惧记忆的 LA 印迹的大小。这是通过一个双突触抑制的过程实现的。其中兴奋神经元通过中间抑制神经元来抑制另一个兴奋神经元。此外，通过类似侧向抑制的过程，抑制含有生长抑素的中间神经元会增加 DG 情景恐惧记忆印迹的大小。在人体研究中也强调了抑制性神经元在印迹中的重要性。例如，有证据表明，在皮质中，联想记忆以兴奋性印迹和匹配的（相等或相反）抑制性印迹表征。记忆是在兴奋性印迹被去抑制后提取的。为了理解这些相反的作用如何相互作用以支持记忆功能，有必要进一步研究在印迹的形成、存储和提取中的兴奋-抑制平衡。

16.6　印迹的持久变化

在体内标记编码特定记忆的印迹细胞的技术，为研究塞蒙提出的“持久变化”的性质提供了机会。在赫布关于突触可塑性（神经元之间的突触强度增加）在记忆中的关键作用的理论指导下，利根川进及其同事证明，学习增强了突触强度，特别是在印迹细胞中。首先，训练后 1 天，在情境恐惧条件下标记的海马 DG 颗粒印迹细胞比非印迹 DG 细胞显示出更高的突触强度（较高的 AMPA/NMDA 比）和树突棘密度增加。其次，与非印迹 CA3 细胞相比，下游 CA3 印迹细胞在功能上与上游 DG 印迹细胞相连。此外，Kaang 及其同事证明，在情境恐惧条件下标记的从 CA3 印迹细胞接受输入的 CA1 印迹细胞上的棘的数量和大小均大于非印迹 CA1 细胞上的棘的数量和大小。CA3 和 CA1 印迹细胞之间的这种区域间连通性的增强与记忆强度和长程增强（LTP）相关，表明内源性地发生了 LTP 样现象。类似的，听觉恐惧条件期间标记的 LA 印迹细胞表现出与突触前神经元增强的突触连接。最后，缩小支持某个运动记忆的初级运动皮质（M1）印迹细胞中的突触，便破坏了其随后的该运动记忆性能，而不是类似的运动记忆。总之，这些研究开始将先前关于突触可塑性与印迹的研究整合在一起，并表明，印迹细胞之间的优先连接是学习导致的印迹持久变化的关键部分。总的来说，这些发现进一步印证了赫布公理：一起激发的神经元连在一起。

16.7　分布式印迹集群

印迹细胞集合是指位于一个大脑区域内的印迹细胞的集合。每个大脑区域中的印迹细胞集合相互连接，形成一个印迹复合体，这是整个大脑的印迹支持的记忆，该记忆存储在通过印迹细胞途径连接的不同大脑区域的印迹细胞集合中。尽管在印迹研究中经常检查一个特定的大脑区域，但是通常来说支持特定经历的印迹可能会广泛分布在整个大脑中。不同大脑区域中的印迹细胞集群可能支持体验的不同方面。例如，对于情景恐惧记忆，海马(DG、CA3 和 CA1)印迹细胞集群可表征环境，而杏仁核印迹细胞集群可以表征情绪效价信息，而皮质印迹细胞集群可以表示不同的感觉信息。

许多研究考察了整个大脑中支持情景恐惧记忆的印迹细胞集群。例如，弗兰克兰德(Frankland)及其同事比较了近期(训练后 1 天)与远期(训练后 36 天)的环境恐惧记忆提取中，被激活的细胞在全脑(84 个大脑区域)的分布。在共激活的基础上，使用图论来构建功能连接组学的“记忆地图”，并识别在记忆提取中的枢纽区域。随后的化学遗传学抑制研究证实，这些鉴定出的枢纽区域对于后续的记忆提取是必需的。Luo 及其同事结合使用了印迹标签技术(活动类群 2 靶向重组(TRAP2)转基因小鼠)和 IEG 免疫组织化学技术，以检查在情景恐惧训练和测试中激活的神经元之间的重叠，从而发现远期(14 天)相比近期(1 天)，在环境恐惧记忆提取中有更多的前边缘皮质神经元参与，这表明一个印迹随时间变化。最后，一项初步研究标记了小鼠 409 个大脑区域中表征情境恐惧条件记忆的候选印迹集群。Roy 及其同事使用称为 SHIELD 的 CLARITY 样组织透明技术在同一只小鼠中标记了在训练中活跃并且在回忆时激活的整个大脑中的细胞，这样就可以立即对整个完整的大脑进行成像。这些研究人员从激活数据中得出了一个“印迹指数”(定义为给定大脑区域中的细胞在记忆编码和提取中激活的程度)，从而可以对不同大脑区域进行等级排序。使用光遗传学和化学遗传学方法来考察具有高印迹指数的人工激活区域的效果，这项研究表明，许多印迹集群在功能上是连接的，并会被一个经验同时激活。这些发现表明，一个经验可以通过分布在多个大脑区域、有特殊连接的多个印迹集群来表示，并为塞蒙的“统一印迹复合体”假说提供了实验支持。

16.8 沉默印迹

印迹可能会损坏，从而使记忆永远丧失。印迹也可能暂时无法访问，此时该印迹仍然存在，但无法通过自然方式提取。沉默的印迹，不能通过自然提取线索激活，但可以通过直接光遗传学刺激提取到。这首先在一项实验中得到揭示。该实验中，对小鼠施行情境恐惧条件后立即使用蛋白质合成抑制剂茴香霉素。在一个经验之前或之后立即抑制蛋白合成已知会诱发健忘症，并阻断细胞巩固。细胞巩固是指记忆稳定中一个相对较快的过程，该过程涉及增强突触所必需的基因的表达。相比之下，系统巩固指的是分布式大脑环路上较慢的、时间依赖的记忆重组。训练后立即施用茴香霉素的小鼠在训练后 1 天被放回训练环境时几乎没有冻结现象。因此，就如预期的那样，破坏蛋白质合成可通过阻止细胞巩固来诱导逆行性健忘症。然而，通过光遗传学再激活在情境恐惧训练期间标记的海马齿状回 DG 印迹神经元足以恢复记忆，即使在训练后 8 天也是如此。这些结果表明该印迹已形成并可以持续数天，但该印迹无法自然地提取。沉默的海马齿状回 DG 印迹细胞显示出比正常的印迹细胞(对照小鼠)更弱的生理(突触强度增加)和结构(树突棘密度增加)改变，这表明沉默的印迹可能是破坏正常训练所引起的突触增强的结果。海马齿状回 DG 印迹细胞的光遗传激活能够诱导记忆恢复，这表明直接的光遗传激活能够绕过印迹细胞内突触和结构可塑性的这一要求。与此一致，通过基因手段恢复树突棘密度也可以使沉默印迹被重新激活，并且记忆重新可以被自然提取信息激活。

可以通过破坏突触效力和树突棘密度来使印迹沉默，并通过增强突触可塑性来唤醒印迹。这种想法与一项通过探究听觉恐惧条件的非印迹研究的发现相一致。在一种听觉恐惧条件任务的变体任务中，声音条件刺激被光遗传激活 LA 中来自内侧膝状体和听觉皮质的神经元轴突末端所取代。条件恐惧后，研究者立即对大鼠进行长时抑制(LTD)样的光遗传学刺激。LTD 被认为会削弱突触功效并降低树突棘密度。与类似长时抑制的刺激会使印迹沉默一致，此光致长时抑制刺激会损害后续的记忆回忆。但是，类似 LTP 的光遗传学刺激可以使记忆得以恢复(即印迹“未沉默”)。即长时抑制(LTD)样光遗传刺激使该记忆沉默，而 LTP 样光遗传刺激使该记忆恢复。

这些发现提出了这样一个问题：在其他失忆情况下，印迹(及其支持的记忆)是否真的“丢失了”，或者仅是由于无法访问，从而在自然条件下无法提取。人工刺激激活沉默印迹的印迹细胞的实验，是通过研究初期阿尔茨海默病(AD)的遗忘小鼠来进行的。这些转基因小鼠表现出环境恐惧记忆障碍。然而，通过光遗传学 ChR2 标记 DG 印迹细胞，重新激活印迹细胞诱导了与对照小鼠相当的冻结反应。与其他沉默印迹细胞例子相同，这些用于研究 AD 的小鼠的 DG 印迹细胞显示出树突棘密度降低。然而，长时增强 LTP 样光遗传学刺激输入到 DG 神经元细胞的内嗅皮质神经元印迹细胞，不仅可以恢复海马齿状回 DG 神经元细胞中的树突棘密度，而且还恢复了自然提取线索引起的记忆提取的能力(从而使印迹去沉默)。在小鼠中的这些发现与人类早期 AD 记忆提取可通过特定线索被增强一致。因此，在某些情况下，阿尔茨海默病(AD)人类可以提取到以前无法访问的记忆，这就是说早期阿尔茨海默病大脑中的某些印迹可能是保持沉默而不是彻底丢失。

除了临床意义外，沉默印迹的发现还和记忆存储与提取中依赖蛋白质合成的细胞巩固作用有关。关于此问题一直存在争论。大多数研究细胞记忆巩固的神经科学家赞成破坏蛋白质合成会破坏记忆存储的观点。但是，在许多健忘症实验中，记忆存储与记忆提取混为一谈。即使在训练后1周，用光遗传学刺激健忘症小鼠的沉默印迹也能诱导记忆提取，这一发现挑战了依赖蛋白质合成的细胞巩固对记忆存储很重要的观点。这些发现反而表明，细胞巩固的作用是增强了印迹的后续可提取性，这与在记忆形成后建立印迹的“提取开关”的想法一致，并且记忆提取后可能会进行重构。重要的是，沉默印迹的观点与开创性的认知心理学家恩德尔·图尔文(Endel Tulving)在记忆可用性和可及性之间的概念区分是一致的，他提出记忆力衰竭既可能反映出信息的缺失也可能是由于难以访问到信息。

16.9　展　　望

心智是由脑——一部极其复杂的计算装置，它构造了我们对外部世界的知觉，使我们集中注意力并且控制我们的行动——实现的一组过程。21 世纪科学面临的核心挑战就是如何从智能科学角度更好地理解人类心智。

印迹研究衍生了一些记忆研究的其他主题。第一个主题是印迹研究的结果让人联想到再巩固研究。提取后，记忆可能会进入持续几个小时的不稳定且可修改的状态。重新稳定该记忆的过程称为再巩固。尽管再巩固的研究历史较长，但这种现象的重新重视源于纳德

(Nader)、勒杜(LeDoux)和沙夫(Schafe)的一项发现。在这项具有开创性的研究发表之前，普遍的想法是，记忆会在学习经历后不久发生的单次细胞巩固过程中稳定下来。但是，纳德等人表明记忆提取将会打开几个小时的“再巩固窗口”，在此期间不同的干预措施可能会削弱或增强初始记忆，从而挑战了这一观点。例如，在条件恐惧记忆的再巩固窗口期间破坏蛋白质合成会产生明显的健忘症。该结果被复制和推广到数种类型的记忆研究中。这种再巩固阻断与印迹沉默之间有许多相似之处。例如，仅在主动提取记忆时才观察到再巩固阻断，在没有记忆重新激活的情况下施用茴香霉素(或其他类似干预措施)不会损害其随后的恢复。从“印迹概念框架”的角度来看，对特定记忆的提取将激活该记忆的印迹，而在此激活后不久破坏蛋白质合成，可能会使该印迹沉默。再巩固的功能可能是更新记忆。再巩固窗口与共分配窗口的相似性，表明这两个过程可能是在不同分析层次解释相同(或相似)现象的相似方式。

第二个新兴主题是竞争。在记忆编码时，给定大脑区域内可能分配为印迹的神经元之间会存在竞争。竞争是许多生物系统的基本特性，并且已证明在其他记忆现象中很重要。例如，记忆印迹可以在记忆提取时竞争行为的控制。此外，人类研究表明，如果不同记忆与某个常见的提取线索相关联，它们可能会竞争。目标记忆的提取可能导致当前不相关的竞争性记忆的遗忘。

尽管最近的印迹研究为记忆提供了重要的见解，但仍存在一些关键问题。首先，尽管大多数观察性研究表明，在训练和测试过程中激活的神经元群体之间的重叠数目超过随机水平，但这两个群体之间的总体对应性仍相对较低(大约为10%～40%，具体取决于研究)。这种重叠不会达到100%，表明存在许多可能性。首先，使用IEG启动子标记激活的神经元的方法可能不精确(在训练和/或测试时过度标记或欠标记真实印迹)。或者，印迹可能是动态的，即使是在相对较短的(几天)时间段内，当记忆精化或巩固时，细胞也“掉进”或“掉出”印迹。值得关注的是，确定印迹沉默的机制如何有助于该精化过程，且如何与该过程相互作用，以及其对记忆质量、准确性或强度的影响。此外，确定印迹在更长的时间内如何变化也很重要。例如，所有的印迹(具有不同效价的代表不同类型记忆的印迹，例如情景记忆、语义记忆，甚至程序性或运动性记忆)会随着时间的推移而变化，从而逐渐涉及更多的皮质区域吗？自上而下(mPFC到海马)的加工在海马印迹去成熟过程中是否起作用，以及沉默海马印迹在远期记忆回忆中的可能作用是什么？

其次，我们如何利用对啮齿动物印迹的知识更好地理解人类的记忆？有充分的证据表明人类具有印迹样的记忆表征，但是迄今为止，在细胞集群水平上还没有令人信服的发现。为了将啮齿动物印迹研究的发现扩展到人类，有必要发展低侵入性甚至非侵入性的方法来在人类的单细胞或特定集群水平上对印迹进行成像和操作。记忆的提取会特异地再激活印迹细胞，利用记忆再巩固的机制，研究者在人类的人造记忆操纵这个一般领域已经取得一些进展。在操纵人类记忆领域，利用药物阻断再巩固以及利用非侵入性技术在再巩固期间更新记忆已经获得一定的成功。

最后，神经科学和人工智能之间的相互促进至关重要。了解大脑如何编码、存储和使用信息，尤其是在印迹的水平上，可以帮助发展更智能的机器。例如，大脑中的印迹和印迹如何用于链接记忆、组织信息可能会激发新算法和AI架构的发展。此外，机器学习和深度神经网络可能会激发或生成印迹水平的可验证的理论，供神经科学家进行研究。将人工智能先驱者图灵的基础理论与图尔文的记忆理论相结合，可以使人工智能研究和记忆研究实现互利共赢。

参 考 文 献

[1] 艾肯鲍姆. 记忆的认知神经科学：导论[M]. 周仁来，等，译. 北京：北京师范大学出版社，2008.

[2] 埃里克·坎德尔. 追寻记忆的痕迹[M]. 喻柏雅，译. 北京：中国友谊出版公司，2019.

[3] 戴汝为. 社会智能科学[M]. 上海：上海交通大学出版社，2006.

[4] 艾德蒙·罗尔斯. 脑、情绪与抑郁[M]. 傅小兰，等，译. 上海：华东师范大学出版社，2022.

[5] 郭滢，龚先旻，王大华. 错误记忆产生的认知与神经机制：信息加工视角[J]. 心理科学进展，2021，29(1)：79-92.

[6] 杰夫·霍金斯，桑德拉·布拉克斯莉. 人工智能的未来[M]. 贺俊杰，李若子，杨倩，译. 西安：陕西科学技术出版社，2006.

[7] 拉塞尔，等. 功能磁共振成像数据分析手册[M]. 马园林，张辉，陈峰，译. 北京：人民军医出版社，2017.

[8] 刘伟. 前瞻记忆：社会心理学的视野[M]. 北京：北京大学出版社，2014.

[9] 罗德里戈·奎安·基罗加. 遗忘的机器：记忆、感知与"詹妮弗·安妮斯顿神经元"[M]. 曹立宏，邓雅菱，译. 北京：电子工业出版社，2020.

[10] 马海波，史忠植. 不完全领域知识下的解释学习[C]//第三届全国机器学习研讨会论文集. 哈尔滨：1991：160-166.

[11] 钱学森，于景元，戴汝为. 一个科学新领域：开放的复杂巨系统及其方法论[J]. 自然杂志，1990，13(1)：3-10.

[12] 史忠植. 知识工程[M]. 北京：清华大学出版社，1988.

[13] 史忠植，余志华. 认知科学和计算机[M]. 北京：科普出版社，1990.

[14] 史忠植. 突破通过机器进行学习的极限[M]. 科学通报，2016，61(1)：1-9.

[15] 史忠植. 认知科学[M]. 合肥：中国科学技术大学出版社，2008.

[16] 史忠植. 高级人工智能[M]. 3版. 北京：科学出版社，2011.

[17] 史忠植. 心智计算[M]. 北京：清华大学出版社，2015.

[18] 史忠植. 智能科学[M]. 3版. 北京：清华大学出版社，2019.

[19] 史忠植. 认知基础[M]. 北京：机械工业出版社，2022.

[20] 史忠植，董明楷，蒋运承，等. 语义Web的逻辑基础[J]. 中国科学：E辑，信息科学，2004，34(10)：1123-1138.

[21] 唐卫海，刘希平. 记忆心理学研究的新动态[M]. 北京：中国社会科学出版社，2021.

[22] 王丹力，郑楠，刘成林. 综合集成研讨厅体系起源、发展现状与趋势[J]. 自动化学报，2021，47(5)：1-18.

[23] 王析蕾，贾宁. 错误信息效应的主要理论与影响因素的述评与展望[J]. 心理技术与应用，2021，9(1)：52-64.

[24] 王义萍. 基于基底神经节的机器人行为选择与行为序列学习方法[D]. 南京：南京理工大学，2010.

[25] 文习明，方良达，余泉，等. 多智能体模态逻辑系统 K_n 中的知识遗忘[J]. 逻辑学研究，2019，11(2)：43-62.

[26] 杨庆峰. 记忆研究与人工智能[M]. 上海：上海大学出版社，2020.

[27] 杨治良，孙连荣，唐菁华. 记忆心理学[M]. 3 版. 上海：华东师范大学出版社，2012.
[28] 约瑟夫·勒杜. 重新认识焦虑：从新情绪科学到焦虑治疗新方法[M]. 张晶、刘睿哲，等，译. 北京：机械工业出版社，2021.
[29] 赵晋全. 前瞻记忆的特点、机制和应用研究[D]. 上海：华东师范大学，2002.
[30] 赵晋全，杨治良. 前瞻记忆提取的自动加工、策略加工和控制加工[J]. 心理科学，2002，25(5)：523-526.
[31] 周楚. 错误记忆[M]. 上海：华东师范大学出版社，2019.
[32] Addis D R，Barense M，Duarte A. Cognitive Neuroscience of Memory[M]. Oxford：Wiley Black，2015.
[33] Albin R L，Young A B，Penney J B. The functional anatomy of basal ganglia disorders [J]. Trends in Neurosciences，1989，12(10)：366-375.
[34] Anderson J R. Language，memory，and thought[M]. Hillsdale，NJ：Erlbaum，1976.
[35] Anderson J R. The Adaptive Character of Thought[M]. Hillsdale，NJ：Erlbaum，1990.
[36] Anderson J R. Automaticity and the ACT＊ theory[J]. American Journal of Psychology，1992，105：165-180.
[37] Atkinson R C，Shiffrin R M. Human memory：A proposed system and its control processes[C]// Spence K W，Spence J T(Eds.). The psychology of learning and motivation：Advances in research and theory. New York：Academic Press，1968：89-195.
[38] Atkinson R C，Juola J F. Factors influencing the speed and accuracy of word recognition[C]// Kornblum S(Ed.). Attention and Performance Ⅳ. New York：Academic Press，1973：583-612.
[39] Baddeley A D，Hitch G J. Working memory[M]// Bower G A. The Psychology of Learning and Motivation. New York：Academic Press，1974：47-89.
[40] Baddeley A D. The episodic buffer：A new component of working memory? [J]. Trends in Cognitive Sciences，2000，4：417-423.
[41] Baddeley A D. Is working memory still working? [J]. American Psychologist，2001，11：851-864.
[42] Barnard P J. Cognitive Resources and the Learning of Human-Computer Dialogues [C]// Carroll J M. Interfacing Thought：Cognitive Aspects of Human-Computer Interaction. Mass：MIT Press，1987：112-158.
[43] Bartlett F C. Remembering：A Study in Experimental and Social Psychology[M]. Cambridge：Cambridge University Press，UK，1932.
[44] Beck A T. Cognitive Therapy and Emotional Disorders[M]. New York：International Universities. Press，1976.
[45] Bennett M R. Autonomic neuromuscular transmission[M]. Cambridge：Cambridge University Press，1972.
[46] Berners-Lee T，Hendler J，Lassila O. The Semantic Web[J]. Scientific American，2001，May，281(5)：29-37.
[47] Berners-Lee T，Hall W，Hendler J A，et al. A Framework for Web Science[J]. Foundations and Trends in Web Science，2006，1 (1)：1-130.
[48] Blumstein S E. Phonetic category structure and its influence on lexical processing[M]. Proceedings of the Texas Linguistic Society. Cascadilla Press，2004.
[49] Blumstein S E，Milberg W P. Language deficits in Broca's and Wernicke's aphasia：A singular impairment[M] // Grodzinsky Y，Shapiro L，Swinney D (Eds.). Language and the Brain：Representation and Processing. Academic Press，2000.
[50] Bower G H. Mood and memory[J]. American Psychologist，1981，36(2)：129-148.

[51] Bradley B P, Mogg K, Williams R. Implicit and explicit memory for emotional information in nonclinical subjects[J]. Behaviour Research and Therapy, 1994, 32(1): 65-78.

[52] Brainerd C, Kingma J. Do children have to remember to reason? A fuzzy-trace theory of transitivity development[J]. Developmental Review, 1984, 4: 311-377.

[53] Brandimonte M A, Einstein G O, McDaniel M A. Prospective memory: Theory and application [R]. Lawrence Erlbaum Associated, Mahwah, 1996.

[54] Bratman M E. Intentions, plants, and practical reason[M]. Harvard Univ. Press, Cambridge, MA, 1987.

[55] Brooks L R. Nonanalytic concept formation and memory for instances[M]//Rosch E, Lloyd B B (Eds.). Cognition and categorization. New York: Wiley, 1978: 170-211.

[56] Brown R, McNeill D. The"tip of the tongue"phenomenon[J]. Journal of Verbal Learning and Verbal Behavior, 1966, 5(5): 325-337.

[57] Buchner A, Erdfelder E, Vaterrodt -Plunnecke B. Toward unbiased measurement of conscious and unconscious memory processes within the process dissociation framework [J]. Journal of Experimental Psychology: General, 1995, 124: 137-160.

[58] Burgess P W, Quayle A, Frith C D. Brain regions involved in prospective memory as determined by positron emission tomography[J]. Neuropsychologia, 2001, 29: 545-555.

[59] Cai F X, Correll J M, Lu W D, et al. A Fully Integrated Reprogrammable Memristor-CMOS System for Efficient Multiply-Accumulate Operations[J]. Nature Electronics, 2019, 2: 290-299.

[60] Carbonell J G, Etzioni O, Minton S. PRODIGY: An integrated architecture for planning and learning[M]// VanLehn K(Ed.). Architectures for intelligence: The Twenty-second Carnegie Mellon Symposium on Cognition. Lawrence Erlbaum Associates, Inc., 1991: 241-278.

[61] Chen T, Du Z, Sun N, et al. DianNao: A small footprint high-throughput accelerator for ubiquitous machine elearning [C] // Proceedings of the 19th international conference on Architectural support for programming languages and operating systems - ASPLOS'14, Salt Lake City, UT, USA, 2014: 269-284.

[62] Cohen J D, O'Reilly R C. A preliminary theory of the interactions between prefrontal cortex and hippocampus that contribute to planning and prospective memory [M] // Brandimonte M A, Einstein G O, McDaniel M A(Eds.). Prospective memory: Theory and applications. Hillsdale, NJ: Erlbaum, 1996: 267-295.

[63] Collins A M, Quillian M R. Retrieval Time from Semantic Memory [J]. Journal of Verbal Learning and Verbal Behavior, 1969, 8: 240-247.

[64] Collins A, Loftus E F. A spreading activation theory of semantic memory [J]. Psychological Review, 1975, 82: 407-428.

[65] Cui Y H, Hu H L, et al. Astroglial Kir4. 1 in the lateral habenula drives neuronal bursts in depression[J]. Nature, 2018, 554: 323-327.

[66] Curran T, Keele S W. Attentional and nonattentional forms of sequence learning[J]. Journal of Experimental Psychology: Learning, Memory, and Cognition, 1993, 19: 189-202.

[67] Deisseroth K. Brain with light[J]. Scientific American, 2010, 10.

[68] Deisseroth K. Optogenetics[J]. Nature Methods, 2011, 8: 26-29.

[69] Deisseroth K. Optogenetics: 10 Years of microbial opsins in neuroscience [J]. Nature Neuroscience, 2015, 19(9): 1213-1225.

[70] DiGiovanna J, Mahmoudi B, Fortes J, et al. Coadaptive brain-machine interface via reinforcement learning[J]. IEEE Trans Biomed Eng, 2009, 56(1): 54-64.

[71] Ebbinghaus H. Uber das Gedachtnis[J]. Leipzig：Von Duncker and Humblot，1885.

[72] Eichenbaum H. The Cognitive Neuroscience of Memory：An introduction[M]. Oxford University Press，2002.

[73] Ericsson A K，Kintsch W. Long-term working memory[J]. Psychological Review. 1995，102 (2)：211-245.

[74] Fang L D，Liu Y M，van Ditmarsch H. Forgetting in multi-agent modal logics[J]. Artificial Intelligence，2019，266：51-80.

[75] Fenno L，Yizhar O，Deisseroth K. The development and application of optogenetics[J]. Annual Review Neuroscience，2011，34：389-412.

[76] Flavell J H，Wellman H M. Metamemory[M]//Kail R V，Hagen J W(Eds.). Perspectives on the development of memory and cognition. Hillsdale，NJ：Erlbaum，1977.

[77] Fukuyama O，Suzuki T，Mabuchi K. RatCar：A vehicular neuro-robotic platform for a rat with a sustaining structure of the rat body under the vehicle[R]. Annual International Conference of the IEEE Engineering in Medicine and Biology Society，2010.

[78] Gao Y，Shuai Y C，Zhong Y，et al. Genetic dissection of active forgetting in labile and consolidated memories in Drosophila[J]. PNAS，October 15，2019，116(42)：21191-21197.

[79] Gardiner J M，Java R I. Recognition and remembering[M]//Collins A，Gathercole S，Conway M A，Morris P E(Eds.). Theories of Memory. Lawrence Erlbaum，1993：1-163.

[80] Garry M，Manning C G，Loftus E F，Sherman S J. Imagination inflation：Imagining a childhood event inflates confidence that it occurred[J]. Psychonomic Bulletin & Review，1996，3：208 -214.

[81] Gilhooly K J，Logie R H，Wetherick N E，et al. Working memory and strategies in syllogistic reasoning tasks[J]. Memory and Cognition，1993，21：115-124.

[82] Goldman-Rakic P S，Friedman H R. The Circuitry of Working Memory Revealed by Anatomy and Metabolic Imaging[M]//Levin H S，Eisenberg H M，Benton A L. Frontal Lobe Function and Dysfunction. Oxford：Oxford University Press，1991：73-91.

[83] Graf P，Schacter P L. Implicit and explicit memory for new associations in normal and amnesic subjects[J]. Journal of Experimental Psychology：Learning，Memory，and Cognition，1985，11：501-518.

[84] Gruber T. Ontolingua：A translation approach to portable ontology specifications[J]. Knowledge Acquisition，1993，5(2)：199-200.

[85] Gurney K，Prescott T J，Redgrave P. A computational model of action selection in the basal ganglia I：A new functional anatomy[J]. Biological Cybernetic，2001，84(6)：401-410.

[86] Gurney K，Prescott T J，Redgrave P. A computational model of action selection in the basal ganglia Ⅱ：A new functional anatomy[J]. Biological Cybernetic，2001，84(6)：411-423.

[87] Gusnard D A，Raichle M E. Searching for a baseline：functional imaging and the resting human brain[J]. Nature Revicws Neuroscience，2001，2：685-694.

[88] Halbwachs M. Individual Consciousness and Collective Mind[J]. American Journal of Sociology，1939，44(6)：812-822.

[89] Hart J T. Memory and the Feeling-of-Knowing Experience[J]. Journal of Educational Psychology，1965，56(4)：208-216.

[90] Hawkins J，Blakeslee S. On Intelligence[M]. New York：Times Books，Henry Holt and Company，2004.

[91] Haxby J V，Hoffman E A，Gobbini M I. The Distributed Human Neural System for Face Perception[J]. Trends in Cognitive Sciences，2000，4(6)：223-233.

[92] Hebb D O. The organization of behavior: A neuropsychological theory [M]. New York: Wiley, 1949.

[93] Howe M L. Children (but not adults) can inhibit false memories[J]. Psychological Science, 2005, 16(12): 927-931.

[94] Hsiao D K, Kerr D S, Shi Z Z, et al. The Implementation of a Multi-backend Database System (MDBS): Part I—An Exercise in Database Software Engineering[C]. OSU, Proceedings of the International Workshop on Database Machines, Aug. 1982.

[95] Hsiao K, Noble C, Sethupathy P, Rajasethupathy P, et al. A Thalamic Orphan Receptor Drives Variability in short term memory[J]. Cell, 2020, 183: 1-15.

[96] Hsieh J T, Liu B B, Li F F, et al. Learning to decompose and disentangle representations for video prediction[C]. 32nd Conference on Neural Information Processing Systems (NeurIPS 2018), Montréal, Canada, 2018: 515-524.

[97] Humphries M D. The basal ganglia and action selection: a computational study at multiple levels of description [D]. Sheffield UK: Department of Psychology, University of Sheffield, 2002.

[98] Ierusalem A. Catastrophic Importance of Catastrophic Forgetting[EB/OL]. https: //arXiv. org/cs/ arXiv: 1808. 07049v1 [cs. LG], 2018.

[99] Jacoby L L, Toth J P, Yonelinas A P. Separating conscious and unconscious influences of memory recollection[J]. Journal of Experimental Psychology: General, 1993, 122: 139-154.

[100] Jiang C M, Li Q K, Sun N, et al. A high performance bionic pressure memory device based on piezo-OLED and piezo-memoristor as luminescence-fish neuromorphic tactile system[J]. Nano Energy, 2020, 77: 105-120.

[101] Jones G V, Langford S. Phonological blocking in the tip of the tongue state[J]. Cognition, 1987, 26: 115-122.

[102] Jonides J, Smith, E E, Koeppe R A, et al. Spatial working memory in humans as revealed by PET[J]. Nature, 1993, 363: 623-625.

[103] Josselyn S A, Tonegawa S. Memory engrams: Recalling the past and imagining the future[J]. Science, 2020, 367(6473): eaaw4325.

[104] Kandel E R. In Search of Memory: The Emergence of a New Science of Mind. W. W[M]. Norton & Company, 2007.

[105] Kassin S M, Kiechel K L. The Social Psychology of False Confessions: Compliance, Internalization, and Confabulation[J]. Psychological Science, 1996, 7(3): 125-128.

[106] Kennedy D, Norman C. What Don't We Know? [J]. Science, 2005, 309, Issue 5731: 75.

[107] Koriat A. How do we know that we know: The accesibility model of the feeling of knowing[J]. Psychological Review, 1993, 100: 609-639.

[108] Kumaran D, Hassabis D, McClelland J L. What Learning Systems do Intelligent Agents Need? Complementary Learning Systems Theory Updated[J]. Trends in Cognitive Sciences, 2016, 20 (7): 512-534.

[109] Kuypers H G J M. Anatomy of the Descending Pathways[M]// Handbook of Physiology, The Nervous System, Motor Control. Wiley, 1 JAN, 2011.

[110] Laird J E. The Soar Cognitive Architecture[M]. The MIT Press, 2012.

[111] LeDoux J. The Emotional Brain[M]. New York: Simon and Schuster, 1996.

[112] LeDoux J. Anxious: Using the Brain to Understand and Treat Fear and Anxiety[M]. New York: Viking, 2015.

[113] Leon O C. Memristor—the missing circuit element[J]. IEEE Transactions on circuit theory,

1971，18(5)：507-519.

[114] Lewicki P，Czyzewska M，Hoffman H. Unconscious acquisition of complex procedural knowledge [J]. Journal of Experimental Psychology：Learning，Memory，and Cognition，1987，13：523-530.

[115] Li H，Gao B，Chen Z，et al. learnable parallel processing architecturetowards unity of memory and computing[J]. Scientific Reports，2015，5：13330.

[116] Liaw J，Berger T. Dynamic Synapse：Harnessing the Computing Power of Synaptic Dynamics[J]. Neurocomputing，1999，26-27：199-206.

[117] Lin F Z，Reiter R. Forget it! [M]//Proc of AAAI Fall Symposium on Relevance. Menlo Park：AAAI Press，1994：141-146.

[118] Liu S，Du Z，Tao J，et al. Cambricon：An Instruction Set Architecture for Neural Networks[C]. ISCA 2016，Seoul，South Korea，Jun 18-22，2016.

[119] Loftus E F. Leading questions and the eyewitness report[J]. Cognitive Psychology，1975，7(4)：560-572.

[120] Loftus E F. Reaction to blatantly contradictory information[J]. Memory & Cognition，1979，7(5)：368-374.

[121] Loftus E F. Planting Misinformation in the Human Mind：A 30-Year Investigation of the Malleability of Memory[J]. Learning & Memory，2005，12(4)：361-366.

[122] Loftus E F，Palmer J C. Reconstruction of automobile destruction：An example of the interaction between language and memory[J]. Journal of verbal learning and verbal behavior，1974，13(5)，585-589.

[123] Lovett M C，Reder L M，Lebiere C. Modeling working memory in a unified architecture：An ACT-R perspective [M] // Miyake A，Shah P (Eds.). Models of Working Memory. Oxford University Press，1999：135-182.

[124] Mathews R C，Buss R R，Stanley W B，et al. Role of implicit and explicit processes in learning from examples：A synergistic effect [J]. Journal of Experimental Psychology：Learning，Memory and Cognition，1989，15：1083-1100.

[125] McClelland J，Rumelhart D. Distributed Memory and the Represantation of General and Specific Information[J]. Journal of Experimental Psychology：General，1985，114(2)：159-188.

[126] McClelland J L，Mcnaughton B L，O'Reilly C R. Why there are complementary learning systems in the hippocampus and neocortex：insights from the successes and failures of connectionist models of learning and memory[J]. Psychol. Rev. 1995，102：419-457.

[127] McDaniel M A，Robinson-Riegler B，Einstein G O. Prospective remembering：perceptually driven or conceptually driven process? [J]. Memory and Cognition，1998，26(1)：121-1344.

[128] Mead C A. Analog VLSI and Neural Systems[M]. Reading，MA：Addison-Wesley，1989.

[129] Merolla P A，Arthur J V，Alvarez-Icaza R，et al. A million spiking-neuron integrated circuit with a scalable communication network and interface[J]. Science，2014，345(6197)：668-672.

[130] Meyer D E. On the representation and retrieval of stored semantic information[J]. Cognitive Psychology，1970，1：242-300.

[131] Minton S，Carbonell J G. Strategies for learning search control rules：An explanation-based approach[M]. Morgan Kaufmann Publishers Inc.

[132] Mitchell T M，Keller R M，Kedar-Cabelli S T. Explanation-based generalization：A unifying view [J]. Machine Learning，1986，1(1)：47.

[133] Miyake A，Shan P. Models of working memory：mechanisms of active maintenance and executive

control[M]. New York: Cambridge University Press, 1999.

[134] Neisser U. Cognitive Psychology[M]. New York: Appleton-Century-Crofts, 1967.

[135] Nelson T O. Gamma is a measure of the accuracy of predicting performance on one item relative to another item not the absolute performance on an individual item[J]. Applied Cognitive Psychology, 1996, 10(3): 257-260.

[136] Nelson T O, Gerler D, Narens L. Accuracy of feeling-of-knowing judgments for predicting perceptual identification and relearning[J]. Journal of Experimental Psychology: General, 1984, 113: 282-300.

[137] Nelson T O, Narens L. Metamemory: A theoretical framework and new findings[M]//Bower G H(Ed.). The psychology of learning and motivation: Advance. New York: Academic Press, 1990, 26: 125-173.

[138] Numenta. Hierarchical Temporal Memory[M]. Redwood City CA: Numenta, Inc., 2010.

[139] Nuxoll A, Larid J E. Extending Cognitive Architecture with Episodic Memory[C]. Proceedings of the 22nd AAAI Conference on Artificial Intelligence, 2007: 1560-1564.

[140] O'Doherty J E, Lebedev M A, Ifft P J, et al. Active tactile exploration using a brain-machine-brain interface[J]. Nature, 2011, 479(7372): 228-231.

[141] O' Leary C, Humphrys M, Walshe, R. Constructing an animat mind using 505 sub-minds from 234 different authors[C]. Proceedings of 8th International. Conference. on Simulation of Adaptive Behavior (SAB-04), 2004.

[142] Ortony A, Clore G L, Collins A. The Cognitive Structure of Emotions[M]. Cambridge: Cambridge University Press, 1988.

[143] Painkras E, Plana L A, et al. SpiNNaker: A 1-W 18-Core System-on-Chip for Massively-Parallel Neural Network Simulation[J]. IEEE Journal of Solid-State Circuits, 2013, 48(8): 1943-1953.

[144] Pershin Y V, Ventra M D. Experimental demonstration of associative memory with memristive neural networks[J]. Neural Networks, 2010, 23(7): 881-886.

[145] Poldrack R A, Mumford J A, Thomas E N. Handbook of Functional MRI Data Analysis[M]. Cambridge: Cambridge University Press, 2011.

[146] Prescott T J, Gonzalez F M M, Gumey K, et al. A robot model of the basal ganglia: Behavior and intrinsic processing[J]. Neural Network, 2006, 19: 31-61.

[147] Prezioso M, et al. Training and operation of an integrated neuromorphic network based on metal-oxide memristors[J]. Nature, 2015, 521: 61-64.

[148] Quillian M R, Semantic M, Marvin M, et al. Semantic Information Processing[M]. Cambridge, MA: MIT Press, 1968: 227-270.

[149] Quillian M R. The Teachable Language Comprehender: A Simulation Program and Theory of Language[J]. Communications of the Association for Computing Machinery, 1969, 12(8): 459-476.

[150] Ratcliff R. A theory of memory retrieval[J]. Psychological Review, 1978, 85(2), 59-108.

[151] Richardson -Klavehn A, Gardiner J M, Java R I. Memory: task dissociations, and dissociations of consciousness[M]. Implicit Cognition. Oxford New York Tokyo: Oxford University Press, 1996: 85-150.

[152] Roediger Ⅲ H L, Weldon M S, Challis B H. Explaining dissociations between implicit and explicit measures of retention: A processing account[M]//Roediger H L Ⅲ, Craik F I M(Eds.). Varieties of memory and consciousness: Essays in honor of Endel Tulving. Hillsdale, NJ: Erlbaum, 1989: 3-41.

[153] Roediger Ⅲ H L, McDermott K B. Creating false memories: Remembering words not presented in lists[J]. Journal of Experimental Psychology: Learning, Memory, and Cognition, 1995, 21(4), 803-814.
[154] Rosenzweig M R. Aspects of the Search for Neural Mechanisms of Memory[J]. Annual Review of Psychology, 1996, 47: 1-32.
[155] Rumelhart D E, Lindsay P H, Norman D A. A process model for long-term memory[M]// Tolving E, Donalson W(Eds.). Organization of Memory. New York: Academic Press, 1972.
[156] Russell P. The Awakening Earth: Our Next Evolutionary Leap[M]. London, UK: Routledge & Kegan Paul, 1982.
[157] Rusu P, Petriu E M, Whalen T E, et al. Behavior-Based Neuro-Fuzzy Controller for Mobile Robot Navigation[J]. IEEE Transactions on Instrumentation and Measurement, 2003, 52(4): 1335-1340.
[158] Schachter S. Emotion, obesity and crime[M]. New York: Academic Press, 1971.
[159] Schacter D L. The Seven Sins of Memory: How The Mind Forgets And Remembers[M]. Boston: Houghton Mifflin, 2001.
[160] Schacter D L, Israel L, Racine C. Suppressing false recognition in younger and older adults: the distinctiveness heuristic[J]. Journal of Memory and Language, 1999, 40(1): 1-24.
[161] Schacter D L, Tulving E. Memory Systems 1994[M]. The MIT Press, 1994.
[162] Schemmel J, Brüderle D, Meier K, et al. A wafer-scale neuromorphic hardware system for large-scale neural modeling[J]. ISCAS 2010: 1947-1950.
[163] Schraw G. A conceptual analysis of five measures of metacognitive monitoring[J]. Metacognition Learning, 2009, 4(1): 33-45.
[164] Schwartz B L. Tip-of-the-tongue states: Phenomenology, mechanism, and lexical retrieval[M]. Mahwah, NJ: Erlbaum, 2002.
[165] Semon R. The Mnene[M]. London: George Allen & Unwin Ltd., 1921: 57.
[166] Serra J, Surıs D, Miron M, Karatzoglou A. Overcoming Catastrophic Forgetting with Hard Attention to the Task[C]. Proceedings of the 35th International Conference on Machine Learning. Stockholm, Sweden, 10-15, July, 2018: 4548-4557.
[167] Servan-Schreiber E, Anderson J R. Learning artificial grammar with competitive chunking [J]. Journal of Experimental Psychology: Learning, Memory and Cog nition, 1990, 16: 592-608.
[168] Shi Z Z. Foundations of Intelligence Science[J]. International Journal of Intelligence Science, 2011, 1(1): 8-16.
[169] Shi Z Z. Advanced Artificial Intelligence[M]. Singapore: World Scientific Publishing Co., 2020.
[170] Shi Z Z. Intelligence Science: Leading the Age of Intelligence[M]. Elsevier and Tsinghua University Press, 2021.
[171] Shi Z Z, Huang H, Luo J W, et al. Agent-based Grid Computing[J]. Applied Mathematical Modeling, 2006, 30: 629-640.
[172] Shi Z Z, Wang X F. A Mind Model CAM in Intelligence Science[J]. Progress of Advanced Intelligence, 2010, 2: 20-27.
[173] Shi Z Z, Wang X F, Yang X. Cognitive Memory Systems In Consciousness And Memory Model [J]. IEEE WCCI, 2014: 3887-3893.
[174] Shi Z Z, Zhang J H, Yang X, et al. Computational Cognitive Models for Brain-Machine Collaborations[J]. IEEE Intelligent Systems, 2014, 29(6): 24-31.
[175] Shi Z Z, Zhang J H, Yue J P, Yang X. A Cognitive Model for Multi-Agent Collaboration[J].

International Journal of Intelligence Science, 2014, 4(1): 1-6.

[176] Smith E E, Shoben E J, Rips L J. Structure and process in semantic memory: A featural model for semantic decisions[J]. Psychological Review, 1974, 81: 214-241.

[177] Smith R E, Bayen U J. A Multinomial of Event-Based Prospective Memory[J]. Journal of Experimental Psychology: Learning, Memory, and Cognition, 2004, 30(4): 756-777.

[178] Squire L R, Kandel E R. Memory: From Mind to Molecules[M]. Roberts & Company Publishers, 1999.

[179] Stuart G, Spruston N, Hausser M. Dendrites[M]. 2nd ed. New York: Oxford University Press, 2008.

[180] Sun L F, Zhang Y S, Hwang G, et al. Synaptic computation enabled by joule heating of single-layered semiconductors for sound localization[J]. Nano Letters, 2018, 18(4): 3229-3234.

[181] Sun R. Learning, action, and consciousness: A hybrid approach towards modeling consciousness [J]. Neural Networks, 1997, 10: 1317-1331.

[182] Sun R, Slusarz P, Terry C. The Interaction of the Explicit and the Implicit in Skill Learning: A Dual-Process Approach[J]. Psychological Review, 2005, 112(1): 159-192.

[183] Sutton S, Braren M, Zubin J, et al. Evoked potential correlates of stimulus uncertainty[J]. Science, 1965, 150: 1187-1188.

[184] Tapscott D, Williams A D. Wikinomics: How Mass Collaboration Changes Everything[M]. Penguin Group, 2008.

[185] Thompson R F, Madigan S A. Memory: The Key to Consciousness[M]. Princeton University Press, 1988.

[186] Tovey M. Collective Intelligence[M]. Earth Intelligence Network, Oakton, Virginia, 2008.

[187] Tulving E. Elements of episodic memory[M]. London: Oxford Clarendon Press, 1983.

[188] Turing A M. On computable numbers with an application to the Entscheidungsproblem[C]. Proc. London Maths. Society, Series 2, 1936, 42 (1): 230-265.

[189] Underwood B J. False Recognition Produced By Implicit Verbal Responses[J]. Journal of Experimental Psychology, 1965, 70: 122-129.

[190] Underwood B J, Zimmerman J. The syllable as a source of error in multisyllable word recognition [J]. Journal of Verbal Learning & Verbal Behavior, 1973, 12: 338-344.

[191] Ventra M D, Pershi Y V, Chua L O. Circuit elements with memory: memristors, memcapacitors, and meminductors[J]. Proceedings of the IEEE, 2009, 97(10): 1717-1724.

[192] Vidal J J. Toward direct brain—computer communication[J]. Annu Rev Biophy, 1973, 2(1): 157-180.

[193] Walshe R, Humphrys M, O'Leary C. Constructing Complex Brains: Building minds using sub-minds from biotechnology authors[C]. 1st IFIP Conference on Artificial Intelligence Applications and Innovations (AIAI-04), Toulouse, France, Augus, 2004: 22-27.

[194] Wang C, Yue H, Gu Y. et al. Microglia mediate forgetting via complement-dependent synaptic elimination[J]. Science, 2020, 367(6478): 688-694.

[195] Wei P F, Liu N, Wang L P, et al. Processing of visually evoked innate fear by a non-canonical thalamic pathway[J]. Nature communications, 2015, 7756: 1-12.

[196] Williams J M G, Watts F N, MacLeod C M, et al. Cognitive psychology and emotional disorders [M]. Chichester: John Wiley, 1988-1997.

[197] Xie Y, Hu P, Wang L, et al. Geometry of sequence working memory in macaque prefrontal cortex[J]. Science, 2022, 375: 632-639.

[198] Yao P, Wu H Q, Gao B, et al. Fully hardware-implemented memristor convolutional neural network[J]. Nature, 2020, 577: 641-650.

[199] Zakay D, Block R A. An attentional gate model of prospective time estimation[M]//Richelle M, De Keyser V, D'Ydewalle G(Eds.). Time and the Dynamic Control of Behavior. University of Lie'ge: P. A. I. , Lie'ge, 1995: 167-178.

[200] Zeng G X, Chen Y, Cui B, Yu S. Continual learning of context-dependent processing in neural networks[J]. Nature Machine Intelligence, 2019, 1: 364-372.

[201] Zhang C, Ye W B, Zhou K, et al. Bioinspired artificial sensory nerve based on nafion memristor [J]. Advanced Functional Materials, 2019, 29(20): 1808783.

[202] Zhang L, Yu H, Xiao C C, et al. Building Light Stimulated Synaptic Memory Devices for Visual Memory Simulation[J]. Advanced Electronic Materials, 2020, 7(1): 2000945.

[203] Zhang S, Du Z, Zhang L, et al. Cambricon-X: An accelerator for sparse neural networks[C]. Proceedings of the 49th IEEE/ACM International Symposium on Microarchitecture (MICRO), 2016.

[204] Zhang Y, Zhou Y. Knowledge forgetting: Properties and applications[J]. Artificial Intelligence, 2009, 173: 1525-1537.

[205] Zhang Y H, Qu P, Shi L P, et al. A system hierarchy for brain-inspired computing[J]. Nature, 2020, 586: 378-384.